国家水体污染控制与治理科技重大专项资助(2012ZX07403－001C,2012ZX07403－004)

饮用水膜法处理新技术

New Membrane Technology for Drinking Water Treatment

董秉直　褚华强　尹大强　曹达文　著

同济大学 出版社
TONGJI UNIVERSITY PRESS

内 容 提 要

随着我国经济的发展,水环境受到不同程度的污染,全国大部分的地表水源水质呈不断恶化的趋势。随着人民生活水平的提高和对健康的重视,对饮用水水质的要求也不断提高,我国制定了新的生活饮用水水质标准。标准的提高推动了水处理技术的发展,在国家水专项研究的推动下,我国饮用水处理技术的应用和研究欣欣向荣。膜技术的研究和应用取得了长足的进步,各种新的膜技术和工艺不断涌现。本书归纳和总结了作者在膜处理方面多年来的研究成果,可供从事给水方面的工程技术人员参考使用。

图书在版编目(CIP)数据

饮用水膜法处理新技术/董秉直等著. --上海:同济大学出版社,2015.9
ISBN 978 - 7 - 5608 - 5919 - 4

Ⅰ.①饮… Ⅱ.①董… Ⅲ.①饮用水-膜法-水处理
Ⅳ.①TU991.2

中国版本图书馆 CIP 数据核字(2015)第 173401 号

饮用水膜法处理新技术

董秉直 褚华强 尹大强 曹达文 著

策划编辑 赵泽毓 责任编辑 马继兰 高晓辉 责任校对 徐春莲 封面设计 陈益平

出版发行 同济大学出版社 www.tongjipress.com.cn
　　　　　(地址:上海市四平路 1239 号 邮编:200092 电话:021 - 65985622)

经　　销 全国各地新华书店
印　　刷 凯基印刷(上海)有限公司
开　　本 787mm×1092mm 1/16
印　　张 19.25
字　　数 480 000
版　　次 2015 年 9 月第 1 版　　2015 年 9 月第 1 次印刷
书　　号 ISBN 978 - 7 - 5608 - 5919 - 4

定　　价 98.00 元

前　言

　　随着我国经济的发展,水环境受到不同程度的污染。全国大部分的地表水源水质呈不断恶化的趋势。随着人民生活水平的日益提高和对健康的重视,对饮用水水质的要求也不断提高。因此,我国制定了新的生活饮用水水质标准。水源污染和饮用水水质标准的提高是推动给水处理技术发展的最重要的驱动力。寻求新的饮用水安全保障技术以改进或替代水厂的处理工艺已是给水处理领域的重要内容。在国家水专项研究的推动下,我国的饮用水处理技术的应用和研究呈现出欣欣向荣的局面。膜技术的研究和应用取得了长足的进步,各种新的膜技术和工艺不断涌现。我国已有多座的水厂采用膜处理工艺,而且这样的膜水厂还在不断地建成,这充分说明膜技术在饮用水处理上确有其独特的优势。

　　本书归纳和总结了作者及团队在膜处理方面的成果,本书的出版得到了国家水体污染控制与治理科技重大专项资助(2012ZX07403-001C,2012ZX07403-004)项目的资助。

　　各章的执笔人是:第 1 章:黄伟伟;第 2 章:桂波;第 3 章:黄伟伟;第 4 章:褚华强;第 5 章:柳君侠;第 6 章:褚华强;第 7 章:王琳;第 8 章:褚华强;第 9 章:褚华强。

　　本书的撰写主要采用了刘铮,魏永,宋亚丽,余振勋,孙飞,周贤娇,黄裕,聂莉,周珺如,张晗,胡孟柳,喻瑶,许光红,阎婧,林洁和夏端雪的博士和硕士论文的研究成果。全书的校对工作由何欢负责。在此一并向他(她)们表示感谢。

　　由于水平所限,本书的一些结果和结论难免错误,希望同行批评指正。

作者

2015 年 7 月 10 日

目　录

第 1 章　地表水中有机物的分类与特性

有机物对水处理工艺,特别是膜工艺有很大的影响。天然水体中的有机物种类繁多,而且性质各异。无法也没有必要研究每一种有机物的性质,利用有机物的某种特性对它们进行分类是目前常用的方法。有机物的相对分子质量、亲疏水性和荧光光谱是它的最主要的特性。膜是利用其孔径的大小截留水中的杂质和有机物,通过对有机物相对分子质量的测定可以了解有机物的尺寸以及它们的分布范围,从而为膜的选择以及相应的工艺提供依据。因此,了解有机物的相对分子质量是膜研究中不可缺少的工作。膜截留有机物不仅依靠其孔径的大小,它与有机物的相互作用也起着重要的作用。而这种相互作用的大小与有机物的亲疏水性、荧光光谱特征有密切的关系。

1.1　有机物相对分子质量测定的原理和方法

测定有机物相对分子质量分布主要有两种方法,凝胶色谱法和超滤膜法。凝胶色谱法,即 GPC(Gel Permeation Chromatography)法,是在色谱柱中装填一定孔径分布的多孔凝胶作为固相。当水流经凝胶时,水中相对分子质量较大的有机物由于无法进入凝胶,而较快地通过凝胶色谱柱出现在出水中,相对分子质量较小的有机物进入多孔凝胶内。相对分子质量越小的有机物在凝胶中运动的路径越长,因此通过色谱柱的时间也越长。这样,不同相对分子质量的有机物通过凝胶的时间不同,按相对分子质量大小的先后顺序出现在出水中,实现了分离不同相对分子质量有机物的目的。

超滤膜法,即 UF(Ultrafiltration)膜法,是用已知截留相对分子质量的超滤膜置于带有搅拌的杯式超滤器(stirred cell)中,用纯氮气提供分离所需的驱动力。水中相对分子质量小于膜截留相对分子质量的有机物会透过膜,出现在出水中,而相对分子质量大于膜截留相对分子质量的有机物将被膜截留。用一系列不同的已知截留相对分子质量的超滤膜对水样进行分离,就可得到有机物相对分子质量分布。

用 GPC 法进行测定时,水中某些有机物会和凝胶产生离子相斥,而较快地通过凝胶柱,导致所测的相对分子质量偏高;而某些有机物会与凝胶产生吸附或静电作用使运动受阻,导致所测的相对分子质量偏低。而且,在用 GPC 法测定前,需用蒸发或冷冻方法对水样进行浓缩的预处理,这可能会改变水中溶解性有机物的尺寸大小,从而影响分析结果。用 GPC 法进行测定的优点之一是:它所得到的相对分子质量分布是连续的。UF 膜法测定结果会受到所选择膜的孔径分布、所施压力、水样的水温、pH 值和离子强度、溶解性有机物的尺寸、形状以及膜本身性能的影响。用 UF 膜法测定的优点是:分析设备和方法简单,可得到大量的分离水样以做进一步分析之用。UF 膜法测定得到的相对分子质量分布是不连续的。

Gary L. Amy[1]等比较了 GPC 法和 UF 膜法,结果表明,对于同一水样,两种方法测定得到了不同的相对分子质量分布。GPC 法测定得到的相对分子质量分布较 UF 膜法测定的偏高。由于两种方法均是用已知相对分子质量的物质来进行测定,因此得到的相对分子质量仅为表观相对分子质量 AMW(Apparent Molecular Weight)。

近年来,为了使凝胶色谱法能够更准确地测量水中有机物相对分子质量分布,国外一些研究利用多种检测器在线连接的方式,得到了较好的测定效果。Kawasaki 等[2]利用一种新型的高效凝胶色谱仪与紫外检测器和 NDIR 总有机碳分析仪连接,第一次得到了 UV 吸光度和 NDIR 总有机碳浓度对相对分子质量很好的线性相关($R^2>0.99$)。其中,为了更好地检测水中腐殖质紫外响应,防止硝酸盐等干扰,UV 波长设定在 260 nm。经过改进的 HPLC-UV-TOC 系统可以很好地测定天然湖水、河水、地下水等天然原水的有机物相对分子质量分布,并且可以定量研究紫外检测器和 NDIR 总有机碳分析仪得到的 UV 和 DOC 结果,以深入了解 DOM 的物理化学性质。

本研究首先采用 UF 膜法来测定有机物相对分子质量分布。目前国外的测定多采用 Amicon 公司生产的 YM 系列 UF 膜。我们由于条件限制,无法获得。在这种情况下,采用国内生产的 UF 膜进行测定,无疑是一项有益的工作。

为了确定国内的 UF 膜是否适用于相对分子质量分布测定,可应用 Bruce 等[3]提出的数学模式。Bruce 定义了膜的透过系数(Permeation Coefficient)为 P。

$$P = \frac{C_p}{C_r} \tag{1-1}$$

式中 C_p——透过液有机物浓度;

      C_r——截留液有机物浓度。

Bruce 假定膜的透过系数 P 在分离过程保持不变,推导出:

$$C_p = P \cdot C_{r,0} \cdot \left(1 - \frac{V_p}{V_0}\right)^{P-1} \tag{1-2}$$

式中 V_0——水样的初始体积;

      V_p——透过液体积;

      $C_{r,0}$——水样中有机物的初始浓度。

式(1-2)表明,透过液有机物浓度 C_p 与膜的透过系数 P 和透过液体积 V_p 有关。P 越大,则透过液有机物浓度 C_p 越接近水样有机物初始浓度 $C_{r,0}$,当 P 为 1 时,C_p 等于 $C_{r,0}$。Bruce 认为,当 P 大于 0.9 时,分离所得到的有机物浓度可视为水样的真实有机物浓度。因此,我们根据式(1-2),可判定所选择的 UF 膜是否适用于测定有机物相对分子质量分布。

由式(1-2)可见,透过液和截留液的体积比也会对 C_p 产生影响。当 P 一定时,随着 V_p 的增加,会使 C_p 增加。这是由于当 V_p 增加时,截留液体积减少,浓度增加,导致膜两侧的浓度差增加,会加快溶质迁移,使透过液的浓度增加。这表明,在实际测定时,透过液体积不应过大,否则会使 C_p 较实际的偏高。

取水样 200 ml,即 V_0 为 200 ml。当 V_p 为 20 ml、40 ml、60 ml、80 ml、100 ml、120 ml、

140 ml、160 ml 和 180 ml 时,测定其 UV_{254} 值。结果如图 1-1 所示。

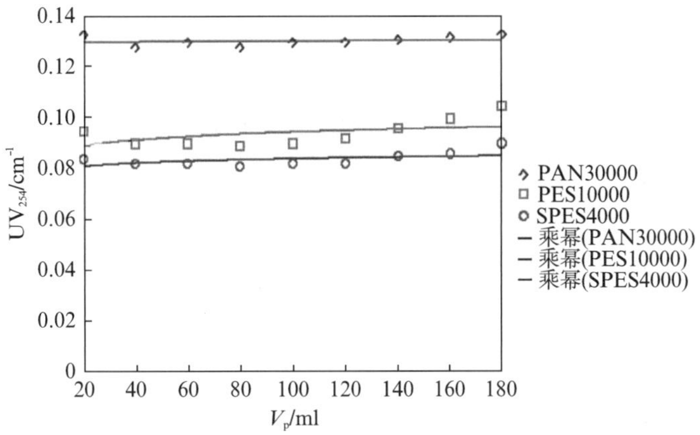

图 1-1　透过液体积 V_p 与 UV_{254} 的关系

根据式(1-2),回归所采用膜的 C_p 表达式,并计算相关系数 R^2、膜透过率 P 和水样初始 UV_{254} 值,结果如表 1-1 所示。

表 1-1　　　　　　　　　　膜透过系数 P 测定结果

项目 膜种类	$PC_{r,0}\left(1-\dfrac{V_p}{V_0}\right)^{P-1}$	R^2	P	$C_{r,0}$
PAN30000	$0.128\,5\left(1-\dfrac{V_p}{V_0}\right)^{-0.015}$	0.73	0.985	0.130
PES10000	$0.087\,2\left(1-\dfrac{V_p}{V_0}\right)^{-0.077\,8}$	0.92	0.956	0.084
SPES4000	$0.080\,3\left(1-\dfrac{V_p}{V_0}\right)^{-0.044\,3}$	0.87	0.956	0.084

由表 1-1 可知,所采用膜的透过系数 P 均超过 0.9,表明适用于测定相对分子质量分布。从图 1-1 可以看出,对于较大截留相对分子质量的膜,随着透过液体积的增加,出水的 UV_{254} 几乎不变;而对于截留相对分子质量较小的膜,出水的 UV_{254} 增加。这可以解释为,当截留相对分子质量较大时,透过膜的有机物也多,膜两侧的浓度差较小;而当截留相对分子质量较小时,较多的有机物被截留,随着透过膜体积的增加,超滤器内水样不断被浓缩,膜两侧的浓度差扩大,导致有机物迁移加快,使出水浓度增加。由此可见,在测定时必须考虑透过液体积 V_p 与截留液体积 V_r 之比。

有机物相对分子质量分布测定有系列式和平行式两种顺序,如图 1-2 所示。

Bruce 对这两种测定顺序进行了对比试验,发现系列式的测定误差很大。而且相对分子质量越小,误差越大,而平行式的测定误差较小。

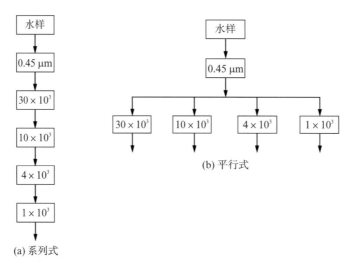

图 1-2　有机物相对分子质量分布测定顺序

1.2　超滤膜法测定水源的有机物相对分子质量分布规律

Jerald L. Schnoor 等[4]采用凝胶色谱法对 Iowa(爱荷华)河水进行相对分子质量的测定,特别对三卤甲烷(THMs)生成量与相对分子质量的关系进行了考察,结果如图 1-3 所示。THMs 主要是由相对分子质量小于 3 000 Da 的有机物产生的,而且三氯甲烷($CHCl_3$)生成量集中在 1 700～3 000 Da 区间。图 1-4 表明,有机物主要集中在相对分子质量为 1 000 Da。

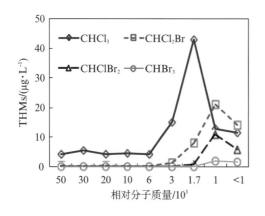

图 1-3　Iowa 河水中不同相对分子质量的
THMs 分布

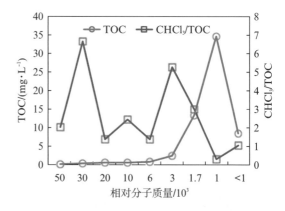

图 1-4　Iowa 河水中不同相对分子质量的
TOC 分布

Michael R. Collins 采用超滤膜法对美国不同的水源进行了 THMs 生成量与相对分子质量关系的调查,结果如图 1-5 所示。THMs 主要是由相对分子质量小于 500 Da 的有机物产生的。Schnoor 和 Collins 的研究表明,减少 THMs 生成量的关键是如何有效地去除小分子的有机物。

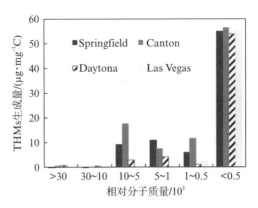

图 1-5　美国不同水源中 THMs 生成量与相对分子质量大小的关系

1.2.1　黄浦江水有机物相对分子质量变化规律

从 1999 年 6 月到 2000 年 6 月,共取 16 次水样,每次均进行了有机物相对分子质量分布的测定。有机物指标为 DOC、UV_{254} 和 THMFP。测定结果见图 1-6—图 1-9。

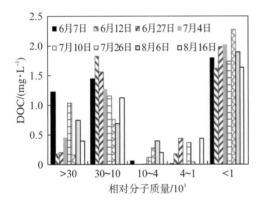

图 1-6　黄浦江水中 DOC 分布变化
（1999 年 6 月—1999 年 8 月）

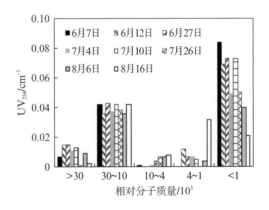

图 1-7　黄浦江水中 UV_{254} 分布变化
（1999 年 6 月—1999 年 8 月）

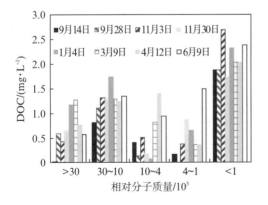

图 1-8　黄浦江水中 DOC 分布变化
（1999 年 9 月—2000 年 6 月）

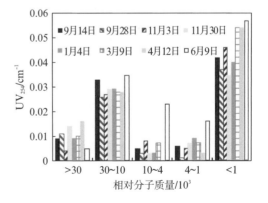

图 1-9　黄浦江水中 UV_{254} 分布变化
（1999 年 9 月—2000 年 6 月）

由图 1-6—图 1-9 可知,黄浦江水的 DOC 和 UV_{254} 主要为 30 000～10 000 Da 和小于 1 000 Da 相对分子质量的有机物所贡献。相对分子质量为 30 000～10 000 Da 的全年平均 DOC 为 28%,小于 1 000 Da 为 45%;相对分子质量为 30 000～10 000 Da 的全年平均 UV_{254} 为 32%,小于 1 000 Da 为 44%。因此,黄浦江水中的溶解性有机物中,相对分子质量小于 1 000 Da 的有机物为 45% 左右,接近一半。

黄浦江水部分来源于太湖,经淀山湖调蓄后,进入黄浦江。这使得黄浦江水具有湖泊水质的特征。湖泊水质的特征是有机物多为溶解性的低相对分子质量。罗晓鸿测定了绍兴青甸湖的相对分子质量分布后,发现相对分子质量小于 1 000 Da 的有机物占 45%。如果不考虑工业生活污水,湖泊的有机物多为土壤有机物和藻类、水生植物的代谢物所产生。土壤的有机物是由地下水对土壤的渗沥和降雨径流进入水体,这部分有机物主要为腐殖酸类,其特点是相对分子质量小,多在几百到几千,芳香构造程度高。由藻类和水生植物代谢产生的有机物的相对分子质量也不大。

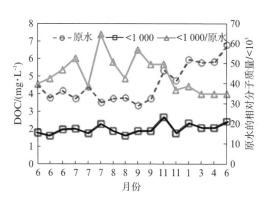

图 1-10　黄浦江水中 DOC 的变化

就一年中有机物含量变化而言,如图 1-10 所示,6—9 月份,即夏秋季时,DOC 较低,到了冬季,逐渐上升。但相对分子质量小于 1 000Da 的 DOC 所占的比例在 6—9 月份较高,在 1—4 月份较低。

可从黄浦江具有湖泊水质特征同时又受到生活工业污水污染的特点进行分析解释。夏季为多雨季节,雨量充沛。由于降雨径流的作用,进入太湖和淀山湖中的土壤有机物增多。大分子的有机物沉入湖底,因此进入黄浦江的多为低相对分子质量的溶解性有机物。

一般来说,生活工业废水总量变化不大,而且多为大相对分子质量,这部分的有机物被稀释。因此,造成黄浦江夏季总 DOC 含量低,但低相对分子质量的 DOC 比例增加的现象。进入冬季,雨量减少,进入太湖和淀山湖的土壤有机物也相对减少,这使得黄浦江水中的低相对分子质量的 DOC 相对较低。但由于排入黄浦江的生活工业废水的总量不变,加之冬季为枯水期,使得 DOC 的质量浓度增加,而低相对分子质量所占的比例反而减少。其余各区间的 DOC 变化可能是生活工业废水造成的。

一年中的 UV_{254} 变化如图 1-11 所示,在六七月份时,UV_{254} 较高,进入冬季时,呈下降趋势。相对分子质量小于 1 000 的 UV_{254} 在六七月份时较高,进入冬季时下降。其余各区间的 UV_{254} 在一年中基本变化不大。UV_{254} 主要代表腐殖酸,而土壤有机物主要为腐殖酸类所构成。夏季进入太

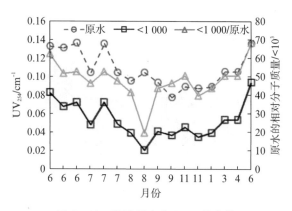

图 1-11　黄浦江水中 UV_{254} 的变化

湖和淀山湖的土壤有机物增多,加之藻类生长旺盛,其代谢产物也较多,因此 UV_{254} 较高。土壤有机物和藻类等的代谢产物多为小相对分子质量的有机物,因此相对分子质量小于 1 000 Da 的 UV_{254} 较高。冬季由于雨量较少,太湖和淀山湖中的土壤有机物较少,因此 UV_{254} 较低。其余各相对分子质量区间的 UV_{254} 均低于小于 1 000 Da 的,而且一年中变化不大,这表明这些相对分子质量的 UV_{254} 可能是生活工业废水造成的。

从上述试验和分析结果可以看出,黄浦江水中有机物相对分子质量分布的变化是湖泊和工业生活污水共同影响的结果,特别是小相对分子质量有机物的变化主要受到太湖和水淀山湖水的影响。

比紫外吸收值(SUVA)定义为单位质量浓度 DOC(mg/L)的单位紫外吸收值,即 UV_{254}/DOC,它反映了水中有机物的芳香构造化,主要反映水中的腐殖酸含量。一年中黄浦江水的 SUVA 变化如图 1-12 所示。从图 1-12 可以看出,黄浦江水中的 SUVA 值在 6—9 月份时较高,而在 11—第二年 4 月份时较低,表明腐殖酸含量在夏季时较高,冬季时较低。图 1-12 还表明,小于 1 000 Da 的低相对分子质量的 SUVA 在 6 月份时达到最高。这与前面对 DOC 和 UV_{254} 变化的分析结论相符。

对 1 月 4 日和 6 月 9 日的水样进行了 THMFP 的测定,结果如图 1-13 所示。从图 1-13 可以看出,在大于 30 000、30 000~10 000 和 10 000~1 000 Da 的相对分子质量区间内,1 月和 6 月的 THMFP 大致相同,但对于小于 1 000 Da 的相对分子质量有机物的 THMFP,却相差很大。将相应的 SUVA 数值比较,发现 1 月和 6 月的正处于全年的较高值和较低值,分别为 2.44 和 4.6。比紫外吸收值 SUVA 主要反映水中有机物的芳香构造化程度,SUVA 值越高,其芳香构造程度越高,含饱和键的有机物越少。丹保也发现,SUVA 越高,其 THMFP 也越高。由此可见,黄浦江水中的 THMFP 生成量和 SUVA 大小密切相关。

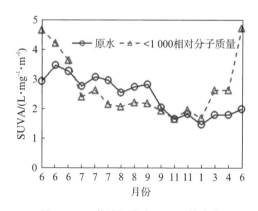

图 1-12　黄浦江水中 SUVA 的变化

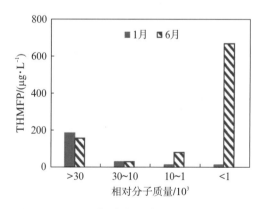

图 1-13　不同相对分子质量的 THMFP 分布

1.2.2　长江水有机物相对分子质量变化规律

采用超滤膜法对 2001 年 4 月、7 月、8 月、9 月和 11 月的长江原水(镇江段)进行了有机物相对分子质量分布的测定。结果如图 1-14—图 1-16 所示。

由图 1-14 可知,长江原水镇江段中的 DOC 相对分子质量分布的规律是:相对分子质量大于 3 000 Da 的 DOC 约占 34%,主要集中在大于 10 000 Da 的相对分子质量;相对分子质量小于 3 000 Da 的 DOC 约占 66%,而且随季节变化不大,说明长江原水中的溶解性有机物主要是由小分子的有机物构成。

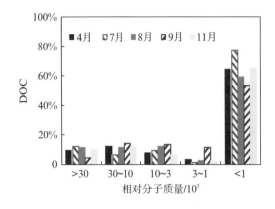

图 1-14 长江原水(镇江段)相对分子质量的 DOC 变化

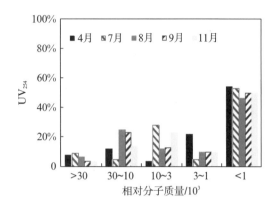

图 1-15 长江原水(镇江段)相对分子质量的 UV$_{254}$ 变化

由图 1-15 可知,长江原水中的 UV$_{254}$ 相对分子质量的分布规律是:相对分子质量大于 3 000 Da 的 UV$_{254}$ 约占 40%,主要集中在相对分子质量 3 000 ~ 10 000 Da,平均为 20%;大于 10 000 Da 的 UV$_{254}$ 平均为 24.4%;小于 3 000 Da 的占 59% 左右。

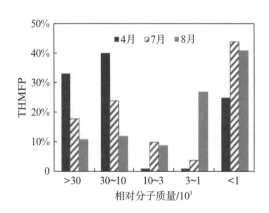

图 1-16 长江原水(镇江段)相对分子质量的 THMFP 变化

由图 1-16 可知,在 4 月份,相对分子质量大于 10 000 Da 的 THMFP 约占 73%;小于 3 000 Da 的占 27.5%;而在 3 000 ~ 10 000 Da 之间的 THMFP 很少,仅为 0.5%;在 7 月,大于 10 000 Da 的 THMFP 仅为 16% 左右;小于 3 000 Da 的占 49%;而在 3 000 ~ 10 000 Da 的 THMFP 为 10%;在 8 月,大于 10 000 Da 的 THMFP 为 41%,小于 3 000 Da 的占 49%,在 3 000 ~ 10 000 Da 的仅为 10% 左右。以上的测定结果说明,长江原水镇江段的 THMFP 主要为相对分子质量大于 10 000 Da 和小于 1 000 Da 的有机物所产生。

1.2.3　淮河水有机物相对分子质量变化规律

对 2002 年的淮河水进行了相对分子质量分布的测定,结果如图 1-17 和图 1-18 所示。由此可见,淮河水的有机物也主要集中在相对分子质量小于 1 000 Da。

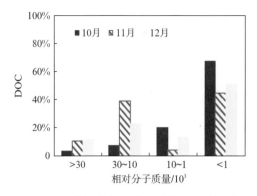

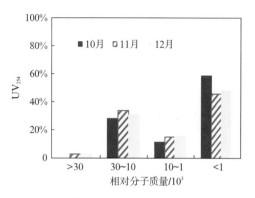

图 1-17　淮河水相对分子质量 DOC 的变化　　图 1-18　淮河水相对分子质量 UV_{254} 的变化

1.3　GPC 法测定水源的有机物相对分子质量分布规律

虽然 UF 膜法测定相对分子质量的方法简单、无须昂贵的分析设备,但由于该方法是通过几何加减得到相对分子质量区间的有机物浓度,所得到的有机物相对分子质量分布并不连续,且会受膜材质、有机物本身物化性质和过滤条件等诸多因素的影响。下面部分是采用国外相关研究较多的 GPC 法测定的有机物相对分子质量分布情况。

所用仪器由日本岛津公司(Shimadzu)提供,整套系统主要由 LC-10AD 型泵、SPD-20A 紫外检测器、SCL-10A 系统控制器以及 G2500PWXL 型凝胶色谱柱(TSK)四部分组成。采用浓度为 0.05 mol/L 的硫酸钠作为流动相,硫酸钠溶液的配置采用超纯水(MilliQ),流速设定为 0.5 ml/min。采用相对分子质量为 14 000 Da,7 500 Da,4 000 Da,1 500 Da,1 300 Da,700 Da,500 Da,200 Da 的聚苯乙烯磺酸钠(Sodium Polystyrene Sulfonate)作为标准物质标定。水样经 0.45 μm 滤膜过滤后待测,进样量 20 μl,水中有机物随相对分子质量大小依次通过分离柱进入检测器。

1.3.1　黄浦江水、三好坞湖水和昆山庙泾河水的相对分子质量分布

图 1-19 为凝胶色谱紫外检测器测定的黄浦江水、三好坞湖水和昆山庙泾河水(以下简称昆山水)的相对分子质量分布。由此可见,三种原水的相对分子质量主要集中在 500～100 的范围,并随着相对分子质量的降低,响应强度明显降低。此外,在 50 000 左右的相对分子质量,三好坞湖水和昆山水有微弱的响应。

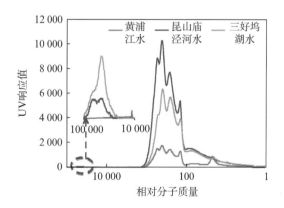

图 1-19　黄浦江水、三好坞湖水和昆山庙泾河水的相对分子质量分布

1.3.2 三好坞湖水、黄河水、黄浦江水、昆山庙泾河水、高邮水库水的相对分子质量变化规律

为了更准确地分析天然有机物的相对分子质量特性,同时运用 UF 膜法和 GPC 法表征三好坞湖水、黄河水、黄浦江水、昆山水、高邮水库水(以下简称高邮水)的相对分子质量分布,进一步说明它们在溶解性有机物特征上的异同。

表 1-2 为五种水源水质基本情况,按照我国《地表水环境质量标准》(GB 3838—2002)规定,以上 5 种水源的 pH 值均在合理范围内,在采集的水源水中,黄河水的有机物浓度指标可达到Ⅰ类水质标准,而其他 4 种水源水均处于Ⅱ类、Ⅲ类标准区间内,属于典型的微污染水源水质情况,其中,以昆山和黄浦江水源的有机物污染情况最为严重。从 5 种水源的对紫外的吸收强度(SUVA)来看:黄浦江的 SUVA 值最高,其次,黄河 SUVA>高邮 SUVA>昆山 SUVA>三好坞 SUVA。

表 1-2　　　　　　　　　　　　　　水源水质基本情况表

水　源	三好坞湖水	黄河水	黄浦江水	昆山水	高邮水
采集地点	同济大学	甘肃兰州	上海杨树浦水厂	江苏昆山水厂	江苏高邮
水源类型	湖水	河水	江水	河水	湖水
浊度(NTU)	23.9	5.83	24.3	15.2	50.3
pH	8.4	8.63	8.22	8.3	8.2
$DOC/(mg \cdot L^{-1})$	4.75	1.48	5.42	5.86	4.24
UV_{254}/cm^{-1}	0.076	0.034	0.177	0.114	0.087
$SUVA/[L \cdot (mg \cdot m)^{-1}]$	1.61	2.27	3.27	1.95	2.06

图 1-20 为采用 UF 膜法表征原水的相对分子质量分布。其中,在以 DOC 比例表示的相对分子质量分布图中可以看出,5 种原水小于 1×10^3 Da 的小分子有机物最多,其次是 $1 \times 10^3 \sim 3 \times 10^3$ Da 以及 $10 \times 10^3 \sim 30 \times 10^3$ Da 两个区域的有机物较多,而 $3 \times 10^3 \sim 10 \times 10^3$ Da 和大于 30×10^3 Da 的有机物比例相对较少。若将溶解性有机物按照大($>10 \times 10^3$ Da)、中($3 \times 10^3 \sim 10 \times 10^3$ Da)、小($<3 \times 10^3$ Da)三个相对分子质量区间进行归类,则 5 种原水均以小分子有机物为主($60\% \sim 70\%$),其次是大分子有机物($20\% \sim 35\%$),中等分子有机物只占原水的 $5\% \sim 10\%$。说明原水中有机物以小分子为主的情况是典型的地表水水质特征。原水的大分子有机物比例最高的是三好坞湖水和昆山水,其中昆山水中大于 30×10^3 Da 的有机物最多,占原水的 12.5%,$10 \times 10^3 \sim 30 \times 10^3$ Da 的有机物为 24.3%;三好坞湖水中大于 30×10^3 Da 的有机物略少,占原水的 8.8%,$10 \times 10^3 \sim 30 \times 10^3$ Da 的有机物为 19.5%。其他两种原水的大分子有机物以 $10 \times 10^3 \sim 30 \times 10^3$ Da 为主,大于 30×10^3 Da 的有机物极少。

从 UV_{254} 表示的相对分子质量分布可以看出,大于 30×10^3 Da 的大分子比例明显减少,低于 3%,与文献报道中的大分子特征一致。可以认为,这部分有机物主要是胶体、多糖或蛋

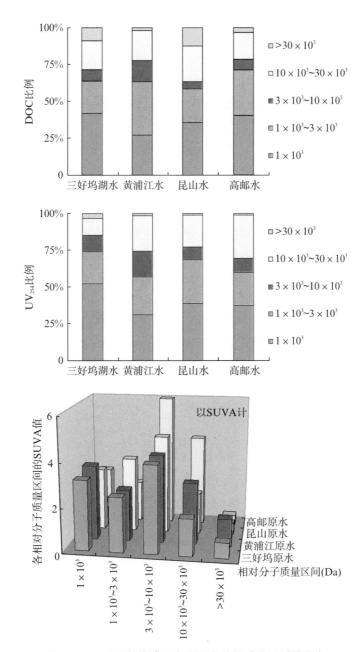

图 1－20　采用超滤膜法表征原水的相对分子质量分布

白质有机物。但以 UV_{254} 表示 $10\times10^3\sim30\times10^3$ Da 之间的大分子有机物时,则出现了两种不同的情况。三好坞湖水和昆山水中比例明显降低,而黄浦江、高邮原水中 $10\times10^3\sim30\times10^3$ Da 的大分子有机物比例有所增加,这说明三好坞和昆山的 $10\times10^3\sim30\times10^3$ Da 大分子中仍然以多糖、蛋白质等紫外吸收低的有机物为主,而黄浦江水和高邮水中则可能含有对紫外吸收极强的腐殖类大分子聚合物。

从各原水相对分子质量区间的 SUVA 值也可以清晰地看到,与其他相对分子质量区间相比,大于 30×10^3 Da 的分子 SUVA 值明显偏低,除黄浦江水外均在 1.0 以下。黄浦江水

大于 $30×10^3$ Da 的大分子 SUVA 值为 1.24,说明此区间大分子有机物中可能含有苯环结构,如芳香族蛋白质或聚合态腐殖酸等。在 $10×10^3～30×10^3$ Da 区域内,三好坞湖水和昆山水的 SUVA 在 1.0～2.0 之间,而黄浦江水和高邮水的 SUVA 则超过 2.0。这说明在 $10×10^3～30×10^3$ Da 相对分子质量段,黄浦江水和高邮水含有更多的腐殖类大分子有机物。而三好坞湖水和昆山水大分子仍主要以对紫外响应低的大分子多糖和蛋白质为主。

4 种原水中,对 SUVA 值响应最强的区域均是 $3×10^3～10×10^3$ Da 的中等分子有机物,各原水的 SUVA 均在 4.0 以上。特别是高邮原水,其紫外响应强度高达 6.0。说明此区间内有机物的分子结构应以苯环或不饱和双键为主,因此可能含有两类对紫外吸收较强的有机物,一是含有苯环等 π 键结构的腐殖类有机物,如腐殖酸、富里酸、木质素等;另一类是结构中含有苯环的蛋白质分解产物,如色氨酸、酪氨酸、苯丙氨酸等。而小于 $3×10^3$ Da 的有机物 SUVA 值在 2.0～4.0 之间,这些小分子应是大于 $3×10^3$ Da 有机物的降解产物。

图 1-21 为 GPC 法测定的 5 种原水的相对分子质量分布图。可以看出,三好坞湖水和昆山原水在凝胶色谱图上的峰高最低,而黄浦江水和黄河原水的相对分子质量峰最高。由于采用紫外检测器,凝胶色谱图上峰高的差异来源于原水中有机物对紫外响应强弱的影响。即各原水相对分子质量峰高的差异与表 1-2 中原水的 SUVA 值大小有关。且根据图 1-20 分析,在大于 $3×10^3$ Da 的有机物中,$3×10^3～10×10^3$ Da 的中等分子有机物对紫外响应最高,因此在 GPC 图上,大分子峰的峰顶与中等分子有关。

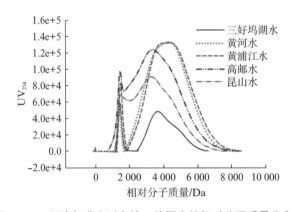

图 1-21 凝胶色谱法测定的 5 种原水的相对分子质量分布图

三好坞原水的大分子峰明显小于其他几种原水,可能是由于三好坞原水中大于 $3×10^3$ Da 的有机物以多糖类有机物为主。此外,昆山原水的紫外有机物分子量峰比三好坞略高,但也明显小于其他几种原水。昆山原水的 GPC 峰比三好坞原水高的原因主要是其 $3×10^3～10×10^3$ Da 的中等分子有机物中含有的腐殖类有机物比例较高,但由于其大分子有机物中多糖等物质含量远高于其他原水,因此其 GPC 峰比其他原水低。其他三种原水的紫外有机物相对分子质量范围较大,特别是黄浦江和黄河原水,紫外有机物相对分子质量分布广泛,且存在大相对分子质量紫外有机物。此外还可以确定的是,黄浦江和黄河原水中有机物种类非常接近,因此产生的 GPC 峰型基本一致。

以上结论表明,在充分理解 GPC 图含义的基础上,得出的原水相对分子质量情况基本与 UF 法一致。同时,由于 GPC 法产生的误差较小,因此表征有机物相对分子质量时更为精确。

1.4　HPSEC-TOC-UV 测定水源的有机物相对分子质量分布规律

虽然 UF 法和 GPC 法在测定有机物相对分子质量上有其各自的优点,但是在使用上仍然存在一定缺陷,如 UF 膜法虽然方法简单,但是所得到的有机物相对分子质量分布不连续等。传统的 GPC 法采用紫外检测器,只能响应含有共轭双键和芳香结构的化合物,某些有机成分如含有碳单键的亲水性分子和无苯环类化合物就无法被检测出,可能会造成相对分子质量测定的偏差。将 TOC 与凝胶色谱联用,即 HPSEC-UV-TOC,开展调试和运行条件的优化,并应用到几种天然原水分析中,测定不同来源的有机物的相对分子质量。

高效凝胶色谱法的主要分离原理是水样通过色谱柱中的不同孔径通道,有机物按照相对分子质量大小的先后次序流出色谱柱,从而得出样品的不同分子尺寸随保留时间变化的曲线。样品通过 Waters e2695 型凝胶色谱仪按尺寸大小分离后依次经过 Waters 2489 型紫外检测器和 Sievers 900 Turbo TOC 检测器,在 Empower Pro 色谱工作站上每 4 s 采集一个模拟信号,同步绘制出 UV 响应和 TOC 响应随样品采集时间变化的关系曲线。

高效凝胶色谱法的优点是 TOC 检测仪可以检测出所有有机化合物,UV 和 TOC 两种不同的浓度表征值还可以为我们提供一些重要信息,如 SUVA 等,进而能够更真实地反映有机物的结构特征和物化性质等。

本研究中色谱柱采用的是 TSKgelG3000PWXL,尺寸为 7.8 mm×300 mm,材料为甲基丙烯酸酯共聚物。保护柱采用 TSK-GEL TSK guardcolumn PWXL,尺寸为 6.0 mm×40 mm。

检测器温度和柱温为 40℃,流速为 0.5 ml/min,紫外检测波长 254 nm,在没有特别注明进样量和溶剂的情况下,进样量均为 100 μL,待测样品均用超纯水配定,测量时间为 35 min。

流动相为 0.02 mol/L 的 $NaSO_4$,0.05 mol/L 的 KH_2PO_4 和 0.03 mol/L 的 NaOH 混合溶液。试验装置如图 1-22 所示。

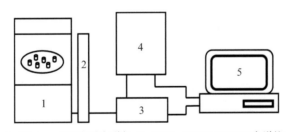

1—Waters e2695凝胶色谱仪; 2—TSKgelG3000 PW XL色谱柱;
3—Waters 2489紫外检测器; 4—Sievers 900 TOC检测器; 5—电脑

图 1-22　HPSEC-UV-TOC 联用示意图

使用前先对仪器进行校正,进行标准曲线绘制、进样量、离子浓度、pH 影响的研究。

1.4.1　标准曲线绘制

在高效凝胶色谱中,为了把原始谱图数据转换成各种平均相对分子质量和相对分子质量分布值,必须进行校正。通过采用合适的标准样品和校正方法,对应几种不同相对分子质量的保留时间,以 logMW 对时间 t 作图,即可得到标准曲线。本研究采用宽分布标样校正法。一些研究证明标准样品聚苯乙烯磺酸钠(SPS)能很好地代表天然水中腐殖酸一类的有机物特性,因此本试验选用上海西宝生物科技有限公司提供的 $3.61×10^3$ Da, $6.8×10^3$ Da, $15.45×10^3$ Da 和 $31×10^3$ Da SPS 标样。由于 SPS 标样没有低相对分子质量,而天然水中含较多低相对分子质量有机物,所以补充选用 200 Da 和 1 400 Da 两个标准样品聚乙二醇(Polyethylene Glycols,PEGs)。

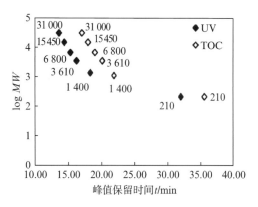

图 1-23 log*MW* 与峰值保留时间 *t* 的关系曲线

所得表观相对分子质量的对数值 log*MW* 对出峰峰值保留时间 *t* 的校正曲线如图 1-23 所示。

所得曲线求作三阶方程,得到:

$$AMW_{UV} = 10^{(S-2.25T^1+0.0907T^2-0.0012T^3)}, R^2 = 0.9998 \tag{1-3}$$

$$AMW_{TOC} = 10^{(S-1.58T^1+0.047T^2-0.00048T^3)}, R^2 = 0.9989 \tag{1-4}$$

式中　AMW_{UV}——UV_{254} 的表观相对分子质量;

　　　　AMW_{TOC}——TOC 的表观相对分子质量;

　　　　T——峰值保留时间,min;

　　　　S——常数。

可以看出,UV_{254} 的标准曲线线性拟合很好,标准方差 R^2 达 0.9998。由于样品是依次流经紫外检测器和 TOC 检测仪,同一标样的出峰时间 TOC 较 UV 略有偏后,线性拟合同样较好,标准方差 R^2 达 0.9989。

1.4.2 TOC 响应值与质量浓度关系的确定

由于 Empower Pro 色谱工作站不能自动将接收到的 TOC 检测仪发出的电信号转换为 TOC 质量浓度值,通过 TOC 质量检测仪每 4 s 所测出的质量浓度值与色谱工作站采集的电信号数据进行线性拟合,所得结果如图 1-24 所示。可以看出,线性拟合结果非常好,标准方差 R^2 为 0.9999,说明采集的电信号与有机物 TOC 实际质量浓度有明显的相关性。

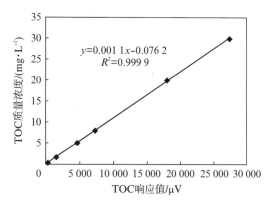

图 1-24 TOC 质量浓度与响应值关系曲线

1.4.3 系统测试腐殖酸、海藻酸钠、单宁酸和蔗糖的 UV 和 TOC 响应

HPSEC-UVA/TOC 系统测试了包括单宁酸(Tannic Acid,TA)、腐殖酸(Humic Acid,HA)、海藻酸钠(Sodium Alginate,SA)和蔗糖(Sucrose,SUC)四种不同物化性质的有机

物,以研究 UV 和 TOC 结果上相对分子质量的差别。为了便于研究,四种物质均在进样前用超纯水配定到 30 mg/L。图 1-25 和图 1-26 分别为四种有机物的瞬时 TOC 和 UV 随相对分子质量变化的曲线。从 TOC 图中可以看出,亦如预期,根据相对分子质量从大到小依次出峰的是 SA、HA、TA 和 SUC。SA 的相对分子质量分布分散,有两个峰,分别是 $8.25 \times 10^5 \sim 3.57 \times 10^4$,峰值为 2.34×10^5 和 $1.76 \times 10^3 \sim 1.01 \times 10^3$,峰值为 1.41×10^3。HA 在相对分子质量 3.81×10^3 左右达到峰顶,由于组分不均一,所以峰形对称性较差,分别是 $1.20 \times 10^4 \sim 2.38 \times 10^3$ 和 $1.92 \times 10^3 \sim 1.03 \times 10^3$。TA 的相对分子质量跨度从 300 到 3 000[4]。

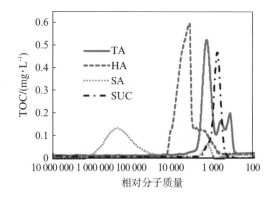

图 1-25　四种物质 TOC 响应随相对分子质量变化图

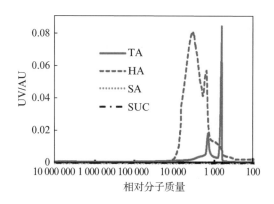

图 1-26　四种物质 UV 响应随相对分子质量变化图

三个峰可能是由于单宁酸存在水解现象,并且由于水解导致理论质量浓度与实际质量浓度有较大差异,分别为 $2.43 \times 10^3 \sim 1.08 \times 10^3$,峰值出现在 1.38×10^3;$1.08 \times 10^3 \sim 5.95 \times 10^2$,峰值出现在 6.17×10^2;$5.95 \times 10^2 \sim 2.70 \times 10^2$,峰值出现在 3.74×10^2。SUC 最后出峰,对应了其最小的相对分子质量,分别为 $1.68 \times 10^3 \sim 1.13 \times 10^3$ 和 $1.13 \times 10^3 \sim 3.81 \times 10^2$,峰值在 7.73×10^2。四种有机物质量浓度虽然均为 30 mg/L,但峰面积各不相同,说明不同物质对应的 TOC 响应不同。

从图 1-26 的 UV 曲线中可以看出,由于含有较多的碳双键和芳香结构,HA 和 TA 保持了较高的响应值。HA 由于组分复杂,峰形较差,分别是 $1.00 \times 10^4 \sim 1.84 \times 10^3$,峰值在 3.25×10^3;$1.84 \times 10^3 \sim 1.08 \times 10^3$,峰值在 1.56×10^3。TA 出现两个峰,分别为 $1.87 \times 10^3 \sim 9.48 \times 10^2$;$7.22 \times 10^2 \sim 5.31 \times 10^2$,峰值在 6.17×10^2,对比 TA 的 TOC 和 UV 曲线,可知 6.17×10^2 处峰的 TOC 响应较小,而 UV 响应较大,说明该峰所含有机物为类腐殖质或含芳香族化合物,而 TOC 曲线中 3.74×10^2 处峰在 UV 图中没有反映,说明该处有机物为无碳双键和不含芳香结构的小分子有机物。SA 和 SUC 的 UV 基本都没有响应(图 1-27),

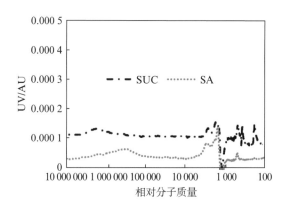

图 1-27　SUC,SA 的 UV 响应随相对分子质量变化图

即使质量浓度已高达 30 mg/L,说明如 SA、SUC 一类无共轭双键和芳香结构的亲水类有机物无法被传统的 HPSEC-UV 检测到[5]。

图中四种物质在相对分子质量 1.41×10^3 左右处均有峰出现,之后的试验可知该峰为干扰峰,并不是样品中有机物的出峰,针对该现象后面会进行详细探讨。TA 该处峰面积非常大,很可能是本身在相对分子质量 1.41×10^3 左右有峰。

1.4.4　进样量的影响

样品的进样量对于 HPSEC-TOC 的测定有着重要影响。进样量过小,TOC 响应可能偏低,出峰不明显,会造成结果较大偏差。进样量过大,容易使样品溶液和色谱柱之间产生相互作用,并且影响色谱柱使用寿命。由于 SUC 的 TOC 响应峰形最好,按照色谱柱的要求在允许的范围内我们选择进样量 20 μL,40 μL,60 μL,80 μL 和 100 μL 对 SUC 在 10 mg/L 的质量浓度下进行测定,结果如图 1-28 所示。

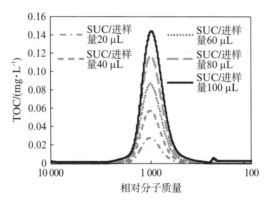

图 1-28　不同进样量对 TOC 响应的影响

由图 1-28 可以看出,随着进样量的增大,峰宽基本保持一致,而峰高成倍增大,从 20 μL 到 100 μL,峰高从低到高依次为 0.028 4 mg/L,0.057 9 mg/L,0.087 1 mg/L,0.116 3 mg/L,0.142 7 mg/L,进样量与峰高线性拟合很好,R^2 达 0.999,说明 TOC 响应值与样品进样量线性相关。不同进样量和对应的峰面积值如表 1-3 所示,标准方差 $R^2 = 0.999$,同样显示峰面积与进样量有很好的线性关系。在色谱柱的测量范围内,为了便于测定,得到较明显的 TOC 响应,我们选择 100 μL 作为今后试验的进样量。

表 1-3　　　　　　　　　　　进样量与响应的峰面积值

进样量/μL	20	40	60	80	100
峰面积/$(mg \cdot s \cdot L^{-1})$	2.923	5.946	8.826	11.706	14.576

1.4.5　离子浓度的影响

为了测定样品中离子浓度对 TOC 响应结果的影响,在色谱柱的允许范围内,采用 NaCl 为 0.05 mol/L、0.1 mol/L 和 0.2 mol/L 对 30 mol/L 的 SUC 进行测定,并与离子浓度为零时进行对比,所得结果如图 1-29 所示。

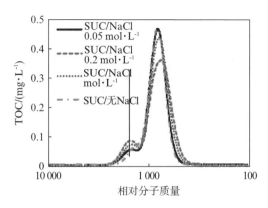

图 1-29　不同离子浓度对 TOC 响应的影响

由图 1-29 可以看出,随着离子浓度的升高,峰面积(即响应)略有减小,从离子浓度为零到离子浓度为 0.2 mol/L,峰面积减小仅 1.2%,峰高降低 19.5%,且离子浓度为 0.05 mol/L,0.1 mol/L 和无 NaCl 时的峰高几乎一致。之前的一些研究指出随着离子浓度升高,响应出峰时间会推后,对应的相对分子质量减小,但本试验中出峰时间并未有明显改变(表 1-4)。说明离子浓度对测定有机物相对分子质量分布影响较小。

表 1-4　　　　　　　　不同离子质量浓度对应的出峰时间

离子质量浓度(NaCl)/(mg·L⁻¹)	0	0.05	0.1	0.2
出峰时间/min	23.486	23.468	23.498	23.689

有趣的是,图中相对分子质量在 1.41×10^3 处的干扰峰随着 NaCl 质量浓度的增加而变大,究其原因,可能是由于 Cl^- 干扰了流动相的缓冲平衡作用,并且和 TOC 检测仪中的 $(NH_4)_2S_2O_8$ 氧化剂发生了反应,见式(1-5)和式(1-6)[6],导致干扰峰变大。

$$2Cl^- + S_2O_8^{2-} + 2H_2O \xrightarrow{UV} 2HOCl + 2HSO_4^- \qquad (1-5)$$

$$DOC + HOCl \longrightarrow TOX + H_2O \qquad (1-6)$$

1.4.6　pH 值的影响

将 10 mg/L 的 SUC 溶液分别调节至 pH 值等于 2,4,7,10 和 12,考察 pH 值对 TOC 响应的影响,结果如图 1-30 所示。SUC 在 pH=2,4,7 时的峰宽一致,峰面积相等,而在 pH=10,12 的峰宽明显增大,并且响应高出 10 倍之多(表 1-5),说明 pH 值对 TOC 测定的影响较大。究其原因,TOC 检测仪中可自动投加 H_3PO_4,用以酸化样品总碳(TC)中的无机碳(IC),见式(1-7)。将 IC 产生的 CO_2 通过特定装置排出,然后投加氧化剂 $(NH_4)_2S_2O_8$ 氧化有机碳(TOC),见式(1-8)。通过测定这部分有机碳产生的 CO_2 确定样品 TOC 质量浓度。当 pH 值为中性或酸性时,式(1-7)的反应完全,IC 被彻底去除,当 pH 值为碱性时,阻碍了 H_3PO_4 酸化 IC 成分,导致最后测得的 CO_2 增多,TOC 响应失真。所以今后待测样品测定前均应先调节 pH 值至中性或酸性以保证检测的准确度。

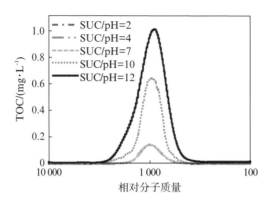

图 1-30 不同 pH 值对 TOC 响应的影响

表 1-5　　　　　　　　　　　不同 pH 值对应的峰面积

pH 值	2	4	7	10	12
峰面积/(mg·s·L^{-1})	12.935	13.780	14.576	89.753	133.286

$$2H^+ + CO_3^{2-} \longrightarrow H_2O + CO_2 \tag{1-7}$$

$$DOC \xrightarrow{S_2O_8^{2-},UV} H_2O + CO_2 \tag{1-8}$$

1.4.7　测试样配制溶液的影响

图 1-31 和图 1-32 分别为 30 mg/L 的 SUC 和 20 mg/L 的 SA 溶于超纯水和流动相后测定的 TOC 响应结果,用超纯水配定的 SUC 和 SA 均出现 2 个峰,其中相对分子质量 1.41×10^3 处属干扰峰,当样品溶于流动相后该峰完全消失(SUC)或明显减小(SA),出峰效果明显好于用超纯水配定的溶液,说明待测样品测定前为了减小样品溶液和色谱柱填料之间的相互作用,应采取一定的预处理,使样品离子质量浓度与流动相近似,并调节 pH 值。

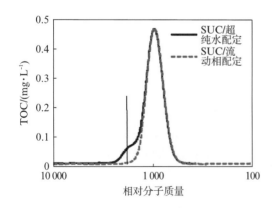

图 1-31　SUC 分别溶于超纯水和流动
相后的 TOC 响应

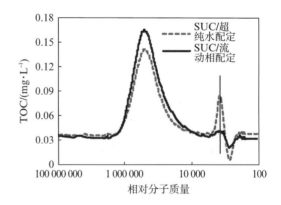

图 1-32　SA 分别溶于超纯水和流动
相后的 TOC 响应

1.4.8　湘江和太湖原水的相对分子质量分布

利用 HPSEC-UV-TOC 联用技术测定湘江和太湖原水中有机物的相对分子质量分布,

如图 1-33 和图 1-34 所示。测定前,水样质量浓度调节至 5 mg/L 左右,pH 值调至中性,调节电导率和 Ca^{2+} 浓度一致。

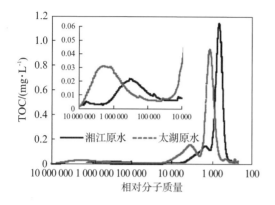

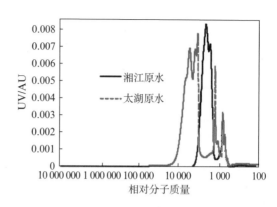

图 1-33　两种原水有机物相对分子质量
　　　　分布 TOC 对比

图 1-34　两种原水有机物相对分子质量
　　　　分布 UV254 对比

　　可以看出,两地水样相对分子质量分布不尽相同。虽然两种原水有机物分子质量分布均有三个区间,但第一区间:太湖水中大分子有机物较湘江偏多而分子质量更大,分布从 $1.0×10^7 \sim 1.0×10^5$ Da,峰值在 $1.73×10^6$,湘江大分子有机物分布在 $1.18×10^6 \sim 6.04×10^4$ Da,峰值在 $3.05×10^5$,由 UV 图中可以看出,这部分有机物对紫外并没有响应,说明这部分为一些对紫外吸收极低的多糖类、胶体或高分子蛋白类;第二区间:为中分子有机物区间,太湖有机物在此区间为 $1.03×10^4 \sim 1.78×10^3$ Da,峰值在 $3.10×10^3$,湘江有机物在此区间为 $3.95×10^3 \sim 9.78×10^2$ Da,峰值在 $1.63×10^3$,太湖中分子较湘江更大,两者峰形均不对称,且对比 UV 图可知,这部分有机物对 UV_{254} 响应强烈,由此推断这部分为对紫外吸收极强的结构复杂的腐殖类中分子化合物;第三区间:为小分子有机物段,太湖小分子有机物段在 $1.78×10^3 \sim 3.29×10^2$ Da,峰值在 $1.07×10^3$,湘江小分子有机物段在 $9.78×10^2 \sim 3.94×10^2$ Da,峰值在 $6.34×10^2$,对比 UV 图,小分子有机物虽然 TOC 响应最大,但对紫外响应很小,且形状不规则,说明这部分有机物包括一部分碳单键和芳香结构较少的小分子有机物,也包含小部分由前面提到的大分子腐殖类和芳香族蛋白的小分子分解产物,这部分含共轭双键的小分子仍对紫外有较强响应。

1.4.9　青草沙原水和滆湖原水有机物相对分子质量分布

　　图 1-35 和图 1-36 为青草沙原水和滆湖原水有机物相对分子质量分布。青草沙原水和滆湖原水中有机物主要分布在三个区间:第 I 部分有机物主要分布在 $5\,000×10^3 \sim 50×10^3$ Da,峰值出现在 $500×10^3$ Da 左右。这部分有机物相对分子质量较高,且对紫外无响应,占水中总有机物的比例很小,这部分有机物主要由亲水性有机物如多糖或高分子蛋白质构成。对比两种原水中第 I 部分有机物分布可知,滆湖原水中大分子有机物含量多于青草沙原水,青草沙原水中大分子有机物含量较低。

　　第 II 部分有机物主要分布在 $10×10^3 \sim 2×10^3$ Da,峰值出现在 $3×10^3$ Da 左右。主要由中等相对分子质量的有机物构成,对比 UV_{254} 响应图可以看出,这部分有机物对紫外响应强

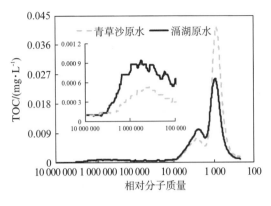

图 1-35　两种原水有机物相对分子质量
　　　　分布 TOC 对比

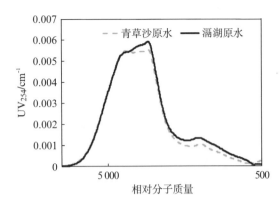

图 1-36　两种原水有机物相对分子质量
　　　　分布 UV_{254} 对比

烈,由此可以推断第Ⅱ部分有机物主要是腐殖酸等对紫外响应较高的疏水性有机物。两原水中,滆湖原水中含有较多的中等分子疏水性有机物。

第Ⅲ部分有机物分布区间为 $200 \sim 2 \times 10^3$ Da,峰值在 1×10^3 Da 附近,为小分子有机物段。这部分有机物对 TOC 响应最大,但是对紫外响应却较低,说明这部分有机物主要包括一些碳单键和芳香结构较低的亲水性小分子有机物,也含有一些芳香族蛋白质的分解产物,由于其含有不饱和结构,所以对紫外仍有一定程度的吸收。对比两种原水,可以发现,青草沙原水中小分子有机物的含量明显高于滆湖原水中小分子有机物的含量。

综合分析两种原水中三个区间的有机物相对分子质量分布,可以得出:在两种原水中,均表现出中小分子有机物所占比重较大,大分子有机物只占总体的一小部分。与青草沙原水相比,滆湖原水中含有较多多糖和蛋白质等大分子亲水性物质和腐殖酸类的中等疏水性有机物;而青草沙原水中所含的小分子有机物明显高于滆湖原水,说明小分子有机物是青草沙原水中主要的物质组成。

1.5　有机物亲疏水性

1.5.1　分离方法

极性和可电离是有机物具有亲水性的特点。在水环境的 pH 下,羟基既具有极性又具有可电离性。有机物的亲水性和疏水性可用辛醇-水的分配系数($\log K_{ow}$)进行判断,$\log K_{ow}$在 -3 和 $+1$ 之间的为相对亲水性,在 $+1$ 和 $+4$ 之间为相对疏水性,在 $+4$ 和 $+7$ 之间的为强烈疏水性。Jucker 发现水溶性的腐殖酸和富里酸的 $\log K_{ow}$ 小于 -2.8。因此,尽管腐殖酸和富里酸被认为是疏水性的,但它们还是属于亲水性有机物。腐殖酸和富里酸的亲水性和疏水性强弱随水环境的 pH 值的变化而变化。在较低的 pH 值时,腐殖酸和富里酸趋向于疏水性,这是由于低 pH 值导致羧基完全质子化的缘故。

有机物的亲水性和疏水性可用树脂吸附获得[7]。水样首先用 0.45 μm 过滤,去除悬浮性固体,然后水样用 HCl 调节 pH 值为 2 并通过填充 DAX-8 树脂的吸附柱,DAX-8 树脂吸附了强疏水性有机物如腐殖酸,而亲水性有机物则通过吸附柱。吸附在 DAX-8 树脂上的有机物可用 pH 值为 13 的 NaOH 洗脱,洗脱液再通过装填 IRC - 120 树脂的吸附柱,将疏水性有机物分离为强疏水性和弱疏水性有机物。DAX - 8 树脂吸附柱的透过液进入 XAD - 4 吸附柱,XAD - 4 树脂吸附弱疏水性有机物,而透过液中的有机物可认为是亲水性有机物。将透过液再通过 IRA - 958 树脂吸附柱,将亲水性有机物分离成中性和非中性的亲水性有机物。分离过程如图 1 - 37 所示。

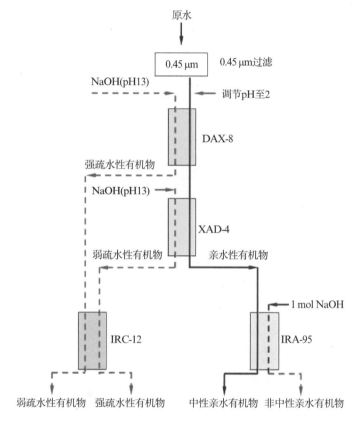

图 1 - 37　有机物亲疏水性分离流程

大量研究发现,相同组分的有机物具有某些相似的物质构成,而不同组分之间,在特征官能团类型、元素含量和化合键饱和程度方面均存在较大差异。表 1 - 6 总结了天然有机物亲疏水组分中的物质构成。

表 1 - 6　　　　　　　　　　　有机物亲疏水组分的物质构成

有机物组分	主要物质构成
强疏组分	腐殖酸、苯酚类化合物(如木质素)、芳香族化合物
弱疏组分	脂肪族、芳香族化合物、氨基化合物、不饱和性碳减少,C—O,C—H 键比例增加
极亲组分	酯类、酰胺类、羧酸类官能团、蛋白质、少量不饱和性芳香族化合物
中亲组分	多糖、氨基糖类、小分子有机物

1.5.2 亲疏水性有机物在校园原水中的分布

对位于同济大学校园内的三好坞湖水的有机物组成进行了深入的研究。结果如图1-38、图1-39所示。

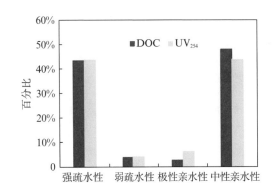

图1-38 不同组分有机物占原水 DOC 和 UV$_{254}$ 的百分比

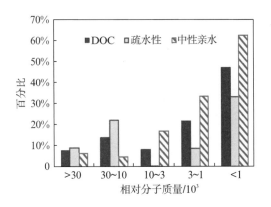

图1-39 疏水性和中性亲水性有机物的 DOC 相对分子质量分布

从图1-38可知,原水中的有机物主要由强疏水性和中性亲水性有机物组成,大约各占45%,弱疏水性和极性亲水有机物占很少的比例。由图1-39和图1-40可以看出,中性亲水性的有机物主要由较小的相对分子质量组成,相对分子质量越小的有机物,中性亲水的趋势就越强。

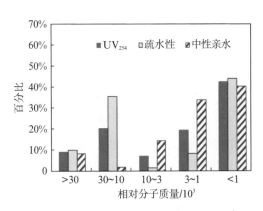

图1-40 疏水性和中性亲水性有机物的 UV$_{254}$ 相对分子质量分布

1.5.3 亲疏水性有机物在三好坞湖水、黄河水、黄浦江水、昆山水、高邮水中的分布

三好坞湖水、黄河水、黄浦江水、昆山水和高邮水的有机物组成如图1-41所示。

从图1-41来看,强疏、弱疏、极亲和中亲四种组分在原水中的分布情况各有不同。从亲疏水有机物的总比例上看,五种原水60%以上的有机物为亲水性组分(包括极亲和中亲),在三好坞湖水和昆山水原水中,亲水性组分的比例高达70%以上。在亲水性组分中,中亲在各原水中所占的比例都非常大,若按中亲比例多少进行排序,五种原水的顺序是:三好坞湖水＞昆山水＞高邮水≈黄浦江水≈黄河水。

在五种原水中,疏水性有机物所占的比例为 30%～40%,其中疏水性组分比例最大的是黄浦江原水。在疏水组分中,强疏组分含量比弱疏略高,而且各强疏组分含量的顺序与原水 SUVA 值高低顺序基本一致,说明 SUVA 值与疏水性组分有很好的相关性。图 1－42 列出了各组分的 SUVA 值,可以看出各组分对 SUVA 值的响应顺序为:强疏＞弱疏＞极亲＞中亲,说明四种组分对紫外吸收强度随着其苯环类分子结构的减少而降低。

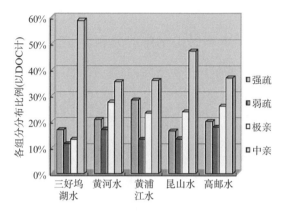

图 1－41　原水的亲疏水性分布比较

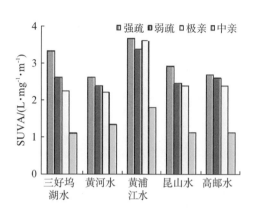

图 1－42　原水各组分的 SUVA 值

1.5.4　亲疏水性有机物在自来水和昆山水中的分布

自来水和昆山原水的有机物特征如图 1－43 和图 1－44 所示,可见两种水样中,疏水性有机物所占比例均低于亲水性有机物,疏水性 DOC 约占 35%,而亲水性 DOC 约占 65%。

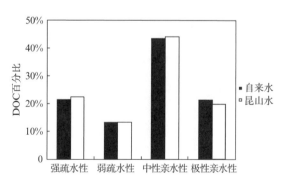

图 1－43　水源水中不同组分有机物占原水
　　　　　DOC 的百分比

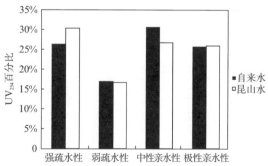

图 1－44　水源水中不同组分有机物占原水
　　　　　UV_{254} 的百分比

强疏水性有机物为大分子腐殖酸类,不论是从占总有机物(DOC)百分比还是紫外吸光度(UV_{254})百分比来看,自来水浓缩水样中的强疏水性有机物百分比都低于阳澄湖原水浓缩水样,这可能是由于自来水是经过常规处理后的水,而阳澄湖原水是未经过任何处理的水,而常规处理中的混凝、絮凝可以去除一部分大分子有机物,从而导致自来水中的疏水性有机物少于阳澄湖中的。其中,自来水浓缩水样中强疏、弱疏、中亲和极亲性有机物的 DOC 含量分别占原水的 21.57%,13.45%,43.60%,21.38%,而阳澄湖浓缩水样中强疏,弱疏,中亲和极亲性有机物的 DOC 含量分别占原水的 22.37%,13.45%,44.37%,19.81%。可见,弱疏水性有机物在两种水样中所占比例都比较小,这部分为低相对分子质量有机酸。而中亲性有机物在两类原水中所占的含量均较大,以大相对分子质量的多糖,以及小相对分子质量的烷基醇、醛、酮为主。

然而,比较图 1-43 和图 1-44 可以发现,中性亲水性有机物在两种水样中 DOC 的百分比均高于 UV$_{254}$ 的百分比,而强疏水性、弱疏水性、极性亲水性三种有机物结果恰恰相反,说明中性亲水性有机物主要是芳香结构化较低的有机物。

1.5.5 亲疏水性有机物在黄浦江水、三好坞湖水和昆山水中的分布

对黄浦江水、三好坞湖水和昆山庙泾河水等进行有机物组成研究,同样表明亲水性有机物占总有机物的主要组分,其次为强疏水性物质(图 1-45、图 1-46)。

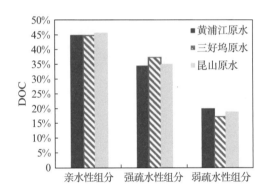

图 1-45　水源水中不同组分有机物占水　　　　　DOC 的百分比

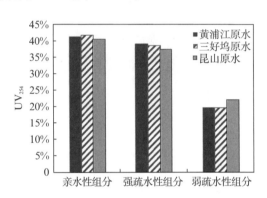

图 1-46　水源水中不同组分有机物占水　　　　　UV$_{254}$ 的百分比

其中,强疏水性有机物其占总有机物(DOC)百分比大小的顺序依次为:三好坞湖水>昆山水>黄浦江水。而以小相对分子质量的多糖和小相对分子质量的烷基醇、醛、酮和氨基酸为主的亲水性有机物占总有机物(DOC)的百分比大小顺序依次为:昆山水>黄浦江水≈三好坞湖水,弱疏水性有机物在三种水中所含浓度相差不大,其占总有机物(DOC)的百分比大小顺序依次为:黄浦江水>昆山水>三好坞湖水。

1.5.6 亲疏水性有机物在太湖水和湘江水中的分布

对太湖水和湘江水进行有机物研究也发现,这两地原水中亲水性组分也占多数(图 1-47)。其中,太湖亲水性组分占 64.47%(极亲 20.46%+中亲 44.01%),湘江亲水性组分占 53.37%(极亲 14.81%+中亲 38.56%)。天然水的亲疏水性比例与原水来源、有机物成分有密切关系,曾有研究表明,含有溶解性微生物产物的污废水和受藻类、微生物污染的天然水中亲水性比例较高,而由土壤渗滤、雨水冲刷等陆源性污染的天然原水疏水性比例较高[8]。湘江的疏水性有机物比例较高[8](强疏 31.10%+弱疏 15.53%),太湖疏水性有机物比例为强疏 23.54%+弱疏 11.99%。

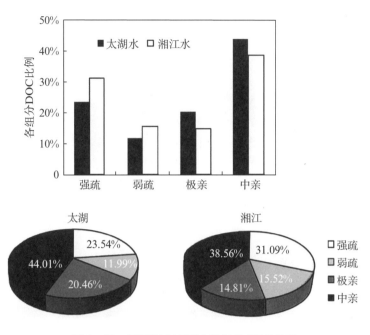

图 1-47　不同原水亲疏水性组分 DOC 分布

1.5.7　亲疏水性有机物在青草沙原水和淀湖水中的分布

通过对青草沙原水和淀湖的原水性质的研究(图 1-48),发现两种原水中亲水性组分与疏水性组分所占的比例相似。其中,青草沙原水中疏水性组分略高于亲水性组分,疏水性组分占 50.16%(强疏 32.81%＋弱疏 17.35%),亲水性组分占 44.88%(中亲 30.41%＋极亲 14.47%)。除此之外,还可以发现在青草沙原水和淀湖原水中强疏组分和中亲组分含量均比较高,说明这两种组分是原水中重要的组成部分。

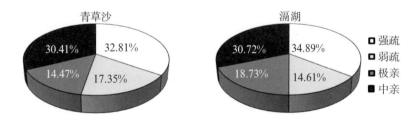

图 1-48　青草沙原水和淀湖原水中各组分 DOC 所占比例

青草沙和淀湖原水中各组分的 SUVA 分布则表现为(图 1-49):强疏组分＞弱疏组分＞极亲组分＞中亲组分,说明四种组分对紫外吸收强度由强至弱。对于疏水性组分来说,强疏和弱疏组分主要由腐殖酸和芳香族化合物组成,而这类物质中含有较多的芳香环、羧基或共轭双键等不饱和结构,所以表现为较强的紫外吸收;对于亲水性组分而言,极亲组分的 SUVA 响应要明显高于中亲组分,可能是由于极亲组分中含有苯环等对紫外吸收强烈的分子结构,而中亲组分主要以多糖为主,因此表现为 SUVA 值较低。

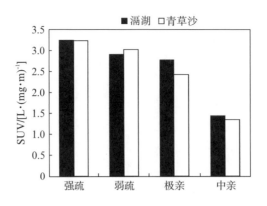

图 1-49　青草沙原水和淀湖原水中各组分 SUVA 所占的比例

注：1,2,3,4 分别代表强疏、弱疏、极亲和中亲组分

1.6　有机物三维荧光光谱特性

将荧光光谱运用在水科学研究中已有 50 多年的历史。20 世纪 90 年代，有研究者开始利用三维荧光光谱分析水样的来源和成分。由于水处理技术及其效果受水质来源和成分的影响较大，因此三维荧光光谱被广泛应用到水处理技术的分析中。之所以可以采用荧光光谱测定水中有机物的成分、含量、来源等信息，是因为水中存在大量可以吸收荧光光源能量并产生荧光跃迁量子的有机物结构。一般而言，产生荧光的强弱和有机物的分子结构有直接关系。像含有 π 键的芳香族化合物，不饱和碳键（C＝C）、羟基、氨基、烷氧基等特征官能团，都是易引发荧光的分子结构。

1.6.1　三维荧光光谱测定方法

三维荧光光谱矩阵（EEM）数据采自 Hitachi F-4500 型荧光光谱仪，激发光源为氙灯，波长扫描范围 E_x/E_m＝200～400 nm/275～575 nm，激发和发射狭缝宽度均为 5 nm，扫描速度为 12 000 nm/min，增倍管电压（PMT）400 V。根据测试发现，三维荧光光谱受水样的 pH 影响较大，而受水样的离子强度影响很小。因此测试前，需将水样调节 pH 值到接近 7.0，保持温度 20℃～25℃。使用 1 cm 荧光比色皿进行测试。每次扫描样品前，均需要用 Milli-Q 超纯水进行空白测定，以排除由于纯水产生的瑞利散射和拉曼散射峰，并以此控制荧光仪的稳定性。试验数据采用 MATLAB 7.0 进行处理。

1.6.2　三维荧光光谱数据处理方法

三维荧光光谱有两种表示形式：等高线图和三维投影图（图 1-50）。相比较而言，三维投影图可以获得更加直观的视觉效果，而等高线图对信息量的表现更加准确，并能体现与传统二维荧光图谱的关系。因此，本研究中采用的是等高线图来表示水样中有机物的荧光信息。

由于三维荧光光谱数据信息量庞大，且样品性质差异，可能存在一定的干扰因素，因此在分析荧光光谱数据时，需考虑以下几个方面。

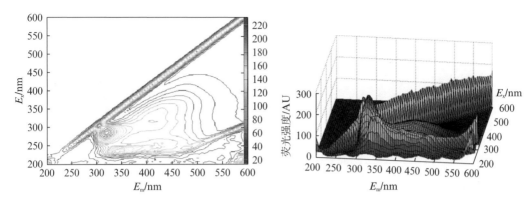

图 1-50　三维荧光光谱图的两种表示方法

1. 纯水背景干扰

从仪器中直接取得的三维荧光矩阵包含三种类型的荧光峰：待测样品荧光峰、水的瑞利散射峰以及拉曼散射峰。在有颗粒物存在情况下，还可能出现胶体散射峰，由于本研究样品全部为溶解性有机物，此类散射不会出现。在激发波长与发射波长相等处（$E_x = E_m$）产生的是瑞利散射，在发射波长二倍于激发波长处（$2E_x = E_m$）产生拉曼散射，由于检测仪器条件差异，实际测定与理论值可能略有偏差。特别是在样品浓度较低时，瑞利散射和拉曼散射峰对样品峰的干扰较大。因此为消除散射对有效光谱信息的干扰，是分析三维荧光光谱需要首先考虑的因素。采用矩阵处理软件（MATLAB7.0）将瑞利散射和拉曼散射屏蔽去除，以获得不受背景干扰的样品荧光区域，因此控制荧光光谱有效数据区域条件为 $E_x + 10 < E_m < 2E_x - 20$。

2. 荧光区域强度的计算

三维荧光光谱图是以等高线形式表示的荧光类有机物分布信息。这些可以产生荧光的有机物中包括了各种复杂的成分结构，由于存在荧光峰的重叠和掩蔽现象，在进行数据处理时，是按照一定的区域将荧光峰进行成分归类。而且荧光强度最大值出现的位置并不能非常合理地表示出整个区域中全部物质的荧光强度和含量。另外，在各种水处理过程中，由于各种物理化学作用，物质种类和构成可能发生改变，使得具有相似来源的水质得到的最大荧光峰位置发生偏移，对量化数据处理产生一定的困难。按区域类型进行荧光强度计算，可以在一定程度上避免上述问题的产生。Chen 采用了荧光区域积分方式对一段连续的荧光峰区域进行量化处理，使荧光图谱在归一化处理的基础上，能得到各类荧光物质的总强度，从而简化对复杂物质的识别[9]。根据荧光光谱测定的实际条件，以及结合前人研究建议，将测得的光谱图像划分成如图1-51所示的五个区域，各区域对应的波长边界及成分信息如表1-7所示。

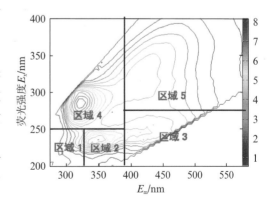

图 1-51　三维荧光光谱数据后处理效果

表1-7 　　　　　　　　　　　 各荧光区域划分边界对应表值 　　　　　　　　单位：nm

区域	有机物类型	激发波长边界 E_x/nm	发射波长边界 E_m/nm
区域1	芳香族蛋白质	220～250	300～330
区域2	芳香族蛋白质	220～250	330～380
区域3	富里酸	230～280	380～500
区域4	溶解性微生物产物	250～370	300～380
区域5	腐殖酸	280～400	380～500

对于不连续的荧光矩阵数据，荧光区域强度（ϕ_i）由下式计算得出：

$$\phi_i = \sum_{ex} \sum_{em} I(\lambda_{ex}\lambda_{em}) \Delta\lambda_{ex} \Delta\lambda_{em}$$

式中，$\Delta\lambda_{ex}$ 和 $\Delta\lambda_{em}$ 是激发、发射波长间距（5 nm）；$I(\lambda_{ex}, \lambda_{em})$ 是对应于每对激发、发射波长的荧光强度。

则总荧光强度 $\phi_T = \sum\phi_i$，某一区域的荧光强度百分比为 $P_i = \phi_i/\phi_T \times 100\%$。

3. 矩阵归一化处理

有研究指出[10]，当水质成分接近的时候，三维荧光光谱强度与水质成分含量有一定的线性相关性，但在研究不同水质情况时，由于水源成分差异，不可直接将荧光强度和成分含量进行关联，需要做进一步的归一化处理，按照DOC为单位质量浓度的荧光强度进行比较，以消除水样浓度差异对荧光强度的影响。参考单位DOC质量浓度下的紫外吸收强度用SUVA表示的方法，处理后单位DOC质量浓度下的荧光强度用符号FLU表示。根据上述三步荧光数据处理方法，所得到的新的荧光图谱如图1-51所示。

1.6.3 三好坞湖水、黄河水、黄浦江水、昆山水、高邮水的三维荧光光谱

三好坞湖水、黄河水、黄浦江水、昆山水和高邮水原水的三维荧光光谱如图1-52所示，从图上看，五种原水在四个区域出现荧光峰：

荧光峰A，E_x/E_m＝230～250 nm/400～460 nm；荧光峰C，E_x/E_m＝280～350 nm/400～470 nm；荧光峰B，E_x/E_m＝220～250 nm/300～350 nm；荧光峰T，E_x/E_m＝250～310 nm/300～360 nm。

参照表1-7所列的研究中荧光峰区域命名方式，荧光峰A和C属于腐殖酸类荧光，其中，荧光峰A所在区域称为紫外区富里酸类荧光，荧光峰C所在区域称为可见区腐殖酸类荧光。荧光峰B和T属于蛋白类荧光，荧光峰B可称为酪氨酸类荧光，荧光峰T称为色氨酸类荧光[11]。

从荧光峰的分布位置来看，五种水源中，有四种水源（三好坞湖水、黄河水、黄浦江水和昆山水）在蛋白类荧光峰区域具有较强的荧光峰，只有高邮水源的蛋白类荧光峰不明显。由于蛋白类荧光主要来自于水生生物自身代谢产生的生源污染以及人类活动产生的生产生活污水，因此高邮原水受这两种污染的程度较低，而另外四种原水则可能受这两类污染的影

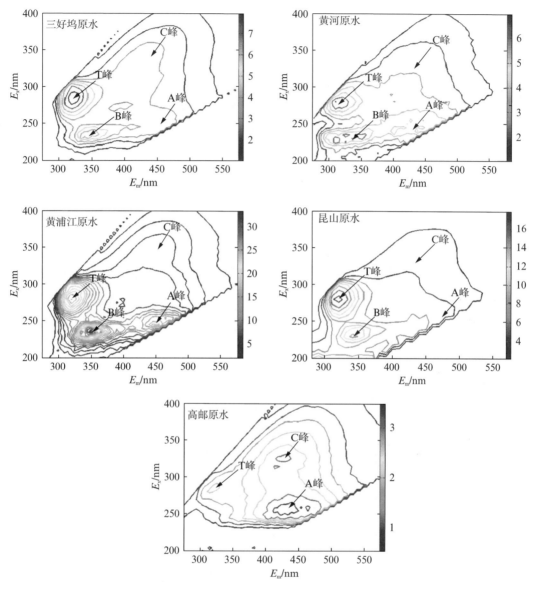

图 1-52　原水的荧光光谱图

响。其中,蛋白类荧光峰 T 的位置较为稳定,最大激发和发射波长出现的位置相差 5 nm 以内。N. Maie[12] 则认为,色氨酸类荧光峰 T 由两部分组成:一部分为普遍认为的大分子蛋白类有机物($E_x/E_m=280/325$);另一部分是相对分子质量相对较小的酚类物质($E_x/E_m=275/306$),主要来自于衰老的植物降解,是腐殖质的前体物。因此,T 峰较强的四种原水中,三好坞湖水、黄浦江水和昆山水中可能存在一定比例的大分子蛋白类有机物,而黄河原水由于 T 峰位置偏向于短波长区域,因此出现小分子物质的可能性较高。

从荧光强度上看,不同来源的溶解性有机物对荧光的响应强度不同,同样反映了不同水源中溶解性有机物的来源和成分差异。根据表 1-8 所示,五种原水的总荧光响应强度顺序是:黄浦江水>昆山水>三好坞湖水>黄河水>高邮水。对于不同类型的荧光峰,其荧光响应的强弱顺序是：FLU_T>FLU_B>FLU_A>FLU_C。这说明芳香族蛋白类有机物对荧光的响应强度大于腐殖类有机物。因此,在荧光光谱上腐殖类荧光峰往往容易受到蛋白类高强度荧光峰的掩蔽而忽视。与傅平清[13]等的研究发现类似,当蛋白类荧光峰极强时,腐殖类荧光峰很难观测到。特别是腐殖类荧光峰 A 在高强度的蛋白类荧光峰掩蔽下,已看不到完整的峰型,实际上五种原水中均含有较强的腐殖类荧光峰。

此外,荧光峰强度大小还与有机物的相对分子质量有关。有研究指出,荧光峰的强度与相对分子质量大小有关。大多数的研究认为,T 峰与大分子有机物或胶体颗粒物有关,而 B 峰代表的是小分子有机物。在腐殖类荧光区,相对分子质量较小的富里酸类荧光峰 A 往往比腐殖酸类荧光峰 C 强度高。

表 1-8　　　　　　　　　　　　原水的荧光强度对应表

| 水源 | A峰 | | C峰 | | T峰 | | B峰 | | 总荧光峰 | $f_{450/500}{}^a$ | $r(a,c)$ | $r(t,b)$ |
	E_x/E_m	FLU	E_x/E_m	FLU	E_x/E_m	FLU	E_x/E_m	FLU				
三好坞湖水	245/415	4.45	315/415	3.85	285/320	8.79	235/350	6.63	23.72	1.44	1.16	1.33
黄河水	240/435	5.55	300/420	3.75	280/310	7.01	225/310	6.60	22.91	1.32	1.48	1.06
黄浦江水	245/445	18.06	305/435	7.87	280/320	25.67	235/350	34.26	85.86	1.43	2.29	0.75
昆山水	240/420	7.29	310/420	4.6	280/320	18.97	230/340	14.64	45.5	1.34	1.58	1.30
高邮水	255/430	3.9	325/420	3.09	285/320	2.15	—		9.14	1.3	1.26	—

利用 Chen 等研究得到荧光区域积分法,对荧光强度进行进一步的量化分析。根据前面介绍的计算方法,将荧光光谱图分成五个区域,分别对五个区域中的荧光强度进行积分,可以计算出每个区域的荧光总强度以及各区域荧光强度的比例情况。通过荧光区域积分法进行量化分析,可以避免在同一区域中同时存在几个峰顶时(如黄河水源),对荧光峰位置所作出的判断不够准确合理的情况。并且可以通过比较不同区域的比例情况,对水源中有机物构成进行总体分析。

根据荧光区域积分法计算得到如图 1-53 所示的荧光区域强度比例情况。可以看出,水源不同时,各个区域所占的比例差别较大。按照各区域所占比例大小,可进行如下排序:区域 1,黄河水>昆山水>黄浦江水>三好坞湖水>高邮水;区域 2,黄浦江水>昆山水>三好坞湖水>黄河水>高邮水;区域 3,高邮水>黄河水>三好坞湖水>黄浦江水>昆山水;区域 4,三好坞湖水>黄浦江水≈高邮水≈昆山水>黄河;水区域 5,高邮水>三好坞湖水>黄河水>黄浦江水>昆山水。

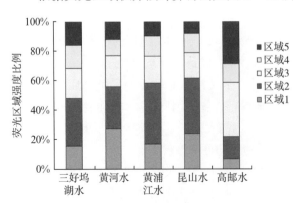

图 1-53　原水荧光区域强度分布比例图

可以看出,水源不同,其荧光区域强度比例有明显差别。高邮原水明显不同于其他几种水源,其腐殖类荧光区域的比例高达 65%(区域 3、区域 5),而其蛋白类荧光比例较小。其他水源则是以蛋白类荧光为主,其荧光强度可占全部荧光强度的 65%～75%。在有机污染最为严重的昆山和黄浦江水源中,蛋白类荧光含量比例极高,尤其是以酪氨酸为主的区域 1、区域 2,可占全部荧光的 60%以上。而腐殖类荧光强度的比例只有不到 25%。因此可以认为,受有机物污染较为严重的水源,其蛋白类荧光强度较高。

腐殖类荧光区域有两个可以用作判断有机物来源的荧光参数。荧光指数 $f_{450/500}$ 表示的是激发波长 370 nm 时,发射波长 450 nm 和 500 nm 处对应的荧光强度比值。荧光指数通常用来判断水体中腐殖类有机物的来源,受生物来源污染的水体,荧光指数约为 1.4;腐殖类有机物由陆源输入的水体,荧光指数一般为 1.9 左右[14,15]。经计算,五种原水的荧光指数均在 1.4 左右(表 1-8),说明这几种水源均存在来自于水生生物、藻类、浮游植物代谢等来源的溶解性有机物。N. Her[16]等的研究也证明,并非只有陆源腐殖酸类存在 A、C 荧光峰,在藻类和受生物二级处理的水源中,也存在明显的腐殖类荧光峰。

另一个荧光参数为 $r(a,c)$,是荧光峰 A 和 C 的比值,可用于判断水源的腐殖化程度。$r(a,c)$ 比值越小,说明水源腐殖化程度越高,相对分子质量比较大。此外,$r(a,c)$ 的变化也反映了水源中输入的腐殖类有机物具有不同的来源。Coble 的研究[11]结果显示,地下水的 $r(a,c)$ 为 0.77,河流的 $r(a,c)$ 为 1.08,CuiCui 湖的 $r(a,c)$ 为 1.26,傅平清[13]测定的高原湖泊因受城市生产和生活污染排放影响,其 $r(a,c)$ 最高可达 2.09。对比五种原水的 $r(a,c)$(表 1-8),发现五种原水未出现近似的比值,说明腐殖类有机物来源差别很大。其中,黄浦江原水的 $r(a,c)$ 高达 2.29,已高于傅平清测定的受污染的高原湖泊比值。这说明黄浦江原水受到了严重的生活污染和工业废水排放影响。其他几种原水的 $r(a,c)$ 比值均处于正常的地表水情况范围内,但腐殖类有机物的来源差异较大。

蛋白类荧光区域也存在一个可用于判断有机物来源的荧光参数 $r(t,b)$,用荧光峰 T 和 B 强度的比值判断水中蛋白类荧光物质的来源。$r(t,b)$ 较大的水源中,来自藻类和生物分解的大分子比较多(1.4)。此外,人类生产生活排放的污水中也存在大量蛋白类荧光峰,但此来源的 $r(t,b)$ 比值较小(0.6)。对比这五种原水的 $r(t,b)$,发现三好坞湖水和昆山原水的 $r(t,b)$ 比值最大,且数值接近 1.4(1.3～1.33),说明这两种水源中存在较多藻类等生源污染的有机物。尽管黄浦江原水的荧光强度非常高,但其 $r(t,b)$ 仅为 0.75,这说明黄浦江原水中蛋白类有机物相对分子质量较小,主要受人类生产生活污水的污染较为严重。高邮原水的蛋白类荧光峰极低,不存在 $r(t,b)$,说明高邮原水中的蛋白类有机物含量极少,与上文的分析一致。

综上所述,通过对 $r(a,c)$ 和 $r(t,b)$ 两种荧光参数的分析,发现蛋白类荧光参数和腐殖类荧光参数对有机物来源的判断基本一致,为简化分析,本研究认为将蛋白类荧光峰 T 与腐殖类荧光峰 A 的强度进行合并比较 $r(t,a)$(即荧光峰 T 和 A 的比值),即可判断出上述两种荧光参数表征的结果。$r(t,a)$ 的意义有以下几个方面:一是大分子有机物与小分子有机物的比值。根据上文的分析,荧光峰 T 与蛋白类大分子有机物的存在有关,而荧光峰 A 则相反,反映的是小分子腐殖类有机物。因此 $r(t,a)$ 的大小与相对分子质量成正比。二是反映了有机物来源。荧光峰 T 主要来自于蛋白类有机物,这些有机物主要出现在生源或人类排放的污水中。而荧光峰 A 则代表了来自陆源的小分子有机物。因此两者的比值与有机物来源有密切关系。

表 1-9 列出了各种原水及其亲疏水组分中的 $r(t,a)$ 荧光参数,可以看出,$r(t,a)$ 较高(2.0 或以上)的原水受生源污染最为严重,而 $r(t,a)$ 极低(<1.0)的水源污染程度极低,有机物污染种类以陆源为主,主要含有腐殖类有机物。$r(t,a)$ 比值在 $1.0\sim2.0$ 之间的有机物受人类生产生活排放污水的影响较大,污染源较多,相对分子质量较小。

表 1-9 　　　　　　　　　　原水及其组分的 $r(t,a)$ 对照表

水源	三好坞	黄河	黄浦江	昆山	高邮
原水	1.98	1.26	1.42	2.60	0.55
强疏	0.00	0.41	0.72	0.63	0.00
弱疏	1.20	0.64	1.30	1.67	0.42
极亲	5.43	1.16	2.09	3.32	0.84
中亲	0.66	0.00	0.47	0.43	0.56

1.6.4　太湖水和湘江水的三维荧光光谱

太湖水和湘江水的三维荧光光谱如图 1-54 所示。

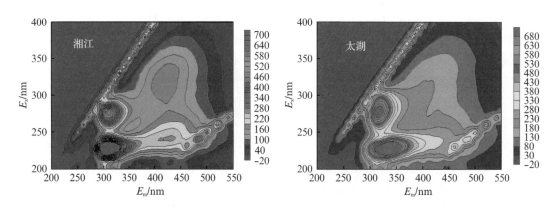

图 1-54　湘江和太湖原水的荧光光谱图

湘江水和太湖水的有机物结构有所区别。湘江原水在荧光区 T、B、A、C 均有峰值,且 B峰、T 峰的响应较强,这两区属于蛋白类荧光,研究表明蛋白类荧光主要来源于水生生物代谢产生的生源污染和人类活动产生的生产生活污水,由于湘江原水色氨酸类荧光 T 峰的偏向短波长区域($E_x=270$ nm,$E_m=300$ nm),很可能是一些小分子酚类、色氨酸等有机物。A峰所在区域为紫外响应富里酸类荧光区,响应强度次之。C 峰所在区域为可见区腐殖质类荧光,虽然响应强度最小,但响应范围最大,说明湘江水中腐殖酸类种类较多,浓度较小,这与前节利用 HPSEC-UV-TOC 测得的湘江有机物相对分子质量分布结果一致。相比而言,

太湖原水 B 峰范围较广,且波长更长($E_x=230\ nm,E_m=330\ nm$),说明 B 区域内的蛋白类含有更多的芳香结构有机物。T 峰波长较湘江也较长($E_x=280\ nm,E_m=320\ nm$),很可能除了一些小分子酚类、色氨酸等有机物,还包含了大分子有机物。太湖的 A 峰、C 峰只有较低的响应,说明腐殖类物质较少,但也有研究显示,腐殖类荧光峰在高强度蛋白类荧光峰的干扰下,即使浓度不低,也会受到干扰而检测不到。根据凝胶色谱的分析,很可能是存在一定量的腐殖质而没有被荧光检测到。

1.6.5　青草沙和淘湖水的三维荧光光谱

青草沙和淘湖水荧光光谱如图 1-55 所示。从荧光峰位置来看,青草沙原水和淘湖原水在蛋白类荧光区域(区域 2 和区域 4)均具有较强的荧光响应。由于蛋白类荧光主要来源于水生生物代谢和人类活动的生活污水,所以说明这两种原水受该污染比较严重。同时,两种原水在腐殖酸类荧光区(区域 5)的响应均比较低,很难观测到完整的峰型,主要由于腐殖类荧光峰极易受到高强度蛋白类荧光峰的掩蔽,而实际上,通过前节青草沙和淘湖有机物的相对分子质量分布可以看出,腐殖类有机物在两种原水中的含量还是较高的。

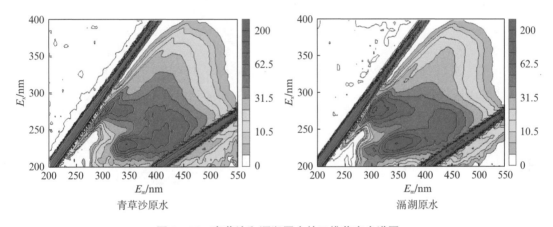

青草沙原水　　　　　　　　　　　　　　淘湖原水

图 1-55　青草沙和淘湖原水的三维荧光光谱图

对比青草沙原水,淘湖原水在区域 1 有明显的荧光峰,而青草沙原水在此区域的响应较低,说明淘湖原水中含有较多种类的芳香族蛋白质。除此之外,淘湖原水中区域 4 的响应范围更广且强度更大。区域 4 荧光峰的出峰位置出现在 $E_x/E_m=280\ nm/310\ nm$,主要为相对分子质量较小的酚类物质。但从其荧光峰的响应范围来看,淘湖原水中除了包含一些酚类等小分子物质外,可能还存在一定比例的大分子物质。青草沙原水中小分子富里酸类物质和酪氨酸类物质的含量明显高于其他区域,小分子有机物是青草沙原水的主要物质组成。

1.7　有机物的相对分子质量、亲疏水性以及荧光光谱特性的关系分析

有机物的相对分子质量、亲疏水性和荧光光谱已成为天然原水中最主要的特性,它们能

够快捷地对有机物特性进行分类,然后,它们三者之间是否也存在一定的相互关系呢? 下面部分就对它们之间潜在的相互关系进行分析,期望找出一定的规律。

1.7.1 有机物的荧光光谱与相对分子质量分布的关系分析

利用超滤膜法分离出来的不同相对分子质量的高邮原水进行三维荧光光谱检测,通过比较不同相对分子质量段的有机物荧光图,分析荧光光谱与有机物相对分子质量的关系,如图 1-56 所示。

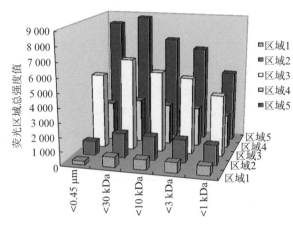

图 1-56　相对分子质量与荧光区域强度($AU \cdot nm^2 \cdot (mg/L)^{-1}$)的关系

超滤膜法相对分子质量分布将原水分成了五个不同的相对分子质量段,每个相对分子质量段均是去除了大于超滤膜截留相对分子质量的溶解性有机物。根据荧光区域积分法计算得到的结果发现,不同荧光区域与有机物的相对分子质量有一定相关性。最明显的是小于 0.45 μm 与小于 30 kDa 两个水样的荧光区域强度情况。去除大于 30 kDa 的大分子有机物后,全部荧光区域的强度反而提高。这说明大于 30 kDa 的有机物不仅对荧光强度没有贡献,并且这些大分子有机物还可以降低水样的荧光强度值。

当小于 30 kDa 的有机物继续被膜截留后,全部区域的荧光强度逐渐降低。其中腐殖类荧光区域 3,5 的降低幅度最为明显,其他蛋白类荧光区域的变化较少,这说明各相对分子质量区间的腐殖类有机物对荧光强度均有贡献,而蛋白类荧光强度主要来自于小分子有机物。同时值得注意的是,小于 1 kDa 的小分子有机物具有很高的荧光强度,其强度值占全部荧光强度 60% 以上,这说明小分子有机物对荧光强度有主要贡献。

1.7.2 有机物的亲疏水性与相对分子质量分布的关系分析

根据 UF 法测的三好坞湖水、黄河水、黄浦江水、昆山水、高邮水研究了各亲疏水组分的相对分子质量分布情况(图 1-57)。

可以看出,中小分子的有机物仍然占据了有机物四种组分的主要组成部分。其中,在三好坞湖水的四种组分中,中亲组分大于 30 kDa 的有机物含量最多,其他组分大于 30 kDa 的有机物含量较低,这说明三好坞原水中大于 30 kDa 的大分子主要是中性亲水性有机物。由于中亲组分中主要的有机物成分是多糖类物质,可以认为,昆山原水大于 30 kDa 的大分子

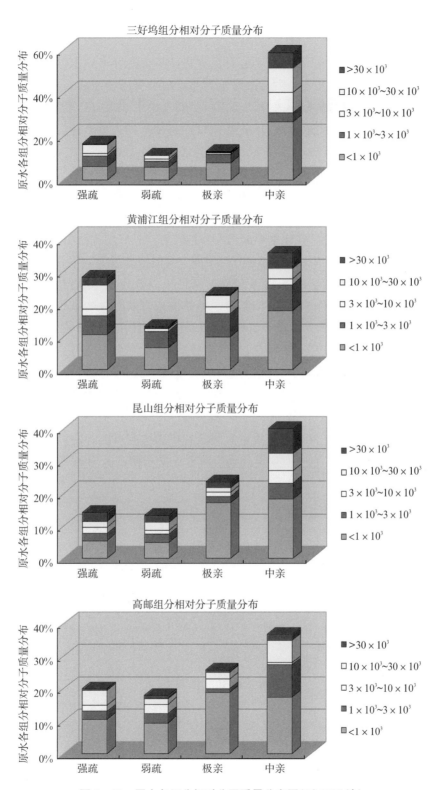

图 1-57　原水各组分相对分子质量分布图(以 DOC 计)

有机物主要是多糖类物质,但由于其强疏、弱疏和极亲组分中也含有少量大于 30 kDa 的大分子有机物,因此,昆山原水中大于 30 kDa 的大分子成分比三好坞原水更复杂。黄浦江原水中,强疏、弱疏和极亲组分大于 30 kDa 的有机物明显多于三好坞原水,因此可以认为,黄浦江原水中,大于 30 kDa 的大分子主要由腐殖类和蛋白类有机物组成。高邮原水中,各组分大于 30 kDa 的有机物含量极低(小于 2.0%),尽管其中中亲组分略多,但并没有明显优势。说明高邮原水相对分子质量偏低,几乎没有大于 30 kDa 的大分子有机物。

对于 10~30 kDa 的有机物,根据各原水中强疏和中亲组分出现的比例情况来看:三好坞和昆山原水中强疏组分少于中亲组分,说明这两种原水的 10~30 kDa 大分子中腐殖类有机物较少,主要以多糖或蛋白类有机物为主。而黄浦江和高邮原水中,强疏组分比例较高,因此这两种原水的 10~30 kDa 大分子含有较多腐殖类有机物。

对于 3~10 kDa 的有机物,各原水中的情况差别较大。三好坞和昆山原水中 3~10 kDa 的中等分子有机物较多,并且主要出现在中亲组分中,其他组分极少。尽管文献中认为中亲组分主要是多糖类物质,但结合其 SUVA 较高的特性可以认为,三好坞和昆山原水中亲组分中含有对紫外吸收较强的分子结构,如结合了氨基酸或多肽等生物细胞壁结构的氨基糖类或肽聚糖类。黄浦江原水的中等分子有机物含量较少,并且在各组分中的比例较为一致,因此可以认为黄浦江原水的中等分子有机物来源较广,包含腐殖类、蛋白类有机物,氨基糖的含量较少。高邮原水的中等分子有机物主要出现在疏水性和极亲组分中,中亲组分中几乎没有 $3 \times 10^3 \sim 10 \times 10^3$ Da 的有机物。说明高邮中等分子有机物主要是腐殖类和芳香族蛋白有机物。

综合上述分析,将原水各相对分子质量区间的有机物按照可能存在的有机物成分进行归类,结果如表 1-10 所示。表中所列出的物质成分仅是根据该区间的 SUVA 值以及在亲疏水组分中的比例情况进行的推测。

表 1-10　　　　　　　　原水各相对分子质量区间与物质种类的对应表

水源	大于 30 kDa	10~30 kDa	3~10 kDa	小于 3 kDa
三好坞湖水	胶体、多糖	多糖为主,少部分腐殖类	肽聚糖、氨基糖等(生物细胞壁结构)	以上物质的分解产物
黄埔江水	多糖、芳香族蛋白质;腐殖类大分子聚合物	腐殖类为主,少部分多糖或蛋白质	腐殖类、具有苯环结构的芳香族蛋白质	以上物质的分解产物
昆山水	胶体、多糖、蛋白质	多糖,蛋白质为主,少部分腐殖类	腐殖类、具有苯环结构的芳香族蛋白质肽聚糖、氨基糖类	以上物质的分解产物
高邮水	含量极低或无大分子有机物	腐殖类有机物为主;少量多糖和蛋白质	腐殖类具有苯环结构的芳香族蛋白质	以上物质的分解产物

通过对藻类有机物不同组分的相对分子质量分布(HPSCE-TOC-UV 法),将不同相对分子质量区间的有机物与亲疏水组分进行整理如表 1-11 所示。

表 1-11　　　　　　　　　　藻类有机物及组分的相对分子质量分布情况

不同的 AOM	大分子有机物	中等分子	小分子
束丝藻 AOM	多糖、类蛋白以及腐殖酸类有机物 TOC 峰值：中亲、强疏 UV 峰值：中亲	主要由对紫外吸收较强的有机物组成 TOC 峰值：中亲、极亲 UV 峰值：强疏、中亲	既有 UV 吸收较强也有 UV 吸收较弱的有机物 TOC 峰值：中亲、极亲
铜绿微囊藻 AOM	多糖、类蛋白以及腐殖酸类有机物 TOC 峰值：中亲、强疏 UV 峰值：中亲	主要由对紫外吸收较强和较弱的有机物组成 TOC 峰值：中亲、极亲 UV 峰值：强疏、极亲	含较少 UV 吸收较强的有机物 TOC 峰值：中亲、极亲
鱼腥藻 AOM	多糖、类蛋白以及腐殖酸类有机物 TOC 峰值：中亲、强疏 UV 峰值：强疏、中亲	主要由对紫外吸收较强的有机物组成 TOC 峰值：中亲、极亲 UV 峰值：强疏、极亲	含较少 UV 吸收较强的有机物 TOC 峰值：强疏、极亲
小球藻 AOM	多糖、类蛋白以及腐殖酸类有机物 TOC 峰值：强疏、中亲 UV 峰值：强疏	主要有对紫外吸收较强的有机物 TOC 峰值：中亲、极亲 UV 峰值：强疏和极亲	既有 UV 较强也有 UV 吸收较弱的有机物 TOC 峰值：中亲、极亲
栅藻 AOM	多糖、类蛋白类有机物及部分 UV 吸收有机物 TOC 峰值：中亲、极亲相当 UV 峰值：极亲	主要有对紫外吸收较强的有机物 TOC 峰值：中亲、强疏 UV 峰值：强疏	既有 UV 较强也有 UV 吸收较弱的有机物 TOC 峰值：中亲、极亲
小环藻 AOM	多糖、类蛋白类有机物及部分 UV 吸收有机物 TOC 峰值：强疏为主 UV 峰值：极亲、强疏	主要有对紫外吸收较强的有机物 TOC 峰值：强疏、极亲 UV 峰值：强疏、极亲	既有 UV 较强也有 UV 吸收较弱的有机物 TOC 峰值：极亲

可见，在藻类有机物中，大分子有机物所占含量仍然较少，主要以多糖、类蛋白以及腐殖酸类有机物为主，由强疏和中亲组分构成；而中小分子有机物含量较多，既有 UV 吸收较强的有机物，也有对 UV 吸收较弱的有机物，亲疏水组分根据藻种的不同而相异。

图 1-58 为湘江水的有机物各组分的相对分子质量分布。同样浓度情况下，各组分的峰面积不尽相同，从大到小依次为极亲＞原水＞弱疏＞强疏＞中亲。弱疏和极亲组分主要分布在 5 000～1 000 Da（大部分为腐殖酸）、950～450 Da（可能为黄腐酸等多元有机酸）、400～320 Da（可能为一元有机酸或其他小分子有机化合物）三个区间，原水、强疏和中亲水样的相对分子质量除以上三个区间外，在 50 000～1 500 000 Da 的大分子区间也出现小峰，说明原水、强疏和中亲水样中含有大分子有机物。

从相对分子质量分布的 UV 响应图（图 1-59）中则可以看出，由于紫外响应偏小，几乎检测不到大分子区间的有机物，特别是中亲组分。强疏、弱疏和极亲水样中含有苯环、羟基、醇羟基和共轭双键的不饱和有机物化合物偏多，导致在紫外光范围有明显吸收。而中亲水样中多为含碳单键和芳香结构较少的蛋白质、氨基酸等，所以 UV 吸收很弱，不能真实反映其实际相对分子质量分布。

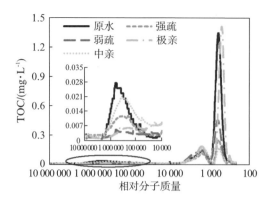

图 1-58 湘江水有机物各组分的 TOC 相对分子质量分布

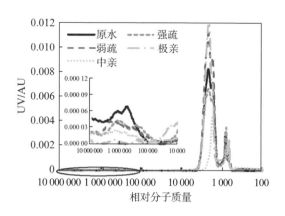

图 1-59 湘江水有机物各组分的 UV 相对分子质量分布

1.7.3 有机物的亲疏水性与荧光光谱的关系分析

研究显示,荧光峰位置与有机物的亲疏水性有一定的相关性。T. F. Marhaba[17] 和 L. Y. Wang[18] 等曾用三维荧光峰位置快速表征各种亲疏水组分,认为疏水性酸碱组分一般出现在激发–发射波长较长的区域,而亲水性酸碱组分则出现在波长较短的区域。以往研究也发现,在腐殖类荧光区域中,发射波长(E_m)较长区域出现的荧光强度往往与疏水性强的腐殖类有机物有关。然而,由于此类报道较少,亲疏水组分与荧光参数之间的关系仍不清晰。本研究中也将分离出的亲疏水组分进行三维荧光光谱表征,并比较了不同水源的亲疏水组分荧光光谱图。

1. 湘江和太湖水不同组分的荧光光谱

研究湘江和太湖水不同组分的荧光光谱发现(图 1-60),湘江强疏组分主要由 A 区域的富里酸类和 C 区域类腐殖质组成,有少量蛋白类有机物。相比而言,太湖强疏组分中有较多大分子类芳香结构的蛋白类有机物,并有少量腐殖酸类。

湘江原水中的弱疏有机物主要由 A 区域的腐殖酸类和 C 区域的富里酸类组成,其响应强度小于湘江强疏组分。太湖弱疏组分中则以某些蛋白类有机物为主,并有部分小分子酚类、色氨酸和类腐殖质。

湘江和太湖中的极亲组分四个区域均有峰出现,说明极亲所含物质种类较多,既有蛋白类有机物,也有腐殖质类有机物。

中亲组分的响应很低,且并没有出现在蛋白荧光区域内,而是出现在腐殖酸、富里酸类荧光区间,究其原因,很可能是由于中亲组分中的多糖类有机物是由水中动植物分解而来,其中含有部分大分子碳双键结构的特征官能团。

2. 三好坞湖水、黄河水、黄浦江水、昆山水、高邮水不同组分的荧光光谱

研究三好坞湖水、黄河水、黄浦江水、昆山水、高邮水不同组分的荧光光谱分析发现(图 1-61),在不同水源中,强疏组分均具有很强的腐殖类荧光峰 A、C,蛋白类荧光峰 T,B 相对较弱①。说明强疏水性有机物的荧光基团主要出现在长波长区段。色氨酸类荧光峰 T 在强

---

① T 和 B 分别代表色氨酸和络氨酸类荧光峰,两者均属于蛋白质类荧光峰。

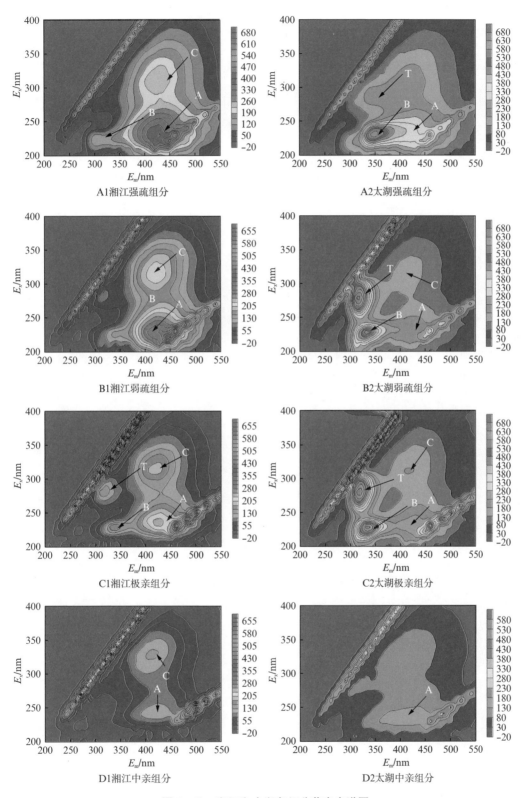

A1湘江强疏组分

A2太湖强疏组分

B1湘江弱疏组分

B2太湖弱疏组分

C1湘江极亲组分

C2太湖极亲组分

D1湘江中亲组分

D2太湖中亲组分

图 1-60　湘江和太湖各组分荧光光谱图

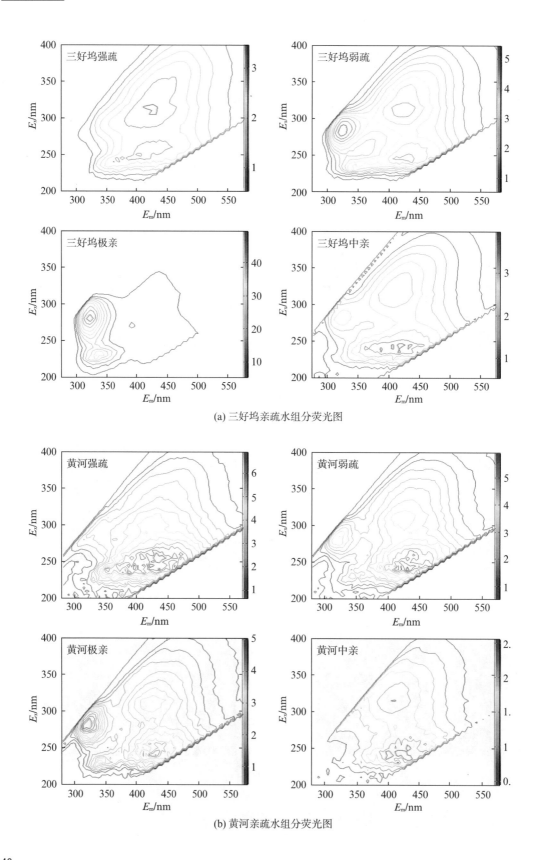

(a) 三好坞亲疏水组分荧光图

(b) 黄河亲疏水组分荧光图

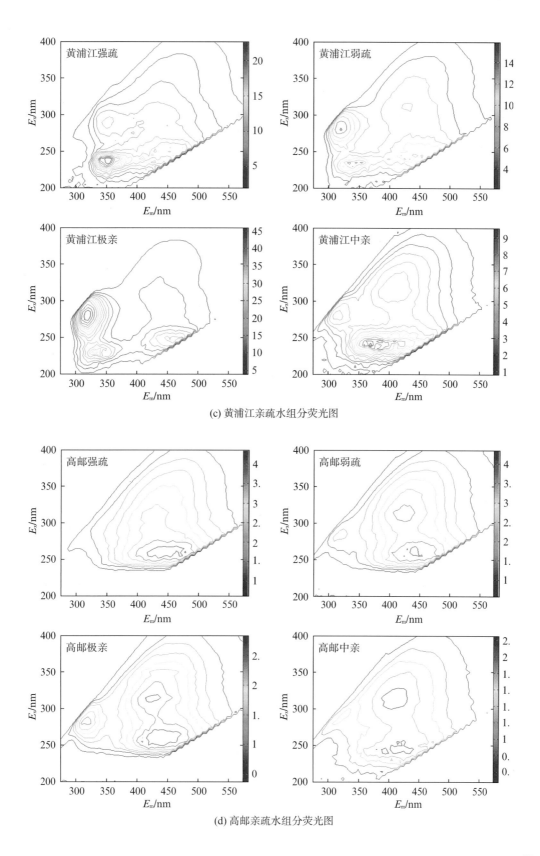

(c) 黄浦江亲疏水组分荧光图

(d) 高邮亲疏水组分荧光图

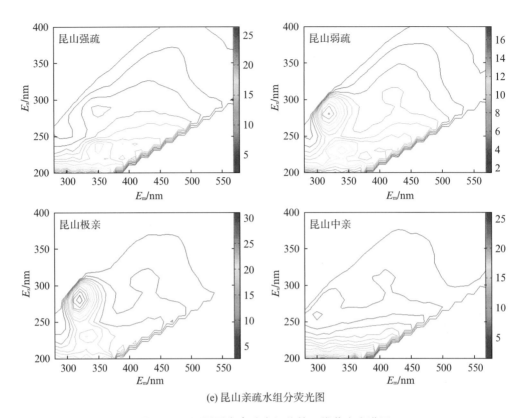

(e) 昆山亲疏水组分荧光图

图 1－61　不同原水亲疏水组分的三维荧光光谱图

疏组分中最弱,说明荧光峰 T 与腐殖类有机物的相关性最小。研究发现,腐殖类荧光峰在 E_m 方向上的位置与水源中芳香构造化程度有关。在五种强疏组分中,腐殖类荧光峰的 E_m 波长均出现在 420 nm 以上的范围内,其中 A 的 E_m 波长最长的是高邮水(440 nm),其次是黄河水(435 nm)和黄浦江水(420 nm),昆山水(420 nm)和三好坞湖水(420 nm)中强疏组分的 E_m 波长最短。因此可以认为高邮水强疏中有机物的芳香构造化程度最高,芳香族化合物最多,而昆山水和三好坞湖水强疏的芳香构造化程度最低。此外,五种强疏组分的 $r(t,a)$ 比值均小于 1.0(表 1－12),说明各原水的强疏组分中,主要成分为腐殖类有机物。

表 1－12　　　　　　　　　　　亲疏水组分的荧光峰位置、强度对照表

组分	A 峰		C 峰		T 峰		B 峰		总 FLU	$f_{450/500}{}^a$	$r(a,c)$	$r(t,b)$
	E_x/E_m	FLU	E_x/E_m	FLU	E_x/E_m	FLU	E_x/E_m	FLU				
三好坞亲疏水组分												
强疏	245/420	3.43	315/430	3.73	···	0.00	···	0.00	7.16	1.23	0.92	···
弱疏	245/430	4.86	315/420	4.84	285/325	5.85	230/335	3.95	19.50	1.42	1.01	1.48
极亲	245/430	9.86	310/425	6.76	280/320	53.53	230/330	35.69	105.85	1.37	1.46	1.50
中亲	245/420	4.26	315/400	3.50	280/320	2.83	···	0.00	10.58	1.64	1.22	···

（续表）

组分	A 峰		C 峰		T 峰		B 峰		总 FLU	$f_{450/500}$[a]	$r(a,c)$	$r(t,b)$
	E_x/E_m	FLU	E_x/E_m	FLU	E_x/E_m	FLU	E_x/E_m	FLU				
黄河亲疏水组分												
强疏	240/435	7.50	300/420	5.58	280/310	3.11	230/350	6.40	22.59	1.13	1.34	0.49
弱疏	240/435	6.44	300/420	4.17	280/310	4.14	230/350	3.63	18.39	1.33	1.54	1.14
极亲	240/435	4.72	300/420	3.43	280/310	5.48	230/350	3.52	17.16	1.32	1.38	1.56
中亲	240/435	3.00	300/420	2.60	…	0.00	…	0.00	5.60	1.74	1.16	…

弱疏组分中,色氨酸类荧光峰强度明显高于强疏组,$r(t,a)$比值升高。其中三好坞湖水、黄浦江水和昆山水弱疏组分的$r(t,a)>1.0$,而黄河水与高邮水弱疏的比值升高不大,说明前三种水源中的弱疏组分与腐殖类有机物成分差别较大,而黄河水和高邮水弱疏中仍以腐殖类有机物为主。此外,弱疏组分中腐殖酸类荧光峰仍然出现在 E_m 波长大于 420 nm 以上的范围内,但某些水源中的弱疏组分已出现向 E_m 短波长方向偏移的趋势,说明弱疏组分中有机物的芳香基团减少。但是由于腐殖类荧光峰的强度与相对分子质量大小成反比,相对分子质量越小的腐殖类有机物,对荧光响应的强度越高,因此,某些弱疏组分(如三好坞湖水、黄浦江水、高邮水)中荧光峰强度反而会比强疏组分略大。

极亲组分中主要含有非常明显的蛋白类荧光峰,特别是荧光峰 T,强度很高,峰型完整。与其他组分相比,可以发现原水中的荧光峰 T 主要来自于极亲组分。因此极亲组分均具有最高的 $r(t,a)$。在五种原水中,极亲组分的 $r(t,a)$差别较大,在藻类等生源污染较为严重的水源中,极亲的 $r(t,a)$高达 3.0 以上,而在陆源污染的水源中,极亲的 $r(t,a)$与其他组分相近,在 1.0 以下。这充分说明 $r(t,a)$与生源污染的相关性。$r(t,a)$越高,其水源中藻类等生物代谢产物越多。

与传统的认识不同的是,中亲组分的主要荧光峰并不在波长较短的蛋白荧光区,而是出现在腐殖酸和富里酸区域。根据上文分析,中亲组分的主要成分为多糖类有机物,但实际上,纯净的糖类有机物是没有荧光、紫外等吸收峰的。但是由于天然水源中的多糖类有机物主要来自于动、植物分解产物,因此其结构上势必存在某些与其来源相关的特征官能团。这些特征官能团对荧光有一定的响应程度。与强疏组分相比,中亲的腐殖类荧光峰向 E_m 短波长方向偏移,荧光峰 C 的 E_m 波长在 400～420 nm 之间,而荧光峰 A 的 E_m 波长最低可达 370 nm,接近酪氨酸类荧光区域。值得注意的是,由于中亲组分的蛋白类荧光峰极低,因此 $r(t,a)$与强疏组分较为接近。根据荧光强度与相对分子质量关系的分析来看,由于蛋白类荧光峰主要来自于小分子区间,因此中亲组分 $r(t,a)$较低的原因应该是受到中亲组分大分子有机物的影响。

综上所述,若根据荧光光谱判断水样的亲疏水性,必须首先根据 $r(t,a)$判断有机物来源,然后结合以下两个荧光指标进行综合判断:① 腐殖类荧光峰的 E_m 波长;② $r(t,a)$。

强疏组分的荧光特征是：腐殖类荧光峰的 E_m 波长大于 420 nm，蛋白类荧光峰 T 强度低，$r(t,a)$ 小于 1.0。

弱疏组分的荧光特征是：腐殖类荧光峰的 E_m 波长大于 420 nm，但在不同污染类型的水源中，弱疏的 $r(t,b)$ 有一定差别，在生源和人类污水污染的水源中，弱疏的 $r(t,b)$ 较高（> 1.0），在陆源污染的水源中，弱疏的 $r(t,b)$ 与强疏相近。

极亲组分的荧光特征是：腐殖类荧光峰的 E_m 波长大于 420 nm，且 $r(t,a)$ 大于 1.0。其中受生源污染的水源中，极亲的 $r(t,a)$ 大于 3.0，而受人类污水污染的水源中，极亲的 $r(t,a)$ 在 1.0～2.0 之间，而受陆源污染的水源中，极亲的 $r(t,a)$ 比值与强疏组分相近。

中亲组分的荧光特征是：腐殖类荧光峰的 E_m 波长在 350～420 nm 之间，且 $r(t,a)$ 小于 1.0。

根据上文分析，荧光区域强度法可以清楚地反映水源中不同有机物的成分信息。对出现的荧光区域强度与水源受有机物污染的关系也进行了一定的比较。

1.8　本章小结

(1) 有机物的相对分子质量、亲疏水性和荧光光谱特性均为表达有机物特性的主要手段。

(2) 三种测试有机物相对分子质量的方法表明 HPSEC-UV-TOC 能够更清晰准确地反映天然水中所有种类有机物的相对分子质量分布，并能够间接反映有机物的物化性质（SUVA 等）。

(3) 相对分子质量分布显示：有机物的相对分子质量分布随着水源以及时间的不同而不同。天然水源中的有机物多为小分子有机物。而从有机物的亲疏水性来看，大多数天然水源中的有机物主要以亲水性有机物为主。

(4) 有机物的亲疏水性、相对分子质量以及荧光光谱之间存在密切的关系。有机物的相对分子质量和荧光光谱分析表明，大于 30 kDa 的有机物不仅对荧光强度没有贡献，并且这些大分子有机物还可以降低水样的荧光强度值，小分子有机物对荧光强度有主要贡献。

(5) 亲疏水性与相对分子质量分布结果表明，大分子有机物含量较少，主要由中亲和强疏组分构成，而中小分子有机物含量较多，根据水源的来源不同，亲疏水组成不同。

(6) 亲疏水性与荧光光谱表明，强疏、弱疏和极亲组分中腐殖类荧光峰的 E_m 波长均大于 420 nm，但 $r(t,a)$ 不同。其中强疏组分以腐殖酸类有机物为主，$r(t,a)$ 比值小于 1.0，弱疏组分也以腐殖酸类有机物为主，而有机物的芳香基团减少；极亲组分则出现明显的蛋白类荧光峰，然而，弱疏和极亲组分的 $r(t,a)$ 均大于 1.0。对于不同污染类型的水源来讲，弱疏和极亲的 $r(t,a)$ 又不同。其中，在生源和人类污水污染的水源中，弱疏的 $r(t,b)$ 较高（> 1.0），而极亲的 $r(t,a)$ 受生源污染的水源中大于 3.0，受人类污水污染的水源，极亲的 $r(t,a)$ 在 1.0～2.0 之间。在陆源污染的水源中，弱疏的 $r(t,b)$ 与强疏相近，极亲的 $r(t,a)$ 也与强疏组分相近。中亲组分的荧光特征则是腐殖类荧光峰的 E_m 波长在 350～420 nm 之间，且 $r(t,a)$ 小于 1.0。

参考文献

[1] Amy G. Fundamental understanding of organic matter fouling of membranes[J]. Desalination, 2008, 231(1-3): 44-51.

[2] Kawasaki N, Matsushige K, Komatsu K, et al. Fast and precise method for HPLC-size exclusion chromatography with UV and TOC (NDIR) detection: Importance of multiple detectors to evaluate the characteristics of dissolved organic matter[J]. Water Research, 2011, 45(18): 6240-6248.

[3] Chin Y P, Aiken G, O'Loughlin E. Molecular-weight, polydispersity, and spectroscopic properties of aquatic humic substances[J]. Environmental Science and Technology, 1994, 28 (11): 1853-1858.

[4] 刘小为. 单宁酸与给水处理过程相关的若干化学行为研究[D]. 哈尔滨: 哈尔滨工业大学市政环境工程学院, 2007.

[5] Speth T F, Gusses A M, Summers R S. Evaluation of nanofiltration pretreatments for flux loss control[J]. Desalination, 2000, 130(1): 31-44.

[6] Namguk Her, Gary Amy, David Foss, et al. Optimization of method for detecting and characterizing NOM by HPLC-size exclusion chromatography with UV and on-line DOC detection[J]. Environ Sci Technol, 2002, 36: 1069-1076.

[7] Leenheer J A. Comprehensive approach to preparative isolation and fractionation of dissolved organic carbon from natural waters and wastewaters[J]. Environmental Science & Technology, 1981, 15 (5): 578-587.

[8] Huang H, Lee N, Young T, et al. Natural organic matter fouling of low-pressure, hollow-fiber membranes: Effects of NOM source and hydrodynamic conditions[J]. Water Research, 2007, 41 (17): 3823-3832.

[9] Chen W, Westerhoff P, Leenheer J A, et al. Fluorescence excitation-emission matrix regional integration to quantify spectra for dissolved organic matter [J]. Environmental Science & Technology, 2003, 37(24): 5701-5710.

[10] 王志刚, 刘文清, 张玉钧, 等. 不同来源水体有机综合污染指标的三维荧光光谱法与传统方法测量的对比研究[J]. 光谱学与光谱分析, 2007, 27(12): 2514-2517.

[11] Coble P G. Characterization of marine and terrestrial DOM in seawater using excitation-emission matrix spectroscopy[J]. Marine Chemistry, 1996, 51(4): 325-346.

[12] Maie N, Scully N M, Pisani O, et al. Composition of a protein-like fluorophore of dissolved organic matter in coastal wetland and estuarine ecosystems[J]. Water Research, 2007, 41(3): 563-570.

[13] 傅平青, 吴丰昌, 刘丛强, 等. 高原湖泊溶解有机质的三维荧光光谱特性初步研究[J]. 海洋与湖沼, 2007, 38(006): 512-520.

[14] McKnight D M, Boyer E W, Westerhoff P K, et al. Spectrofluorometric characterization of dissolved organic matter for indication of precursor organic material and aromaticity[J]. Limnology and Oceanography, 2001, 46(1): 38-48.

[15] Fu P Q, Wu F C, Liu C Q, et al. Spectroscopic characterization and molecular weight distribution of dissolved organic matter in sediment porewaters from Lake Erhai, Southwest China [J]. Biogeochemistry, 2006, 81(2): 179-189.

[16] Her N, Amy G, McKnight D, et al. Characterization of DOM as a function of MW by fluorescence

45

EEM and HPLC-SEC using UVA, DOC, and fluorescence detection[J]. Water Research, 2003, 37 (17): 4295 - 4303.

[17] Marhaba T F, Van D, Lippincott R L. Rapid identification of dissolved organic matter fractions in water by spectral fluorescent signatures[J]. Water Research, 2000, 34(14): 3543 - 3550.

[18] Wang L Y, Wu F C, Zhang R Y, et al. Characterization of dissolved organic matter fractions from Lake Hongfeng, Southwestern China Plateau[J]. Journal of Environmental Sciences-China, 2009, 21 (5): 581 - 588.

第 2 章　膜分离过程

膜分离过程是在某种驱动力下,利用特定的膜的透过性能,达到分离水中的离子或分子以及某些微粒的目的。膜分离过程中的推动力可能是膜两侧的压力差、电位差或者浓度差。已经有多种种类的分离过程应用于饮用水处理过程,这些分离过程利用不同的原理和结构,有效地去除水中污染物质。例如,采用压力驱动的超滤技术,可以有效地去除水中的颗粒污染物和微生物。正渗透技术采用渗透压差作为驱动力,可以进行咸水淡化。随着膜技术的高速发展,膜过程的效率越来越高,将会有更多的膜分离过程或者组合过程应用于饮用水过程中。

2.1　膜和膜分离的分类

2.1.1　膜的分类

目前,饮用水处理中应用任何膜的作用机理分类。

按膜的性质首先分为生物膜和合成膜两大类。合成膜再分为固态膜和液态膜,固态膜又分为有机膜和无机膜。

膜在结构上的分类与膜的作用机理有密切的关联。从结构上可分为多孔膜和致密膜两大类。多孔膜主要用于超滤、微滤,致密膜主要用于反渗透、纳滤、正渗透。

2.1.2　膜分离的分类

膜分离性能可根据膜的孔径或截留相对分子质量(MWCs)来评价。具有较小孔径或MWCs的膜可去除水中较小相对分子质量的物质。膜分离工艺可用有效去除杂质的尺寸大小来分类,有电渗析(ED)、正渗透(FO)、反渗透(RO)、纳滤(NF)、超滤(UF)和微滤(MF)。其相互关系如图 2-1 所示。

微滤膜的孔径大于 $0.1~\mu m$,主要将悬浮的颗粒和溶解的溶质分离,并去除水中 99% 的细菌和部分病毒。

超滤膜的孔径范围在 $0.01\sim0.1~\mu m$。主要应用于大分子或细小胶体的截留,并可在 99% 以上截留水中病毒和细菌,用于饮用水处理以及海水淡化的预处理。由于超滤膜无法截留低分子的溶解性物质,所要克服的渗透压很低,因此,它所需的驱动压力较低,为 $30\sim500~kPa$。

纳滤膜被称为低压反渗透膜,它的截留物质介于反渗透膜和超滤膜之间。纳滤膜可有效地截留多价离子如钙和锰,但对单价离子如钠等的截留效果很差。因此,纳滤膜的驱动压力低于反渗透膜,在 $0.3\sim1.5~MPa$ 范围。纳滤膜的截留相对分子质量在 $200\sim1~000$,氯化钠的截留率低于 90%。由于纳滤膜可有效截留多价离子,故常用于软化处理,也称为软化膜。近来,纳滤膜用于饮用水中的有机物去除,在饮用水深度处理中发挥了重要的作用。

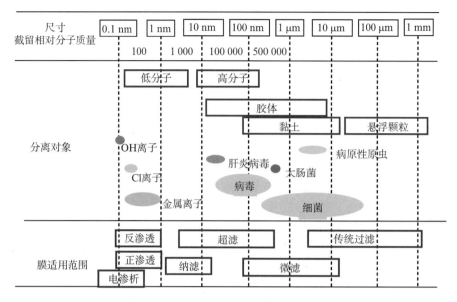

图 2-1 水中各种杂质的尺寸和膜分离的适用范围

反渗透几乎截留所有水中溶质,应用于海水淡化、高纯水、医药用水的制备及饮用水深度处理。

正渗透是一种利用浓度差作为驱动力的新型膜分离过程。该技术采用渗透压更高的吸引液(Draw Solution)将水透过正渗透膜至原料液(Feed Solution),然后再利用其他技术分离吸引液的过程。这种技术避免了压力驱动过程中膜的高阻力带来的能量损失,在海水淡化等领域有广阔的前景。

电渗析利用电位差作为驱动力,主要用于离子的去除。

2.2 膜的制备

有很多种材料可以用来制膜,对于某种给定材料可以用各种制膜的方法,制成不同分离性能的膜。所选择的制膜方法主要取决于所用材料及所需的膜结构。按照膜结构分类虽然很粗,但可以较清晰地表明膜的结构形态、分离机理及应用的差异。本书主要讨论高分子固体有机膜的制备。

2.2.1 高分子膜的制备方法

主要的制膜方法包括烧结法、拉伸法、径迹蚀刻法、相转化法、浸渍凝胶法、涂敷法和界面聚合法等。

1. 烧结法

烧结法是一种相当简单的制备多孔膜的方法。具体方法是将一定大小颗粒的粉末进行压实,然后在高温下烧结。烧结的程度取决于所选用的材料。在烧结的过程中,颗粒之间的界面消失,融在一起。该方法一般用于微滤膜和材料性能稳定的超滤膜。孔隙率较低,一般在 20% 左右。

2. 拉伸法

拉伸法是将部分结晶化聚合材料挤压膜或薄片沿垂直于挤压方向拉伸,使结晶区域平行于挤压方向。在机械作用下,发生小的裂纹,从而形成多孔的结构。主要是超滤、微滤膜的制备,孔隙率高达 90%,但是只有结晶化材料才能使用这种方法,如聚丙烯。

3. 径迹蚀刻法

径迹蚀刻法是使膜或薄片接受垂直于薄膜的高能粒子辐射,在辐射粒子的作用下,聚合物材料受到损害而形成径迹,然后将此薄膜浸入酸碱溶液中,结果径迹处的聚合物材料被腐蚀掉而得到具有窄孔径分布的均匀的圆柱形孔。孔隙率为 10% 左右。

4. 相转化法

相转化法是大多数工业膜的制备方法,可以制备各种结构的膜,是一种以某种控制方式使聚合物从液态转变为固体的过程,这种固化过程通常是由于一个均相液态转变为两个液态(液液分层)而引发的。在分层达到一定程度时,其中一个液相(聚合物浓度高的相)固化,形成固体本体。通过控制相转化的初始阶段,可以控制膜的结构,即可以是多孔的还是致密的。大多数是采用相转化法中的浸没沉淀法。

5. 界面聚合法

界面聚合法是致密膜的制备方法。芳香多酰基氯放到水和非混合型的有机溶解媒中溶解、让溶解后的液体在多孔质支撑膜表面与芳香多胺的水溶液接触就会形成水/有机溶解媒的界面。在这个界面上水溶液中的胺就会从水相向有机相中扩散,并且与有机相中的酰基氯产生反应形成聚酰胺。聚酰胺在界面析出后就形成非常薄的分离机能膜。

2.2.2　主要膜材料的制备

目前,在水处理中主要已应用的膜材料有纤维素类、芳香杂环类、聚砜类、聚烯烃类、含氟聚合物、聚酰胺等。

1. 纤维素类膜材料

纤维素类膜材料是应用研究最早、目前应用最多的膜材料,主要用于反渗透、超滤、微滤,如二醋酸纤维素(CA)。常见的纤维素衍生物类的制备方法和应用领域见表 2-1。

表 2-1　　　　　　　　　　　　纤维素衍生物类膜制备方法和应用领域

制备方法	膜材料	应用领域	主要工艺过程	主要影响因素
浸没沉淀相转化法	醋酸纤维素	反渗透	配铸膜液;刮膜;溶剂蒸发;凝胶固化;热处理	制膜温度;蒸发时间;浸渍条件;热处理时间
	醋酸丁酸纤维素	反渗透		
相转化法	三醋酸纤维素	纳滤	超滤、反渗透基膜制备;后处理	热处理温度
溶剂蒸发凝胶法	醋酸纤维素	超滤	制膜液配置;溶剂蒸发;凝胶	温度、湿度
	醋酸/三醋酸纤维素	微滤		
浸渍凝胶法	醋酸纤维素	超滤		
	醋酸/三醋酸纤维素	微滤		

2. 聚砜类膜材料

聚砜类膜材料是超滤、微滤膜的重要制备材料,由于其机械强度高,是许多符合膜的支撑材料,如聚醚砜(PES)。常见的聚砜类的制备方法和应用领域见表 2-2。

表 2-2 聚砜类膜制备方法和应用领域

制备方法	膜材料	应用领域	主要工艺过程	主要影响因素
界面聚合法	聚砜	反渗透	配铸膜液;刮膜;溶剂蒸发;凝胶固化;热处理	制膜温度;蒸发时间;浸渍条件;热处理时间
涂敷法	聚砜/聚丙烯酸	反渗透	基膜制备;涂敷	涂液中聚合物状态;孔渗
	聚砜/聚丙烯亚胺	反渗透		
浸没沉淀相转化法	聚醚砜酮	超滤	制膜液配置;溶剂蒸发;凝胶;热处理	制膜温度;蒸发时间;浸渍条件;热处理时间
浸渍凝胶法	聚砜	超滤/微滤		
	聚砜酰胺	超滤		

3. 聚烯烃类膜材料

聚烯烃类膜材料是超滤、微滤膜的常用材料,它的亲水性使膜的通量比聚砜的大,如聚丙烯腈(PAN)。常见的聚烯烃类的制备方法和应用领域见表 2-3。

表 2-3 聚烯烃类膜制备方法和应用领域

制备方法	膜材料	应用领域	主要工艺过程	主要影响因素
拉伸法	聚乙烯	反渗透	纺丝;拉伸;热处理	溶剂选择;拉伸温度;热处理温度;热处理时间
	聚丙烯	反渗透		
等离子体聚合法	聚丙烯腈	反渗透	支撑体制备或选择等离子聚合体聚合	蒸汽压;放电步骤;支撑膜种类;聚合温度及时间
	醋酸乙烯酯/丙烯腈	反渗透		
浸没沉淀相转化法	聚丙烯腈	超滤	制膜液配置;溶剂蒸发;刮膜;凝胶;热处理	制膜温度;蒸发时间;浸渍条件;热处理时间
浸渍凝胶法	聚丙烯腈	超滤		
	聚氯乙烯	超滤		

4. 含氟聚合物膜材料

含氟聚合物膜材料是当今超滤、微滤膜制备材料选择的一个方向,其抗氧化性能好,可以和臭氧等强氧化剂处理联用,抗污染能力强,如聚偏氟乙烯(PVDF)。常见的含氟聚合物的制备方法和应用领域见表 2-4。

表 2-4		含氟聚合物膜制备方法和应用领域		
制备方法	膜材料	应用领域	主要工艺过程	主要影响因素
涂敷法	聚偏氟乙烯	反渗透/纳滤	基膜制备;涂敷;交联	涂液中聚合物状态;孔渗
浸渍凝胶法	聚偏氟乙烯	超滤/微滤	凝胶;热处理	浸渍条件;热处理时间

5. 聚酰胺膜材料

聚酰胺膜材料是当今反渗透、正渗透制备的主流材料。这种材料可以形成极薄的功能分离层,并且耐化学性非常好。常见的聚酰胺聚合物的制备方法和应用领域见表 2-5。

表 2-5		聚酰胺物膜制备方法和应用领域		
制备方法	膜材料	应用领域	主要工艺过程	主要影响因素
界面聚合	聚酰胺	反渗透	界面聚合,重缩合	重缩合程度
界面聚合	聚酰胺	正渗透	界面聚合,重缩合	重缩合程度

2.3 膜组件

膜组件是将一定面积膜以某些形式组装成的器件。水处理中常用的膜组件有以下四种形式:管式、中空纤维、板框式和卷式。

2.3.1 管式组件

管状膜通常在内径为 10~25 mm,长度为 0.6~6.4m 的玻璃纤维合成纸、塑或不锈钢等刚性多孔支撑体内侧沿流而成。可有多种结构形式。

管式组件有如下主要的优缺点。

1. 优点

(1) 流道较宽,抗粒子堵塞污染强,可处理含较大粒子的水样。因此,管式超滤膜组件可处理高浊度的水样。

(2) 便于化学和机械清洗。它也可以借助海绵球在管腔中运动进行膜表面清洗。

2. 缺点

(1) 装填密度低,是超滤组件中最低的,小于 100 m^2/m^3,故占地面积大。

(2) 能耗高。因泵的能耗与流经组件的水样体积、流量和压力降成正比,故管式组件的高流量和高压降导致其泵的高能耗,高达 700~2 000 W/m^2。

2.3.2 中空纤维式组件

20 世纪 60 年代后期,杜邦公司首创了中空纤维反渗透组件后,又出现了中空纤维超滤和微滤膜组件。目前,中空纤维组件是超滤、微滤膜的主要形式。

中空纤维膜实质是管式膜,两者的主要差异是中空纤维膜为无支撑体的自支撑膜。中空纤维外径一般为 $150\sim2\,000\ \mu m$,壁厚 $100\sim200\ \mu m$。中空纤维组件由进水方式分为内压式、外压式和浸没式。中空纤维呈 U 形,封闭在容器一端为外压式,即水样从纤维外透过膜壁进入中空纤维内产水;两端分别封闭置于容器两端,为内压式,即水样从中空管内透过膜壁产水。图 2-2 为内压式的中空纤维超滤膜组件。

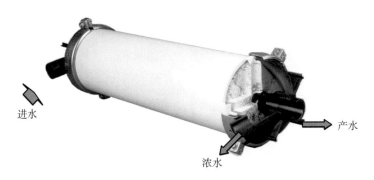

图 2-2 中空纤维内压式超滤膜组件

中空纤维组件有如下主要的优缺点。

1. 优点

(1) 中空纤维组件的装填密度高,在 $100\sim1\,000\ m^2/m^3$,故占地面积小。

(2) 可以反洗清洗。这是因为中空纤维超滤膜式自支撑膜。

(3) 能耗低,$80\sim700\ W/m^2$。

2. 缺点

(1) 需要预处理。为避免中空纤维水样入口处堵塞,需要对水样进行预处理。

(2) 不宜处理黏稠度高的水样。

(3) 装膜筒体未标准化,互换性差。

2.3.3 卷式组件

20 世纪 60 年代中期,美国 Atomics 首先开发了卷式膜组件,主要是用于海水淡化的反渗透。以后,卷式组件沿用到超滤,见图 2-3。卷式膜组件由两个以上"膜袋"卷在一多孔中心管外所形成。膜袋三面粘封,另一边粘封于多孔中心管上,膜袋内多孔支撑材料形成透水通道。膜袋与膜袋间以网状材料形成水样流道,因此水样平行于中心收集管流动,进入膜袋内的产水,旋转着流向中心收集管,浓水从进水另一侧流出。多数的反渗透和纳滤膜是卷式组件。

由于通常的卷式组件因膜单一面支撑,而在反向压力差下膜易脱落,不能进行反冲洗,卷式超滤膜在应用中,无力和中空纤维组件竞争。同时,为减少污染不得不采用错流操作,从而回收率低。

卷式组件有如下主要的优缺点。

1. 优点

(1) 安装和操作方便。

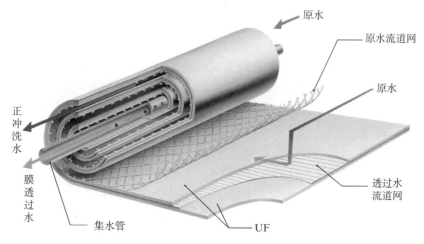

图 2-3　卷式膜组件

（2）建设费用低。更换膜时，只需要更换膜单元，而装膜外壳则不需要更换。通常，每平方米膜的更换费用，中空纤维组件为 600 美元，管式组件为 300～500 美元，卷式组件仅为 40～100 美元。

（3）能耗低，80～700 W/m²。

2. 缺点

（1）膜的粘合减少了膜的有效面积，同时进水流道宽，导致装填密度比中空纤维小。

（2）端帽、抗伸缩件以及管接头等构件未标准化，互换性差。

2.3.4　板框式组件

板框式是最早商品化的工业组件。板框组件的基本单元由刚性的支撑板、膜片及置于支撑板和膜片间的产水隔网组成。将膜片的四周端边与支撑板、产水隔网密封，且留有产水排出口，遂形成膜板。其过滤流程与卷式相似，两者主要差异是板框式的每个模板出水分别有一根产水管排水，而卷式是每个膜袋产水集中到中心集水管排出。

板框式组件有如下主要的优缺点。

1. 优点

（1）模板和模块可就地更换，并可对卸下的模板进行擦洗。

（2）每个模板在其支撑板上均有产水出口，单独用软管接出，故如检出某张膜损坏，可在不停工状态下，钳夹该软管，中断该膜运作，待停工后更换。

（3）膜材料选择范围广泛。

2. 缺点

（1）膜的周边密封及膜的进出水口孔处与支撑板、隔网的密封复杂、困难。膜的粘合也减少了膜的有效面积，同时进水流道宽，导致装填密度小。

（2）膜更换费时。

（3）组件拆而复装时，很难精确复位，易泄漏。

（4）隔网处易被颗粒物堵塞污染。

2.4 膜分离过程的基础理论

饮用水处理的原水是包含各种不同物质的混合体系。这种混合体体系中,某些物质是作为污染物需要被饮用水工艺去除的。这些物质之间与水有不同的性质,如尺寸、通过膜的渗透性能。膜分离技术利用这种区别,改变工艺条件以增大这种区别,增大通过水量大,降低通过膜的污染物质的量,进而实现了水的提纯。

饮用水处理中,常利用的区别为尺寸的差别和在化学势的差别,实现分离过程。前者一般称为过滤过程,例如超滤和微滤技术;后者一般称为渗析过程,例如反渗透和正渗透技术。

2.4.1 反渗透、纳滤和正渗透

反渗透(RO)、纳滤(NF)和正渗透(FO)三种过程采用连续的错流过滤方式,将待处理水分成浓水和淡水两部分。这三种过程都属于渗透过程。渗透过程是水透过半透膜,从高化学势侧输送至低化学势的过程。渗透过程由半渗透膜两侧的化学势不同所驱动,半渗透膜较易透过水,但是较难通过水中的溶质和离子。渗透压是指某一压力如果施加在更浓的一侧,将阻止水从淡水通过半渗透膜渗透到更浓侧的压力。

反渗透为在盐水一侧施加压力 P 大于渗透压可以迫使渗透液向,使水由浓水侧透过半透膜进入淡水一侧。此时,在高于渗透压力作用下,浓水中的化学位高于淡水中的化学位,水分子从盐水一侧透过膜进入淡水一侧。同时,由于施加压力并没有增加浓水侧盐分的化学势,并且由于半渗透膜的选择性透过作用,盐分较难透过半渗透膜。

纳滤和反渗透过程相似,只是其对于氯化钠的截留率较低(一般小于90%)。纳滤对于有机物和硬度有很好的去除效果,故在微污染水源饮用水处理和水的软化中,有较广阔的前景。

正渗透利用半透膜两侧渗透压的区别作为驱动力,而不是和反渗透一样用水压的差别。反渗透过程导致进水的浓度更浓,并且浓水侧的浓度降低。

描述渗透过程中的水和盐透过膜的公式为

$$w = W_p(\Delta P - \Delta \pi) \qquad (2-1)$$

$$J_s = K_p \Delta C \qquad (2-2)$$

式中　　Jw——水透过膜的通量;

　　　　Js——盐透过膜的通量;

　　　　W_p——水透过膜的系数;

　　　　K_s——盐透过膜的系数;

　　　　ΔP——膜两侧的压力差;

　　　　$\Delta \pi$——膜两侧的渗透压差;

　　　　ΔC——膜两侧的浓度差。

对于反渗透和纳滤来说,$\Delta P > \Delta \pi$,对于正渗透来说,$\Delta P = 0$。正渗透和反渗透的流向如图 2-4 所示。

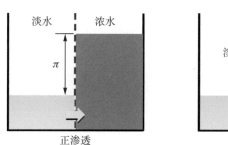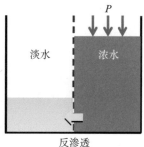

图 2 - 4　反渗透与正渗透的流向

2.4.2　超滤和微滤

　　超滤和微滤属于过滤过程。过滤过程对溶质的分离原理被认为主要是机械截留作用，即膜表面有一定的孔，在压力作用下溶剂和小分子的溶质透过膜，而大分子的溶质被膜截留。过滤过程一般采用间歇死端过滤的方式，即待处理的水在压力下全部经过膜，污染物被截留于膜表面。定期采用反冲洗或者停止的步骤，实现污染物从膜表面分离。通过整个截留—污染物从膜内分离的过程，实现污染物从待处理水中分离。

第3章　膜污染

低压膜技术能耗少,运行和维护费用低,出水水质稳定,浊度和细菌含量低,至今仍是膜法生产饮用水的主流技术。然而在实际运行中,低压膜存在污染程度高、膜通量下降快等问题,严重影响运行效率,成为制约其应用和推广的主要因素。

膜污染是指过滤料液中的微粒、胶体粒子和溶质大分子由于与膜存在物理化学相互作用或机械作用而引起的各种粒子在膜表面或膜孔内吸附、堵塞,使膜通量与分离特性产生不可逆变化的现象。一般说来,常见的膜污染物包括四种:胶体和悬浮固体,无机物,有机物及微生物[1-7]。不同种类膜污染物质及其污染机理见表3-1。

表3-1　　　　　　　　　　　　不同种类膜污染物质及其污染机理

种　类	物　质	污　染　机　理
胶体和悬浮固体	黏土矿物,硅胶,铁、铝、锰的氧化物,有机胶体和悬浮物	微滤膜和超滤膜:膜孔堵塞以及膜表面滤饼层的形成;纳滤膜和反渗透:膜表面滤饼层的形成
无机物	钙、镁、钡、铁等无机盐类,硅酸,金属氢氧化物	通过形成沉淀结垢,在膜表面积累或者沉积在膜孔内部
天然有机物(NOM)	蛋白质,多糖,氨基糖,核酸,腐殖酸,富里酸,棕黄酸,生物细胞成分	造成膜污染的主要物质来源。这类物质既可以在膜表面形成滤饼层,也可以吸附在膜孔内部,产生膜污染
微生物	浮游植物,细菌及其产生的胞外聚合物(EPS)和溶解性微生物产物(SMP)	微生物附着在膜表面,繁殖并产生胞外聚合物,形成一种具有黏性的水合凝胶体,在膜表面形成生物膜以阻止水透过

3.1　影响膜污染的因素

在膜分离过程中,有许多因素影响膜污染,它们包括水中有机物的种类、天然水的物化性能以及膜本身的性能。

3.1.1　膜的性质

1. 亲水性或疏水性

膜的亲水性和疏水性由膜与水的接触角 θ 表征。当 $\theta \approx 0°$ 时,膜高度亲水,水滴接触到膜表面上,迅即铺展开;当 $0° < \theta < 90°$ 时,膜较亲水;当 $\theta > 90°$ 时,膜疏水,水滴接触到膜表面,水被排斥,与膜接触表面变小,使接触角变大。

亲水性的膜表面与水分子之间的氢键作用使水优先吸附,水呈有序结构,疏水物质若接近膜表面,需消耗能量破坏此有序结构,所以亲水性膜通量大,且不易污染。Gray 和 Bartels 等[8,9]的研究也证明,疏水性微滤膜的污染速率要明显高于亲水性微滤膜。

2. 表面电荷

膜表面的电荷即 ζ 电势对膜污染的影响同样重要[10]。许多胶体物质由于含有羧基、磺酸基及其他酸性基团而呈现出略微的负电性。当膜表面呈正电荷时,胶体杂质易于沉积于膜上造成污染,使膜性能下降;当膜的表面呈负电时,由于静电排斥力作用,胶体黏附到膜表面的程度就会减弱,这样能够抑制膜污染,以保证较高的膜通量。聚丙烯腈膜(PAN)表面在 pH 值为 3~10 范围内都带负电,且负电荷密度随着 pH 值的升高而增加,可见 PAN 膜表面具有排斥带负电的污染物如胶体、大分子有机物等的特性,进而减轻它们沉积在膜表面的趋势,从而减轻膜污染。研究发现,在膜过滤的初始阶段,膜表面的电荷能够影响蛋白质与膜之间的相互作用,进而影响膜通量以及蛋白质的穿透率[11,12]。

3. 粗糙度和孔隙率

膜表面粗糙度的增加使膜表面吸附污染物的可能性增加,但同时也增加了膜表面的扰动程度,阻碍了污染物在膜表面的形成,因此粗糙度对膜通量的影响是两方面效果的综合体现。Elimelech 等[13]认为具有较高的粗糙度和孔隙率的膜更容易发生膜污染。Ho 等[14]研究指出具有互联状膜孔的膜污染较慢,这是因为流体能够绕过被堵塞的膜孔,流过这些具有互连孔结构的膜孔,使其通量缓慢。

3.1.2　溶液组成

基本上来说,腐殖酸和蛋白质在其等电点都为中性,它们所带的电荷都随着 pH 偏离等电点而增大。腐殖酸在 pH 较高的碱性溶液中或离子强度较低时,羟基和羧基大多离解,使高分子呈现的负电荷相互排斥,趋于溶解;在 pH 较低的酸性溶液中,各官能团难于离解,趋于沉淀或凝聚,腐殖酸变为不溶的胶体沉淀物,并且在高浓度的阳离子溶液中,腐殖酸与金属离子易发生络合作用,形成沉淀或聚集[15]。此外,溶液的 pH 对蛋白质在水中的溶解性、荷电性及构形也有很大影响,pH 接近蛋白质等电点时,蛋白质溶解度低,倾向在膜面吸附,使膜通量减小。研究表明,由于羧基在较高 pH 时的去质子化作用和膜对阴离子的吸附,膜表面的负电荷将会变得更多。因此,那些带负电的污染物不太容易污染膜表面带负电荷的膜,这是因为这些污染物与膜之间会有较强的静电排斥作用[16]。

除此之外,溶液的离子强度和硬度也会对膜通量产生影响[17]。盐离子能够压缩蛋白质和腐殖酸的双电层结构,同时对它们的电荷产生屏蔽作用。钙离子能够与蛋白质和腐殖酸中的羧基发生络合作用形成络合物,进而也能降低它们的电荷密度。当蛋白质和腐殖酸的电荷密度降低后,分子间的静电作用减小,将更容易聚集在一起,膜污染将会加剧。Yuan 等[18]对腐殖酸在超滤过程中的膜污染研究发现,严重的通量下降发生在较低的 pH 值、较高的钙离子浓度条件下。

3.1.3　水力条件

压力与料液流速对膜通量的影响通常是相互关联的,当流速一定且浓差极化不明显之前(低压力区),膜的透水率随压力增加近似直线增加;在浓差极化起作用后,透水率随压力提高呈曲线增加;当压力升高到一定数值后,浓差极化使溶质在膜表面开始析出凝胶层,此时透水率几乎不依赖于压力。可以通过改善膜表面的流体力学条件来控制浓差极化和膜污染,例如采取错流过滤、稳态湍流过滤、不稳定流体流动过滤。

同时,增加操作压力可以增加溶质与膜之间和溶质与溶质分子之间的碰撞效率,会进一步增强膜污染的速率。Tang[19]研究指出膜分离过程中的极限通量不受操作压力的影响,膜在长时间过滤过程中,污染的程度与初始通量没有关系。

温度对膜污染的影响比较复杂。温度上升,料液的黏度下降,扩散系数增加,降低了浓差极化污染,但温度上升会使料液中某些组分的溶解度上升,使吸附污染增加。温度过高还会使溶质变性或破坏而加重膜污染,所以温度对膜通量下降的影响需综合考虑。

3.1.4 有机物特性对膜污染的影响

研究表明,造成膜通量迅速下降的最主要原因是溶解性有机物(Dissolved Organic Matter, DOM),DOM不仅对膜通量下降影响较大,而且是造成膜不可逆污染的主要原因[20]。而对于有机物来说,最主要的特性为亲疏水性和相对分子质量,也正是这两个特性对膜污染的影响最大[21-23]。除此之外,有大量学者研究了有机物的三维荧光响应特性与膜污染的关系,认为三维荧光光谱也可以作为膜污染物质的表征方法。以下分别总结了国内外学者在这三方面的研究成果[21,24]。

1. 亲疏水性对膜通量的影响

有机物的亲疏水组分的分离可以通过树脂吸附分离法实现。该方法可将有机物分离成亲疏水性质不同的多种组分,每种组分均具有某些相似的化学结构或特征官能团。Bessiere等[25]采用XAD-7HP和XAD-4两种树脂将地表水分为四种组分,结果显示对超滤膜通量影响最大的为亲水性有机物。但是,将该组分与其他组分混合时,亲水性有机物将失去其污染潜能,说明深入理解各组分之间的相互作用比单独了解各组分的污染潜能更有意义。

Shon等[26]对生物处理二级出水分离显示,疏水组分对超滤膜的污染最为严重。推测其原因是疏水组分中的大分子有机物会堵塞膜孔,造成膜孔径的减小,进而导致膜通量下降。这与Chen[27]和张立卿[28]等的研究结果一致,他们也认为分子质量较高的疏水性化合物是导致膜通量下降的主要原因。

然而,Gray等[29]采用XAD-8/XAD-4/IRA-958三种树脂将澳洲某湖水分为四种组分,分别为强疏组分、弱疏组分、极亲组分和中亲组分。进行微滤膜过滤试验时,发现中亲组分和极亲组分会导致膜通量急剧下降,主要由于这两种组分能在膜表面形成凝胶层,导致不可逆污染。Qu等[30]的研究也表明,亲水性组分是决定膜通量下降速率及膜污染程度的主要因素。

以上研究可以看出,有机物亲疏水性对膜通量的影响尚未有统一的结论。主要由于天然原水成分比较复杂,来源多样,所以使得有机物在结构和特征官能团上都存在较大差异。因此,在分析有机物的亲疏水性对膜污染的影响时,需要配合分析其他因素,如有机物的结构、来源以及相对分子质量等,才能更准确地理解膜污染的机理。

2. 相对分子质量对膜通量的影响

在膜污染的研究中,有机物相对分子质量的大小对膜污染程度以及膜过滤性能的影响至关重要,测定有机物的相对分子质量对于了解原水的污染状况、评价膜技术处理效果均有重要意义。

张立卿等[31]研究了相对分子质量分布及亲疏水性对纳滤膜透水性能的影响。结果表明,二级出水有机物中小分子亲水性有机物含量最高,且有机物通量衰减程度最大。当相对分子质量小于 30×10^3 时,相对分子质量越小,通量衰减越快;当相对分子质量大于 30×10^3 时,相对分子质量越大,通量衰减越快,且小分子有机物的通量衰减程度要大于大相对分子质量有机物。Carroll 等[32]也通过研究表明,中性亲水性小分子有机物可以通过吸附作用,引起严重的膜污染。

相反,Wang 等[33]采用三种微滤膜对天然原水进行膜过滤试验。结果表明,大分子正电性的聚合物是导致膜污染的主要物质,其通过膜堵塞作用减小微滤膜有效过滤孔径,进而导致膜污染发生。这与 Yamamura 等[34]的研究结果类似,大分子多糖类物质是主要的膜污染物质。膜污染过程包括两个阶段,首先是小分子的疏水性物质吸附在膜孔内部,使膜孔径缩小,然后大分子亲水性有机物继续吸附在膜孔内部或者膜表面,造成膜通量下降。

3. 三维荧光特性

三维荧光光谱(3DEEM)是一种新型荧光分析技术,能够显示出有机物多种组分中的物质来源和含量信息,常用于表征和分析水中有机物的来源。相关研究显示,三维荧光光谱为溶解性有机物的研究提供了丰富的物质信息,其中包括荧光峰的位置、强度和区域分布等。

三维荧光光谱不仅可以表征有机物的成分和来源信息,还与天然有机物的特性具有一定的相关性。Gone 等[35]采用三维荧光光谱表征混凝预处理对天然原水中有机物的去除效果。结果表明,有机物 DOC 的去除率与荧光强度有着很强的相关性,三个区域的相关性(R^2)分别为 0.91、0.89 和 0.92,其中蛋白质类有机物的去除效果最差。

辛凯等[36]利用 EEM 分析膜污染物质,发现荧光响应在 E_x/E_m:238 nm/345 nm 的蛋白质类亲水性有机物是主要的膜污染物。这与 Kimura 等[37]的研究结果一致。

此外,根据前人的分析发现,虽然三维荧光光谱无法替代 DOC 和 UV_{254} 准确定量溶解性有机物的浓度,但在有机物的定量分析中,它也可以作为近似的表征手段。

3.2　有机物的亲疏水性与膜污染之间的关系

由于天然水源中 DOM 来源广泛,DOM 的成分、种类、相对分子质量、化学性质(pH 值、离子强度、重金属含量等)存在很大差异,造成膜污染的程度和机理也不尽相同。

天然有机物(DOM)的亲水性和疏水性对有机物与膜之间的相互作用有很大的影响。为了提高通量,膜表面多为亲水性,因此,大多数膜表面呈负电性。有机物的疏水性越强,它可能越容易被膜所吸附。由于有机物在膜表面的吸附是造成膜污染的重要因素,因此,了解有机物的亲水性和疏水性就显得非常重要。

3.2.1 有机物的不同组分对膜通量的影响

采用自来水和阳澄湖原水以及有机物各组分分别对 PVDF15W 超滤膜进行膜过滤试验,所得膜通量结果如图 3-1 和图 3-2 所示。

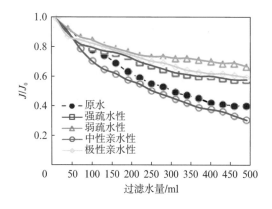

图 3-1 自来水水样各组分对 PVDF15W 膜通量的影响

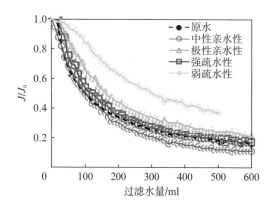

图 3-2 阳澄湖水样各组分对 PVDF15W 膜通量的影响

由图可知,自来水和阳澄湖水的中性亲水性组分的通量下降最为严重,过滤结束的通量分别下降至初始通量的 69% 和 89%。自来水的通量下降趋势与中性亲水性有机物组分的相似,但通量略高,过滤结束时的通量为初始通量的 41%。阳澄湖原水在过滤初期与中性亲水性有机物组分通量下降几乎相同,当过滤水样达到 200 ml 时,通量才略高于中性亲水性有机物组分,过滤结束时的通量仅为初始通量的 17%。

自来水中强疏水性、弱疏水性以及极性亲水性有机物组分对膜通量的影响较小,通量明显高于中性亲水性有机物组分和原水,下降趋势缓慢。弱疏水性对膜通量的下降影响最小,过滤结束时的通量为初始通量的 33%,而强疏水性与极性亲水性有机物组分的通量分别为初始的 59% 和 60%。阳澄湖水的强疏水性、极性亲水性有机物组分的膜通量下降很严重,下降趋势与中性亲水性的相似,过滤结束时的通量分别为初始通量的 17% 和 21%。弱疏水性的通量的下降较小,过滤结束时的通量为初始通量的 35%。阳澄湖水样中各有机物组分的通量比自来水中的,通量下降更为严重,这可能两种水样中相对应的有机物组分所含有机物组成并不完全一样的缘故。试验结果表明中性亲水性有机物是引起通量下降的主要因素。

采用湘江水和太湖水不同组分作为试验水样,将以上几种组分用超纯水稀释至 DOC 的质量浓度为 5 mg/L 左右,用 NaOH 和 HCl 调节 pH 值至 7,Ca^{2+} 浓度和电导率调节至相同后分别进行微滤膜过滤试验,结果如图 3-3 和图 3-4 所示。

湘江水和太湖水的中亲组分的通量下降最为严重,湘江水膜通量下降顺序从大到小依次为中亲＞强疏＞湘江原水＞极亲＞弱疏,太湖水膜通量下降顺序从大到小依次为中亲＞强疏＞太湖原水＞弱疏＞极亲。

两种原水最大区别是弱疏和极亲的膜通量下降程度不同,湘江水中弱疏组分的膜通量下降最小,而太湖水中的极亲组分膜通量下降最小。几种组分过滤结束时的膜比通量情况参见表 3-2。

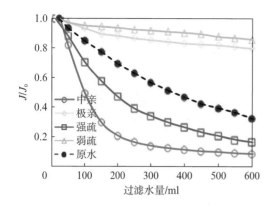

图 3-3　湘江有机物亲疏水组分对 0.1 μm CA 膜的通量影响

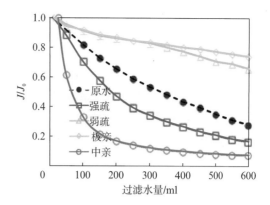

图 3-4　太湖有机物亲疏水组分对 0.1 μm CA 膜的通量影响

表 3-2　　　　　　　　两种原水及亲疏水组分过滤结束时 J/J_0 情况

来源	过滤结束时 J/J_0				
	原水	强疏	弱疏	极亲	中亲
湘江	0.322	0.165	0.857	0.794	0.084
太湖	0.276	0.162	0.657	0.739	0.072

微滤膜过滤青草沙原水和滆湖原水不同组分的通量变化如图 3-5 和图 3-6 所示。两种原水中的亲水性有机物会导致膜通量快速下降,特别是中性亲水性组分造成严重的膜污染。青草沙各组分通量下降顺序为:中亲>原水>极亲>强疏>弱疏,而滆湖各组分的通量下降情况从大到小依次为:极亲≈中亲>原水>强疏>弱疏。从微滤膜过滤四种原水有机物不同组分的通量变化来看,中亲组分的下降程度最为严重,其余三种组分随原水的不同而下降的严重程度有所不同。两种原水的疏水性组分对膜通量几乎没有影响,过滤结束的膜通量为初始通量的 90% 以上,说明疏水性有机物对亲水性微滤膜的污染程度较低。

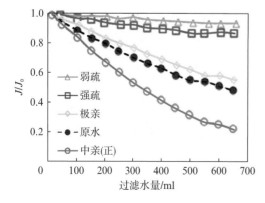

图 3-5　青草沙亲疏水组分对微滤膜通量的影响

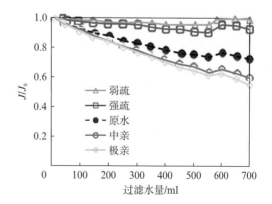

图 3-6　滆湖亲疏水组分对微滤膜通量的影响

3.2.2 不同亲疏水性的原水对膜通量的影响

采用三好坞湖水、黄河水、黄浦江水、昆山庙泾河水、高邮水库水为试验水样。这五种水源的原水水质有机物组成研究见图 3-7。

由图 3-7 可知,五种水样的亲疏水性的比例不同,亲水性比例占绝大部分。在亲水性组分中,中亲在各原水中所占的比例都非常大,按中亲比例的多少进行排序为:三好坞>昆山>高邮≈黄浦江≈黄河。对这五种原水进行过滤试验,结果如图 3-8 所示。

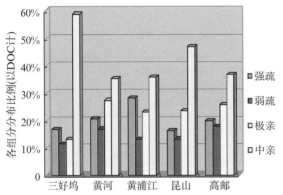

图 3-7　原水的亲疏水性分布比较

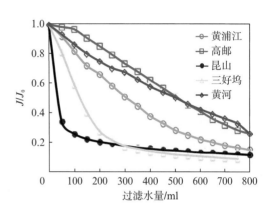

图 3-8　五种原水的膜过滤通量下降情况

由此可见,不同原水的膜通量下降情况存在明显差异。在过滤初期(过滤水量为 100 ml 时),黄浦江、黄河和高邮过膜通量变化较小,而三好坞和昆山原水已经出现明显的膜通量下降情况;在过滤结束时(过滤水量为 800 ml),黄浦江水源通量下降程度增大,与三好坞、昆山水源均下降到了 20% 以下,而黄河和高邮原水一直呈现缓慢下降趋势,通量最终下降为 30% 左右。综合上述情况,五种水源对膜通量下降程度和速度影响顺序是:昆山>三好坞>黄浦江>黄河>高邮。

从有机物的亲疏水性对膜通量的影响分析来看,中亲组分比例与膜通量下降速度有比较密切的相关性。中亲组分含量较多的三好坞和昆山原水,其初期膜通量下降速度非常快。中亲组分含量较低的黄浦江、黄河和高邮原水,其初期膜通量下降速度缓慢。这一结论与 T. Carroll[32] 和 L. Fan[38] 等的报道一致,认为中亲组分是造成膜通量快速下降的主要原因。但是中亲组分并不是造成膜通量快速下降的唯一因素。对比三好坞湖水和昆山水可以发现,尽管三好坞原水的中亲组分比例高于昆山原水,但其初期膜通量下降速度比昆山原水慢。在许多文献报道中,对于中亲组分影响膜通量的原因,也存在不同的认识。L. Fan 等多数研究者认为,中亲组分中的大分子有机物在膜表面形成滤饼层,导致了膜通量的快速下降,然而 T. Carroll 认为中亲中的小分子有机物在膜上的吸附是引起膜污染的重要原因。三好坞湖水和昆山水中亲组分的大分子有机物比例比其他几种原水高。因此,可以认为中亲大分子有机物对膜通量的下降速度有重要影响。特别是中亲组分中大于 30 kDa 的有机物,对膜通量下降速度影响很大。昆山原水的中亲组分中,大于 30 kDa 的有机物比例高于三好坞湖水,是造成昆山原水膜通量下降速度比三好坞原水大的主要原因。

强疏组分对膜通量的缓慢下降程度存在一定的相关性。黄浦江原水的中亲组分与黄河、高邮原水比例接近,但其强疏组分的比例明显高于两种原水。因此强疏组分比例较高也可以造成膜通量下降程度较大。此外,黄浦江水强疏组分中的大分子有机物的比例较高,相对分子质量大于 10 kDa 的大分子有机物占原水比例的 10% 以上,高于其他水源低于 5% 的比例,也是造成黄浦江原水膜通量下降程度较大的重要原因。因此,当强疏组分的比例较高并且其中大分子有机物的比例较大时,同样可以导致膜通量下降程度较大。

3.3　水中相对分子质量的大小对膜污染的影响

天然原水中存在着不同大小的相对分子质量的有机物。膜依靠孔径的大小截留不同的杂质和有机物,相对分子质量越大的物质,越容易被膜截留,沉积在膜表面或膜孔内部,造成通量的下降和膜污染;而相对分子质量较小的有机物则会穿过膜孔,出现在膜过滤水中,对膜污染的影响较小。不同的藻类,铜绿微囊藻,束丝藻,鱼腥藻,小环藻,珊藻和小球藻,它们的代谢产物,即藻类有机物(AOM)的相对分子质量差异较大,如图 3-9 所示。

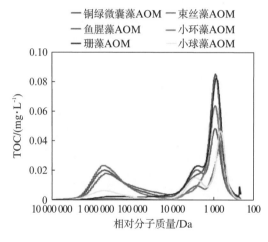
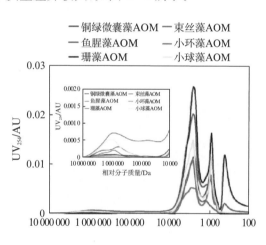

图 3‑9　藻类有机物的相对分子质量分布(TOC 约为 30 mg/L)

微滤膜过滤不同藻类有机物膜通量的情况如图 3-10 所示。

由图 3-10 可以看出,不同藻类有机物引起的膜通量的下降程度是不同的。在膜过滤初期,仅有小环藻 AOM 引起的膜通量变化较小,其余五种 AOM 均出现明显的膜通量下降,特别是铜绿微囊藻 AOM 在膜过滤初期,引起的膜通量下降程度最为明显,其次是束丝藻、鱼腥藻、栅藻、小球藻 AOM。束丝藻、鱼腥藻 AOM 的膜通量下降程度最为严重,过滤结束时的通量为初始的 9% 左右,

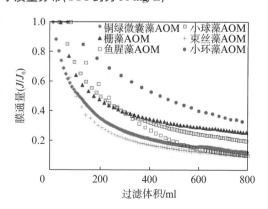

图 3‑10　微滤膜过滤不同藻类有机物膜通量的情况(DOC 约为 5 mg/L)

铜绿微囊藻、小球藻、栅藻 AOM 过滤结束时的通量分别为初始的 12%、19% 和 25.2%。小环藻 AOM 膜通量下降程度一直呈现缓慢下降的趋势，过滤结束时的通量为初始通量的 31% 左右。六种 AOM 对膜通量下降程度的影响顺序依次为束丝藻 AOM＞鱼腥藻 AOM＞铜绿微囊藻 AOM＞小球藻 AOM＞栅藻 AOM＞小环藻 AOM。

图 3-11 为微滤膜过滤 AOM 前后相对分子质量的变化。从图中可以看出，膜后的大分子有机物的 TOC 响应值显著降低，中小分子有机物的 TOC 响应值稍有降低，表明微滤膜主要截留相对分子质量大于 10 万 Da 的大分子有机物。而大分子有机物的 TOC 响应值降低最明显的依次为束丝藻、鱼腥藻、铜绿微囊藻。

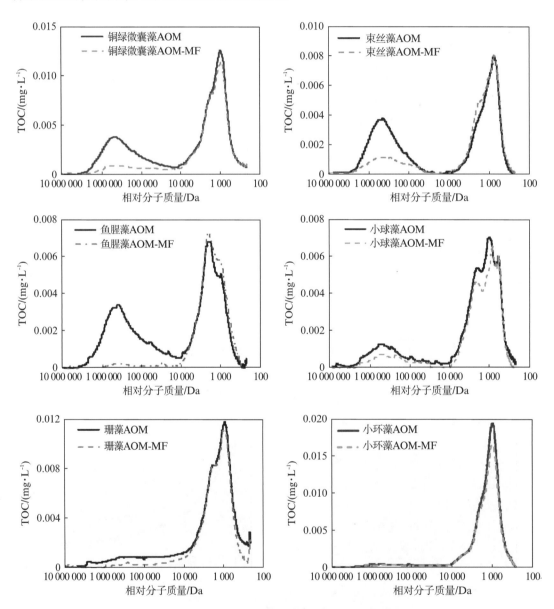

图 3-11 微滤膜过滤六种藻类前后的相对分子质量变化

图 3 - 12 为六种藻类的大分子以及为微滤膜截留的大分子有机物的质量深度与过滤结束时的膜通量的关系。由此可知,这些大分子有机物的质量浓度与膜通量有着密切的关系。大分子有机物越多,为膜所截留也越多,导致的通量下降也越严重。

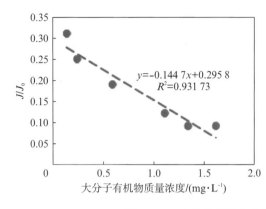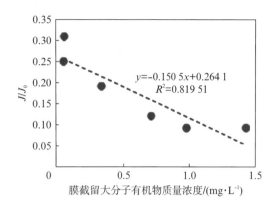

图 3 - 12　六种藻类的大分子有机物质量浓度与通量的关系

H. O. Huang 等[39]研究发现,大分子有机物主要由多糖、蛋白质以及腐殖酸类胶体有机物组成。过膜后大分子有机物的 TOC 峰值均降低,说明多糖、蛋白质以及大分子腐殖酸类有机物是造成膜通量下降的主要污染物。Gray 等[29]研究发现,大分子有机物在膜表面可以形成一层凝胶层,或者有机物分子进入膜孔后,造成膜孔堵塞,引起严重的通量下降。小球藻、小环藻和珊藻 AOM 在膜前大分子的 TOC 响应值就较低,尽管膜后大分子有机物的 TOC 响应值也显著降低,引起膜通量的下降程度却没有以上三种 AOM 的严重。

微滤膜过滤湘江水和太湖水的有机物各组分的通量变化如图 3 - 13 和图 3 - 14 所示。不同组分的膜通量下降情况表明,中亲组分仍然是引起膜比通量下降的最主要污染物,其次是强疏组分,相对而言,弱疏和极亲组分引起的膜通量下降较少。

图 3 - 13 表明,微滤膜主要去除大分子有机物,膜后的湘江中亲组分在 $1.3×10^6$ ~$1.5×10^4$ 区间大分子响应值显著减少,而其他有机物区间没有明显的变化。同样,湘江强疏组分在大分子区间也有峰值出现,但响应远小于中亲组分(中亲膜前响应 0.02 mg/L,强疏膜前响应 0.009 mg/L),另在中小分子区间出现三个峰值,基本与中亲出现的峰位置相同,微滤膜同样是去除了强疏组分的大分子有机物,并有少量中小分子被截留。

弱疏组分主要出现在中小分子区间,分别是 $4.5×10^3$ ~$9.1×10^2$,$9.1×10^2$ ~$3.4×10^2$,微滤膜对两个有机物区间的峰均有少量去除,但由于孔径大于有机物尺寸,其去除效果非常有限。同弱疏相似,极亲组分主要集中在中小分子区间,分别是 $3.9×10^3$ ~8.4,$7.4×10^2$ ~$2.6×10^2$。微滤膜对极亲组分的去除效果十分有限,同样由于其较小的分子大小。结合四种组分的膜通量下降趋势情况,可以推断,微滤膜对有机物的去除主要是孔径筛分作用,由于中亲、强疏组分中的大分子有机物的存在,其膜通量下降最严重,而中小分子的弱疏和极亲组分膜通量只有少量下降。

图 3 - 14 显示,与湘江水情况类似,太湖中亲组分在大分子区间有一个质量浓度较低、分布较广的峰,范围在 $6.60×10^6$ ~$1.72×10^5$,远远大于湘江的大分子有机物区间,微滤膜主要去除的就是这部分大分子,膜后的中亲组分在该区间显著减少,而其他有机物区间没有

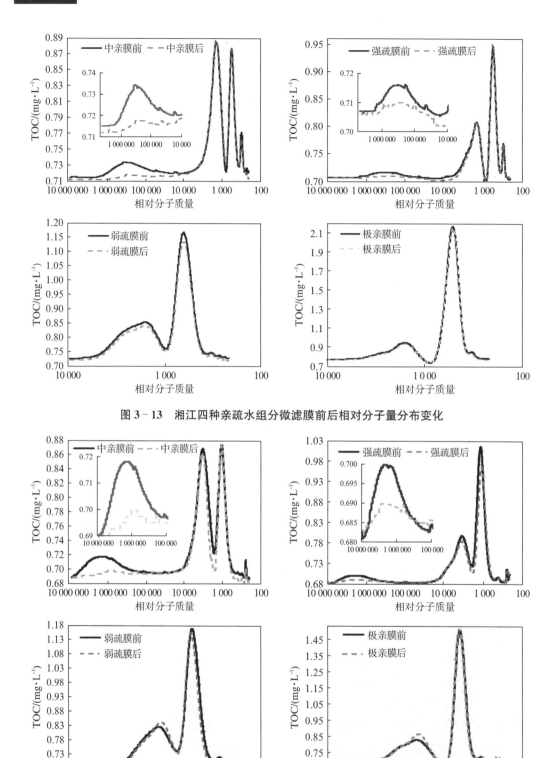

图 3‑13　湘江四种亲疏水组分微滤膜前后相对分子量分布变化

图 3‑14　太湖四种亲疏水组分微滤膜前后相对分子质量分布变化

明显的变化。同样,太湖强疏组分在大分子区间也有峰值出现,但响应小于中亲组分(中亲膜前响应 0.038 mg/L,强疏膜前响应 0.019 mg/L),基本与中亲出现的峰位置相同,微滤膜同样是去除了强疏组分的大分子有机物,并有部分中小分子被截留。弱疏组分和极亲组分主要出现在中小分子区间,分别是 $1.4 \times 10^4 \sim 1.9 \times 10^3$,$1.9 \times 10^3 \sim 4.9 \times 10^2$,由于有机物相对分子质量较小,微滤膜对其去除效果不明显。

对比湘江水、太湖水各组分的相对分子质量分布,可以看出,在两种原水的同一组分中,太湖水的相对分子质量均大于相应区间的湘江水,这也解释了太湖水各组分膜通量下降程度均比湘江水各组分通量下降程度稍大的原因。由于中亲和强疏组分含有大分子有机物,其膜通量下降最快。两种原水的膜通量下降是由其中各组分的相互作用导致的。同一原水的弱疏组分和极亲组分由于相对分子质量大小大致一样,所以从有机物大小的角度无法解释湘江水和太湖水的弱疏、极亲膜通量下降趋势不同的现象,很可能是本身有机物结构性质的不同。

3.4 有机物荧光光谱性质对膜污染的影响

自 1949 年开创性地利用荧光光谱表征有机质的物理化学特性以来,人们利用各种荧光光谱技术研究海洋、河流、湖沼、土壤孔隙水、沉积物孔隙水等不同来源的 DOM,我国对泥炭、煤或土壤腐殖质的常规荧光光谱和同步荧光光谱特征,以及利用三维荧光光谱研究油气样品、商品腐殖酸等有一些报道,但对天然水体中 DOM 的荧光光谱特征,尤其是三维荧光光谱特征的研究较少。相对于利用红外光谱、核磁共振等其他研究方法,三维荧光光谱具有高灵敏度、高选择性、高信息量且不破坏样品结构等优点。溶解性有机物(DOM)中的有机分子由发色团和荧光团两部分组成。由于荧光光谱能够解释 DOM 的荧光特性,所以用荧光光谱分析水样变得越来越普遍。不同种类的官能团具有不同光谱区的荧光性,因此单一的 DOM 组分与水体中的 DOM 组分就可能具有独特的荧光特性。

研究三好坞湖水、黄河水、黄浦江水、昆山水以及高邮水对微滤膜污染情况,分析五种原水膜通量的下降情况(图 3-7)与荧光光谱的特征。

从荧光强度来看,总荧光强度(FLUz,表 3-3)较高的原水,其膜通量下降程度较大,而FLUz 较低的原水,膜通量下降程度较小。然而,与 SUVA 值的表征类似的是,仅比较总荧光强度并不能很好地表征膜通量的下降速度。例如 FLUz 最高的黄浦江原水,其初期膜通量下降速度远小于 FLUz 相对较低的三好坞原水和昆山原水。但是与 SUVA 对全部含苯环和 C═C 双键有机物均有很高的响应强度不同的是,FLUz 强度主要来自于蛋白类荧光区,它对腐殖类有机物的响应较弱,因此可以看到,五种原水中受生源污染和人类生产生活污水污染的水源具有很高的 FLUz 值,而主要受陆源有机物污染的高邮原水,FLUz 值很低。

此外,仔细对比蛋白类荧光强度较高的四种原水(高邮除外),结果发现膜通量快速下降的三好坞、昆山原水中,蛋白类荧光峰 T 高于峰 B,即 $r(t,b)$ 比值较大(1.3 左右);膜通量下降较慢的黄河、黄浦江原水,$r(t,b)$ 比值接近或低于 1.0。由此说明,蛋白类荧光峰 T 越高,膜通量快速下降的可能性越大。

表 3－3 荧光参数与膜通量之间的关系

水源	总荧光峰	$f_{450/500}$ [a]	$r(a,c)$	$r(t,b)$	J/J_0
三好坞	23.72	1.44	1.16	1.33	10%
黄河	22.91	1.32	1.48	1.06	30%
黄浦江	85.86	1.43	2.29	0.75	20%
昆山	45.5	1.34	1.58	1.30	9%
高邮	9.14	1.3	1.26	—	31%

考察原水的其他三维荧光光谱指标（表 3－4），结果发现，荧光峰 T 和 A 的比值（$r(t,a)$）高低与膜通量下降速度有更好的对应关系。$r(t,a)$ 比值越高的原水，其膜通量下降速度越快。根据第 2 章的分析，$r(t,a)$ 比值不仅与水源的污染类型相关，而且还与水源中相对分子质量大小有关，而以上两个因素均是引起膜通量下降的重要原因，因此 $r(t,a)$ 比值能更好地表征膜污染情况。

表 3－4 与膜通量相关的荧光指标对照表

指标	三好坞	黄河	黄浦江	昆山	高邮
$r(t,a)$	>2.0	1.0～1.5	1.0～1.5	>2.0	低<1.0
E_m（A峰）/nm	<420	>420	>420	420	>420
$(J/J_0)/\%$	10	30	20	9	31

从荧光峰的位置来看，腐殖类荧光峰 A 和 C 的 E_m 波长也是判断有机物通量下降速度的有效指标。腐殖类荧光峰和富里酸类均在 420 nm 以下的原水（三好坞和昆山），膜通量初期下降速度较快。尤其是 A 峰，在 E_m 波长上的位置越偏向酪氨酸类荧光区域（E_m<380 nm）的原水，其通量快速下降的可能性越大。A 峰 E_m 波长较低，与中亲组分的影响有关，原水的中亲组分越多，A 峰受中亲组分影响而向短波长方向偏移的可能越大，膜通量下降程度和速度越大。因此可以认为，A 峰的 E_m 波长大小也可以用来判断膜通量下降情况。

表 3－4 总结了上述分析中可以有效判断膜通量的两种指标情况。综上所述，当原水的三维荧光光谱中，同时出现 $r(t,a)$>2.0 以及 A 峰 E_m<420 nm，则可以判断该原水过膜时可能引起膜通量快速下降。

从采用差减的方法将过膜前后的荧光矩阵进行差减后得到的荧光图中可见，荧光有机物过膜前后主要差别出现在酪氨酸荧光区到富里酸荧光区之间。根据上文的分析，出现在富里酸荧光区并且 E_m 波长较短的荧光峰与中亲组分的存在有关。而图 3－15 中基本上全部被截留的有机物均出现在此区域，充分说明此区域中存在被膜截留的主要污染物。

同样对藻类有机物引起膜通量的下降情况（图 3－10）与荧光光谱的特征进行分析总结，如表 3－5 所示。

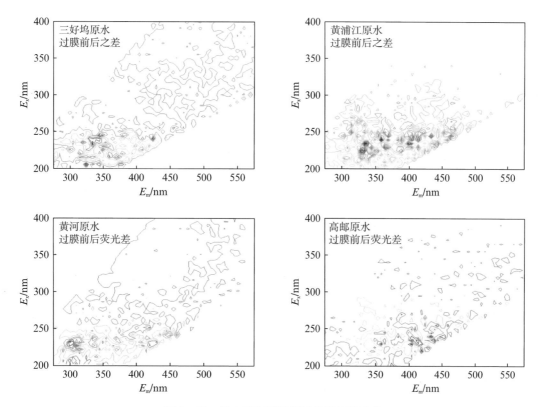

图 3-15　原水过膜前后荧光光谱矩阵之差

表 3-5　　　　　　　与膜通量相关的荧光指标对照表

指　标	铜绿微囊藻 AOM	束丝藻 AOM	鱼腥藻 AOM	小球藻 AOM	栅藻藻 AOM	小环藻 AOM
$\Phi_{T.n}/10^{-5}$ $[AU \cdot nm^2 \cdot (mg \cdot L)^{-1}]$	3.2	3.25	3.55	3.76	2.63	3.7
$r(t,a)$	1.01	1.18	1.02	0.97	0.82	0.816
$r(t,b)$	1.71	5.56	1.52	1.36	1.11	1.51
E_m(A 峰)/nm	<425	<430	<420	<425	<430	>450
膜通量 J/J_0	12%	8.9%	9.1%	19%	25.2%	31%

　　总荧光区域强度也并不能很好地表征藻类有机物（AOM）的膜通量的下降速度。比如，总荧光强度较高的小球藻和小环藻 AOM，膜通量下降程度却不是最严重。这是由于总荧光区域强度反应既有蛋白质类荧光物也有腐殖酸类荧光物引起的，而这两类物质对膜通量的影响有很大的不同。

　　观察不同 AOM 的三维荧光光谱指标 $r(t,b)$ 来看，$r(t,b)$ 值较高的束丝藻（5.56）、鱼腥藻（1.52）和铜绿微囊藻 AOM（1.71）所引起的膜通量下降较快，而膜通量下降较为缓慢的小球藻（1.36）和栅藻 AOM（1.11）的 $r(t,b)$ 值则较低，说明 AOM 中含有的蛋白类荧光峰 T 的含量越高,膜通量快速下降的可能性越大。因此,$r(t,b)$ 可用于初步判断膜通量下降的情况。虽然如此,$r(t,b)$ 也并不能完全用于表征膜通量的下降,如小环藻 AOM 的 $r(t,b)$ 值较高,引起的膜通量下降则较慢。这可能是由于 $r(t,b)$ 表示的仅为有机物中蛋白质类有机物,而腐殖酸和多糖类有机物对膜通量的影响也较大。因此,分析膜通量下降时还需要结合其他因素。

进一步考察了 AOM 的其他三维荧光光谱指标,结果发现,荧光峰 T 和 A 的比值 $r(t,a)$ 的高低与膜通量的下降速度有很好的对应关系。$r(t,a)$ 比值较高的束丝藻 AOM(1.18),膜通量下降速度越快,而 $r(t,a)$ 比值较低的栅藻(0.82)和小环藻 AOM(0.816),膜通量下降速度最慢(分别为 25% 和 31%)。$r(t,a)$ 不仅与有机物的来源相关,还与 AOM 中相对分子质量的大小有关,而以上两个因素均是引起膜通量下降的重要原因。可见,$r(t,a)$ 能很好地表征膜污染的情况。

天然有机物中荧光峰的位置与膜通量的下降也有一定的关系,如腐殖类荧光峰 A 和 C 的 E_m 波长也是判断有机物通量下降速度的有效指标。观察 6 种 AOM 的腐殖酸类荧光峰 A 和 C 的 E_m 波长可见,对膜通量影响较弱的小环藻和栅藻 AOM 的腐殖酸类荧光峰 A 和 C 的 E_m 在较长的波长出现,而对膜通量影响较强的束丝藻、铜绿微囊藻和鱼腥藻 AOM 的腐殖酸荧光峰在 E_m 方向较短的波长出现,说明 AOM 中腐殖酸类荧光峰的位置与膜通量的下降也有一定的关系,特别是富里酸荧光峰 A,在 E_m 波长上的位置越偏向酪氨酸类荧光区域($E_m < 380$ nm),其通量快速下降的可能性越大;相反,膜通量下降越缓慢,如小环藻 AOM A 峰的位置在 $E_m > 450$ nm 时,膜通量下降最不明显。这可能是由于 A 峰的 E_m 波长较低,中亲组分含量越多,A 峰受中亲组分影响而向短波长方向偏移的可能越大,膜通量下降程度和速度越大。

由上面的分析可见,$r(t,a)$ 比值越小,A 峰 $E_m > 430$ nm,AOM 导致的膜污染程度越不严重。然而,由于 AOM 中存在一些不被荧光光谱所监测的物质,如多糖等,判断膜污染并不能完全采用荧光光谱指标,需要结合其他因素综合考虑。

3.5 操作压力、溶液的组成和膜材质对膜污染的影响

溶液组成,包括离子强度、硬度以及水力条件等会对膜通量产生影响。本节在分析溶解性有机物对膜通量的基础上,进一步探讨低压膜的操作压力、溶液浓度及膜孔径对膜通量下降的影响。

1. 原水水质

试验原水为太湖原水,取自无锡市充山水厂中试基地。原水采集回实验室后,先进行各项指标的测定。一部分原水直接经过 0.45 μm 的滤膜过滤,得到水样为试验原水,质量浓度为 5 mg/L 左右;另一部分原水采用反渗透装置进行浓缩,再通过 0.45 μm 的滤膜过滤,得到的水样为试验浓水,其质量浓度为 10 mg/L 左右。处理过的水样置于 4℃ 冰箱保存,以便于进一步实验分析。

2. 试验装置

试验装置采用死端过滤方式。膜过滤器分别采用中国科学院上海应用物理研究所提供

的杯式过滤器和美国 Millipore 公司提供的过滤罐。膜过滤器进水端连接一个容积为 4 L 的储水罐,保证试验过程中连续出水。压力源为高纯氮,操作压力分别为 0.1 MPa 和 0.15 MPa,操作温度设置为 25℃。

试验采用 Millipore 公司的 0.1 μm 的微滤膜(CA),100 kDa 和 30 kDa 的超滤膜。

3.5.1　操作条件对 CA 微滤膜通量的影响

1. 膜通量的影响

图 3-16 为不同的操作压力下,CA 微滤膜过滤原水时膜通量下降情况。

从图 3-16 中可以看出,在两种驱动压力的膜滤初期(累积过滤容量为 200 ml),膜通量下降速度很快。随着时间的推移,膜通量的下降变得缓和,最终趋于稳定。当增大操作压力时,微滤膜的初始通量也随着增大,相应的膜通量下降变得更为严重。当操作压力为 0.1 MPa 时,微滤膜初始通量为 1.75×10^4 g/(m^2 · min),过滤结束时(累积过滤质量为 1 500 ml),膜通量下降了

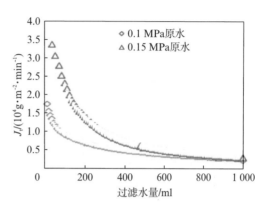

图 3-16　操作压力对 CA 膜通量的影响

88.2%;当操作压力为 0.15 MPa 时,微滤膜初始通量为 3.38×10^4 g/(m^2 · min),过滤结束时的膜通量下降了 91.4%,这说明操作压力越大(初始通量越大),微滤膜污染越严重。这种现象可以解释为操作压力越大,膜初始通量越大,所以在相同的时间内较高的初始通量能够产生较多的出水。而膜表面污染物的总量与产水量成正比,所以随着水的流动,使溶液中更多的污染物被带到膜表面。除此之外,较大的渗透通量还可能导致严重的浓差极化,也会增大污染物对膜表面的吸附力,这两个作用都会导致严重的膜通量下降。

虽然两种驱动压力的初始通量差别很大,但是过滤结束时,两工况的稳定通量趋于一致,说明对于微滤膜来说,存在极限通量,增大操作压力并不能增大极限通量。有研究表明[41]在反渗透和纳滤膜中同样存在极限通量,他们认为作用在有机物上的力主要包括朝向膜表面的水力曳力与背向膜表面的阻力,它们相互作用决定了膜污染的程度。水力曳力能够促使污染物分子在膜表面的沉积,进而加深膜污染;而背向膜表面的阻力,可以在一定程度上减轻膜污染。只要是作用在污染物分子上的驱动力(曳力-阻力)大于零时,膜污染将继续发生,直至水力曳力与阻力达到平衡时,膜通量将不再下降,即达到极限通量。此时,再增大操作压力,也不会对膜通量产生任何影响。

2. 操作压力对 CA 微滤膜有机物的去除效果

表 3-6 为不同操作压力下,CA 微滤膜对原水中有机物的去除效果。从表中可以看出,操作压力对原水中有机物的去除效果影响并不大。相比较而言,操作压力越大,溶解性有机物的 TOC 和 UV_{254} 的去除率越高。操作压力为 0.15 MPa 时,原水 TOC 和 UV_{254} 的去除率分别为 4.02% 和 6.38%,略高于在操作压力为 0.10 MPa 时有机物的去除率,但两者差别不大,说明操作压力增大,并不会增加微滤膜对有机物的去除效果。

表 3-6 各操作压力下 CA 膜对原水中有机物的去除效果

操作压力	TOC/(mg·L⁻¹)			UV₂₅₄/cm		
	膜前/(10⁻⁶)	膜后/(10⁻⁶)	去除率	膜前/(cm⁻¹)	膜后/(cm)	去除率
0.10 MPa	4.147	4.001	3.52%	0.094	0.089	5.32%
0.15 MPa	4.147	3.98	4.02%	0.094	0.088	6.38%

3. 操作压力对有机物相对分子质量分布影响

图 3-17 为两种压力下微滤膜过滤原水有机物相对分子质量分布的变化。从图中可以发现,两种操作条件下,微滤膜主要去除了太湖原水的大分子有机物区间。而操作压力在 0.1 MPa 和 0.15 MPa 时,大分子有机物区间的峰值下降程度类似,没有很大差别,说明操作压力对溶解性有机物相对分子质量的分布影响不大。当然也有可能是本试验设置的压力梯度点较少,不足以显现出规律性的趋势。建议在试验条件允许的条件下,增设压力梯度点,以进一步探讨操作压力对膜污染的影响。

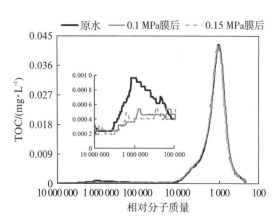

图 3-17 不同操作压力下微滤膜前后有机物相对分子质量分布变化

4. 三维荧光光谱分析

图 3-18 为不同操作压力下原水中有机物过膜前后的荧光差值图,图中有荧光响应的区域即为微滤膜截留的区域。从图中可以看出,微滤膜对太湖原水中有机物的去除主要集中在蛋白质类荧光区,分别为溶解性微生物产物荧光区(区域 4)和芳香性蛋白类荧光区(区域 2),说明导致太湖原水膜通量快速下降的物质主要为大分子蛋白类有机物。对比两操作压力下的荧光差值图,可以发现在操作压力为 0.15 MPa 时,微滤膜还截留了部分腐殖类有机物,相比于压力在 0.1 MPa 时,对有机物的截留范围要更广一些。

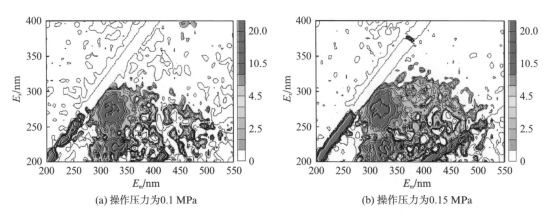

(a) 操作压力为0.1 MPa   (b) 操作压力为0.15 MPa

图 3-18 不同压力下原水中有机物微滤膜前后荧光差值图

3.5.2 溶液组成对 CA 微滤膜通量的影响

1. 膜通量下降情况

图 3-19 为操作压力为 0.1 MPa 时溶液浓度对 CA 膜通量下降的影响。从图中可以看出，在膜过滤初期（累积过滤容量为 200 ml），原水和浓水的膜通量均呈现出快速下降的趋势，而且原水的膜通量下降速度要高于浓水的膜通量下降速度。这与之前预测的结果刚好相反，一般认为水样中所含有的有机物浓度越高，那么其到达膜表面的污染物浓度越高，进而膜通量的衰减也越快。而本试验中原水的膜通量衰减速度却高于浓水的衰减，推测其原因可能为浓水中有机

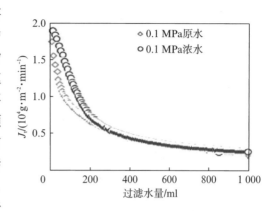

图 3-19 溶液浓度对 CA 膜通量的影响

物浓度较高，可以在膜表面迅速形成密实的滤饼层，而该滤饼层可以对水样中的有机物起到过滤的作用，也就是说在相同的过滤时间内，原水中的有机物继续沉积在微滤膜表面，而浓水中有机物却被滤饼层截留，使其污染速度相对较原水的污染速度要慢一些，膜通量的下降速度要缓慢一些。然而，这种现象是比较短暂的。在较长时间的膜滤中，原水和浓水的稳定通量基本趋于一致，与进水的有机物浓度没有多大关系。

换言之，虽然太湖原水和浓水达到稳定通量的速率不同，但是污染物的浓度对最后的稳定通量没有影响，这与 Kelly 等[40]的研究结果一致。Tang 等[41]在对腐殖酸的膜滤过程中，也发现稳定通量只与污染物和膜的相互作用及污染物之间的相互作用有关，而这些作用并不会受到污染物浓度的影响。

2. 有机物的去除效果

表 3-7 为微滤膜对不同浓度的有机物的去除效果。从表中可以看出，微滤膜对两种浓度水样中有机物的去除效果差别不大。从 TOC 和 UV$_{254}$ 的去除率来看，微滤膜对太湖原水以及浓水中溶解性有机物的去除量均很小。浓水 UV$_{254}$ 的去除率仅 0.44%，而 TOC 的去除率为 3.51%，造成这种现象的原因可能是微滤膜主要去除浓水中对紫外吸收较弱的亲水性有机物。

表 3-7　　　　　　　　　　CA 膜对不同溶液浓度中有机物的去除效果

溶液浓度	TOC/(mg·L^{-1})			UV$_{254}$/cm^{-1}		
	膜前/(mg·L^{-1})	膜后/(mg·L^{-1})	去除率	膜前/(cm^{-1})	膜后/(cm^{-1})	去除率
原水	4.147	4.001	3.52%	0.094	0.089	5.32%
浓水	10.204	9.846	3.51%	0.227	0.226	0.44%

3. 相对分子质量分布变化

图 3-20 为微滤膜过滤原水和浓水后有机物相对分子质量分布的变化。从图中可以看出，微滤膜对原水和浓水的去除区域主要集中在大分子区间，分布在 $6.05×10^6 ~ 5.7×$

10^4 Da。对比原水和浓水的过滤情况,可以发现溶液浓度对微滤膜对大分子有机物的去除影响不大。但微滤膜对原水中大分子有机物的去除效果略好于浓水,原水中大分子有机物峰值从 0.000 97 mg/L 降低到 0.000 46 mg/L,浓水中大分子有机物峰值从 0.000 85 mg/L 降低到 0.000 52 mg/L。由于在微滤膜过滤初期时,膜表面截留了原水中的较多的大分子物质,使其膜通量下降速度要快于浓水膜通量的下降。

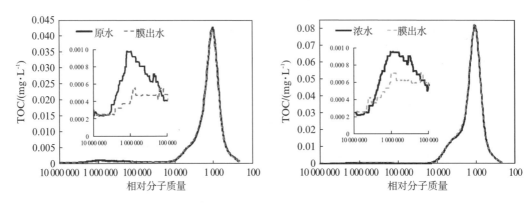

图 3 - 20　原水和浓水微滤膜前后相对分子质量分布变化

4. 三维荧光光谱分析

图 3 - 21 为原水和浓水膜滤前后的分子荧光差值图。从微滤膜对有机物的截留区域来看,有机物主要分布在芳香性蛋白质类荧光区以及溶解性微生物产物区。浓水的响应范围更大,响应更为强烈。需要说明的是,图中显示的仅是能产生荧光响应的有机物,而某些不能产生荧光响应的有机物,如多糖类,也可以被微滤膜所截留。

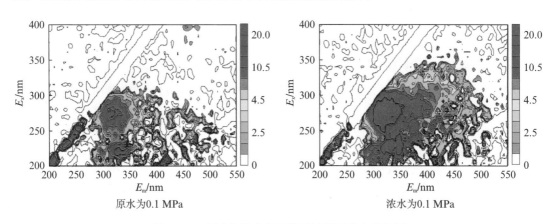

图 3 - 21　原水和浓水微滤膜过滤前后荧光差值图

3.5.3　膜材质对膜通量的影响

1. 原水水质

用实验室室内自来水作为原水,经反渗透膜浓缩后作为试验水样,然后树脂分离成不同组分,把浓缩水样经 0.45 μm 过滤以及采用树脂分离后的有机物组分用 milli - Q 超纯水稀释 DOC 至 5 mg/L 左右,并用 1 mol/L 的 NaOH 和 HCl 将 pH 值调到 7,用 1 mol/L 的

CaCl₂ 和 1 mol/L 的 NaCl 分别调节各组分的 Ca 离子浓度和电导率相近，对各有机物组分水样进行重复性试验。

2. 膜材质

选用 PVDF15W、PES10W、PES3W、CA 0.1 μm 四种不同材质的膜过滤各有机物组分水样，并测量各水样过滤不同材质膜时的膜比通量，利用不同有机物组分的水样找出影响膜通量下降的主要因素。不同膜材质的性质如表 3-8 所示。

表 3-8　　　　　　　　　　　　不同材质膜的性能指标

膜材质	截留分子质量/Da	接触角/(°)	纯水通量/(kg·m⁻²·h⁻¹)	生 产 厂 家
聚偏氟乙烯（PVDF）	15×10^4	49.5	722.89	中国科学院上海原子核研究所膜技术研究发展中心
聚醚砜(PES)	10×10^4	78.5	650.60	中国科学院生态环境研究中心北京中科膜技术有限公司
	3×10^4	54.5	72.29	
	1×10^4	71.5	31.63	
醋酸纤维素(CA)	0.1 μm	43	867.47	美国 millipore 公司

3. 不同膜材质对膜通量的影响

图 3-22—图 3-25 表明，自来水中有机物各组分在相同条件下过滤时，对于 PVDF15W、PES10W、CA 0.1 μm、PES3W 等四种不同膜材质膜，中性亲水性有机物组分的膜通量下降最为严重，通量分别下降至初始通量的 69%、75%、41%、30%；原水次之，通量分别下降至初始通量的 59%、66%、19%、15%。强疏水性、弱疏水性以及极性亲水性组分对膜通量的影响较小，对于同一种膜材质，膜通量很接近，且呈缓慢下降趋势。强疏水性有机物组分的通量分别为初始通量的 59%、78%、93%、108%；弱疏水性有机物组分的通量分别为初始通量的 61%、76%、94%、104%；极性亲水性有机物组分的通量分别为初始通量的 60%、72%、94%、103%。进一步表明中性亲水性有机物组分是引起膜通量下降的主要因素之一。

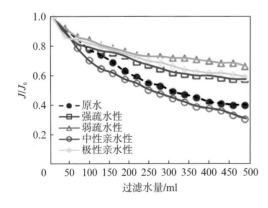

图 3-22　自来水水样各组分对 PVDF15W 膜通量的影响

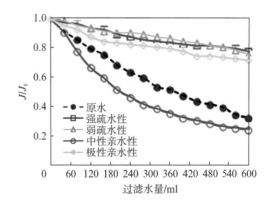

图 3-23　自来水中有机物各组分对 PES10W 膜通量的影响

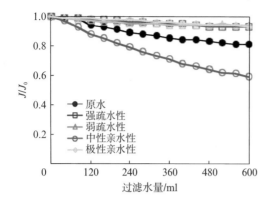
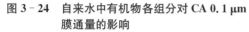

图 3-24 自来水中有机物各组分对 CA 0.1 μm
膜通量的影响

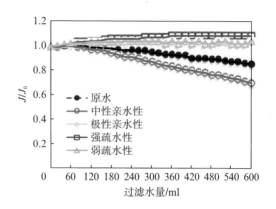

图 3-25 自来水中有机物各组分对 PES3W
膜通量的影响

原水与中性亲水性组分对四种材质膜通量的影响较大,但四种膜通量下降程度却各不相同。四种不同膜材质膜通量下降顺序为:PES10W>PVDF15W>CA 0.1 μm>PES3W,而且对 ES10W、PVDF15W 膜通量的影响远远大于 CA 0.1 μm、PES3W。尽管强疏水性、弱疏水性以及极性亲水性组分对膜通量的影响较小,但对于四种膜通量下降程度却也有差异,四种不同膜材质膜通量下降顺序为:PVDF15W>PES10W>CA 0.1 μm>PES3W。说明同种有机物组分对不同材质的膜所造成的污染程度不相同,表明膜材质也是影响膜通量的因素之一。

由表 3-8 不同膜的接触角可知,PES10W、PVDF15W、CA 0.1 μm、PES3W 膜的接触角分别为 78.5°、49.5°、43°、54.5°,膜的接触角越大,膜的疏水性越强,膜的接触角越小,膜的亲水性越强。各有机物组分对 PES10W、PVDF15W 膜通量下降的影响比 CA0.1 μm 膜大,表明疏水性越强的膜越容易受到有机物的污染,膜通量下降得越严重。罗欢等的研究证明膜的截留相对分子质量越大,膜污染越显著。PES3W 的接触角与 PVDF15W、CA 0.1 μm 相接近,但是 PES3W 膜截留分子量比 PVDF15W、CA 0.1 μm 小,所以各有机物组分对 PES3W 膜通量下降的影响比 PVDF15W、CA0.1 μm 膜小。

除此之外,水溶液中有机物的浓度,甚至是其他的影响因素,包括溶液温度、Ca^{2+} 浓度、pH、膜的表面电位等对膜污染也会产生一定的影响。

3.6 膜污染物质的确定

引起膜通量严重下降的膜污染物质除了采用有机物的特征与膜通量的下降关系进行分析之外,最直接的方法是采用各种试验手段,对受污染后的膜进行分析,从而获得第一手资料。用化学药剂对污染膜进行清洗,分析清洗液中的成分,从而可以了解沉积和吸附在膜表面以及膜孔内部的物质;采用扫描电镜(Scanning Electron Microscopy,SEM)观察污染膜表面和断面的情况,可以直观地了解沉积在膜表面物质的情况,同时采用能谱仪对膜表面进行无机元素的分析;远红外(Fourier-tra infra-red spectrometer)进行膜表面有机物的检测。

3.6.1　自来水和阳澄湖水膜污染物质的确定

试验原水为自来水和阳澄湖水以及它们的亲疏水组分,原水分别用 0.45 μm 膜过滤。用过滤液进行超滤膜过滤试验,选用的膜为 PVDF15W 膜。

利用红外光谱(FTIR)对各组分有机物过滤后的膜表面污染物进行有机物功能团分析,并研究污染物有机物组成。将新膜和被有机物污染的膜在室温条件下自然晾晒,直至晾干为止。然后用 OMNIC 傅立叶转换红外分析仪测定,分辨率 4 cm^{-1},测定范围 4 000～400 cm^{-1},通过对膜表面压片方式进行有机物官能团分析,测定时以新膜的红外光谱图作为基准,所得结果如图 3-26、图 3-27 所示。

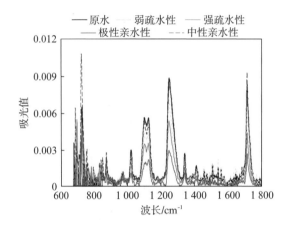

图 3-26　过滤自来水中有机物各组分后膜表面远红外光谱图

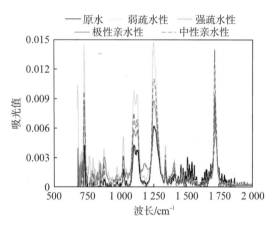

图 3-27　过滤阳澄湖水中有机物各组分后膜表面远红外光谱图

由图 3-26、图 3-27 可知,所有有机物组分的吸收峰主要在 1 716.3 cm^{-1},1 250.3 cm^{-1},1 100.3 cm^{-1},表明污染膜的物质是相同的,但吸收强度略有差异,它们对膜污染的程度不相同。

1 716.3 cm^{-1} 是 C=O、C(=O)OH 的震荡吸收峰。过滤各组分后的膜在 1 716.3 cm^{-1} 都有较强的吸收峰,自来水中有机物组分吸收峰强度顺序为:极性亲水性>原水>弱疏水性>强疏水性>中性亲水性,而阳澄湖中则为:中性亲水性≈弱疏水性≈极性亲水性>强疏水性≈原水。除原水外,阳澄湖中各组分的吸收峰强度都比自来水中相应的组分强,表明含有 C=O、C(=O)OH 的羧酸类有机物是主要的膜污染物,天然水体中这类有机物的含量越高对膜污染越严重。

1 250.3 cm^{-1} 是羧酸盐中的 C—H、O—H 振荡吸收峰。过滤各组分后的膜在 1 250.3 cm^{-1} 都有较强的吸收峰,自来水中有机物组分吸收峰强度顺序为:原水>极性亲水性>弱疏水性>强疏水性>中性亲水性,而阳澄湖中则为:弱疏水性>极性亲水性>中性亲水性>强疏水性>原水。除原水外,阳澄湖中其他各组分的吸收峰强度都比自来水中相应的组分强,由于阳澄湖水样中各有机物组分膜比通量比自来水中的相对应的有机物组分膜比通量下降得更为严重,表明含有 C—H、O—H 的羧酸盐有机物也是主要的膜污染物,天然水体中这类有机物的含量越高对膜污染越严重。

1 100 cm^{-1}是乙醚、酯类、聚糖类中C—O的振荡吸收峰,是多糖类组分,为有机物中的亲水性基团。过滤各组分后的膜在1 100 cm^{-1}都有较强的吸收峰,自来水中有机物组分吸收峰强度顺序为:原水>极性亲水性>弱疏水性>强疏水性>中性亲水性,而阳澄湖中则为:弱疏水性>极性亲水性>中性亲水性>强疏水性>原水。除原水外,阳澄湖中各组分的吸收峰强度都比自来水中相应的组分强,由于阳澄湖水样中各有机物组分膜比通量比自来水中的相对应的有机物组分膜比通量下降的更为严重,表明含有C—O醚、酯、聚糖类有机物也是主要的膜污染物,天然水体中这类有机物的含量越高对膜污染越严重。

总而言之,含有C═O、C(═O)OH、C—H、O—H的羧酸类、C—O醚、酯、聚糖类的有机物是膜污染的主要因素。

3.6.2 三好坞湖水、黄河水、黄浦江水、昆山水、高邮水膜污染物质的确定

选取了五种天然水源进行膜过滤试验,分别是三好坞湖水、黄河水、黄浦江水、昆山水、高邮水,采用的膜为0.1 μm平板膜,其成分为80%~100%的硝酸纤维素和0%~20%醋酸纤维素。

图3-28表示了微滤膜新膜及四种原水经微滤膜过滤后的受污染膜的红外光谱图。用Omnic傅里叶转换红外分析仪测定,分辨率为4 cm^{-1},测定范围为800~1 800 cm^{-1}。从图上可知,醋酸纤维素膜分别在840 cm^{-1},1 080 cm^{-1},1 280 cm^{-1}和1 650 cm^{-1}处存在几个特征峰,这是因为本文选用的CA膜材质是一种改性的多糖类有机合成材料,其本身对红外的吸收比较强烈。沉积在膜表面的污染物质增强了红外光谱的吸收强度,有研究显示,840 cm^{-1}处的吸收峰与C—H震动有关,1 080 cm^{-1}和1 280 cm^{-1}处的吸收为C—O以及—OH结构震动,这些饱和性结构的特征多来自于多糖、氨基糖等有机物,腐殖类有机物中羧基(—COOH)震动则出现在1 200~1 280 cm^{-1}处,1 650 cm^{-1}处的C═O震动多来自于脂肪族和多肽类化合物中的氨基基团。比较被污染的膜以及新膜表面的特征官能团,发现尽管不同组分的有机物被截留在膜表面,但所有被污染的膜表面与新膜表面的有机官能团出峰位置基本一致,只是峰强度不同,说明在几种水源中,红外吸收表现了较为一致的物质截留情况,即微滤膜倾向于截留相似的物质成分,只是其截留的物质量存在差别。几种水源对膜的污染主要存在于饱和键区,这说明,微滤膜对糖类等具有饱和结构的有机物截留最为明

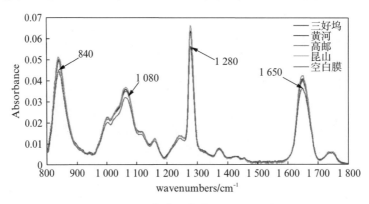

图3-28　微滤膜过滤前后FTIR光谱图

显,其次是蛋白类有机物,腐殖类有机物的红外吸收最少。这并不是说微滤膜仅截留了多糖类有机物,而是由于微滤膜孔径较大,对于吸附在膜孔中的有机物,红外检测可能存在缺失。因此,腐殖类有机物可能较多地截留在膜孔内部,从而在红外光谱上的响应较弱,而多糖和蛋白质类有机物则大多截留在膜的表面,形成比较强烈的红外吸收峰。因此,腐殖类有机物对膜污染的作用是孔径收缩,而多糖和蛋白质类有机物对膜污染的作用是在膜表面形成一层污染层,进一步降低膜通量。

图 3－29 是微滤膜过滤五种原水后测定的膜表面电镜扫描图,放大比例 5 000 倍。可以看出,未受污染的新膜表面分布着大量膜孔,经过不同的原水过滤后,膜孔被不同程度地覆盖。其中,三好坞原水呈现出膜孔缩小的现象,膜孔被覆盖的地方滤饼层密实。黄河原水和高邮原水的膜孔被覆盖得最少,说明这两种原水过膜时,很少有有机物被截留。而黄浦江原水和昆山原水的膜孔几乎被完全覆盖,有所不同的是,黄浦江形成的滤饼层仍存在较多缝隙,与上文的分析一致的是,通过电镜扫描可以直观地看出,黄浦江原水持续下降后,在膜表面形成了一层滤饼层,说明膜通量下降程度较大与滤饼层的形成有关。而昆山原水形成滤饼层后,将膜孔完全覆盖起来,完全看不到膜孔。

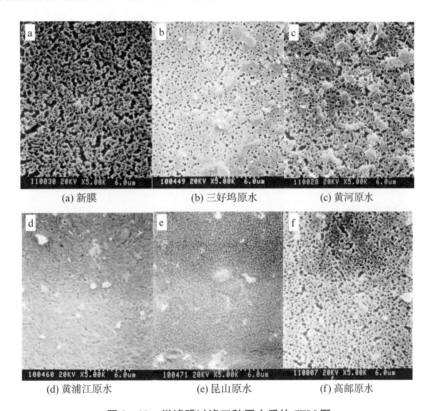

图 3－29　微滤膜过滤五种原水后的 SEM 图

3.7　本章小结

　（1）影响膜污染因素主要与水中有机物的种类、天然水的物化性能以及膜本身的性能有关。其中有机物的特性,包括有机物的亲疏水性、相对分子质量分布和荧光光谱特征与膜污染有着非常密切的关系。

(2) 研究发现,天然有机物中,大多数中亲性有机物能够引起膜通量的快速下降,其次是强疏组分,相对而言,弱疏和极亲组分引起的膜污染较轻。

(3) 相对分子质量分布表明,大分子有机物主要是中亲和强疏类大分子有机物是引起膜通量下降的主要污染物。

(4) 荧光光谱的特性如 $r(t,a)$ 比值,A 峰 E_m 波长与膜污染程度均有一定的关系。然而,由于天然有机物中存在一些不被荧光光谱所监测的物质,如多糖等,判断膜污染并不能完全采用荧光光谱指标,需要结合其他因素综合考虑。

(5) 操作压力和溶液条件对膜污染也有一定的影响。不同膜材质的膜污染研究表明,疏水性越强的膜越容易受到有机物的污染,膜通量下降得越严重。

参考文献

[1] Zhu X, Elimelech M. Colloidal fouling of reverse osmosis membranes：Measurements and fouling mechanisms[J]. Environmental Science and Technology, 1997, 31(12): 3654 - 3662.

[2] Tang C. Effect of flux and feed water composition on fouling of reverse osmosis and nanofiltration membranes by humic acid[R]. United States, California: Stanford University, 2007.

[3] Amy G. Fundamental understanding of organic matter fouling of membranes[J]. Desalination, 2008, 231(1 - 3): 44 - 51.

[4] Tang C Y, Kwon Y N, Leckie J O. Fouling of reverse osmosis and nanofiltration membranes by humic acid-effects of solution composition and hydrodynamic conditions[J]. Journal of Membrane Science, 2007, 290(1 - 2): 86 - 94.

[5] Kim H C, Dempsey B A. Membrane fouling due to alginate, SMP, EfOM, humic acid, and NOM [J]. Journal of Membrane Science, 2013, 428: 190 - 197.

[6] Jarusutthirak C, Amy G. Understanding soluble microbial products (SMP) as a component of effluent organic matter (EfOM)[J]. Water Research, 2007, 41(12): 2787 - 2793.

[7] Wang Z W, Wu Z C, Tang S J. Extracellular polymeric substances (EPS) properties and their effects on membrane fouling in a submerged membrane bioreactor[J]. Water Research, 2009, 43(9): 2504 - 2512.

[8] Gray S R, Ritchie C B, Tran T, et al. Effect of NOM characteristics and membrane type on microfiltration performance[J]. Water Research, 2007, 41: 3833 - 3841.

[9] Bartels C R. Design considerations for wastewater treatment by reverse osmosis[J]. Water Science and Technology, 2005, 473 - 482.

[10] 王瑾,刘铮,何清华,等. 膜污染过程的电动电位(ζ-电位)特性分析[J]. 化工学报,1999,50(5): 687 - 691.

[11] Jung B. Preparation of hydrophilic polyacrylonitrile blend membranes for ultrafiltration[J]. Journal of Membrane Science, 2004, 229(1 - 2): 129 - 136.

[12] Huisman I H, Prádanos P, Hernández A. The effect of protein-protein and protein-membrane interactions on membrane fouling in ultrafiltration[J]. Journal of Membrane Science, 2000, 179(1 - 2): 79 - 90.

[13] Elimelech M. Role of membrane surface morphology in colloidal fouling of cellulose acetate and composite aromatic polyamide reverse osmosis membranes[J]. Journal of Membrane Science, 1997, 127(1): 101 - 109.

[14] Ho C C, Zydney A L. Effect of membrane morphology on the initial rate of protein fouling during microfiltration[J]. Journal of Membrane Science, 1999, 155(2): 261 - 275.

[15] Hong S, Elimelech M. Chemical and physical aspects of natural organic matter (NOM) fouling of nanofiltration membranes[J]. Journal of Membrane Science, 1997, 132(2): 159 - 181.

[16] Goosen M F A. Fouling of reverse Osmosis and ultrafiltration membranes: a critical review[J]. Separation Science and Technology, 2005, 39(10): 2261 - 2297.

[17] Tang C Y, Kwon Y N, Leckie J O. Fouling of reverse osmosis and nanofiltration membranes by humic acid-Effects of solution composition and hydrodynamic conditions[J]. Journal of Membrane Science, 2007, 290(1 - 2): 86 - 94.

[18] Yuan W, Zydney A L. Humic acid fouling during ultrafiltration[J]. Environmental Science and Technology, 2000, 34(23): 5043 - 5050.

[19] Tang C Y, Leckie J O. Membrane independent limiting flux for RO and NF membranes fouled by humic acid[J]. Environmental Science and Technology, 2007, 41(13): 4767 - 4773.

[20] 刘昌胜,邬行彦. 膜的污染及其清洗[J]. 膜科学与技术,1996,16(2): 25 - 30.

[21] Baghoth S A, Sharma S K, Amy G L. Tracking natural organic matter (NOM) in drinking water treatment plant using fluorescence excitation-emission matrices and PARAFAC[J]. Water Research, 2011, 45: 797 - 809.

[22] Lin C F, Lin A Y C, Chandama P S, ct al. Effects of mass retention of dissolved organic matter and membrane pore size on membrane fouling and flux decline[J]. Water Research, 2009, 43: 389 - 394.

[23] Zularisam A W, Ahmad A, Sakinah M, et al. Role of natural organic matter (NOM), colloidal particles, and solution chemistry on ultrafiltration performance[J]. Separation and Purification Technology, 2011, 78: 189 - 200.

[24] 刘铮. 膜污染优势组分的确定以及表征方法的研究[D]. 上海: 同济大学环境科学与工程学院市政工程,2011.

[25] Bessiere Y, Jefferson B, Goslan E. Effect of hydrophilic/hydrophobic fractions of natural organic matter on irreversible fouling of membranes[J]. Desalination, 2009, 249: 182 - 187.

[26] Shon H K, Vigneswaran S, Kin I S. Fouling of ultrafiltration membrane by effluent organic matter: A detailed characterization using different organic fractions in wastewater[J]. Journal of Membrane Sicence, 2006, 278(1 - 2): 232 - 238.

[27] Chen Y, Dong B Z, Gao N Y, et al. Effect of coagulation pretreatment on fouling of an ultrafiltration membrane[J]. Desalination, 2007, 204(1 - 3): 181 - 188.

[28] 张立卿,王磊,王旭东. 城市污水二级出水有机物分子量分布和亲疏水特性对纳滤膜污染的影响[J]. 环境科学学报,2009,29(1): 38 - 45.

[29] Gray S R, Ritchie C B, Tran T, et al. Effect of NOM characteristics and membrane type on microfiltration performance[J]. Water Research, 2007, 41: 3833 - 3841.

[30] Qu F S, Liang H, Wang Z Z. Ultrafiltration membrane fouling by extracellular organic matters (EOM) of Microcystis aeruginosa in stationary phase: Influences of interfacial characteristics of foulants and fouling mechanisms[J]. Water Research, 2012, 46: 1490 - 1500.

［31］ 张立卿，王磊，王旭东. 城市污水二级出水有机物分子量分布和亲疏水特性对纳滤膜污染的影响［J］. 环境科学学报，2009，29(1)：38－45.

［32］ Carroll T，King S，Gray S R，et al. The fouling of microfiltration membranes by NOM after coagulation treatment［J］. Water Research，2000，34(11)：2861－2868.

［33］ Wang S，Liu C，Li Q L. Fouling of microfiltration membranes by organic polymer coagulants and flocculants：Controlling factors and mechanisms［J］. Water Research，2011，45：357－365.

［34］ Yamamura H，Kimura K，Watanabe Y. Mechanism involved in the evolution of physically irreversible fouling in microfiltration and ultrafiltration membranes used for drinking water treatment ［J］. Environmental Science & Technology，2007，41：6789－6794.

［35］ Gone D L，Seidel J L，Batiot C，et al. Using fluorescence spectroscopy EEM to evaluate the efficiency of organic matter removal during coagulation-flocculation of a tropical surface water (Agbo reservoir)［J］. Journal of Hazardous Materials，2009，172：693－699.

［36］ 辛凯，马永恒，董秉直. 不同有机物组分对膜污染影响的中试研究［J］. 给水排水，2011，37(1)：123－130.

［37］ Kimura K，Hane Y，Watanabe Y，et al. Irreversible membrane fouling during ultrafiltration of surface water［J］. Water Research，2004，38(14－15)：3431－3441.

［38］ FAN L，Harris J L，Roddick F A，et al. Influence of the characteristics of natural organic matter on the fouling of microfiltration membranes［J］. Water Research，2001，35(18)：4455－4463.

［39］ Huang H，Lee N，Young T，et al. Natural organic matter fouling of low-pressure，hollow-fiber membranes：effects of NOM source and hydrodynamic conditions［J］. Water Research，2007，41(17)：3823－3832.

［40］ Kelly S T，Zydney A L. Mechanisms for BSA fouling during microfiltration［J］. Journal of Membrane Science，1995，107(1－2)：115－127.

［41］ Tang C Y，Leckie J O. Membrane independent limiting flux for RO and NF membranes fouled by humic acid［J］. Environmental Science and Technology，2007，41(13)：4767－4773.

第4章 PVDF-TiO₂ 纳米线杂合超滤膜制备及抗污染机理

作为一种绿色高效的新型水处理技术,膜分离技术在水处理领域具有广阔前景。但膜污染依然是制约其应用的瓶颈。膜材料是影响膜污染的主要因素,开发亲水性膜材料或者提高现有材料的亲水性被认为是降低膜污染的有效途径。目前,因为有机膜具有良好的弹性、韧性和良好的膜分离性能,所以在膜制备中仍占很大比例,有机膜大多采用有机聚合物作为原材料,然而,有机膜的化学稳定性、亲水性、机械强度和热稳定性较差。杂合无机材料制备的有机/无机复合膜具有良好的化学稳定性、机械强度和热稳定性,同时具有良好的膜通量及膜分离性能。结合 TiO₂ 催化氧化具有无毒、广谱性杀菌,同时 TiO₂ 具有超亲水性等特点,把 TiO₂ 催化氧化应用于膜分离技术的预处理,或将 TiO₂ 应用于优化膜的制备过程中,能够有效地解决膜污染及膜通量下降的问题,为膜分离技术在饮用水处理中的应用提供技术保障。

本文围绕 TiO₂ 在膜分离水处理技术中的应用,针对 TiO₂ 颗粒改性有机膜中存在的问题及缺陷,研究了 TiO₂ 纳米线改性 PVDF 超滤膜的性能及抗污染机理,进而制备了一种新型的高强度、强亲水、耐污染性的有机-无机杂合膜。主要研究了纯 PVDF 超滤膜的制备条件及影响因素,TiO₂ 纳米线的优化制备及其在 PVDF 超滤膜的制备中有效强化超滤膜抗污染,改善膜机械强度及热稳定性等方面的作用。主要研究内容如下:

(1) 纯 PVDF 超滤膜的制备及影响因素研究:采用浸没沉淀相转化法成膜,研究纯 PVDF 超滤膜的成膜条件及其对膜性能的影响。考察了溶剂的种类、PVDF 浓度、致孔剂 PVP 含量、刮膜速度、刮膜厚度、预蒸发时间、凝固浴组成及温度等因素对膜制备的影响,优化制备 PVDF 超滤膜制备的成膜条件。

(2) TiO₂ 纳米线的制备及表征:考察碱液种类、热处理温度等因素对纳米线生成的影响;采用 SEM,FESEM,XRD,BET 等手段表征纳米线的长度、直径、成分、比表面积、晶相生成,并探讨其生成机理,为后续试验做基础。

(3) PVDF 超滤膜的抗污染改性:考察掺杂不同比例的 TiO₂ 纳米线与纳米颗粒 TiO₂ 于铸膜液中,分别制备一系列的 TiO₂ 纳米线与 TiO₂ 纳米颗粒改性杂合超滤膜。并运用 SEM,XRD,FIR,AFM,TGA-DSC,静态接触角测定仪,万能电子拉伸仪,压汞仪,孔隙率,膜滤等对膜各方面性能表征,对超滤膜改性前后的各种性能比较,并进行机理分析。

4.1 PVDF 超滤膜的制备

4.1.1 PVDF 的性质及研究现状

分离膜是膜分离技术的起点与核心,也是膜分离技术研究、发展的方向和重点,而选择性能优良的膜材料是膜分离技术研究中至关重要的方面。醋酸纤维素类膜是最早采用相转换法工业化生产的膜,但由于其耐生物降解性较差,应用范围有所限制。此后新的材料如聚砜、聚醚砜、聚丙烯腈、聚偏氟乙烯等成功地用于微滤膜的生产。其中聚偏氟乙烯(PVDF)是一种应用广泛的膜材料,与聚乙烯(PE)、聚丙烯(PP)、聚氯乙烯(PVC)等相比,具有耐酸碱等苛刻环境条件、机械强度高、化学稳定性好、分离精度高、效率高等特点。PVDF 是一种性能优良的白色粉末状结结晶性聚合物,结构式为:

$$\text{+CH}_2\text{—CF}_2\text{+}_n$$

PVDF 相对分子质量一般为 40 万～80 万,密度为 1.78 g/cm³ 左右,玻璃化温度为 −39℃,脆化温度为−62℃以下,结晶熔点为 170℃,热分解温度在 316℃以上,长期使用温度范围为−50℃～150℃,在一定温度和受压下仍能保持良好的强度(如 0.45 MPa 负荷压力下,热变形温度为 150℃)。PVDF 的另一个突出优点是具有优异的抗紫外线和耐气候老化性,其薄膜在室外放置一二十年也不变脆龟裂;它的第三个特点是化学稳定性好,只溶于二甲基甲酰胺(DMF)、二甲基乙酰胺(DMAC)、二甲基亚砜(DMSO)、N-甲基吡咯烷酮(NMP)等强极性溶剂,适合用相转化法制膜。在室温下不被酸、碱、强氧化剂所腐蚀,脂肪烃、醇、醛等有机溶剂对它也无影响。这些突出的特点,使 PVDF 成为一种理想的分离膜材料。[1,2]

鉴于 PVDF 的各种优点,PVDF 膜从 20 世纪 80 年代中期开始得到了大量的应用,Millipore 公司首先用该聚合物开发出 Durepore 型微孔膜并推向市场。PVDF 膜具有强疏水性,使其在膜蒸馏、膜吸收、膜萃取等领域得到广泛的应用,这是亲水性膜材料(如聚乙烯醇、纤维素、壳聚糖等)所无法比拟的。

PVDF 微孔薄膜还可与平纹织物(如尼龙织物)进行复合,从而用于生产体育服装。这种复合织物能防止大气水分渗入织物,而同时可让随汗液排出的水分自由蒸发。由于 PVDF 耐无机和有机酸、碱、抗有机氧化剂和溶剂,对高温和低温作用的稳定性及抗黏附性与介电性能好,在任何条件下都不吸水,阻燃性能独特,因此成为目前所有新型材料都难以代替的材料,在防护纺织品、智能纺织品或医疗纺织品等方面有巨大的发展空间。

但是 PVDF 膜在生化制药、食品饮料及水净化等水相分离体系的应用领域中尚没有得到较好的利用,这主要是因为 PVDF 膜的表面能极低,可润湿性极差,具有很强的疏水性,导致成膜后的水通量较低。因此,为了拓展 PVDF 分离膜的应用,增大膜的亲水性(润湿性),提高膜的抗污染性,对分离膜进行必要的亲水化改性以提高 PVDF 膜综合性能,具有重要的意义。

4.1.2 实验仪器和药品

主要实验试剂和设备如表 4-1、表 4-2 所示。

表 4-1 主要实验试剂

药品名称	型 号	生 产 厂 家
PVDF	Solef®1015	solvay 聚合物有限责任公司
PVP(K30)	K30	德国巴斯夫公司

(续表)

药品名称	型　号	生　产　厂　家
DMAC	分析纯	国药集团化学试剂有限公司
NMP	分析纯	国药集团化学试剂有限公司
DMSO	分析纯	国药集团化学试剂有限公司
无水乙醇	分析纯	国药集团化学试剂有限公司
牛血清蛋白(BSA)	67 000×10^3 Da	上海生命科学和生物技术有限公司

表 4-2　　　　　　　　　　　　　主要实验设备

仪器名称	型　号	生　产　厂　家
分光光度计	UV-2550	Shimadzu Japan
机械搅拌器	HJ-5 多功能搅拌器	江苏金坛市恒丰仪器制造
千分尺	0～25 mm	桂林广陆千分尺有限公司
恒温水浴锅	0～90℃	上海精衡仪器制造
超滤杯	Millipore 8050	Millipore Co.，Ltd.，USA
SCOUT 电子天平	SCA210 型	美国 OHAUS(奥豪斯)公司
涂膜器	Elcometer 4340	Elcometer U.K.

4.1.3　PVDF 超滤膜的制备及表征

1. PVDF 超滤膜的制备

本文以 PVDF 为膜材料,采用 L-S 相转化法来制备 PVDF 超滤膜。主要研究了溶剂种类、PVDF 浓度、致孔剂含量等铸膜液配方,凝固浴组成及温度,刮膜速度、刮膜厚度、蒸发时间等铸膜工艺条件在成膜过程中的作用。制备方法为:按一定比例将干燥过的 PVDF 溶于溶剂中形成均一透明的聚合物溶液,在 50℃ 水浴加热并剧烈搅拌下加入适量致孔剂,经 24 h 充分搅拌即可制得均质的铸膜液。铸膜液真空(−50 kPa)脱泡 30 min 后,用涂膜器在洁净的平板玻璃板上刮膜,然后迅速浸入凝固浴中进行固化。将脱落后的膜放入室温去离水中浸泡 24 h 以上,以脱除膜内残存的溶剂和添加剂,并定期更换浸泡用水。

2. PVDF 超滤膜的表征

膜的通量和去除率测试采用超滤装置如图 4-1 所示。超滤实验采用美国 Millipore 公司的 Model 8050 型杯式超滤器,超滤器与缓冲罐相连,缓冲罐与 N$_2$ 钢瓶相连,超滤系统由高纯 N$_2$ 保持压力。Millipore 8050 超滤杯(Millipore Co.，Ltd.，USA)连接两个缓冲罐,分别装有去离子水与牛血清蛋白(BSA)溶液(300 mg/L),膜的过滤有效面积为 12.56 cm²。膜滤后出水通量由电子秤传输电脑后读得。

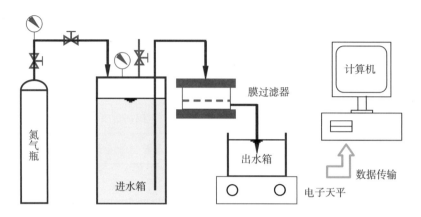

图 4-1 超滤装置图

所有的实验是在温度 25℃,超滤器中搅拌速度稳定在 300 r/min,压力 0.1 MPa 的条件下进行的。新制备的超滤膜先用超纯水经 0.15 MPa 预压 30 min 降低其压实系数的影响,然后在 0.1 MPa 下保持稳定时测试纯水的通量(J_w)。最后过滤牛血清蛋白,其通量(J_{BSA})与去除率(R)在通量稳定的情况下测试。牛血清蛋白经膜分离前后的浓度由紫外可见分光光度计(Shimadzu UV-2550,Japan)在 280 nm 的波长下测定。膜通量(J)和去除率(R)由下列方程式确定:

$$J = \frac{V}{A \cdot t} \qquad (4-1)$$

$$R = \left(1 - \frac{C_P}{C_F}\right) \times 100\% \qquad (4-2)$$

式中 J——纯水或 BSA 溶液[L/(m²·h)]的膜渗透通量;

  V——纯净水或 BSA 溶液(300 mg/L)的渗透体积(L);

  A——膜的有效过滤面积(cm²);

  t——膜的过滤时间(h);

  R——膜对对牛血清白蛋白 BSA(%)的去除率;

  C_P,C_F——牛血清白蛋白 BSA 的进出浓度。

每个膜样品分别测试五次取其平均值。

实验通过 PVDF 超滤膜对牛血清白蛋白(BSA)截留率的测定来表征杂合膜的选择性能。BSA 的分子质量大约在 67 000 Da,其分子为椭球形,大小为 4 nm×4 nm×14 nm。首先配制系列浓度 BSA 的标准溶液,采用紫外分光光度计在 280 nm 处测定溶液的吸光度,测试的数据以吸光度为横坐标,蛋白浓度为纵坐标绘制标准曲线,如图 4-2 所示,通过 origin 软件拟合得到标准曲线方程:

$$y = 1\,510.9x + 3.602\,8 \qquad (4-3)$$

式中　y——BSA 溶液的质量浓度，mg/L；

　　　x——BSA 溶液在 280 nm 处的吸光度。

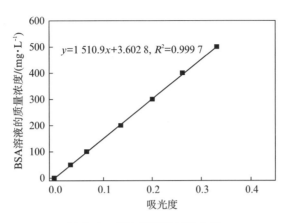

图 4-2　BSA 溶液的标准曲线

4.1.4　溶剂种类对 PVDF 超滤膜性能的影响

　　膜材料选定后，溶剂和非溶剂（或称凝固浴）对膜性能将有非常大的影响。一般在 L-S 相转化法中，溶剂应选择膜材料的良性溶剂，即膜材料在其中能够较易溶解，非溶剂用于铸膜液在其中成型，为膜材料的不良溶剂，而且要求溶剂能在非溶液中很快扩散。PVDF 的溶剂一般有 N, N-二甲基乙酰胺（DMAC），N-甲基吡咯烷酮（NMP），N, N-二甲基甲酰胺（DMF）、二甲基亚砜（DMSO）等。非溶剂由于需求量大，一般可选择水，也可选择乙醇或相对应的溶剂与水的混合物。首先，本文分别选择了 DMAC, NMP 和 DMSO 作为溶剂，去离子水作为非溶剂，用来研究溶剂的种类对 PVDF 超滤膜性能的影响。分别用 DMAC, NMP 和 DMSO 三种溶剂配制铸膜液，在 PVDF 浓度为 18% 的条件下，致孔剂 PVP 含量为 4% 保持不变配制铸膜液，保持室内环境温度 25℃，相对湿度 50% 左右，刮膜厚度为 200 μm，蒸发时间为 0 s，在 25℃ 的去离子水中固化成膜，刮膜速度分别控制在 10 mm/s，刮制了一系列 PVDF 超滤膜。分别对膜的水通量（J_w）以及对 BSA（300 mg/L）溶液的通量（J_{BSA}）和截留率（R）进行测试，来研究不同溶剂对 PVDF 超滤膜性能的影响，结果如表 4-3 所示。

表 4-3　　　　　　　　　　　溶剂种类对 PVDF 超滤膜性能的影响

溶剂种类	$J_w/(L \cdot m^{-2} \cdot h^{-1})$	$J_{BSA}/(L \cdot m^{-2} \cdot h^{-1})$	R
DMAC	452.23	236.55	45.28%
NMP	562.42	290.81	31.14%
DMSO	905.51	664.50	20.21%

　　从表 4-3 中可以看出，当溶剂为 DMSO 时，水通量 J_w 最大，然后依次为 NMP 与 DMAC，截留率以 DMAC 为溶剂时最大，按照 NMP 和 DMSO 的顺序逐渐降低。其原因可以从成膜机理进行分析。目前报道的文献关于成膜机理的研究多从溶剂进入膜液的角度，

利用溶剂和非溶剂的交换速率对成膜过程做出解释。一般来讲,成膜过程中溶剂和非溶剂之间交换的推动力越大,则溶剂向非溶剂中扩散速率越大,越易形成大空腔的多孔膜,使得通量变大,截留率降低;反之,则易得到致密膜。溶剂和非溶剂之间交换的推动力主要从两个方面进行考虑:一是高分子材料即 PVDF 在溶剂中的溶解性;二是溶剂在非溶剂之间的相容性。PVDF 在溶剂中的溶解性越小,溶剂和非溶剂之间的相容性越好,则有利于溶剂和非溶剂之间交换的推动力的增大。关于 PVDF 在溶剂中的溶解能力以及溶剂和非溶剂的相容性,可从各物质的极性和溶解度参数进行考虑,如果生成氢键,也将大大促进物质间的溶解性。此处所用的 PVDF,溶剂和非溶剂均为极性相近的物质,特别是溶剂极性相近,氢键作用中等,这里可以通过溶解度相近相容的原则来进行解释[2]。对于极性相近的两物质来说,高分子聚合物与溶剂之间的溶解度参数 δ 越接近,即 $|\Delta\delta|$ 越小,溶解性能越好,各溶剂和非溶剂的溶解度参数如表 4-4 所示。

表 4-4   溶剂与非溶剂的 $\delta, \delta_d, \delta_p, \delta_h$ 值   单位:$(MPa)^{\frac{1}{2}}$

物质	δ	δ_d	δ_p	δ_h
PVDF	23.2	17.2	12.5	9.2
DMAC	22.7	16.8	11.4	10.2
NMP	22.9	18.0	12.3	7.2
DMSO	26.7	18.4	16.4	10.2
水	47.9	15.5	16.0	42.3

注:δ 包含 δ_d(色散分量)、δ_p(极性分量)和 δ_h(氢键分量)三个部分。

表 4-5   不同溶剂与 PVDF 的溶解参数差

溶剂	$|\Delta\delta|/MPa^{1/2}$
DMAC	1.54
NMP	2.16
DMSO	4.20
水	33.33

根据 Hansen 方程 $|\Delta\delta| = [|\Delta\delta_d|^2 + |\Delta\delta_p|^2 + |\Delta\delta_h|^2]^{1/2}$,计算可得三种溶剂及非溶剂水与 PVDF 的溶解参数差,结果见表 4-5。

由表 4-5 可知,三种溶剂的溶解度参数与膜材料 PVDF 的溶解度参数差值 $|\Delta\delta|$ 为:DMAC<NMP<DMSO,溶剂对 PVDF 的溶解能力 DMAC>NMP>DMSO,溶剂对 PVDF 的溶解能力越强,

溶剂和凝固浴中非溶剂交换的速度越慢,越易形成致密结构,使得水通量变小而截留率有所提高;反之,则易形成指状的大空腔结构。按此因素单独作用分析,水通量按照由大到小的顺序溶剂依次为:DMSO>NMP>DMAC,截留率大小与此相反。对于溶剂和非溶剂之间的作用,可以明显看出,三种溶剂均可溶于强氢键作用的水中,按照溶解度参数相近相容的原则,对水的相容性强弱排序为 DMSO>NMP>DMAC,相容性能越好,则溶剂和非溶剂扩散速率越快,越易形成大空腔结构,使得水通量变大。

在研究所用的三种溶剂中,PVDF 在溶剂 DMAC 中的溶解性最好,更容易在铸膜液表面形成高浓度的聚合物溶液,使得凝胶固化的时间延长,表皮层较厚,同时由于相比之下溶剂 DMAC 与非溶剂水的相容性最差,使得 DMAC 和水的交换推动力较弱,又使得膜表面较为致密;对于亚层结构形成可以这样来解释,在表皮层形成后,又阻碍了铸膜液内部溶剂与非溶剂的交换,增加了传质阻力,表皮层越厚越致密,传质阻力越大;而溶剂 DMAC 与非溶剂水之间的交换推动力相比之下最弱,这些因素都使得制备的膜的亚层结构中形成的空腔较小。膜的微观结构决定了其宏观性质,因此,三种溶剂中以 DMAC 为溶剂时制备的膜的通量最小,截留率较高,而和 PVDF 相容性最差而较易溶于水的溶剂 DMSO 制备的膜的水通量最大,截留率稍低。综合表 4-5 以及以上因素,因此,选择具有较低水通量和较高截留率的 DMAC 作为溶剂与非溶剂水组合来进行研究。

4.1.5　PVDF 浓度对 PVDF 超滤膜性能的影响

铸膜液中聚合物的浓度是膜结构和性能的重要影响因素,PVDF 作为构成膜孔结构的主体材料,其浓度直接影响多孔膜的形态结构和性能。一般情况下,随着聚合物浓度的增加,膜的表层增厚、孔径减小、膜的纯水通量降低。这里研究膜的水通量和截留率等性能和 PVDF 浓度之间的关系。

选择 DMAC 作为溶剂,在 PVDF 浓度分别为 18%,19%,20%,21% 和 22% 的条件下,致孔剂 PVP 含量为 4% 保持不变配制铸膜液,保持室内环境温度 25℃,相对湿度 50% 左右,刮膜厚度为 200 μm,蒸发时间为 0 s,在 25℃ 的去离子水中固化成膜,刮膜速度控制在 10 mm/s,刮制了一系列 PVDF 超滤膜,并对其性能进行研究,考察了 PVDF 浓度对 PVDF 超滤膜性能的影响,结果如表 4-6 所示。

表 4-6　　　　　　　　　　　　PVDF 浓度对超滤膜性能的影响

PVDF 浓度	$J_w/(L \cdot m^{-2} \cdot h^{-1})$	$J_{BSA}/(L \cdot m^{-2} \cdot h^{-1})$	R
18%	452.23	236.55	45.28%
19%	377.19	218.21	51.36%
20%	250.44	136.78	59.32%
21%	78.02	46.25	65.36%
22%	44.95	23.58	86.12%

由表 4-6 中可以看出,当 PVDF 浓度逐渐增大时,膜的纯水通量 J_w 逐渐减小。膜的 BSA 溶液的通量 J_{BSA} 也有类似规律,而截留率 R 则随 PVDF 浓度的增大而升高。这主要是因为,随着铸膜液中 PVDF 的浓度的增加,高分子大量聚集,在沉淀点上浓度提高,增大了相邻微胞的高分子缠绕,结果超滤膜表层较为致密,且多孔网络结构的壁变得很厚,进而使得微胞中的溶剂与非溶剂的相互扩散过程中阻力变大,溶剂只能以较慢的速率扩散到凝固浴中去,因而相转化后形成膜的孔隙较小,从而导致水通量下降,截留率提高。

随着 PVDF 浓度的增加,水通量和孔隙率都呈现逐渐降低的趋势,这主要是因为随着 PVDF 浓度的增加,铸膜液的黏度随之增加,铸膜液的黏度增加使溶剂与非溶剂的扩散速率越慢,形成的膜结构越致密,因此成膜的水通量和孔隙率也就越低。随着铸膜液中聚合物相对质量分数的升高,截留率升高而水通量下降,这是因为聚合物在溶液中的聚集密度随着溶液浓度的增加而增加,它直接影响膜的结构和性能。在相同的制膜条件下,随着聚合物的相对质量分数提高,在相同的蒸发时间里,高相对质量分数的铸膜液将会在蒸发时就形成过饱和溶液,在凝胶时,易于形成致密的表皮层,同时因为致密层的保护作用,使得水由表层向里的扩散减缓,里层孔径也相对较小,在水透过膜时阻力增大,因而形成的膜截留率上升,水通量降低。

另外,当 PVDF 浓度达到 20% 时,可以看出膜的水通量急剧降低,而截留率则上升很快。这是由于,大多数高分子溶液都存在一临界浓度,或者称为亚浓程度,当高分子溶液浓度达到此值后,高分子链相互穿插交叠,整个溶液中的链段分布趋于均一,我们认为 PVDF 溶液的亚浓程度即为 20%,此时铸膜液中高分子聚集密度变大,成膜时容易形成孔径较小的致密膜。而且由于当 PVDF 浓度超过 20% 时,铸膜液黏度太大不易成膜,制备的膜性能误差较大。

综上所述,PVDF 浓度在 20% 左右时,制备的 PVDF 超滤膜水通量为 250.44 L/(m^2 · h),对 BSA 溶液的通量和截留率分别为 136.78 L/(m^2 · h)和 59.32%,较为理想。因此,我们选定膜材料 PVDF 浓度为 20%。

4.1.6 PVP 含量对 PVDF 超滤膜性能的影响

选择 DMAC 作为溶剂,保持 PVDF 浓度 20%,分别选择致孔剂 PVP 含量为 1%～5% 配制铸膜液,保持室内环境温度 25℃,相对湿度 50%,刮膜厚度为 200 μm,蒸发时间为 0 s,在 25℃ 的去离子水中固化成膜,刮膜速度控制在 10 mm/s,刮制了一系列 PVDF 超滤膜,并对其性能进行研究,考察 PVP 含量对 PVDF 超滤膜性能的影响,结果如表 4-7 所示。

表 4-7 PVP 浓度对超滤膜性能的影响

PVP 浓度	J_w/(L · m^{-2} · h^{-1})	J_{BSA}/(L · m^{-2} · h^{-1})	R
1%	50.11	24.07	86.32%
2%	120.23	50.58	74.45%
3%	161.51	76.35	69.02%
4%	250.44	136.78	59.32%
5%	320.22	223.55	32.46%

从表 4-7 中可以看出,随着致孔剂含量的增大,膜的通量增加,而截留性能下降。当致孔剂含量为 1% 时,膜的通量很低,这是由于铸膜液中致孔剂很少时,PVDF 在凝固浴中的沉淀过程中高分子链之间相互作用较大,形成了致密膜。当致孔剂含量稍有增加为 2% 时,通

量即提高很多,随着添加剂含量的进一步增加,膜的通量逐渐增大,截留率有所下降。这可能是由于铸膜液中 PVP 的存在,减小了铸膜液特别是表层处发生凝胶时单位体积内 PVDF 的浓度,削弱了高分子链之间的相互作用,使得膜的皮层以及内部网络结构更为疏松的缘故。

综上所述。当致孔剂 PVP 的含量为 3% 时,制备的 PVDF 超滤膜通量较高,截留性能较为理想,故选择致孔剂 PVP 的含量为 3%。

4.1.7　刮膜速度对 PVDF 超滤膜性能的影响

有实验表明,随着刮膜速度提高,薄膜平均粗糙度降低、孔径变小、结晶度增加、纵横向取向度增加。这是因为刮刀对薄膜施加的剪切力与刮膜速度成正比,当增加刮膜速度时,剪切力随之增加,而剪切力会导致聚合物大分子沿剪切力方向发生取向排列,并且随着剪切力的增大,聚合物大分子的取向度增加,高分子链之间相互作用也随之增加。这样不论不同刮膜速度下薄膜胶束聚集体之间的空间,还是每个胶束聚集体内聚合物网络的空隙,尺寸均变小,这样就阻碍了溶剂向沉淀物扩散,同时也减慢了凝固剂向制膜液的渗透,因此膜的孔隙率下降、孔径变小,最终导致膜水通量及截留率等分离性能的变化[4]。选择 DMAC 作为溶剂,保持 PVDF 浓度 20%,添加剂 PVP 含量为 3% 不变配制铸膜液,保持室内环境温度为 25℃,相对湿度为 50%,刮膜厚度为 200 μm,蒸发时间为 0 s,在 25℃的去离子水中固化成膜,刮膜速度分别控制在 10 mm/s、30 mm/s、50 mm/s 及 70 mm/s,刮制了一系列 PVDF 超滤膜,并对其性能进行研究,结果如表 4-8 所示。

表 4-8　　　　　　　　　刮膜速度对 PVDF 超滤膜性能的影响

刮膜速度/(mm・s⁻¹)	J_w/(L・m⁻²・h⁻¹)	J_{BSA}/(L・m⁻²・h⁻¹)	R
10	161.51	76.35	69.02%
30	142.25	67.66	73.02%
50	193.46	104.20	46.54%
70	198.57	132.54	38.23%

由表 4-8 可以看到,随着刮膜速度的提高,膜的通量先降低后升高,而膜的截留率则先升高后降低。起初由于刮膜速度的提高,使膜表层趋于紧密、光滑、膜的孔径变小,由于截留性能主要取决于膜皮层中孔的大小,且膜表面孔径越小,表面越致密,其截留率越大;而膜的通量也由于膜的孔径变小而降低。但是随刮膜速度的进一步提高时,所形成的膜的多孔网络壁较薄,降低了溶液通过时的阻力,使透过液速度加快,使得膜通量增加。同时,较高的刮膜速度反而会使膜表面孔径变大,会相应降低溶液的截留率。此外刮膜速度过快,会导致制备的膜孔有缺陷,后续实验中选取刮膜速度为 30 mm/s,同时具有较高的膜通量及截留率。

4.1.8　刮膜厚度对 PVDF 超滤膜性能的影响

在浸没相转化制膜时,液态膜(铸膜液)的厚度对膜内部的孔结构有一定影响。改变液态膜厚度,就可能得到具有不同孔结构的膜[5,6]。Vogrin 等[6]在研究醋酸纤维素/丙酮/水体系时发现,当液态膜厚度为 150 μm 和 300 μm 时,膜内为海绵状孔结构,当液态膜厚度增加到 500 μm 时,指状孔结构出现,贯通于整个膜断面。膜的厚度对所成膜的分离性能有明显的影响。选择 DMAC 作为溶剂,为保持 PVDF 浓度 20%,添加剂 PVP 含量为 3%不变配制铸膜液,保持室内环境温度为 25℃,相对湿度为 50%,刮膜速度 30 mm/s,分别控制蒸发时间为 0 s,在 25℃的去离子水中固化成膜,刮制了膜厚为 150~400 μm 的一系列 PVDF 超滤膜,并对其性能进行研究,结果如表 4-9 所示。

表 4-9 膜厚度对 PVDF 超滤膜性能的影响

膜厚度/μm	$J_w/(L \cdot m^{-2} \cdot h^{-1})$	$J_{BSA}/(L \cdot m^{-2} \cdot h^{-1})$	R
150	124.85	61.35	75.27%
200	142.25	67.66	73.02%
250	247.31	124.06	61.54%
300	284.35	156.34	56.77%
400	320.21	163.12	37.22%

从表 4-9 可以看出,随着膜厚度的增加,膜性能总体呈现去除率下降而通量上升的趋势。这是由于厚度对溶剂的蒸发速度影响极大,蒸发速度随膜厚度的增加而下降[7],溶剂挥发量少,表面聚合物浓度不高,处于表层的聚合物聚集体网络结构松散,在聚合物凝胶时生成的聚合物聚集体孔较大且数目不多,因而所制得的膜水通量大而截留率不高。如表 4-9 所示,在膜厚度 250 μm 处制备的 PVDF 超滤膜对 BSA 溶液具有较高的通量(124.06 L/m² · h)与截留率 61.54%。此外,实验中也发现在制备较薄的膜(200 μm 以下)时,膜的机械性能较差,且容易卷曲,膜面也极易出现明显的缺陷,给膜的制备和使用带来不便。因而在选取膜厚度时,既要保证较高的渗透性能,又要同时考虑它的使用性,因而在后续实验中选取液态膜的厚度为 250 μm。

4.1.9 预蒸发时间对 PVDF 超滤膜性能的影响

从铸膜液被刮制在成膜基体上起,膜的凝固过程就开始了。如果刮制成膜之后立即浸入凝固浴中进行凝固,则不存在溶剂的预蒸发时间;反之,若刮制成膜后先在空气中停留一段时间,再浸入凝固浴,则存在溶剂的预蒸发时间。蒸发时间的长短会对膜中孔的形成、孔径及其分布有较大的影响[8]。选择 DMAC 作为溶剂,保持 PVDF 浓度 20%,添加剂 PVP 含量为 3%不变配制铸膜液,保持室内环境温度为 25℃,相对湿度为 50%,刮膜厚度为250 μm,刮膜速度为 30 mm/s,分别控制蒸发时间为 0 s,30 s,60 s,90 s,120 s 及 150 s 在 25℃的去离子水中固化成膜。然后分别对膜的水通量以及对 BSA 溶液的通量和截留率进行测试,来研究预蒸发时间对 PVDF 超滤膜性能的影响,结果如表 4-10 所示。

表 4 - 10　　　　　　　　　　　预蒸发时间对 PVDF 超滤膜性能的影响

预蒸发时间/s	$J_w/(\text{L} \cdot \text{m}^{-2} \cdot \text{h}^{-1})$	$J_{BSA}/(\text{L} \cdot \text{m}^{-2} \cdot \text{h}^{-1})$	R
0	247.31	124.06	61.54%
30	173.8	87.66	69.02%
60	144.5	76.35	72.27%
90	175.3	89.36	63.25%
120	191.0	143.25	60.36%
150	231.2	185.6	52.15%

预蒸发是溶剂从铸膜液中不断逸出和亲水溶剂不断自空气中吸入水的过程。资料显示,对于挥发性溶剂体系,挥发时间是影响膜性能的重要因素之一。随着溶剂的挥发,铸膜液表层聚合物浓度不断增加并且相互接近、聚集,从而在膜的表层形成结构致密的表皮层。表皮层致密程度越高,膜的水通量越小[9]。由表 4 - 10 可知,在预蒸发时间较短时(<60 s),随着预蒸发时间的延长,水通量一直降低,这表明实验结果和理论上是符合的。但当预蒸发时间继续延长时水通量反而略有上升,这主要是在预蒸发过程中溶剂吸水特性所决定的。溶剂分子从铸膜液表面的扩出和水分子从铸膜液表面扩入是同时进行的,这是一种相互扩散的过程。因为 DMAC 溶剂有较强的吸水性[10],但同时它又有较高的挥发性,并且由于 PVDF 溶液黏度较大且水的表面张力很大,水从空气中进入铸膜液中的扩散速度要比 DMAC 从铸膜液表面进入空气中的扩散速度小。所以在前阶段扩散过程主要由 DMAC 的挥发所控制,从而随着预蒸发时间的延长,表层越来越致密,所以水通量下降。但到了后期(>60 s),随着表面层的 DMAC 的大量挥发,铸膜液内部的 DMAC 不断地向表面层扩散,但 DMAC 从铸膜液内部扩散到表面遇到的阻力比从表面直接扩散到空气中的阻力要大得多,从而降低了溶剂的挥发速度;另一方面,由于 DMAC 的强吸水性使水不断地扩散进来,随着预蒸发时间的延长,吸水量也不断增加,它有利于形成孔径较大而疏松的表面孔结构,因此在后期扩散过程水的扩入稍呈优势,从而随着预蒸发时间的进一步延长,水通量又稍有上升。预蒸发时间为 60 s 取得最佳的截留率,但通量大幅度下降,而预蒸发时间为 0 s 制备的膜取得较高的截留率及较大的膜通量,同时考虑试验中计时预蒸发时间会造成一定的误差,后续试验将采取 0 s 预蒸发时间。

4.1.10　凝固浴温度对 PVDF 超滤膜性能的影响

凝胶过程是一个双向扩散过程:水扩散到膜内,溶剂和致孔剂从膜里扩散出来。这个交换速率对于膜孔的结构起着一定的作用,而凝胶介质的温度对这个交换速率有很大的影响。有学者进行了凝固浴温度对膜性能影响的探讨[11,12],说明凝固浴对于制膜工艺来说是一个非常重要的参数,通过改变凝固浴温度,可以获得不同性能的膜。这里将研究凝固浴温度对超滤膜性能的影响。选择 DMAC 作为溶剂,保持 PVDF 浓度 20%,添加剂 PVP 含量为 3％不变配制铸膜液,保持室内环境温度为 25℃,相对湿度为 50％,刮膜厚度为 250 μm,刮膜速度为 30 mm/s,蒸发时间为 0 s,分别在 15℃,25℃,40℃的去离子水中固化成膜。然后分别对膜的水通量以及对 BSA 溶液的通量和截留率进行测试,来研究凝固浴温度对 PVDF 超滤膜性能的影响,结果如表 4－11 所示。

表 4－11　　　　　　　　　凝固浴温度对 PVDF 超滤膜性能的影响

凝固浴温度/℃	J_w/(L·m^{-2}·h^{-1})	J_{BSA}/(L·m^{-2}·h^{-1})	R
15	186.79	96.35	69.27％
25	247.31	124.06	61.54％
40	297.32	164.09	46.54％

由表 4－11 可知,当温度较低为 15℃时,膜的通量较小,截留性能良好,而温度为 40℃时,膜的通量较高,截留效果较差。这是由于当温度较低时,溶剂和凝固浴之间的相互扩散较慢,沉淀时间较长,容易形成致密膜;而温度较高时,在很短时间内,溶剂将扩散到凝固浴中去,而其原有空间将被凝固浴占据,溶剂的急剧扩散造成了膜内大空腔结构的形成,使得水通量较高而截留率降低。当凝固浴温度为 25℃时,膜的水通量为 247.31 L/m^2·h,对 BSA 溶液的通量和截留率分别为 124.06 L/m^2·h 和 61.54％,同时考虑到操作的可行性,我们选择凝固浴温度 25℃。

4.1.11　凝固浴组成对 PVDF 超滤膜性能的影响

凝固浴的组成也是影响膜结构和性能的因素之一,它对膜性能和结构的影响主要是对溶剂与凝固浴交换速度的影响。凝固浴大致分为强非溶剂、弱非溶剂、强弱非溶剂混合物、非溶剂和溶剂混合物等。通过改变凝固浴组成,改变液膜中溶剂、非溶剂之间的相互传质速度,从而改变了液膜沉淀速度,最终达到控制膜的结构和性能。目前,常见的强非溶剂有水,常见的弱非溶剂有醇类。选择 DMAC 作为溶剂,保持 PVDF 浓度为 20％,添加剂 PVP 含量为 3％不变配制铸膜液,保持室内环境温度为 25℃,相对湿度为 50％,刮膜厚度为 250 μm,刮膜速度为 30 mm/s,蒸发时间为 0 s,分别在 25℃的 15％DMAC 水溶液,15％乙醇水溶液和去离子水的凝固浴中固化成膜。然后分别对膜的水通量以及对 BSA 溶液的通量和截留率进行测试,来研究凝固浴组成对 PVDF 超滤膜性能的影响,结果如表 4－12 所示。

表 4－12　　　　　　　　　凝固浴组成对 PVDF 超滤膜性能的影响

凝固浴组成	J_w/(L·m^{-2}·h^{-1})	J_{BSA}/(L·m^{-2}·h^{-1})	R
15％DMAC 水溶液	136.79	66.35	86.27％
15％乙醇水溶液	160.12	81.20	83.01％
去离子水	247.31	124.06	61.54％

凝固浴中加入 DMAC 对膜性能和结构的影响与在凝固浴中加入乙醇对膜性能和结构的影响结果一致。随着凝固浴中 DMAC 含量的增加,膜中指状孔结构减少,膜的纯水通量和孔隙率降低,BSA 截留率略有增加。这可能是因为随 DMAC 含量的增加,使得强非溶剂逐渐变成了弱非溶剂,降低了铸膜液与凝固浴间扩散传质的化学势,从而降低了溶剂/非溶剂传质速度,从而改变了液膜沉淀速度,导致了相分离时间的延长。从而制备了较致密的膜,提高了膜的截留率,但也相应降低了膜的通量。其中加入 15% 的乙醇后制备膜取得较高的通量及截留率。

4.1.12　小结

本章以 PVDF 为膜材料,采用 L-S 相转化法来制备 PVDF 超滤膜。主要研究了制备过程中各种因素对 PVDF 超滤膜分离性能的影响,以确定最佳的制膜条件。各因素主要包括溶剂种类、PVDF 浓度、致孔剂含量等铸膜液配方,凝固浴组成及温度,刮膜速度、刮膜厚度、蒸发时间等铸膜工艺条件在成膜过程中的作用。通过对膜的水通量、BSA 溶液通量和截留率的测试来考察 PVDF 超滤膜的性能。

制备方法:按一定比例将干燥过的 PVDF 溶于溶剂中形成均一透明的聚合物溶液,在 50℃ 水浴加热并剧烈搅拌下加入适量致孔剂,经 24 h 充分搅拌即可制得均质的铸膜液。铸膜液真空(−50 kPa)脱泡 30 min 后,用涂膜器在洁净的平板玻璃板上刮膜,然后迅速浸入凝固浴中进行固化。膜脱落后将膜放入室温的去离子水中浸泡 24 h 以上,以脱除膜内的残存的溶剂和添加剂,并定期更换浸泡用水,即可得成品膜。其中铸膜液的配方与工艺为:溶剂 DMAC 浓度 77%、PVDF 浓度 20%、致孔剂 PVP 含量 3%、凝固浴种类为添加 15% 的乙醇水溶液、凝固浴温度 25℃、预蒸发时间 0 s、刮膜厚度 250 μm 及刮膜速度 30 mm/s。以此方法制备的 PVDF 超滤膜的水通量为 160.12 L/(m^2 · h),对 BSA 溶液的通量和截留率分别为 81.20 L/(m^2 · h)和 83.01%。

4.2　TiO$_2$ 纳米线改性 PVDF 超滤膜抗污染机理研究

4.2.1　PVDF 膜的改性研究现状

目前,聚偏氟乙烯(PVDF)有机高分子材料由于其良好的抗氧化性、热稳定性、不易水解、好的机械强度及成膜性,在工业生产中被广泛用作超滤膜的原材料[13-17]。但是,相比于其他膜材料,PVDF 最突出的特点是具有极强的疏水性,因而使其在膜蒸馏过程和膜萃取过程中倍受青睐。这是亲水性膜材料所无法比拟的,但这也是制约 PVDF 膜在很多领域中大规模应用的主要因素,尤其是应用蛋白类药物、食品饮料及水净化等等水相分离体系的分离等方面时,易产生吸附污染,使膜通量和截留率两项主要分离指标下降,降低了膜的使用寿命,增加了操作费用[18]。因而,为了降低污染、延长寿命和提高通量,使其更适于生化、医药、饮料、净水等领域的使用,需要对 PVDF 膜进行改性研究来拓宽其应用领域。许多研究通过各种手段来改善聚合物分离膜材料性能,常见的方法有表面改性法及本体改性法[19,20]。前者是通过在成品膜的表面引入亲水基团来达到改性目的,后者是通过对铸膜液进行亲水化处理来改善膜性能。

1. 表面改性

表面改性方法通常从操作原理上具体可分为三种,即表面涂覆改性、表面化学改性、表面接枝改性。

1）表面涂覆改性

PVDF 膜的表面涂覆改性方法是将基体膜浸入亲水性小分子溶液中进行浸涂或浸泡,或者用亲水性高分子物质对膜表面进行涂层,如用甘油、聚乙烯吡咯烷酮或表面活性剂等亲水性物质对 PVDF 膜进行"涂层"处理[21]。

Akthakul 等[22]用自制的 PVDF-g-POEM 对 PVDF 超滤膜进行涂覆,形成非对称膜,对乳化油的截留率大于 99.9%,且不产生膜污染。Revanur 等[23]设计合成出一种以环辛烯为主链,以 PEO 和叠氮基苯为支链的梳状聚合物,并将其涂覆于商用 PVDF 超滤膜表面,改性后的膜具有非常优异的抗污染性能。董声雄等[24]用非离子表面活性剂吐温 80（Tween80）的水溶液浸泡 PVDF 超滤膜,可使 PVDF 膜水通量大幅增加。

表面涂覆法处理过程相对比较简单,但是这种改性方式并不十分理想,亲水层与 PVDF 膜之间仅为物理吸附作用,添加或涂覆的接枝或嵌段共聚物易从高分子表面脱离,不能保持较长时间的改性效果,改性效果稳定性、耐久性差,而且改性的涂覆层会影响到膜孔结构及膜性能。

2）表面化学改性

PVDF 膜的表面化学改性是在催化剂的作用下,经强碱、强氧化剂处理使膜表面发生消除反应脱去 HF 形成双键,再经酸性环境中亲核反应在膜表面生成大量羟基,实现 PVDF 膜的亲水化改性。羟基与大分子改性剂可进一步发生偶合反应,在膜表面引入一些更大的亲水性基团（如聚乙烯吡咯烷酮、聚乙二醇、甘油等）,从而得到改性的 PVDF 膜[25]。

吕晓龙[26]使用 2-丙烯酸胺-2-甲基丙磺酸对 PVDF 中空纤维膜进行表面化学处理,并且用碱性体系对 PVDF 中空纤维膜进行了预处理,有效地提高了膜的亲水性。但是表面化学处理后膜表面上极性基团的密度低、亲水效果较差,而且随时间延长,小的极性基团随着表面 PVDF 分子链的旋转而迁移到膜内部,亲水性减退。该方法过程虽然简单,但是在 PVDF 膜亲水改性方面不具有实用价值。而且对于多孔膜经强酸强碱处理后膜的拉伸伸长率有大幅度的下降,膜的高弹性能会受到影响,这也是化学改性有待改进的地方[27]。

3）表面接枝改性

PVDF 膜的表面接枝改性是在一定条件下在膜表面形成大量活性自由基,从而引发亲水性单体与之接枝聚合。它包括低温等离子体引发表面接枝改性、紫外光引发表面接枝改性及高能辐照引发表面接枝改性。其特点是可在常温下反应,后处理简单,无环境污染等。

Wang 等[28]用 Ar 等离子体对浸渍在 PEG 溶液中的 PVDF 微滤膜进行处理,引发接枝反应,结果发现 PEG 不仅接枝到膜表面,同时也接枝到了膜微孔的内壁,水通量随着 PEG 接枝率的增加而减小,但膜的抗污染能力有明显的改善。陆晓峰等[29]用 Co60γ-ray 预辐射置于气相苯乙烯中的 PVDF 超滤膜上,得到接枝率 5%～10% 的 PVDF 膜,然后在 80℃的 $AgSO_4/H_2SO_4$ 体系中进行磺化反应,得到了亲水性 PVDF 超滤膜。

表面接枝亲水性聚合物链进行表面亲水化改性的方法过程复杂、成本高、效率较低,对膜的力学强度造成较大的损伤,同时接枝的亲水性聚合物容易堵塞膜孔,使水通量下降。因而,此方法在工业中很少应用。

2. 本体改性

有许多对 PVDF 膜本体进行亲水化改性的国内外报道,包括共聚改性与共混改性。

1) 共聚改性

共聚改性是通过化学方法改善 PVDF 膜本体亲水性的一种方法。一般分两步进行:首先是对 PVDF 进行"活化"处理,使其分子链上产生容易氧化或生成自由基的活性点;再根据活性点的特征,选用合适的试剂与"活化"处理后的 PVDF 发生反应,从而直接在其分子链上引入羟基、羧基等极性基团或接枝亲水性单体。经过化学处理改性的膜本体亲水性明显提高,且引入的侧链可降低 PVDF 分子链间的次价力,抑制结晶形成,从而影响膜结构。

Asatekin[30] 合成了多种两亲性共聚物,如 PVDF-g-PMAA,PVDF-g-POEM 等,发现当两亲性共聚物在膜本体中质量分数为 3wt% 左右,亲水性基团在膜表面的质量分数可以达到 0.50 甚至以上,能够大大改善 PVDF 膜表面的亲水性,提高膜通量。Bottino[31] 用质量分数 0.05 NaOH 甲醇溶液对 PVDF 进行脱 HF 处理,得到产品 PVDFM,然后再用 98% 硫酸浸泡 PVDFM,破坏其不饱和键,引入极性亲水性基团得到产物 PVDFMF。用 PVDFM、PVDFMF 制成的超滤膜纯水接触角分别为 68°、57°,明显低于纯 PVDF 所制的超滤膜。

但由于 PVDF 良好的化学稳定性,使"活化"很难处理,往往得到的"活性点"不多,使得改性效果不稳定。另外,共聚改性需要多个步骤进行,工艺过程较复杂,不确定因素很多,过程较难控制。

2) 共混改性

共混改性是一种在现有材料的基础上取长补短改善膜性能的简便方法。将一种聚合物与其他有机物或无机物共混,可以消除各单一聚合物组分性能上的弱点,取长补短综合均衡各组分的性能,获得综合性能较为理想的膜材料。共混改性可以扩大膜材料选择范围,也是制备高性能膜材料的一种有效方法,相比共聚改性,共混改性易于控制[32],所以近年来成为国内外学者最常用的研究方法之一。通过共混改性制得的 PVDF 共混膜,既具备疏水材料 PVDF 耐高温、良好的机械性能与化学稳定性等特点,又具备第二材料的亲水特性,膜的综合性能优异,且相对于膜材料化学处理改性过程简单、效率高,因而具有广泛的应用前景。

在这些共混方法中通过相转化共混无机纳米粒子,由于其操作方便反应条件温和,格外引起了广泛的关注[33,34]。共混改性后的高分子材料化学稳定性、机械强度和热稳定性等方面得到了显著的提高[34,35]。而且,改性后材料表面增加的羟基显著地提高了膜的亲水性,强化了膜的化学稳定性[36-38]。

PVDF 膜共混的无机纳米粒子主要有 SiO$_2$,Al$_2$O$_3$,Fe$_3$O$_4$,ZnO,ZrO$_2$,TiO$_2$,CdS[14]。其中,TiO$_2$ 由于其良好的亲水性、化学稳定性、抗菌性及无毒性引起了特别关注[39],锐钛矿的 TiO$_2$ 具有良好的催化性可用于水的净化与处理。

尽管共混纳米 TiO$_2$ 粒子改性 PVDF 膜被广泛地研究,用来改善膜的亲水性、热稳定性、机械强度、抗污染性、抗菌性和光催化性能[40-44],纳米 TiO$_2$ 粒子改性后的 PVDF 杂合膜仍存在一些显著的缺点。当纳米 TiO$_2$ 粒子溶解在铸膜液中后,高浓度的纳米 TiO$_2$ 粒子容易团聚,导致膜孔结构的缺陷和亲水性及通量的下降,而且纳米 TiO$_2$ 粒子很容易从杂合膜中流失。机械性能测试表明,与洁净的膜相比,纳米 TiO$_2$ 粒子改性 PVDF 杂合膜尽管有较高的撕裂强度,但其伸长率却有所降低。此外,TiO$_2$ 纳米粒子从杂合膜中流失后会降低膜的亲水性,热稳定性及机械强度和抗污染性,TiO_2 纳米粒子改性的 PVDF 杂合膜效果稳定性、耐久性差。因此,需要重新设计用作杂合膜改性的 TiO_2 纳米粒子的结构,以便克服上述缺点。目前,有许多文献报道了通过各种物理及化学的方法合成了一维的 TiO_2 纳米结构,并具有各种形态结构,包括 TiO_2 纳米线、TiO_2 纳米纤维、TiO_2 纳米棒、TiO_2 纳米管等,合成一维的 TiO_2 纳米材料除了保留 TiO_2 纳米粒子的基本特性外,还显示出了一些新的特征[45-49]。

在这些一维的 TiO_2 纳米结构合成方法中,水热法由于其生产过程简单、易于操作,被广泛运用[50]。在本研究中,通过水热法成功地合成了锐钛矿的 TiO_2 纳米线,继而通过相转化与共混的方法制备了一种新的有机-无机 PVDF-TiO_2 纳米线杂合超滤膜。制备的 TiO_2 纳米线非常容易分散在杂合膜的结构中,添加的 TiO_2 纳米线对超滤膜的亲水性、热稳定性、机械特性、膜孔结构及膜滤性能方面产生的影响均作了研究。

4.2.2　材料及方法

1. 材料

聚偏氟乙烯(PVDF,Solef® 1015)购自 solvay 聚合物有限责任公司。聚乙烯吡咯烷酮(PVP,K30)购于德国巴斯夫公司。N,N 二甲基乙酰胺(DMAC),盐酸(HCl,36%～38%)均购自上海国药集团化学试剂公司。二氧化钛(P25,BET 比表面积,约 50 m^2/g;粒径,25 nm)购自 Degussa 公司(德国)。牛血清白蛋白(BSA,分子质量为 67 000 kDa)购自上海生命科学和生物技术有限公司,其他试剂均为分析纯。

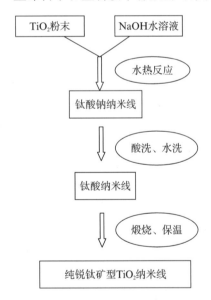

图 4-3　TiO_2 纳米线的制备过程

2. TiO_2 纳米线的制备

TiO_2 纳米线的制备可参考文献[51-53]。将 10.0 g TiO_2 粉末混合于 300 ml 浓度为 10 mol/L 的氢氧化钠溶液中,超声分散 10 min 后移至 500 ml 聚四氟乙烯内衬里的反应釜内密闭。然后在 180℃温度下的恒温干燥烘箱内水热反应 48 h,将反应后产生的白色沉淀(富含钛酸钠纳米线)回收,并用 0.1 mol/L 稀盐酸溶液反复洗涤多次(离子交换),获得钛酸纳米线,然后在超声波的辅助下用去离子水清洗直至中性。最后在程序智能控制的马弗炉中经过以 2℃/min 升温速率焙烧至 700℃并保温 2 h 后得到锐钛矿晶相的 TiO_2 纳米线。具体反应过程如图 4-3 所示。

3. TiO_2 纳米线的表征

二氧化钛纳米线的形态结构采用环境扫描电镜(SEM,JEOL Model JSM-6360 LV,Japan)及场发射扫描电镜(FESEM,Quanta 200 FEG,USA)观察。其晶相结构采用 X 射线衍射仪(XRD,D/MAX 2550,Japan)来分析。

4. 膜的制备

选择 77% 的 DMAC,20% 的 PVDF,3% 的 PVP(均相对于铸膜液质量比)及 1% 偏六磷酸钠(相对于 PVDF 的质量比)作为分散剂配制铸膜液。分别添加不同比例自制的 TiO_2 纳米线(0,1%,2%,3%,4%,5%,相对于 PVDF 的质量比)制备成一系列的 PVDF 超滤膜,并分别标记为 M-0 到 M-5；同时，分别添加不同比例的 TiO_2 纳米颗粒（1%，2%，3%，4%，5%，相对于 PVDF 的质量比）制备成一系列的 PVDF 超滤膜，并分别标记为 M′-1 到 M′-5。铸膜液在 50℃ 水浴加热经过强力搅拌 24 h 后在真空（−50 kPa）下脱泡 30 min，形成性质均匀的铸膜液。保持室内环境温度为 25℃，湿度在 50% 左右，膜制备采用半自动涂膜器（Elcometer 4340，U. K.）及厚度可调的不锈钢刮刀在洁净的平板玻璃板涂膜，刮膜厚度为 250 μm，刮膜速度为 30 mm/s，然后立即浸入到 25℃ 的含有 15% 乙醇水溶液凝固浴中。一段时间后从玻璃板上剥离后形成平板膜，所制备的膜片浸泡在去离子水中 24 h，并漂洗若干次，去除膜内残留的溶剂及致孔剂，然后保留在去离子水中备用。膜具体的制备过程如图 4-4 所示。

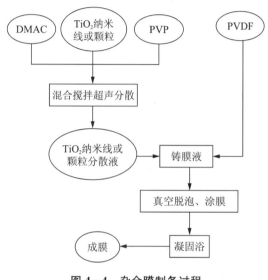

图 4-4　杂合膜制备过程

5. 膜的表征

1）膜的形态观察

膜的表面和断面采用环境扫描电子显微镜（SEM，JEOL Model JSM-6360 LV，Japan）观察。所有样品冷冻干燥后在液氮中冷冻并迅速淬断。然后将样品固定在样品台上喷涂镀金后即可用于 SEM 测试。

2）膜的孔隙率及孔径

孔隙率是超滤膜的基本参数之一。本实验采用简单的称量法估测超滤膜的孔隙率。膜的孔隙率（ε，%）采用质量称量的方法，孔隙率按照下面的公式计算：

$$\varepsilon = \frac{m_1 - m_2}{\rho_w \cdot A \cdot l} \tag{4-4}$$

式中　m_1(g)——湿膜的质量；

　　　m_2(g)——干膜的质量；

　　　ρ_w——水的密度（0.998 g/cm³）；

　　　A——膜的有效面积（cm²）；

　　　l——膜的平均厚度（μm）。

膜的平均孔径使用 AutoPore Porisimeters(Micromeritics' AutoPore IV 9500 Series, USA)压汞仪进行测定。注入膜孔中水银所需的压力与膜孔径大小成反比的。在与水银非润湿的界面下,此定律满足 Washburn 方程表达式:

$$d=\frac{4\gamma\cos\theta}{\rho} \qquad (4-5)$$

式中　d——膜孔的直径(nm);

　　　ρ——所施加的压力(Pa);

　　　γ——水银的表面张力(480 N/m);

　　　θ——水银和膜之间的接触角(°)。

3) 膜的机械强度及热稳定性分析

超滤过程以压差为推动力,要求超滤膜具有一定的机械强度。膜的机械特性测试(包括撕裂强度及伸长率)由万能电子材料测试仪(AG-250 kN, Japan)测定,测试速率 100 mm/min,获得应力-应变曲线。每个样品测试取其平均值。膜的热稳定性通过(TGA, TA SDT-Q600, USA)热重分析仪进行测试,测试环境:在氮气气氛下以 10℃/min 的速率升温,测试区间为 50℃~800℃。

4) X 射线衍射(XRD)和傅立叶变换红外光谱(FTIR)分析

膜的 XRD 衍射图由 D/max-rB 型衍射仪(D/MAX 2550, Japan)测定,CuK$_\alpha$ 射线为光源($\lambda=0.15405$ nm),加压电压与电流分别是 50 mA 和 50 kV,扫描范围为 10°~80°。膜的红外光谱测量采用傅立叶红外光谱分析仪(Thermo Electron Corp., Nicolet 5700, USA),扫描波长范围为 4 000~400 cm^{-1}。

5) 超滤膜的分离特性

有关膜通量和 BSA 溶液截留率的测试详见 4.1.3 节 2 中的描述。

6) 超滤膜的表面特征

接触角又称润湿角,是液体在固体表面达到热力学平衡时所保持的角度(θ),它是衡量界面张力的标志,也是判定物质亲疏水性能的重要参数,如图 4-5 所示。接触角数值越小,样品表面亲水性越强。测定采用接触角测量仪(型号 JC2000A,上海中晨数字技术设备有限公司,上海)。将干燥后的膜样品固定于载物台上,滴 5 μL 超纯水于膜表面,通过调节

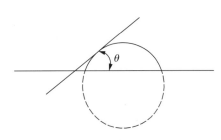

图 4-5　接触角测量示意图

测定仪读出接触角数据。每个样品至少测量五次,取平均值。

膜表面形貌的平均表面粗糙度(R_a)的测定仪器为原子力显微镜(NanoScope$^\circledR$, USA),测试采用敲击模式。平均粗糙度的定义是膜表面高度相对于中心平面的平均值,该平面的上方和下方的图像包围的体积是相等的。计算方程式如下:

$$R_a=\frac{1}{L_xL_y}\int_0^{L_x}\int_0^{L_y}\mid f(x-y)\mid \mathrm{d}x\mathrm{d}y \qquad (4-6)$$

式中,$f(x,y)$是表面相对于中心平面的函数;L_x 和 L_y 都是表面的尺寸。

4.2.3　二氧化钛纳米线的表征

图 4-6 显示的是 TiO₂ 颗粒放大 50 000 倍的电镜照片,粒径为 25 nm 左右,颗粒相对容易团聚。图 4-7 显示其晶相结构主要为锐钛矿与金红石的混合晶相(厂家提供比例,金红石:锐钛矿=20:80)。将 TiO₂ 粉末与强碱按前述制备程序水热反应 48 h 后产物为钛酸钠纳米线,酸洗后为钛酸纳米线。本文做了对照实验证实了这一点,结果见图 4-8(钛酸纳米线的电镜照片)、图 4-9(钛酸纳米线的 XRD 衍射图谱),并非像有关文献[54]中所描述的锐钛矿相二氧化钛纳米线。

图 4-6　TiO₂ 纳米颗粒(P25)的 SEM 图

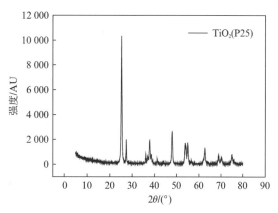

图 4-7　TiO₂ 纳米颗粒(P25)的 XRD 晶相图谱

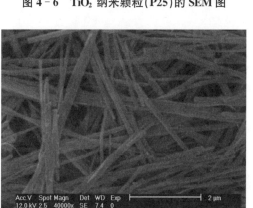

图 4-8　钛酸纳米线的 SEM 图

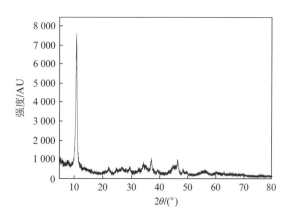

图 4-9　钛酸纳米线的 XRD 晶相图谱

因此,通过控制煅烧温度及时间,将上述酸洗、水洗所得的钛酸纳米线煅烧后才能得到为 TiO₂ 纳米线。本文首先考察了后续热处理的温度对其晶相生成的影响,结果见图 4-10,可以看出后续热处理温度 600℃ 及以下无明显的晶相变化,700℃、800℃ 时均为锐钛矿晶相,900℃ 时出现了金红石晶相。因此后续热处理均采用 700℃。

本文所合成的 TiO₂ 纳米线的 XRD 图谱结果见图 4-11。所有的峰值可以很清晰地显示为纯的锐钛矿相。XRD 图谱与前人研究报道的结果一致[54]。没有观察到其他杂质峰的特征,表明该产品具有较高的纯度。相比于其他类型的晶相,锐钛矿型的 TiO₂ 具有较好的

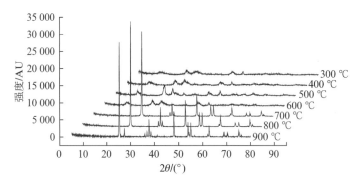

图 4－10　热处理不同温度后的 TiO_2 纳米线 XRD 衍射图

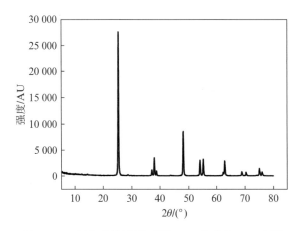

图 4－11　制备的纯锐钛矿型 TiO_2 纳米线 XRD 图谱

光催化活性。近来有人[55]研究锐钛矿型 TiO_2 纳米粒子 PVDF 杂合膜成功地用于光催化降解亮绿和靛胭脂等染料,这将为我们进一步研究 TiO_2 纳米线 PVDF 杂合膜的光催化活性提供了研究基础。

图 4－12、图 4－13 显示的分别是制备的 TiO_2 纳米线两张典型的电子扫描电镜 SEM 和场发射扫描电镜 FESEM 的图像。可以看出所制备的纳米线非常洁净,纯度较高,而且表面

图 4－12　锐钛矿相的二氧化钛纳米线的
　　　　 SEM 图(×5 000)

图 4－13　锐钛矿相的二氧化钛纳米线的
　　　　 FESEM 图片(×50 000)

没有任何污染。另一方面,纳米线均匀分布,说明在制备溶液中的分散性较好。其他一些重要的特征也可以从电镜图中得出结论:① 纳米线的长度长达数微米;② 纳米线的直径在 20～50 nm 范围;③ 纳米线的生成非常匀称,BET 比表面积结果约为 35.0 m^2/g,这些特征将非常有利于膜的杂合制备。

此外,本文还考察了不同碱液种类与 TiO₂ 粉体进行水热反应制备纳米线。图 4 - 14 显示的是采用 10 mol/L 的 KOH 与 TiO₂ 颗粒按前述程序制备的纳米线,长度为 100～500 nm,粗度约为 25 nm,但相对容易团聚。其晶相 XRD 图 4 - 15 显示主要为锐钛矿。但其长细比不是十分均匀且易于团聚的特点,不适宜作为制备杂合膜的共混材料。本文采用 10 mol/L 的 NaOH 与 TiO₂ 颗粒生成的 TiO₂ 纳米线作为其 PVDF 杂合膜的共混材料。

图 4 - 14　KOH 制备的 TiO₂ 纳米线 SEM 图

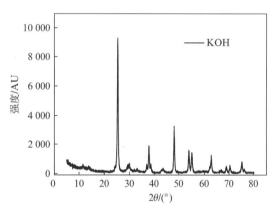

图 4 - 15　KOH 制备的 TiO₂ 纳米线 XRD 图

4.2.4　膜的形态表征

扫描电镜 SEM 是用来观察膜改性前后膜的形态变化。图 4 - 14—图 4 - 23 分别显示了膜 M-0,M-5 的表面横断面及膜孔结构,由图 4 - 18、图 4 - 19 可看出膜 M-0,M-5 的微孔均匀地分布在膜的表面,改性后的膜 M-5 表面上的微孔直径略小于未改性的膜 M-0 表面上的微孔直径。而且从图 4 - 18、图 4 - 19 看两者到横断面均表现出非对称的典型指状结构,孔口之间由海绵状的孔壁结构连接。TiO₂ 纳米线能够均匀地分布在微孔之间(图 4 - 19、图 4 - 20、图 4 - 22),这显然有利于提高膜的机械强度。据文献报道称,由于纳米尺寸的缘故,纳米 TiO₂ 颗粒改性聚合膜易团聚而且部分出现流失。图 4 - 21—图 4 - 23 分别比较了膜 M-0(纯 PVDF 膜),膜 M-5(掺杂 5％TiO₂ 纳米线的 PVDF 杂合膜)和膜 M′-5(掺杂 5％TiO₂ 纳米颗粒的 PVDF 杂合膜)的孔内形态结构。膜 M′-5 中的 TiO₂ 纳米粒子出现了较严重的团聚现象,但 TiO₂ 纳米线改性的 M-5 膜中未发生明显的团聚。此外,TiO₂ 纳米线被牢牢束缚在微孔内,这将会使得 TiO₂ 纳米线在膜滤中不易发生流失。由于纳米尺寸的效应,TiO₂ 纳米粒子很容易聚集[56]。与此相反,TiO₂ 纳米线的长度长达数微米,结果导致:① 与 TiO₂ 纳米粒子相比,TiO₂ 纳米线在铸膜液中具有较好的分散性,并均匀分布在聚合物基体内,结果 PVDF 杂合膜没有发生明显的团聚现象;② 超长 TiO₂ 纳米线可以穿越许多膜的微孔结构,非常牢固地把 TiO₂ 纳米线束缚在膜孔中。

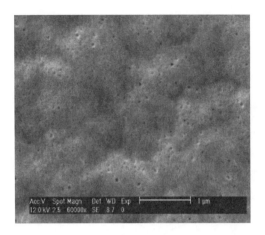

图 4 - 16　膜 M-0 表面 SEM 图片(×60 000)

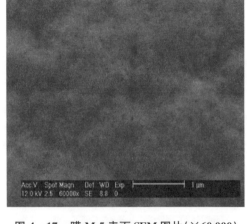

图 4 - 17　膜 M-5 表面 SEM 图片(×60 000)

图 4 - 18　膜 M-0 横断面 SEM 图片(×1 000)

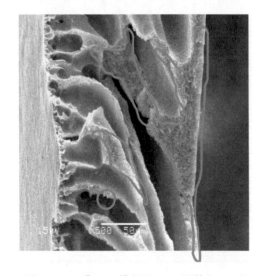

图 4 - 19　膜 M-5 横断面 SEM 图片(×500)

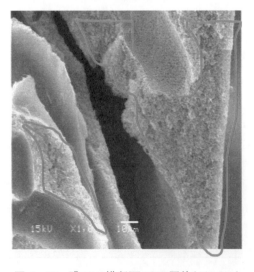

图 4 - 20　膜 M-5 横断面 SEM 图片(×1 000)

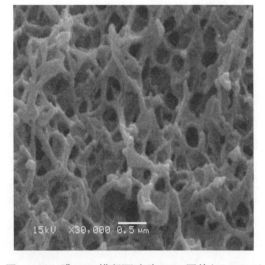

图 4 - 21　膜 M-0 横断面孔壁 SEM 图片(×30 000)

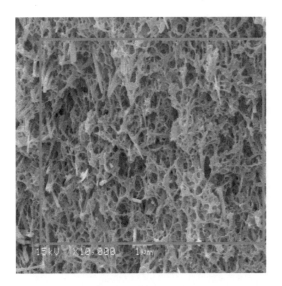
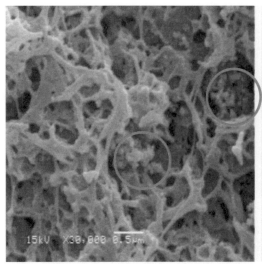

图 4 - 22　膜 M-5 横断面孔壁 SEM 图片(×10 000)　　图 4 - 23　膜 M′-5 横断面孔壁 SEM 图片(×30 000)

4.2.5　膜的孔隙率、孔径及表面接触角

PVDF-TiO₂ 纳米线杂合膜的物理特征如表 4 - 13 所示。可以看出,改性前后 PVDF 膜的孔隙率(ε)没有显著发生变化,但膜的表面截留平均孔径(d)却随着 TiO₂ 纳米线增加而略微降低,这可能是由于湿的铸膜聚合物在成膜过程中聚合物与 TiO₂ 纳米线的相互作用导致有机相收缩压力增加的结果,同时较小的膜孔径意味着改性后的杂合膜可能具有较高的去除率。膜的表面亲水性特征可以用表面接触角来间接反映。从表 4 - 13 中可以看出,TiO₂ 纳米线 PVDF 改性杂合膜的表面接触角值随 TiO₂ 纳米线的含量增加而显著降低(图 4 - 24 为部分表面接触角测试图),意味着改性后杂合膜的亲水性显著增强。TiO₂ 纳米线由于水解而产生的羟基提高了改性膜的亲水性质。

表 4 - 13　　　　　　　　PVDF-TiO₂ 纳米线杂合膜的孔隙率、孔径及接触角

膜的编号	孔隙率 ε	膜的孔径 d/nm	接触角/(°)
M-0	85.3%	50.7	83.3
M-1	83.4%	49.0	70.5
M-2	80.7%	48.4	50.0
M-3	81.0%	46.2	40.8
M-4	83.9%	45.0	38.6
M-5	85.6%	43.6	35.0

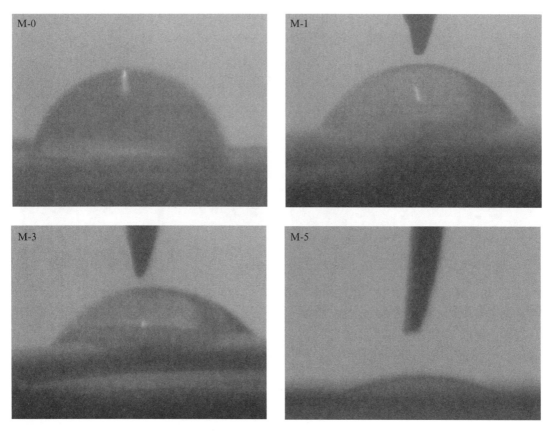

图 4 - 24　部分表面接触角测试图片

4.2.6　膜的机械性能和热稳定性分析

在膜工业生产应用中,力学性能对于膜长期稳定运行来讲是非常重要的参数。因此,有必要对膜的拉伸强度和伸长率进行相关测试。对膜的机械强度测试结果如表 4 - 14 及图4 - 25 所示。可以清楚地看出,该杂合膜的机械强度随 TiO_2 纳米线的含量增加而增加。当 TiO_2 纳米线从质量分数为 0 增加至 0.05 时,膜的拉伸强度从 1.67 MPa 升至 2.23 MPa,而伸长率也从 36.91% 提高到 59.01%。于此对比试验中,随着 TiO_2 纳米颗粒从质量分数为 0 增加至 0.05 时,拉伸强度从 1.67 MPa 上升到 2.28 MPa,而伸长率却从 36.91% 下降到 18.03%。这表明,添加 TiO_2 纳米线可以链接聚合物的高分子链,增加高分子链的刚性和弹性。因此,需要更多的能量来打破 TiO_2 纳米线和 PVDF 之间链接键,杂合膜的机械强度和伸长率都得到了显著的提高。而对比试验中,添加 TiO_2 纳米颗粒只能增加高分子链的刚性,但却降低了高分子链的弹性,TiO_2 纳米颗粒杂合膜的伸长率有显著降低。综合以上各项测试结果,在 PVDF 铸膜液中添加少量 TiO_2 纳米线既可以达到改善膜孔结构增加刚性,又会增加有机膜本身弹性。

与纯的 PVDF 膜相比,从图 4 - 26 可以看出 TiO_2 纳米线改性后的 PVDF 杂合膜具有较高的热分解温度 T_d(一般定义为质量损失 3% 时的温度),这表明,由于 PVDF 与 TiO_2 纳米线表面基团的链接杂合膜具有较好的热稳定性。这可能是由于 PVDF 与无机网络之间存在

表 4‑14　　　　　　　　　　PVDF-TiO₂ 杂合膜的机械特性

膜的编号	拉伸强度/MPa	伸长率
M-0	1.67	36.91%
M-1	1.73	45.87%
M-2	1.82	46.62%
M-3	2.11	50.06%
M-4	2.08	54.60%
M-5	2.23	59.01%
M′-1	1.71	30.64%
M′-2	1.78	28.07%
M′-3	1.98	25.68%
M′-4	2.02	23.05%
M′-5	2.28	18.03%

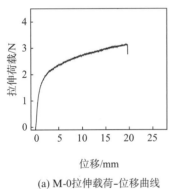

(a) M-0拉伸载荷-位移曲线

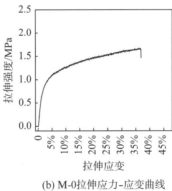

(b) M-0拉伸应力-应变曲线

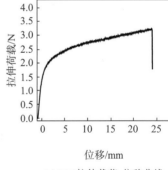

(c) M-1拉伸载荷-位移曲线

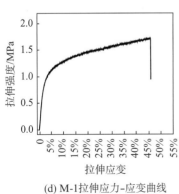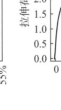

(d) M-1拉伸应力-应变曲线

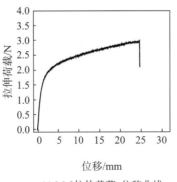

(e) M-2拉伸载荷-位移曲线

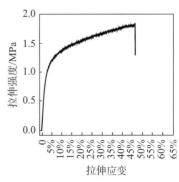

(f) M-2拉伸应力-应变曲线

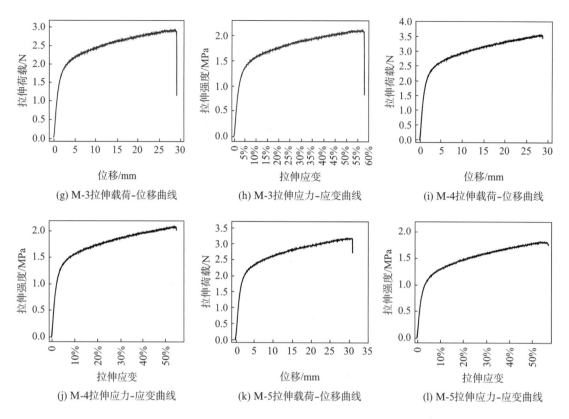

图 4-25　膜样品部分拉伸载荷-位移曲线及拉伸应力-应变曲线图

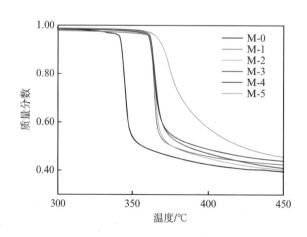

图 4-26　PVDF-TiO₂ 杂合膜的热重曲线图

较强的相互作用,从而提高了 PVDF 分子链在加热过程中断裂需要的能量。因此,PVDF 添加了 TiO₂ 纳米线之后,材料的热性能得到提高,可能在聚合物网络中形成三维网络,使聚合物分子链刚性增强,对其热运动起到制约作用,提高了热分解温度,增强了膜的热稳定性。再者 TiO₂ 纳米线具有良好的扩散性和热传递性质,可能有利于阻止高温热解分解的产物的挥发性,从而限制了 PVDF 的不断分解,提高热分解温度(T_d)。

4.2.7 XRD 和 FTIR 分析

如图 4-27 所示的是 TiO₂ 纳米线,纯 PVDF 膜 PVDF-TiO₂ 纳米线杂合膜的 X 射线衍射图。TiO₂ 纳米线的晶相出现了典型的锐钛矿峰,三个较显著的特征峰分别在 $2\theta =$ 25.38°、37.88°和 48.12°,这与前人的研究基本一致。相比纯 PVDF 膜,PVDF-TiO₂ 纳米线杂合膜在 $2\theta =$ 25.34°处出现了新的特征峰,这正是 TiO₂ 纳米线的晶相特征,充分说明了 TiO₂ 纳米线在杂合膜中的晶相也是以锐钛矿的形式存在。

TiO₂ 纳米线、纯 PVDF 膜(M-0)及 PVDF-TiO₂ 杂合膜(M-5)的傅立叶红外光谱见图 4-28。红外光谱的特征峰代表的基团性质如表 4-15 所示。从表 4-15 可以看出:① 肯定了杂合膜中 TiO₂ 纳米线晶相的存在。② 由于 TiO₂ 纳米线晶相的存在,杂合膜中增加了 —OH基团,这有利于增加杂合膜的亲水性质。

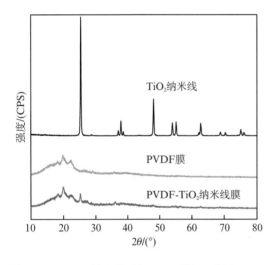

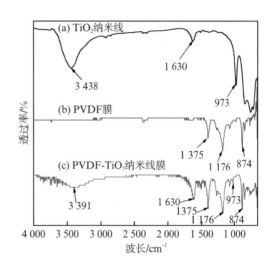

图 4-27 TiO₂ 纳米线,纯 PVDF 膜(M-0)及 PVDF-TiO₂ 杂合膜(M-5)的 XRD 晶相图

图 4-28 TiO₂ 纳米线、纯 PVDF 膜(M-0)及 PVDF-TiO₂ 杂合膜(M-5)的 FTIR 光谱图

表 4-15   傅立叶红外光谱特征峰

波长范围/cm⁻¹	官能基团及晶相结构
3 500~3 000	—OH 伸缩振动
1 630	H—O—H 氢键缔合
1 375	C—H 变形振动
1 176	C—F 伸缩振动
973	Ti—OH 伸缩振动
874	PVDF 的 α 晶相

4.2.8　超滤膜的分离特性分析

TiO$_2$ 纳米线对超滤膜的膜通量及去除率等特性等影响结果如图 4 - 29 所示,PVDF-TiO$_2$ 纳米线杂合膜的通量随 TiO$_2$ 纳米线含量的增加而增加,当杂合膜中添加质量分数为 0.05 的 TiO$_2$ 纳米线时具有最大的纯水膜通量 266 L/(m^2 · h)及最大的 BSA 溶液膜通量 207 L/m^2 · h。这是因为,随着 TiO$_2$ 纳米线的添加,杂合膜的亲水性会相应增加,同时水分子会轻易地渗透过膜孔,相应地会提高膜的通量。而随 TiO$_2$ 纳米线含量的增加,杂合膜的表面截留孔径会略微降低,这将有利于 BSA 溶液的去除,从图 4 - 29 同样可以看出,随着 TiO$_2$ 纳米线含量的增加,杂合膜对 BSA 溶液的去除率略有增加。

PVDF-TiO$_2$ 纳米线杂合超滤膜的抗污染性可以通过 BSA 溶液的膜通量(J_{BSA})与纯水的膜通量(J_w)之比值来评价。简而言之,对于耐污染的超滤膜而言,分离含有 BSA 溶液时,膜通量下降较少,而且(J_{BSA}/J_w)之比值较高。从图 4 - 27 可以看出,随着添加不同比例的 TiO$_2$ 纳米线杂合超滤膜,其(J_{BSA}/J_w)比值随纳米线含量的增加略微增加,这可能主要归功于杂合膜具有较高的亲水性,膜污染会导致膜通量急剧下降。膜的污染机理比较复杂,然而,膜的亲水性却是影响膜表面吸附特性的主要因素。

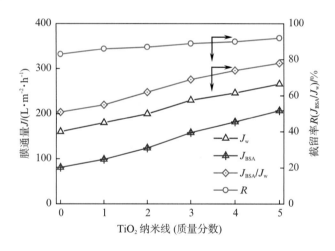

图 4 - 29　添加不同比例 TiO$_2$ 纳米线改性杂合膜的纯水、BSA 溶液(300 mg/L)的膜通量,
BSA 溶液(300 mg/L)的去除率及 J_{BSA}/J_w 比值

4.2.9　超滤膜的表面粗糙度特征

图 4 - 30(a)—(c)分别为三种 PVDF 超滤膜(M-0,M-3,M-5)的 AFM 图(5.0 μm× 5.0 μm)。膜的表面粗糙度参数可以通过 AFM 分析软件而获得。从表 4 - 16 同样可以看出,纯度 PVDF 超滤膜(M-0)比 TiO$_2$ 纳米线改性膜(M-3,M-5)具有较高的粗糙度值,这表明改性膜具有较密实的表层,较光滑的表面。

众所周知,表面粗糙度膜表面更容易吸附水中的污染物质,降低了其表面能,越具有平滑表面的膜其抗污染能力也越强,这点也可以用来解释改性后的膜具有较小的表面粗糙度,因而表现出具有较高的抗污染性。CaO 等在研究中也发现在其他操作条件不变的情况下,

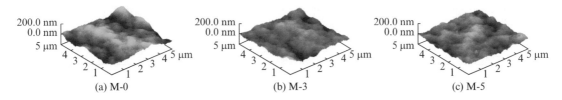

(a) M-0　　　　　　　　(b) M-3　　　　　　　　(c) M-5

图 4‑30　膜的三维 AFM 表面图

表 4‑16　　　　　　　　　　　膜的表面粗糙度参数

膜的编号	表面积及误差值		粗糙度		
	表面积/μm^2	误差值	R_a/nm	R_q/nm	Z/nm
M-0	25.8	3.08%	25.3	31.1	215
M-3	25.7	2.83%	23.5	29.1	193
M-5	25.8	3.33%	16.8	21.0	182

说明：① 平均粗糙度 R_a 值是相对于中心平面的平均值,中心平面上下体积相等;
　　　② R_q 是一定面积内 Z 值的标准偏差平方根值。

膜的表面粗糙度是影响膜抗污染的主要因素[14]。

4.2.10　小结

　　本章采用相转化共混方法,通过在 PVDF 铸膜液中添加 TiO₂ 纳米线制备了一种新型的有机-无机 PVDF-TiO₂ 纳米线杂合超滤膜。由于亲水性的无机 TiO₂ 纳米线的添加,杂合膜的孔结构、力学性能、热稳定性、亲水性、膜通量及抗污染性等均有显著改善。更重要的是,PVDF-TiO₂ 纳米线杂合超滤膜能够克服 PVDF-TiO₂ 纳米颗粒杂合膜的一些缺点,例如 TiO₂ 纳米粒子的团聚、流失及伸长率的下降,主要结论总结如下:

　　(1) 与 PVDF-TiO₂ 纳米颗粒杂合膜相比,TiO₂ 纳米粒子易团聚、流失,而 PVDF-TiO₂ 纳米线杂合超滤膜 TiO₂ 纳米线分散性较好,没有出现明显的 TiO₂ 纳米线的团聚现象,TiO₂ 纳米线被牢牢束缚在微孔中,使得在膜滤过程中不易流失。

　　(2) XRD 衍射,热稳定性,力学性能等结果分析表明,聚合物和 TiO₂ 纳米线之间存在良好的相互作用,使得该杂合膜表现出非凡的机械特性,伸长率和优异的热稳定性能,特别是在添加了质量分数为 0.05 的 TiO₂ 纳米线时,拉伸强度值分别提高了约 30%,而伸长率值也增加约 60%。

　　(3) 与纯度 PVDF 超滤膜相比,PVDF-TiO₂ 纳米线杂合超滤膜具有较小的平均孔径和粗糙度。接触角实验结果表明,添加 TiO₂ 纳米线后的杂合超滤膜具有较好的亲水性,这主要归功于 TiO₂ 纳米线的羟基的存在。同时,改性膜增强的亲水性质也改善了膜通量及其抗污染性能。

参考文献

[1]　Xu Z L, Qusay F A. Polyethersulfone (PES) hollow fiber ultrafiltration membranes prepared by

PES/non-solvent/NMP solution[J]. Journal of Membrane Science, 2004,233(1-2): 101-111.

[2] Lefebvre X, Palmeri J, Sandeaux J. Nanofiltration modeling: a comparative study of the salt filtration performance of a charged ceramic membrane and an organic nanofilter using the computer simulation program NANOFLUX[J]. Separation and Purification Technology, 2003,32(1-3): 117-126.

[3] 姜海凤. PVDF 及其杂化膜的制备与表征[D]. 青岛：中国海洋大学,2009.

[4] Bang Y H, Lee S, Park B, et al. Effect of coagulation conditions on fine structure of regenerated cellulosic films made from cellulose/N-methylmorpholine-N-oxide/H_2O systems [J]. Journal of Applied Polymer Science, 1999,73(13): 2681-2690.

[5] Conesa A, Gumi T, Palet C. Membrane thickness and preparation temperature as key parameters for controlling the macrovoid structure of chiral activated membranes (CAM)[J]. Journal of Membrane Science, 2007,287(1): 29-40.

[6] Vogrin N, Stropnik C, Musil V, et al. The wet phase separation: the effect of cast solution thickness on the appearance of macrovoids in the membrane forming ternary cellulose acetate/acetone/water system[J]. Journal of Membrane Science, 2002,207(1): 139-141.

[7] 任晓晶,皇甫风云,白云东. 芳香聚酰胺纳滤膜的制备及影响因素[J]. Jouranl of Tianjin Polytechnic University, 2007,26(2).

[8] Paulsen F G, Shojaie S S, Krantz W B. Effect of evaporation step on macrovoid formation in wet-cast polymeric membranes[J]. Journal of Membrane Science, 1994,91(3): 265-282.

[9] 周金盛,陈观文. CA/CAT 共混不对称纳滤膜制备过程中的影响因素探讨[J]. 膜科学与技术,1999, 19(002): 22-26.

[10] 潘国梁,宋会平,黄菊英,等. SPEEK 质子交换膜的溶液法制膜工艺对性能的影响研究[C]//2006 年全国高分子材料科学与工程研讨会论文集. 2006.

[11] 张耀鹏,邵惠丽. NMMO 法纤维素膜的结构与性能[J]. 膜科学与技术,2002,22(004): 13-20.

[12] 于志辉,钱英. 聚偏氟乙烯/聚丙烯腈共混超滤膜的研究[J]. 膜科学与技术,2000,20(005): 10-15.

[13] China S S, Chiang K, Fane A G. The stability of polymeric membranes in a TiO_2 photocatalysis process[J]. Journal of Membrane Science, 2006,275(1-2): 202-211.

[14] Cao X C, Ma J, Shi X C, et al. Effect of TiO_2 nanoparticle size on the performance of PVDF membrane[J]. Applied Surface Science, 2006,253(4): 2003-2010.

[15] Yang J X, Shi W X, Yu S L, et al. Influence of DOC on fouling of a PVDF ultrafiltration membrane modified by nano-sized alumina[J]. Desalination, 2009,239(1-3): 29-37.

[16] Yan L, Hong S, Li M L, et al. Application of the Al_2O_3-PVDF nanocomposite tubular ultrafiltration (UF) membrane for oily wastewater treatment and its antifouling research[J]. Separation and Purification Technology, 2009,66(2): 347-352.

[17] Yu L Y, Xu Z L, Shen H M, et al. Preparation and characterization of PVDF-SiO_2 composite hollow fiber UF membrane by sol-gel method[J]. Journal of Membrane Science, 2009,337(1-2): 257-265.

[18] Lang W Z, Xu Z L, Yang H, et al. Preparation and characterization of PVDF-PFSA blend hollow fiber UF membrane[J]. Journal of Membrane Science, 2007,288(1-2): 123-131.

[19] Yan L, Li Y S, Xiang C B. Preparation of poly(vinylidene fluoride)(pvdf) ultrafiltration membrane modified by nano-sized alumina (Al_2O_3) and its antifouling research[J]. Polymer, 2005,46(18): 7701-7706.

[20] Wu G P, Gan S Y, Cui L Z, et al. Preparation and characterization of PES/TiO_2 composite

membranes[J]. Applied Surface Science，2008，254(21)：7080-7086.

[21]　邵平海，孙国庆. 聚偏氟乙烯微滤膜亲水化处理[J].水处理技术,1995,21(001)：26-29.

[22]　Akthakul A，Salinaro R F，Mayes A M. Antifouling polymer membranes with subnanometer size selectivity[J]. Macromolecules，2004,37(20)：7663-7668.

[23]　Revanur R，Mceloskey B，Breitenkamp K，et al. Reactive amphiphilic graft copolymer coatings applied to poly(vinylidene fluoride) ultrafiltration membranes[J]. Macromolecules，2007,40(10)：3624-3630.

[24]　董声雄,洪俊明. 聚偏氟乙烯超滤膜的制备及亲水改性[J].福州大学学报：自然科学版,1998,26(6)：119-122.

[25]　陈炜. 聚偏氟乙烯(PVDF)平板膜的制备工艺及化学改性研究[D].杭州：浙江大学材料与化学工程学院,2003.

[26]　吕晓龙,韩殉,马世虎. 聚偏氟乙烯中空纤维膜的改性研究[J].天津工业大学学报,2004,23(4)：24-27.

[27]　钱艳玲. 两亲性共聚物改性 PVDF 多孔膜的结构控制与性能研究[D].杭州：浙江大学材料与化学工程学院,2008.

[28]　Wang P，Tan K L，Kang E T，et al. Plasma-induced immobilization of poly(ethylene glycol) onto poly(vinylidene fluoride) microporous membrane[J]. Journal of Membrane Science, 2002,195(1)：103-114.

[29]　陆晓峰,汪庚华. 聚偏氯乙烯超滤膜的辐照接枝改性研究[J].膜科学与技术,1998,18(006)：54-57.

[30]　Asatekin A，Menniti A，Kang S，et al. Antifouling nanofiltration membranes for membrane bioreactors from self-assembling graft copolymers[J]. Journal of Membrane Science, 2006,285(1-2)：81-89.

[31]　Bottino A，Capannelle G，Monticelli O，et al. Poly(vinylidene fluoride) with improved functionalization for membrane production[J]. Journal of Membrane Science, 2000,166(1)：23-29.

[32]　魏丽超,刘振,周津. 聚偏氟乙烯分离膜亲水改性的研究进展[J]. New Chemical Materials, 2008,36(10).

[33]　Yang Y N，Wang P. Preparation and characterizations of a new PS/TiO₂ hybrid membranes by sol-gel process[J]. Polymer, 2006,47(8)：2683-2688.

[34]　Wu C M，Xu T W，Yang W H. Fundamental studies of a new hybrid (inorganic-organic) positively charged membrane：membrane preparation and characterizations[J]. Journal of Membrane Science, 2003,216(1-2)：269-278.

[35]　Honma I，Hirakawa S，Yamada K，et al. Synthesis of organic/inorganic nanocomposites protonic conducting membrane through sol-gel processes[J]. Solid State Ionics, 1999,118(1-2)：29-36.

[36]　Li J F，Xu Z L，Yang H，et al. Effect of TiO₂ nanoparticles on the surface morphology and performance of microporous PES membrane[J]. Applied Surface Science, 2009,255(9)：4725-4732.

[37]　Yan L，Li Y S，Xiang C B，et al. Effect of nano-sized Al₂O₃-particle addition on PVDF ultratiltration membrane performance[J]. Journal of Membrane Science, 2006,276(1-2)：162-167.

[38]　Zhong S H，Li C F，Xiao X F. Preparation and characterization of polyimide-silica hybrid membranes on kieselguhr-mullite supports[J]. Journal of Membrane Science, 2002,199(1-2)：53-58.

[39]　Diebold U. The surface science of titanium dioxide[J]. Surface Science Reports, 2003,48(5-8)：53-229.

[40] Damodar R A, You S J, Chou H H. Study the self cleaning, antibacterial and photocatalytic properties of TiO$_2$ entrapped PVDF membranes[J]. Journal of Hazardous Materials, 2009,172(2 - 3): 1321 - 1328.

[41] Li W, Li H, Zhang Y M. Preparation and investigation of PVDF/PMMA/TiO$_2$ composite film[J]. Journal of Materials Science, 2009,44(11): 2977 - 2984.

[42] Oh S J, Kim N, Lee Y T. Preparation and characterization of PVDF/TiO$_2$ organic-inorganic composite membranes for fouling resistance improvement[J]. Journal of Membrane Science, 2009, 345(1 - 2): 13 - 20.

[43] Yu L Y, Shen H M, Xu Z L. PVDF-TiO$_2$ composite hollow fiber ultrafiltration membranes prepared by TiO$_2$ sol-gel method and blending method[J]. Journal of Applied Polymer Science, 2009,113(3): 1763 - 1772.

[44] Li J H, Xu Y Y, Zh L P, et al. Fabrication and characterization of a novel TiO$_2$ nanoparticle self-assembly membrane with improved fouling resistance[J]. Journal of Membrane Science, 2009,326 (2): 659 - 666.

[45] Jung J H, Kobayashi H, Van Bormel, KJC, et al. Creation of novel helical ribbon and double-layered nanotube TiO$_2$ structures using an organogel template[J]. Chemistry of Materials, 2002,14 (4): 1445 - 1447.

[46] Yao B D, Chan Y F, Zhang, X Y, et al. Formation mechanism of TiO$_2$ nanotubes[J]. Applied Physics Letters, 2003,82(2): 281 - 283.

[47] Kasuga T, Hiramatsu M, Hoson A, et al. Formation of titanium oxide nanotube[J]. Langmuir, 1998,14(12): 3160 - 3163.

[48] Yoshida R, Suzuki Y, Yoshikawa S. Syntheses of TiO$_2$(B) nanowires and TiO$_2$ anatase nanowires by hydrothermal and post-heat treatments[J]. Journal of Solid State Chemistry, 2005,178(7): 2179 - 2185.

[49] Yuan Z Y, Su B L. Titanium oxide nanotubes, nanofibers and nanowires[J]. Colloids and Surfaces a-Physicochemical and Engineering Aspects, 2004,241(1 - 3): 173 - 183.

[50] Chen Y S, Crittenden J C, Hackney S, et al. Preparation of a novel TiO$_2$-based p-n junction nanotube photocatalyst[J]. Environmental Science & Technology, 2005,39(5): 1201 - 1208.

[51] Wen B M, Liu C Y, Liu Y. Solvothermal synthesis of ultralong single-crystalline TiO$_2$ nanowires [J]. New Journal of Chemistry, 2005,29(7): 969 - 971.

[52] Armstrong A R, Armstrong G, Canales J, et al. TiO$_2$-B nanowires[J]. Angewandte Chemie-International Edition, 2004,43(17): 2286 - 2288.

[53] Zhang X W, Du A J, Lee P, et al. TiO$_2$ nanowire membrane for concurrent filtration and photocatalytic oxidation of humic acid in water[J]. Journal of Membrane Science, 2008,313(1 - 2): 44 - 51.

[54] Zhang Y X, Li G H, Jin Y X, et al. Hydrothermal synthesis and photoluminescence of TiO$_2$ nanowires[J]. Chemical Physics Letters, 2002,365(3 - 4): 300 - 304.

[55] Alaoui O T, Nguyen Q T, Mbareck C, et al. Elaboration and study of poly(vinylidene fluoride)-anatase TiO$_2$ composite membranes in photocatalytic degradation of dyes[J]. Applied Catalysis a-General, 2009,358(1): 13 - 20.

[56] Ji Z X, Tin X, George S, et al. Dispersion and stability optimization of TiO$_2$ nanoparticles in cell culture media[J]. Environmental Science & Technology, 2010,44(19): 7309 - 7314.

第 5 章　预处理工艺对低压膜过滤性能的影响

在膜推广应用过程中,膜污染一直是限制其发展的"瓶颈"。主要原因在于:① 膜污染会引起膜渗透通量下降,导致膜运行的动力费用增加;② 膜污染直接影响膜的使用寿命,增加膜的更换费用,导致制水成本升高。因此,有效控制膜污染成为水处理领域需要深入研究的前沿和热点问题。国内外大量的研究表明,预处理能够在一定程度上缓解膜污染。本章结合具体的试验研究,探讨混凝、粉末炭吸附、树脂吸附、氧化四种预处理工艺对低压膜处理效果及膜污染的影响。

5.1　混凝预处理

混凝是常规工艺中用于去除天然有机物(NOM)的主要水处理单元,对于地表水,当水中的有机物含量过高,特别是溶解性有机物较多的时候,可以通过添加絮凝剂作为预处理,然后再进行膜法处理,对水中大分子有机污染物和无机盐类具有良好的去除效果且对消毒副产物的生成有抑制作用。目前在水处理工艺中常用的无机絮凝剂,主要是铝盐和铁盐。

化学混凝一方面可以通过吸附电中和,压缩双电层,网捕卷扫等机理强化 NOM 及胶体颗粒的去除,减轻后续膜工艺的污染负荷;一方面,可通过促使胶体和溶解性有机物凝结成大于膜孔径颗粒物阻碍膜孔的堵塞,改变滤饼层结构,降低滤饼阻力,提高反冲洗效率来降低膜污染。在足够的反应时间下,投加过量的絮凝剂会形成金属氢氧化物沉淀具有网捕卷扫作用。但是如果阳离子絮凝剂与表面带负电的膜进行接触,其表面会发生压缩双电子层现象,从而促使 NOM 在膜表面的吸附,有可能形成 NOM 与金属离子复合体或胶体类金属氢氧化物等新的膜污染物,加剧膜污染。因此,关于混凝对膜污染的影响仍存在分歧。

混凝剂的类型是影响膜污染的重要因素。混凝对相对分子质量较大的去除效果好,而相对分子质量较小的去除效果较差,聚合氯化铝较三氯化铁和聚硅硫酸铝,能更有效改善通量的效果。Kabsch-Korbutowicz 使用三种不同混凝剂作为超滤膜的预处理,试验表明铝盐和聚合氯化铝的投加可以提高有机物的去除率并有效控制膜污染。Vilge-Ritter 和 Gray 试验认为三氯化铁混凝剂更易结合形成聚合多羟基的芳香族化合物,这类物质具有高分子量。Kerry J 的试验发现,经铁盐混凝后,尺寸在 1 μm 以上的物质不会造成膜污染,但是铝盐预处理后的相同尺寸物质会造成膜污染。

将混凝预处理与超滤膜联用来提高膜处理效果,由于膜处理技术不同于传统意义上的处理工艺,因此在传统处理工艺中应用的混凝参数对超滤膜并不适用。譬如,最佳投加量,混凝剂的选择和混合条件都需要重新进行优化,同时需要针对原水水质特点,水中颗粒性能进行考虑。

混凝预处理后是否沉淀对处理效果也有影响。絮凝之后沉淀分离可以将水中的不稳定胶体和其他吸附在絮凝剂上的杂质去除从而得到净化水体提高浊度的效果。Liang 等将混凝、混凝-沉淀、混凝-沉淀-过滤作为超滤膜的预处理用于水库高藻水的处理,结果发现混凝-沉淀过程的效果最为显著,而过滤反而会为处理带来负面影响。Dong 等在试验中发现,沉后水超滤不仅通量下降速度快,而且膜的不可逆污染严重。董秉直等应用混凝预处理研究膜污染时发现混凝防止膜污染取决于过滤过程在膜表面形成的滤饼层的性能,在混凝过程中可能会产生某种利于后续超滤处理的聚合物。但是混凝前处理/沉淀并不能去除和改变有机物的结构,而有机物是造成超滤膜不可逆污染的主要因素。Guigui 认为选择合适的混凝剂种类、投加量和试验 pH 值,能为在线混凝/超滤提供良好的预处理条件。并认为在常规工艺中能形成较大矾花的混凝剂投加量,将其应用于预处理技术中,能够减少膜孔阻塞,在膜表面形成松散的滤饼层,减轻对膜的污染。这些研究成果的差异主要缘于原水水质的不同以及使用的超滤膜材料和运行工况的不同。

对于铝混凝剂而言,最适于有机物去除的 pH 值在 $5.5 \sim 6.5$ 之间。黄廷林试验发现,以硫酸铝作为絮凝剂去除水中 NOM 的最佳 pH 值应在 5.5 左右。Dennett K E 和 Randtake S J 也在试验中得到相似的结论。这主要是因为 Al(Ⅲ) 的水解产物取决于水的 pH 值,当 pH＝5.0 左右时,由于伴有大量 $Al(OH)_3$ 沉淀形成的 NOM 与之产生共沉淀作用,从而提高了 TOC 去除率。以 $Al_2(SO_4)_3$ 作为絮凝剂有效去除腐殖质的最重要的作用机理是有机质与固体 $Al(OH)_3$ 产生的共沉淀作用,另外带正电的水解产物的专性吸附脱稳也对水中有机质的去除起到了一定作用。在不同的反应条件下,水解的 Al(Ⅲ) 可以分为三种离子:Al_a(瞬间发生的)主要有铝单体、$Al_2(OH)_2^{4+}$ 和 $Al_3(OH)_4^{5+}$,分子质量在 1 000 Da 以下;Al_b(120 min 内间发生的)主要水解产生的中间产物,分子质量在 1 000 Da 到 3 000 Da 之间;Al_c(无反应发生的)。Mingquan Yan 研究发现,混凝的效果与水中铝盐的分布情况密切相关。Al_b 在 pH 值为 6 时达到最高,并且此时的 UV_{254} 去除最佳。随着 pH 值的升高,Al_b 开始减少从而导致 UV_{254} 去除率下降,由此可见 Al_b 与 UV_{254} 的去除有关。

混凝对膜性能影响是一个复杂的过程,水体性质如 NOM 类型、pH 值,混凝剂类型,膜材料的性质如亲疏水性、所带电荷密度等都是影响该组合工艺效果的重要因素。本节主要研究两种无机混凝剂聚合氯化铝(聚铝)和三氯化铁($FeCl_3$)对微滤膜过滤性能的影响以及对水中有机物的去除效果。[1,2]

5.1.1 试验装置及方法

1. 试验原水

试验原水采用无锡市鼋头渚段太湖水,原水在试验期间的主要水质见表 5-1。

表 5-1 太湖原水主要水质指标

指 标	变化范围	均 值
水温/℃	$15.2 \sim 27.6$	22.3
pH	$7.50 \sim 8.19$	7.79

(续表)

指　标	变化范围	均　值
浊度/NTU	4.21～15.47	7.96
DOC/(mg · L^{-1})	2.763～4.250	3.303
UV$_{254}$/cm^{-1}	0.063～0.072	0.065

2. 试验装置

试验装置流程图如图 5-1 所示。试验采用的膜组件为美国陶氏公司(Dow)提供的中空纤维微滤膜,膜材料为聚偏氯乙烯(PVDF);膜孔径为 0.03 μm,膜过滤面积为 0.003 m^2;膜组件由 16 根长 40 cm 的微滤膜丝组成,外径为 1.30 mm。膜组件采用外压式过滤,运行采用膜通量恒定的过滤方式,为 60 L/(h · m^2),过滤时间为 180 min,用压力自动计数仪测定跨膜压差(TMP),间隔时间为 30 s。混凝剂采用聚合氯化铝 PAC(有效成分≥28%)和 FeCl$_3$(有效成分≥97%),试验混凝条件为:快速混合反应 1 min,转速为 300 r/min,中速搅拌 1 min,转速为 100 r/min,慢速搅拌 10 min,转速为 50 r/min。搅拌反应后静置20 min,取上清液试验。

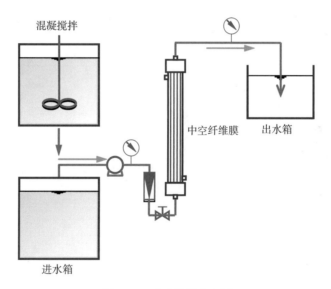

图 5-1　试验装置流程图

3. 水质检测方法

DOC 采用日本岛津的 TOC-VCPN 测定仪;UV$_{254}$采用美国哈希的 DR5000 测定;相对分子质量凝胶的测定使用美国 Waters 公司的 Waters4689 色谱仪和美国 GE 公司的 TOC 检测器 Sievers900;膜压差(TMP)的测定采用美国 Crystal 公司的 XP2i 自动压力计数仪。

5.1.2　试验结果及讨论

1. 混凝对有机物的去除效果

将原水直接经微滤膜过滤时,微滤膜对 DOC 的去除率为 25.47%,对 UV$_{254}$的截留作用仅为 7.81%,说明微滤膜对溶解性有机物的去除能力有限。在相同原水的条件下,分别投加金属离子质量浓度为 10 mg/L,20 mg/L,30 mg/L,40 mg/L,60 mg/L,80 mg/L 和 100 mg/L 的铁盐及铝盐混凝,测得两种混凝剂对有机物的去除效果,如图 5-2 所示。

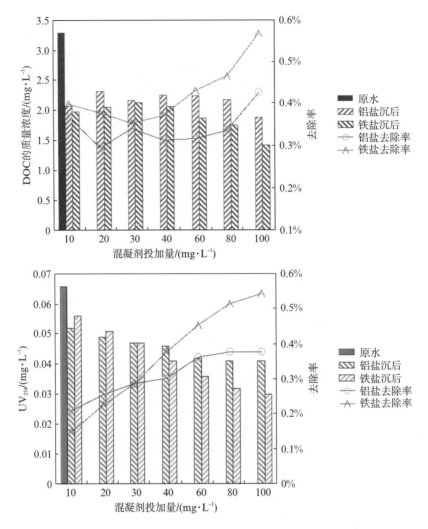

图 5-2   混凝对 DOC 及 UV$_{254}$ 的去除效果

由图 5-2 可知,在相同原水的条件下,随着混凝剂投加量的增加,混凝对有机物的去除率呈现上升的趋势。混凝预处理对 DOC 的去除率稳定在 30% 以上,UV$_{254}$ 的去除率超过15%,明显优于直接过膜时对有机物的去除。

在相同混凝剂投加量的条件下,铁盐对 DOC 的去除效果明显优于铝盐,当混凝剂投量超过 30 mg/L 时,铁盐对 DOC 的去除率随着投加量的增加不断升高,当投加量为 100 mg/L时,铁盐对 DOC 的去除率高达 56.78%。相比之下,铝盐对 DOC 的去除率稳定在 30% 至40% 之间。

混凝对 UV$_{254}$ 的去除率随着混凝剂投量的增加上升明显,尤其是铁盐对 UV 物质的去除效果显著。铝盐对 UV 物质的去除率在 21.21%~37.88% 之间,铁盐最高可达 54.55%,

混凝对 UV$_{254}$ 的去除效果铁盐优于铝盐。

由此可见,铁盐的净水效果要优于铝盐,这与两种无机混凝剂在水中反应机制有关。水解能力强的离子可以促进混凝作用的进行,使得颗粒表面电荷变号加快,促进颗粒脱稳与凝聚,从而利于对污染物的网捕、吸附。水环境的 pH 对混凝剂效能的发挥有重要影响,铁盐适用的 pH 值范围更宽,水解产物密度大,形成的絮体较铝盐更加紧实,利于对污染物的吸附絮凝,形成的金属络合物也较铁盐稳定。

2. 混凝缓解膜污染的效果

原水直接过膜时,膜压差上升迅速,经过 180 min 的膜过滤后,膜压差上升至 80 kPa。投加混凝剂后,膜压差的上升减缓明显。首先考察铝盐(图 5-3),在投加 10 mg/L 的情况下,过滤结束时的膜压差为 40 kPa,仅为直接过滤的 50%;继续增加投加量,膜压差继续呈明显下降的趋势,30 mg/L 时的膜压差为 7 kPa,仅为没有混凝预处理的 8.7%。但是,再增加铝盐对减缓膜压差上升的效果甚微。投加量在 40～100 mg/L 范围,过滤结束时的膜压差在 4～8 kPa 范围徘徊。继而考察铁盐(图 5-4),投加 10 mg/L 的情况下,过滤结束时的膜压差为 27 kPa,仅为直接过滤的 33%;但继续增加投加量所获得的减缓效果与铝盐相近。与铝盐不同的是,高投加量的铁盐仍然能获得较为明显的减缓效果,例如,投加 80～100 mg/L 时,膜压差的减缓效果明显优于 40～60 mg/L。这说明铁盐缓解膜污染的效果优于铝盐。

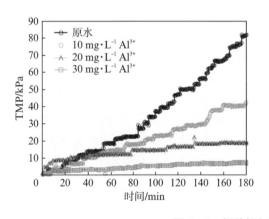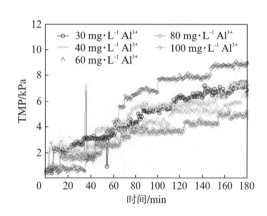

图 5-3　铝盐投加量缓解膜压差的效果

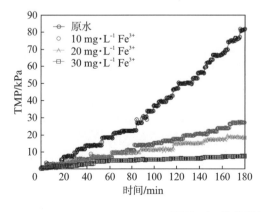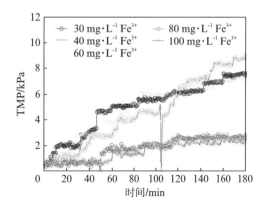

图 5-4　铁盐投加量减缓膜压差的效果

3. 有机物相对分子质量分布

（1）膜直接过滤。太湖水的有机物相对分子质量分布如图5-5所示。太湖水的DOC相对分子质量有三个响应峰，100 000、2 300和1 000，分别代表大分子和小分子；而UV$_{254}$仅有1个响应峰，相对分子质量在3 000左右，对于1 000、UV的响应强度远低于DOC。这说明太湖水的大分子和小分子有机物主要呈亲水性，中等分子由疏水性有机物组成。

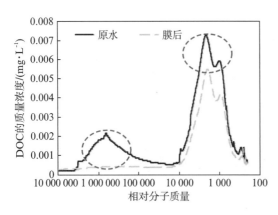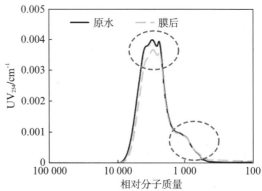

图5-5 膜直接过滤前后的有机物相对分子质量分布的变化

当超滤膜直接过滤时，大分子的有机物完全被膜所截留，而小分子的也有一定程度的去除。但是，UV$_{254}$的膜后的响应峰仅略有降低，这可解释为紫外响应的有机物多为中等分子构成，它们的尺寸远小于膜孔，因而膜无法有效截留。对于DOC，由于存在较多的大分子（大分子的响应较为强烈），这些大分子的相对分子质量在100 000左右，远大于超滤膜的孔径，因而可为膜所完全去除。通过DOC和UV$_{254}$的相对分子质量分布的不同，我们也可了解当超滤膜直接过滤原水时，去除DOC的效果远优于UV$_{254}$的原因。此外，一般认为，低压膜（微滤和超滤）对有机物的去除效果很差。从本研究的结果来看，上述的观点有偏颇之处。超滤膜去除有机物的效果，取决于原水中的有机物相对分子质量。太湖水由于含有较多的大分子有机物，因而超滤膜有较好的祛除效果。

由图5-3、图5-4可知，当超滤膜直接过滤原水时，膜压差上升迅速，这是由于太湖水中含有较多的大分子有机物，这些有机物为膜所截留，在膜表面形成凝胶层或滤饼层，大大增加了膜过滤的阻力，因而造成了严重的膜污染。

（2）混凝预处理。在相同原水条件下，分别使用两种混凝剂预处理，将处理后沉淀出来的水过0.45 μm膜，水样pH值调为5.0±0.2，用凝胶色谱测得其DOC和UV$_{254}$相对分子质量分布，如图5-6、图5-7所示。

由图5-6和图5-7可以看出，投加10 mg/L的混凝剂，无论是铁盐还是铝盐，大分子有机物的响应峰几乎完全消失，这说明混凝处理可以有效去除大分子有机物。因此，混凝有效抑制膜压差的上升是由于去除大分子有机物的缘故。继续增加混凝投加量，对于DOC的小分子响应峰（1 000左右），铝盐和铁盐有着不同的表现，铝盐呈一定程度的下降，而铁盐却基本保持不变。但是对于UV$_{254}$的响应峰（3 000左右），投加量的增加带来了持续的下降，而且铁盐的下降程度明显高于铝盐。这表明中等相对分子质量的腐殖类的有机物也会对膜污染产生影响，由于混凝可有效去除这些有机物，因而缓解了膜污染。研究同时表明，铁盐

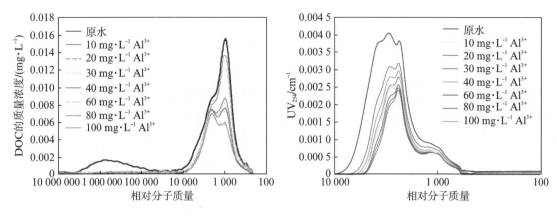

图 5-6 铝盐混凝对有机物 DOC 及 UV$_{254}$ 分布的影响

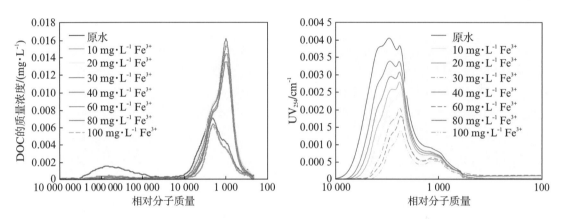

图 5-7 铁盐混凝对有机物 DOC 及 UV$_{254}$ 分布的影响

去除腐殖类的有机物优于铝盐。

5.1.3 小结

亲水性的大分子有机物是膜污染的主要因素,中等分子的疏水性有机物也会造成一定程度的膜污染。投加适量的投加量可完全去除大分子有机物,有效缓解膜污染,过量的投加可提高中等分子的疏水性有机物的去除,导致膜压差的下降,但效果有限。铁盐的去除有机物和缓解膜污染的效果优于铝盐。

5.2 粉末炭吸附预处理

粉末活性炭(PAC)＋低压膜工艺是目前膜法水处理中的"水晶工艺"。PAC 可有效吸附水中低相对分子质量的有机物,使溶解性有机物转移至固相,再利用膜截留去除微粒的特性,可将低相对分子质量的有机物随粉炭微粒一起从水中去除。关于 PAC 能否缓解膜污染,国内外学者开展了大量的研究工作。

G. Grozes 等人的研究表明,投加粉末活性炭与未投加相比,透水通量下降明显减缓,主要是粉末活性炭吸附了溶解性有机物,防止膜污染。Joseph G Jacangelo 等人通过扫描电子显微镜观察发现 PAC 会在膜面上形成一层多孔状膜,它不仅吸附水中有机物并将其去除,而且可以避免膜污染。这层 PAC 膜较松软,反冲洗会很容易将它去除。同时,PAC 粒径范围一般在 $10 \sim 500~\mu m$,大于膜孔径几个数量级,因而不会堵塞膜孔径。Massoud Perbazari 用陶瓷微滤膜和 PAC 处理污染的水,发现 PAC 可有效地吸附有机物,从而减轻浓差极化和膜污染,即使在较低的操作压力下($109 \sim 170~kPa$),膜通量也很容易长时间维持在 $10 \sim 20~m^3/(m^2 \cdot d)$。他提出了三层膜传质模式,从膜表面向外分别是凝胶层、微粒层(主要由 PAC 及其上附着的胶体物质组成)和液膜(介于 PAC 和主体溶液之间)。作者认为,PAC 的存在,减小了凝胶层和液膜的厚度,从而改善了膜的透水性能。董秉直等人采用 PAC 与超滤膜联用技术处理黄浦江原水。试验发现,投加 PAC 不会造成膜过滤阻力的增加,反而有利于改善膜过滤通量;PAC 的投加越多,通量下降的程度也越缓慢。分析认为:膜过滤的阻力在很大程度上不是悬浮固体造成的,而是有机物造成的。Maria Tomaszewska 等人用粉末活性炭和超滤膜联用去除有机物时,发现 PAC/UF 系统对有机物的去除十分有效,PAC 吸附了 UF 不能去除的小分子物质,但却没有改善膜通量。他们认为虽然 PAC 颗粒较大不能进入膜孔内,但是 PAC 颗粒会沉积在膜表面从而堵塞膜表面的膜孔,致使膜通量下降。Cheng-Fang lin 用粉末活性炭和超滤膜联用处理腐殖酸物质,发现此工艺并不能减缓膜通量的下降。粉末活性炭投加量越多,去除中等相对分子质量的有机物越多,但对去除相对分子质量大于 17 000 Da 和小于 300 Da 的分子并没有效果,因此,PAC-UF 联用并不能减轻膜通量的下降。Sylwia Mozia 等人用粉末活性炭和超滤膜联用处理地表水时,发现投加粉末活性炭比未投加时更能去除有机物,并且 pH=8.7 时的有机物去除效果比 pH=6.5 时的好,但是在两种 pH 条件下,投加粉末活性炭并没有改善膜通量。陈艳则认为,粉末活性炭是具有弱极性的吸附剂,即为疏水性,与膜表面结合紧密,不易被冲洗,使得透水通量下降很快,甚至比原水下降的更多。

粉末活性炭作为膜的预处理工艺,对膜污染的影响,许多学者得到的结论并不一致,这不仅与所处理的原水水质有关,还与所采用的粉末炭的性能有关[23]。

5.2.1 试验方法

1. 粉末炭预处理去除太湖微污染水试验研究

(1) 粉末活性炭及膜材质的选择。选取唐新活性炭厂产的木质炭 1、木质炭 2、煤质炭及椰壳炭;试验采用了两种不同材质膜,超滤膜的性能如表 5-2 所示。使用之前,用超纯水浸泡漂洗三次,每次浸泡 1 h,用超纯水冲洗后放在冰箱内保存待用。

表 5-2　　　　　不同材质膜的性能指标

膜材质	截留相对分子质量	纯水通量/ $[kg \cdot (m^2 \cdot h)^{-1}]$	生产厂家
聚偏氟乙烯(PVDF)	0.05 μm	800	上海名列化工科技公司
醋酸纤维素(CA)	0.1 μm	867.47	美国 millipore 公司

（2）吸附等温试验：

① 取粉末活性炭在 105℃的烘箱中烘干 1 h，然后取出在干燥器中冷却 0.5 h 备用。

② 精确称取烘好的粉末活性炭 5、10、20、40、60、80、120、160、200，单位是 mg，依次放入 9 个磨口细颈瓶中，各加入 200 ml 的水样（太湖原水），盖好盖子，加上无粉末活性炭的空白样共 10 瓶放入恒温摇床中，控温 25℃，振荡频率 120 次/min，48 h，以保证其吸附完全，达到吸附平衡为止。

③ 用 0.45 μm 微滤膜过滤，弃去前 30 ml 的滤液，用剩下的滤液测 TOC，此时测得的浓度为平衡浓度 C_e。

④ 根据水样体积和加入粉末炭的质量求得吸附容量 q_e，根据已求出的 q_e 和 C_e 拟合 Freundlich 吸附等温线。

（3）粉末活性炭吸附及膜过滤试验。用电子天平称取一定量的粉末活性炭，再加入少许超纯水，用玻璃棒搅动，使之充分溶解。然后投加到 1 L 的水样中，快速搅拌（100 r/min）1 min，然后慢速搅拌（50 r/min）30 min。混合液分别过 0.05 μm 和 0.1 μm 膜，测定通量和膜后水的 TOC 及相对分子质量分布。

（4）膜通量的测定。采用中国科学院上海原子核研究所膜分离技术研究开发中心提供的杯式过滤器，有效过滤面积为 3.32×10^{-3} m²，内有磁力搅拌装置。过滤方式采用终端过滤。过滤试验时，采用高纯氮气作为驱动压力，操作压力为 0.1 MPa。膜过滤的透过液经过电子天平精确称量后，由计算机对数据进行记录。每次过滤试验前，先用去离子水过滤，待其通量稳定后再过滤水样。把水样过滤初始时的通量记为 J_0，过滤过程中的通量记为 J，并将水样过滤通量 J/J_0 作为通量进行不同工况的比较。每个试验工况均采用新膜。

$$J = \frac{m}{S \times T} \tag{5-1}$$

式中　J——超滤膜过滤水样时的通量，g/m² · min；

　　　T——过滤水样所需时间，s；本试验取 $T = 10$ s；

　　　M——10 s 所过滤水样的质量，g；

　　　S——超滤膜过滤有效面积，本试验为 3.32×10^{-3} m²。

2. 中孔活性炭控制膜污染的研究

试验所用的粉末活性炭为两种，一种为商用粉末炭（CPAC），购买于上海某公司，一种中孔活性炭（SOMC）。

将 4 g SBA-15 加入 20 ml 含 5 g 蔗糖、0.56 ml 浓硫酸的水溶液中，搅拌均匀后分别在 100℃及 160℃下加热 6 h，将得到的黑褐色固体研磨成粉末，再将其均匀分散至 20 ml 含 3.2 g 蔗糖、0.36 ml 浓硫酸的水溶液中，100℃及 160℃下分别加热 6 h 后，在氮气保护下于 850℃下碳化 5 h，研磨至粉末，用质量分数为 0.1 的氢氟酸溶液去除模板剂 SBA-15，去离子水洗涤即得中孔炭 OMC。

将 8.0 g 嵌段共聚物（P123）溶解在 300 ml 1 mol/L 的盐酸溶液中，40℃下加入 17.8 ml 正硅酸乙酯（TEOS），搅拌 24 h 后，在 100℃中水热老化 48 h，过滤洗涤干燥，于 550℃下焙烧 6 h 即得 SBA-15。两种活性炭的具体参数见表 5-3。

表 5-3　　　　　　　　　　　　　　　　活性炭性能

特　性	中孔炭	微孔炭
炭/%	95.57	98.4
表面积/(m² · g⁻¹)	988	580.13
膜孔径/nm	3.7	1.86
微孔体积/cm³	0.04	0.2015
中孔(20~500 Å)体积/(cm³ · g⁻¹)	1.29	/

5.2.2　粉末炭预处理对太湖微污染水去除试验研究

1. 粉末活性炭的性能研究

本节试验主要通过对比四种粉末活性炭对原水的处理效果以及与 0.05 μm 和 0.1 μm 膜联用去除水中有机物,从而选出适合处理太湖原水的粉末炭(PAC)。

对四种活性炭进行粒径分布测定如图 5-8、图 5-9 及表 5-4 所示。按微孔比表面积大小排序为:木质炭 2>木质炭 1>煤质炭>椰壳炭。过渡孔比表面积大小排序为:木质炭 2>木质炭 1>椰壳炭>煤质炭。其中微孔的比表面积占总比表面积,木质炭 2、木质炭 1、煤质、椰壳分别为 52.28%,53.22%,62.58%,46.56%,可见粉末炭中微孔占绝对数量。

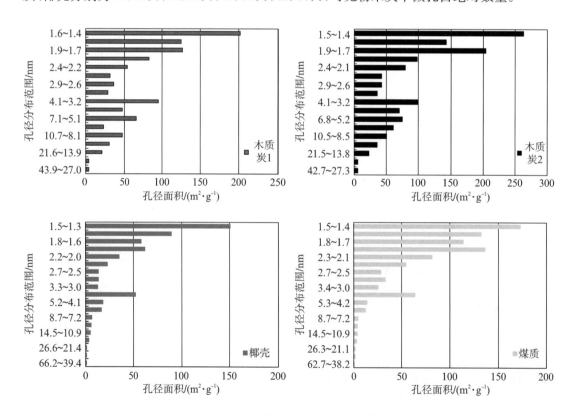

图 5-8　四种粉末炭的孔径分布图

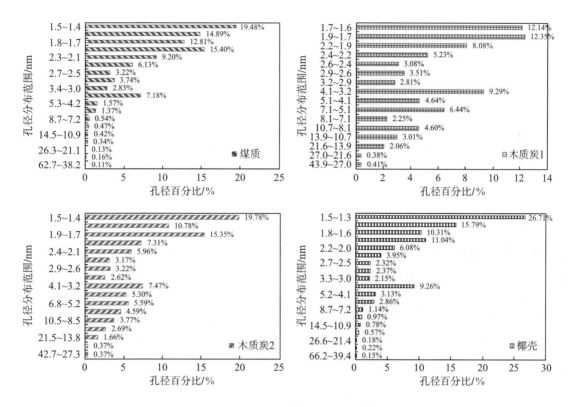

图 5－9　四种粉末炭的孔径分布百分比

表 5－4 活性炭比表面积

活性炭	比表面积/ ($m^2 \cdot g^{-1}$)	微孔的比表面积/ ($m^2 \cdot g^{-1}$)	过渡孔的比表面积/ ($m^2 \cdot g^{-1}$)	微孔的比表面积/ 总比表面积
木质炭 1	1 023.983	535.334	488.649	52.28%
木质炭 2	1 326.405	705.901	620.504	53.22%
煤质	884.228	553.32	330.908	62.58%
椰壳	848.973 3	395.249	453.724 3	46.56%

有机物分子尺寸大小可用 Stokes Einstein(斯托克斯·爱因斯坦)公式进行估算。

$$d = \frac{\kappa T}{3\pi\mu D_{\mathrm{T}}} \tag{5－2}$$

式中　κ——Boltzman(玻耳兹曼)常数,J/K;

　　　T——绝对温度,K;

　　　D_{T}——扩散系数,m^2/s;

　　　μ——黏性系数,Pa·s。

Peter R. 等人根据试验,得到了腐殖酸的扩散系数 D_{L} 与表观分子质量之间的对应数值,根据式(5－2)可以计算出相应的腐殖酸的尺寸大小,如表 5－5 所示。

表 5 - 5 　　　　　　　　　腐殖酸的表观分子质量和尺寸的对应关系

（试验条件：100 mmol · L^{-1} NaCl,1 mmol · L^{-1} Na$_2$PO$_4$,pH7,T＝220℃）

表观分子质量/道尔顿	$0.5×10^3～$ $1×10^3$	$1×10^3～$ $5×10^3$	$5×10^3～$ $10×10^3$	$10×10^3～$ $50×10^3$	$50×10^3～$ $100×10^3$
扩散系数	2.47	1.88	1.41	1.35	1.09
D/nm	1.73	2.28	3.04	3.18	3.94

活性炭的孔径特点决定了活性炭对不同分子质量大小的有机物的去除效果。活性炭的孔隙按大小一般分成微孔（＜2 nm）、过渡孔（2～100 nm）和大孔（100～10 000 nm），但微孔占绝对数量。活性炭中大孔主要分布在炭表面,对有机物的吸附作用小;过渡孔是水中大分子有机物的吸附场所和小分子有机物进入微孔的通道;而占绝大多数的微孔则是活性炭吸附有机物的主要区域。按照立体效应,活性炭所能吸附的分子直径是孔道直径的 1/10～1/2。也有人认为活性炭起吸附作用的孔道直径（D）是吸附质分子直径（d）的 1.7～21 倍,最佳范围是 D/d＝1.7～6。所以,活性炭对相对分子质量为 500～3 000 的有机物有十分好的去除效果,对于大于 3 000 和小于 500 的有机物没有去除。对于小于 500 的有机物没有去除甚至增加原因,是由于小于 500 的有机物亲水性较强,易被相对分子质量比其更大而憎水性强的能进入活性炭微孔内的有机物所取代。

如图 5 - 9 所示,直径小于 2.28 nm 的孔径占总孔径比,木质炭 1、木质炭 2、煤质、椰壳分别为 37.8％,59.18％,71.78％,69.93％;直径小于 3.04 nm 的孔径占总孔径比,木质炭 1、木质炭 2、煤质、椰壳分别为 47.2％,65.57％,84.87％,78.57％,由此可见,四种粉末炭主要能去除的是相对分子质量 5 000 以下的有机物,符合上面所述立体效应。

综上所述,粉末活性炭优异的去除有机物的效果来自于巨大的微孔的比表面积,活性炭主要吸附小分子有机物特别是相对分子质量在 500～3 000 的有机物。而对大分子有机物的去除主要靠过渡孔,对大相对分子质量有机物的去除效果排序与过渡孔排序一致:木质炭 2＞木质炭 1＞椰壳炭＞煤质炭。

2. 粉末炭的吸附等温线

通常在一定温度下,使活性炭与被处理的水相接触,并将达到平衡时的溶液浓度和活性炭所吸附的有机物数量之间的关系,所绘制的曲线称为吸附等温线。它被广泛应用于研究吸附系统的吸附平衡过程。根据吸附等温线可了解吸附剂的吸附表面、孔隙容积、孔隙大小分布及判定吸附剂对被吸附溶质的吸附性能等特征。实际工作中常通过测定各种吸附剂的吸附等温线,作为合理选用某特定用途的吸附剂品种的重要参考依据。

用 Freundlich（弗罗因德利希）公式表述吸附等温式,如下式所示。

$$q_e＝KC_e^{1/n} \tag{5－3}$$

式中　q_e——粉末活性炭达到吸附平衡时,所吸附的有机物的量,g/g;

　　　C_e——达到吸附平衡时的水样的 TOC,mg/L;

　　　K——1/n 是 Freundlich 常数。

由图 5 - 10 可知,四种粉末炭吸附水中有机物均较好地符合 Freundlich 吸附模型,相关性良好。因此,在饮用水深度处理中,活性炭的吸附等温线可采用 Freundlich 吸附等温式表达,进而对比分析其在此次试验中对有机物的吸附效果。

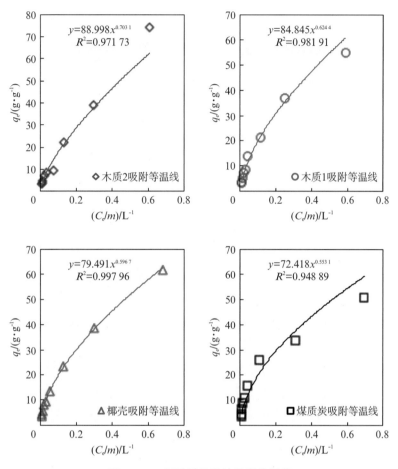

图 5-10　四种活性炭的吸附等温线

通常,一种粉末炭对不同物质的吸附的 Freundlich 吸附等温式中,K 值是表征活性炭吸附容量的一个参数,K 值越大,吸附容量越大。$1/n$ 是吸附容量指数,反映随着浓度的增加,活性炭吸附容量增加的速度,$1/n$ 越高则在高浓度时吸附容量越大,而在低浓度时吸附容量显著降低,如果 $1/n$ 越小则从低浓度到高浓度都比较容易吸附。活性炭用于给水处理,有机物浓度偏低,因此 $1/n$ 不宜过大。一般认为 $1/n$ 介于 0.1~0.5 之间,则容易吸附,而 $1/n >$ 2,物质则难于被吸附。

如图 5-10 所示,K 值的大小按顺序排列,即四种粉末炭的吸附容量大小排序为:木质炭 2>木质炭 1>椰壳>煤质。木质炭 2 的 K 最大,其 $1/n$ 值也最大,说明其在越高浓度时吸附容量越大。

5.2.3　不同粉末活性炭对原水的处理效果

用超纯水配制粉末炭投加液,将所需的粉末炭投加量投加到 1 L 的原水中去,快速搅拌(100 r/min)1 min,然后慢速搅拌(50 r/min)30 min。随后将混合液倒入超滤器内过滤。

采用的 0.1 μm 和 0.05 μm 超滤膜。每次过滤量为 600 mL,过滤压力为 0.1 MPa。用电子天平自动计数功能记录过滤通量过滤累计质量,从而计算过滤通量。过滤液测定 TOC、凝胶。

1. 对 TOC 的去除

不同投加量的粉末炭对有机物的去除如图 5-11,图 5-12 所示。

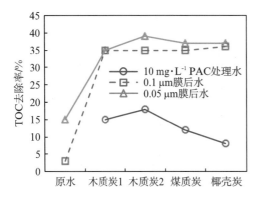

图 5-11　粉末炭对有机物的去除
（投加量 10 mg/L）

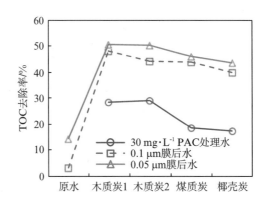

图 5-12　粉末炭对有机物的去除
（投加量 30 mg/L）

由图 5-11、图 5-12 可知,当粉末炭投加量为 10 mg/L 时,对原水的 TOC 去除效果不明显,投加前后木质炭 1 对有机物的去除率为 15.44%,木质炭 2 为 18.46%,煤质 12.02%,椰壳仅为 7.51%;当投加量为 30 mg/L 时,分别为 28.69%,29.19%,18.70%,17.36%。可见投加量的增加,木质炭 1、木质炭 2 对有机物的去除率提高较多,可达 13.25%、10.79%,这与前面对粉末炭孔径分析,得出的比表面积大小排序木质炭 2>木质炭 1>煤质炭>椰壳炭结论相一致,证明了粉末炭对有机物的去除与其比表面积的大小有着密切的关系。

当投加了粉末炭的混合液通过 0.1 μm 膜过滤后,木质炭 1、木质炭 2、煤质炭、椰壳炭对 TOC 的总去除率分别是 34.73%,35.23%,34.89%,36.39%,相比原水直接过 0.1 μm 膜的去除率 3.14%,活性炭的预处理使微滤膜对有机物的去除有显著提高。微滤膜的去除机理是物理筛分,大于其孔径的有机物将会被截留,经过预处理后,粉末炭吸附了部分小分子有机物,而且粉末炭粒径大于微滤膜的孔径,所以被粉末炭吸附的小分子有机物不能透过超滤膜,并且在膜表面形成了一层粉末炭的滤饼层,更有利于小分子有机物的进一步吸附,从而总的去除率有明显的上升。

混合液经过 0.05 μm 膜后,木质炭 1、木质炭 2、煤质、椰壳对 TOC 的总去除率分别是 35.40%,38.93%,37.06%,36.56%,原水直接过 0.05 μm 膜的去除率是 14.51%。膜直接过滤原水,0.05 μm 膜比 0.1 μm 膜对有机物的去除率高 11.37%,这是由于 0.05 μm 膜的孔径比 0.1 μm 膜的小,截留更多的有机物的缘故。而经过预处理后,0.05 μm 膜的去除率比 0.1 μm 膜的提高有限。

综上所述,木质炭 1、木质炭 2 去除有机物效果优于煤质炭和椰壳炭,但对有机物去除效果仍然有限。原水直接过膜,膜的孔径越小,有机物去除率越高。经过粉末炭预处理后,膜的孔径对有机物的处理效果影响减小。

2. 处理前后有机物相对分子质量分布特点

原水相对分子质量分布 UV 响应图如图 5-13 所示。原水相对分子质量分布 TOC 响应图及 TOC 放大响应图如图 5-14 所示。

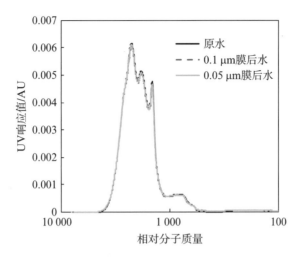

图 5-13　原水相对分子质量分布 UV 响应图

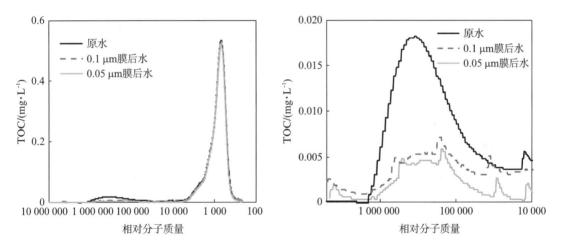

图 5-14　原水相对分子质量分布 TOC 响应图及 TOC 放大响应图

由图 5-13、图 5-14 可知,原水的中等相对分子质量主要集中在 2 500~1 400,它们的 UV 响应强烈但和 TOC 响应较弱,表明该相对分子质量范围的有机物主要是由腐殖酸构成;小分子有机物分布在 1 000~700,UV 响应较弱但 TOC 响应强烈,说明它们是由亲水性有机物构成;而大分子有机物分布在 250 000~500 000,只能在图 5-14 中的 TOC 响应放大图上看到一个小峰,而在 UV 响应图上没有响应,表明大分子有机物主要由亲水性有机物组成。

0.1 μm 和 0.05 μm 膜直接过滤原水,截留大分子有机物的效果显著。从 TOC 响应放大图上看到,经膜过滤后,大分子有机物的 TOC 峰值降低了约 0.01 mg/L,膜去除了大部分的大分子有机物。对小分子的有机物,从 TOC 响应图中可以看出,原水和膜过滤水的响应峰几乎重叠,表明膜难以截留小分子有机物。UV 响应图也显示出相同的趋势。低压膜的去除机理是物理筛分,大于其孔径的有机物将会被截留,所以膜直接过滤原水时,主要截留大于其孔径的悬浮物、胶体及大分子有机物。

如图 5-15,10 mg/L 的木质炭 1 主要去除的是相对分子质量在 1 400~2 500 的小分子有机物,而对相对分子质量小于 1 000 几乎没有去除。如图 5-15 所示,对大分子有机物去除效果很差,TOC 峰值仅降低了约 0.002 5 mg/L。

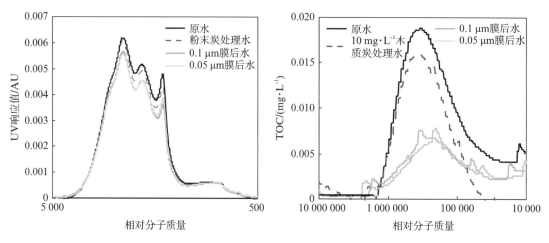

图 5-15 木质炭 1(投加量 10 mg/L)相对分子质量分布图

木质炭 1 的投加量增加至为 30 m/L 时,其相对分子质量分布的变化如图 5-16 所示。与投加量 10 m/L 相比,可知投加量增加,小相对分子质量的峰高显著降低,表明对小相对分子质量有机物有明显的去除效果。令人注意的是相对分子质量在 700~1 000 的有机物也得到了一定程度的去除。由 TOC 的放大响应图可见大分子有机物的去除仍未有所改善。

与 0.1 μm 微滤膜相比,0.05 μm 膜对各区间的相对分子质量的有机物去除效果明显提高。这可能是由于投加量增加,对小分子有机物吸附量增加,而且粉末炭在膜表面形成的滤饼层结构更紧密地会对小分子有机物继续产生吸附作用的缘故。使更多的小分子有机物被吸附。

经 0.1 μm 膜过滤后,大分子有机物的响应峰明显下降,说明膜过滤对大分子有机物去除明显。如图 5-15 所示,经粉末炭预处理后,0.1 μm 膜对相对分子质量在 1 400~2 500 的小分子有机物有一定程度的去除,但仍无法截留相对分子质量小于 1 000 的有机物。0.05 μm 膜截留有机物的情况与 0.1 μm 膜的相似。对比图 5-21 及图 5-22 可知粉末炭的投加使膜去除小分子有机物能力提高,但对大分子的有机物去除并未有所改善。

煤质、椰壳和木质炭 2 吸附有机物时的相对分子质量分布变化与木质炭 1 的相似,如图 5-17—图 5-22 所示。以上对各种粉末活性炭吸附有机物时的相对分子质量分布变化的分析表明,粉末炭难以吸附大分子的有机物,而对中等相对分子质量的有机物有一定的吸附效果;随着投加量的增加,吸附效果进一步加强,但对大分子有机物的去除仍未改善。

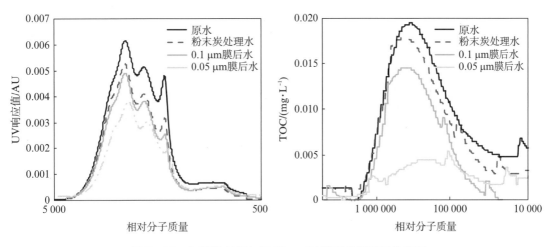

图 5‑16 木质炭 1(投加量 30 mg/L)相对分子质量分布图

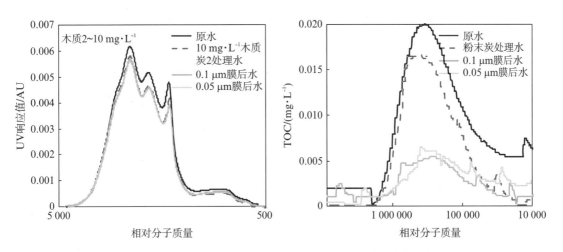

图 5‑17 木质炭 2(投加量 10 mg/L)相对分子质量分布变化

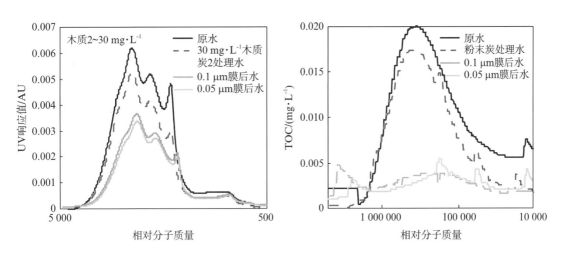

图 5‑18 木质炭 2(投加量 30 mg/L)的相对分子质量分布变化

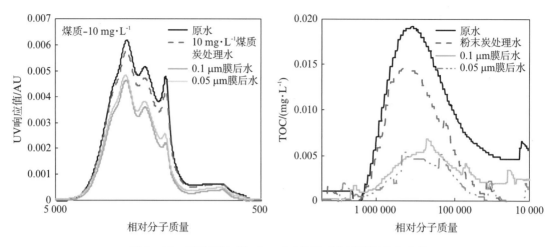

图 5‑19　煤质(投加量 10 mg/L)的相对分子质量分布变化

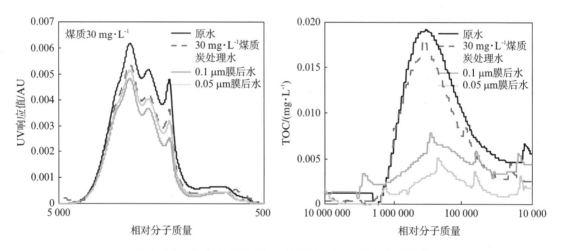

图 5‑20　煤质(投加量 30 mg/L)的相对分子质量分布变化

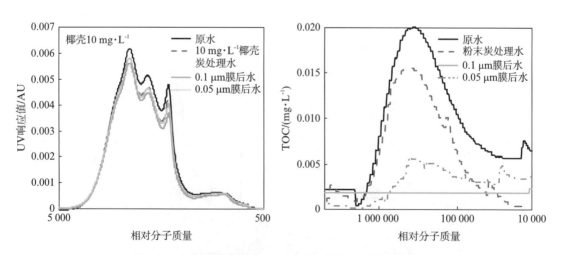

图 5‑21　椰壳(投加量 10 mg/L)的相对分子质量分布变化

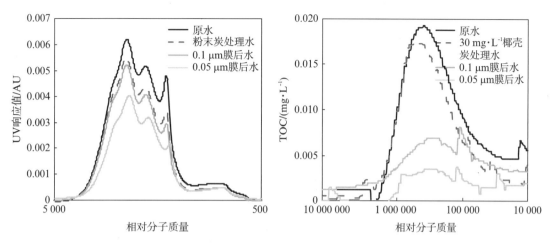

图 5‑22　椰壳(投加量 30 mg/L)的相对分子质量分布变化

粉末活性炭主要去除的是 1 400~2 500 之间的小相对分子质量有机物,对小于 1 000 的小相对分子质量有机物和 250 000~500 000 之间的大相对分子质量有机物去除能力有限,这主要是因为小孔径的粉末活性炭颗粒最多,所占的微孔比表面积最多,而小孔径的粉末炭主要吸附小相对分子质量的有机物,因此粉末活性炭主要去除小相对分子质量有机物。同时也有试验表明,粉末活性炭的粒径越小,去除有机物的效率也越高;当粉末炭的投加量增加时,在超滤膜上形成的滤饼层更有利于小相对分子质量有机物的去除,同时也能去除大部分的大分子有机物。

3. 对膜通量的影响

投加粉末活性炭,水中的悬浮固体数量增多,截留在膜表面的滤饼层增厚,理应造成滤饼层阻力增加,膜通量下降。但是粉末活性炭改变了沉积在膜表面滤饼层的结构,如颗粒尺寸分布和孔隙率等,使滤饼层阻力降低。因此,尽管滤饼层厚度有所增加,但总阻力却没增加或略有降低,因此膜通量变化不大。

试验结果如图 5‑23、图 5‑24 所示,投加粉末活性炭的膜通量随时间变化规律与原水的非常相似,并且与膜孔径大小无关。如图 5‑23 所示,对比 0.05 μm 膜过滤超纯水、超纯水＋粉末炭时,两者的膜通量的变化情况相似,表明粉末炭本身对膜通量的影响很小。由上述的试验分析可知,粉末活性炭主要去除小相对分子质量的有机物,这些有机物的尺寸比膜孔径小,不会沉积在膜表面,不是造成通量逐渐下降的主要因素。投加粉末活性炭改善膜通量效果非常有限。不同粉末炭投加量对 0.1 μm,0.05 μm 膜通量的影响如图 5‑25,图 5‑26,图 5‑27 所示。

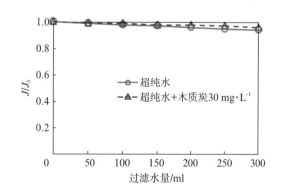

图 5‑23　粉末炭投加量对 0.05 μm 膜通量的影响

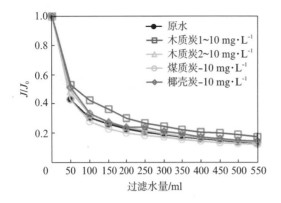

图 5-24 粉末炭投加量(10 mg/L)对
0.05 μm 膜通量的影响

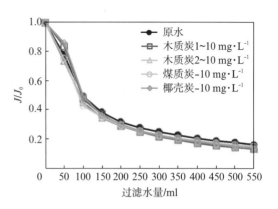

图 5-25 粉末炭投加量(10 mg/L)对
0.1 μm 膜通量的影响

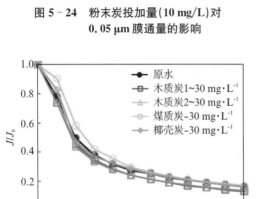

图 5-26 粉末炭投加量(30 mg/L)对
0.1 μm 膜通量的影响

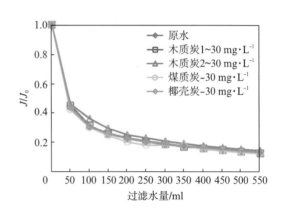

图 5-27 粉末炭投加量(30 mg/L)对
0.05 μm 膜通量的影响

对比图 5-25、图 5-26 可知,对于 0.1 μm 膜来说,粉末炭投加量为 10 mg/L 时,四种活性炭处理水的膜通量反而较原水有所下降;当投加量为 30 mg/L 时,粉末炭处理水的膜通量下降并未有所改善。对于 0.05 μm 膜来说,与 0.1 μm 膜类似,随着粉末活性炭投加量的增加,膜通量下降没有改善。由此可见,在试验的粉末炭投加量的情况下,粉末炭预处理没有显示出对膜污染缓解的效果。四种粉末炭投加量对相对分子质量分布的影响如图 5-28 所示。

从图 5-28 可以看出,随着投加量的增加,四种粉末炭对小相对分子质量有机物的去除效果进一步提高,但对大相对分子质量有机物去除没有任何改善,椰壳炭和煤质炭反而去除效果更差。由此可知,影响膜通量的是大分子有机物,而小分子的影响很小。粉末活性炭主要去除小分子有机物,对大分子有机物去除非常有限。因此,粉末炭作为膜的预处理,缓解膜污染的效果有限。

5.2.4 粉末炭不同过滤方式对原水的处理效果

选取对有机物有较好处理效果的木质炭 1、木质炭 2 两种粉末活性炭进行试验。称取

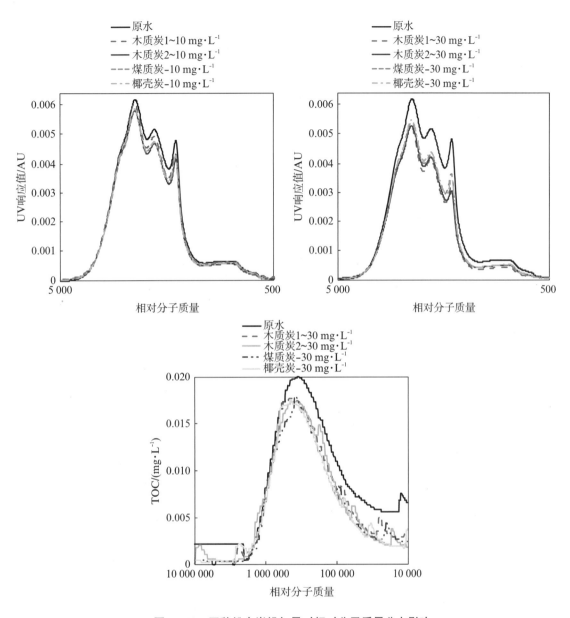

图 5 - 28　四种粉末炭投加量对相对分子质量分布影响

$50~\mathrm{mg}$，$100~\mathrm{mg}$ 粉末活性炭分别投加到 $1~\mathrm{L}$ 的水样中去，快速搅拌（$100~\mathrm{r/min}$）$1~\mathrm{min}$，然后慢速搅拌（$50~\mathrm{r/min}$）$30~\mathrm{min}$。随后将一部分水样混合液倒入超滤器内过滤，测定过滤通量。过滤水量为 $300~\mathrm{ml}$。另一部分的水样混合液先经 $0.45~\mu\mathrm{m}$ 过滤，其过滤液倒入超滤器内过滤，测定过滤通量，过滤压力为 $0.1~\mathrm{MPa}$，采用的是 $0.1~\mu\mathrm{m}$ 和 $0.05~\mu\mathrm{m}$ 超滤膜。

对于粉末炭与膜联用的工艺中，一般有两种方式。一种是粉末炭与混凝同时投加，通过沉淀池后，大部分的粉末炭沉淀去除；另一种方式是粉末炭在膜前投加，粉末炭通过膜过滤得到去除。我们将粉末炭吸附后，通过 $0.45~\mu\mathrm{m}$ 过滤的水称为粉末炭处理水；而粉末炭通过膜去除称为混合液过滤。

1. 不同处理液对 TOC 的去除

由图 5-29 可知,随着投加量的增加,木质炭 1 对 TOC 的去除率有显著提高,50 mg/L 时 30.96%,100 mg/L 时达到 39.81%,相比 10 mg/L、30 mg/L 时的 15.44%、28.69%。0.05 μm 去除有机物优于 0.1 μm,表明孔径越小,去除率越高。图 5-29 还表明,去除有机物的效果,膜过滤粉末炭混合液优于处理液。这主要是由于粉末炭在超滤膜表面形成的滤饼层,在过滤过程中继续发挥吸附有机物作用的缘故。

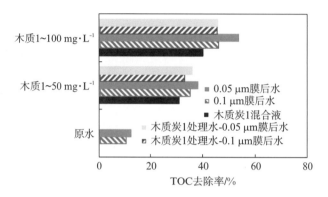

图 5-29 木质炭 1 处理水对 TOC 的影响(木质炭 1 不搅拌)

投加量 50 mg/L 时,0.1 μm 过滤 50 mg/L 处理水、粉末炭混合液时的 TOC 去除率分别是 32.69%,34.81%,提高了 2.12%;0.05 μm 分别是 35.77%,37.69%,提高了 1.92%。膜孔径的大小对提高两种处理液的 TOC 去除影响不大;而投加量 100 mg/L 时,过滤 100 mg/L 处理水、粉末炭混合液,0.1 μm 过滤分别是 45.00%,45.58%,提高了 0.58%,0.05 μm 过滤分别是 45.19%,53.27%,提高了 8.08%,可见粉末炭投加量的增加,孔径小的膜提高截留有机物的效果明显。

随着投加量的增加,0.1 μm 膜过滤粉末炭处理水、粉末炭混合液,TOC 的去除率分别增加了 12.31%,10.77%;而 0.05 μm 膜过滤分别增加了 9.42%,15.58%。可见过滤粉末炭处理水时,投加量越多,小孔径膜的 TOC 去除率增加幅度减少,过滤粉炭混合液的情况正好相反。这是由于过滤粉末炭混合液时,沉积在膜表面的粉末炭继续发挥吸附作用,从而提高去除效果的缘故。木质炭 2 处理水对 TOC 的影响如图 5-30 所示。

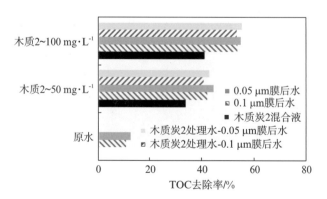

图 5-30 木质炭 2 处理水对 TOC 的影响(木质炭 2 不搅拌)

由图 5 - 30 可知,随着投加量的增加,木质炭 2 对 TOC 的去除率有显著提高,50 mg/L 时 33.27%,100 mg/L 时达到 40.38%。从图 5 - 30 还可以看出,当粉末炭投加量为 50 mg/L 和 100 mg/L 时,0.1 μm 膜对有机物的去除率分别为 8.08%,12.5%,0.05 μm 膜分别为 10.58%,13.85%,表明投加量越高,膜对有机物的去除效果越好,这是因为粉末炭的增多,更有利于有机物的去除的缘故。图 5 - 30 还表明,过滤粉末炭处理水的 TOC 的去除率低于粉末炭混合液。投加量 50 mg/L,0.1 μm 过滤 50 mg/L 处理水、粉末炭混合液时的 TOC 去除率分别是 33.46%,41.35%,提高了 7.89%,0.05 μm 时分别是 40.58%,43.85%,提高了 3.27%。而投加量 100 mg/L 时,过滤 100 mg/L 处理水、粉末炭混合液,0.1 μm 过滤分别是 42.12%,52.88%,提高了 10.76%,0.05 μm 膜分别是 43.46%,54.23%,提高了 10.77%,可见相比木质炭 1,对于木质炭 2 而言,粉末炭投加量的增加对两种过滤液 TOC 去除率的提高影响较大,孔径越小,所受影响越大。

综上所述,有机物的去除效果,木质炭 2 优于木质炭 1;过滤粉末炭混合液优于粉末炭处理水。

2. 搅拌与不搅拌方式对 TOC 的去除

由图 5 - 31 可知,在过滤过程中搅拌与不搅拌对有机物的去除影响较小。木质炭 2 投加量 50 mg/L 时,0.1 μm 膜超滤不搅拌、搅拌对 TOC 的去除率分别是 41.35%,40.00%,0.05 μm 膜超滤不搅拌、搅拌对 TOC 的去除率分别是 43.85%,42.12%;木质炭 2 投加量提高到 100 mg/L 时,0.1 μm 膜超滤不搅拌、搅拌对 TOC 的去除率分别是 52.88%,52.50%,0.05 μm 膜超滤不搅拌、搅拌对 TOC 的去除率分别是 54.23%,54.81%;可见随着投加量的增加,不搅拌、搅拌两种方式对 TOC 去除率几乎无影响。可能是因为搅拌虽然影响了滤饼层的形成,使滤饼层的吸附量减少,但是使得粉末炭与原水接触的时间变长,延长了吸附时间,进而弥补了滤饼层的损失。

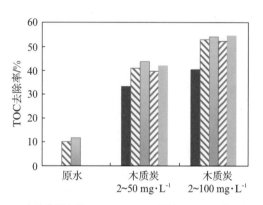

图 5 - 31　搅拌过滤液对 TOC 的影响(木质炭 2)

5.2.5　有机物相对分子质量对膜通量的影响

1. 粉末炭投加量对膜通量的影响

从图 5 - 32 的 UV 响应图可以看出,投加量为 50 mg/L,100 mg/L 时,木质炭 1、木质炭 2 对小分子量有机物能显著去除,对相对分子质量<1 000 的有机物大部分被去除。木质炭 2 的去除效果明显优于木质炭 1。对于两种木质炭,投加量增加并未明显提高对小分子量的去除效果。从图 5 - 32 的 TOC 响应图可以看出,木质炭 1、木质炭 2 对大分子量有机物能显著去除,其中木质炭 2 的去除效果优于木质炭 1。而对于同一种木质炭,投加量增加对去除效果的影响不明显。

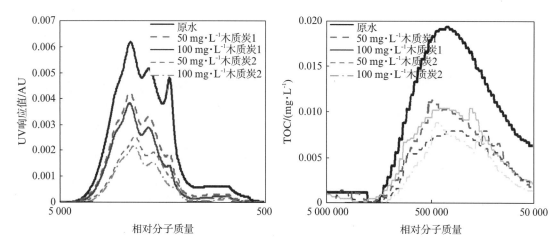

图 5-32 木质炭投加量对相对分子质量分布图的影响

木质炭 2 的微孔和过渡孔的比表面积均大于木质炭 1,微孔主要吸附小相对分子质量有机物,而大相对分子质量有机物主要被过渡孔吸附、截留而去除,所以木质炭 2 对各区间相对分子质量有机物去除效果均优于木质炭 1。投加量对不同尺寸膜通量的影响如图 5-33、图 5-34 所示。

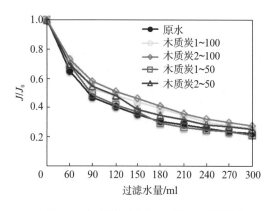

图 5-33 投加量对 0.1 μm 膜通量的影响

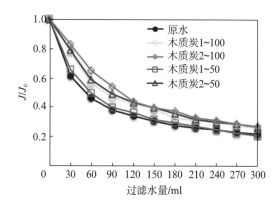

图 5-34 投加量对 0.05 μm 膜通量的影响

从图 5-33 可知,0.1 μm 过滤时,投加木质炭 1,50 mg/L 非但无助通量的改善,反而其下降程度更甚于原水。但当投加量增至 100 mg/L 时,下降程度略有缓解,过滤结束时,膜通量较原水提高了 3.07%。木质炭 2 的投加有助于膜污染的缓解,并且随着投加量的增加,其通量也随之提高,过滤结束时,较原水分别提高了 3.10%、4.60%;对比图 5-34 可知,0.05 μm 过滤与 0.1 μm 过滤相似,投加木质炭 1,50 mg/L 无助通量的改善,反而其下降程度更甚于原水。投加量增至 100 mg/L 时,下降程度略有缓解,过滤结束时,膜通量较原水提高了 4.10%;投加木质炭 2,膜通量较原水分别提高了 5.00%、5.10%。粉末炭投加量增加,对大分子有机物的去除量增加,因而膜通量相应增加。由图 5-32 的 TOC 响应放大图可以看出,去除大分子有机物,木质炭 2 略优于木质炭 1。50 mg/L 和 100 mg/L 木质炭 1 对相对分子质量分布的影响如图 5-35、图 5-36 所示。

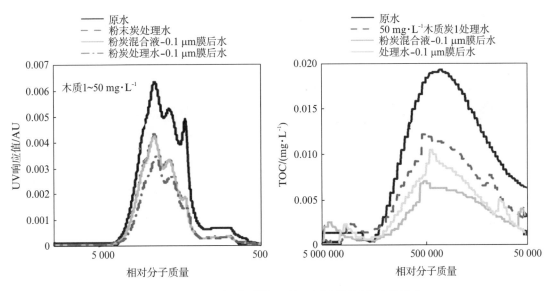

图 5‑35　50 mg/L 木质炭 1 对相对分子质量分布的影响

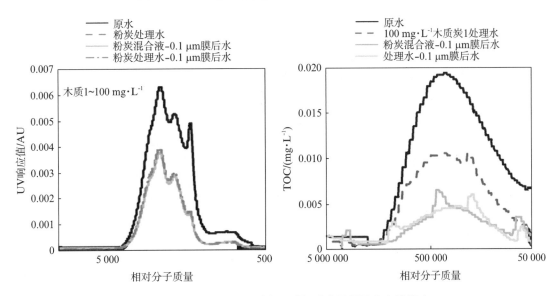

图 5‑36　100 mg/L 木质炭 1 对相对分子质量分布的影响

2. 不同过滤液对膜通量的影响

从图 5‑35 中的 UV 响应图可以看出,投加 50 mg/L 的木质炭 1 时,去除小分子有机物,过滤粉炭混合液优于过滤粉末炭处理水;从 TOC 放大响应图中可以看出,去除大分子有机物,过滤粉炭混合液也优于过滤粉末炭处理水。这说明,过滤粉末炭混合液时,沉积在膜表面的粉末炭继续发挥吸附作用,而如果粉末炭从水中移出,膜无法去除小分子有机物,但对大分子有机物还有去除效果。

从图 5‑36 可以看出,木质炭 1 投加增至 100 mg/L 时,过滤两种不同的处理液对各区间相对分子质量的有机物去除效果无差别。不同过滤液对膜通量的影响(0.1 μm 膜)如图 5‑37 所示。

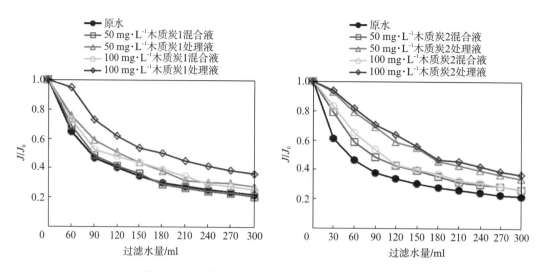

图 5‐37 不同过滤液对膜通量的影响(0.1 μm 膜)

由图 5‐37 可知,0.1 μm 膜过滤木质炭 1 和木质炭 2 的预处理水,过滤粉末炭处理水的通量高于过滤粉炭混合液的。投加量为 50 mg/L 和 100 mg/L 时,过滤结束的通量与原水相比,粉末炭处理水较粉炭混合液,分别提高了 6.70%,10.90%;对于木质炭 2,分别提高了 17.80%,12.97%。

0.05 μm 超滤膜过滤粉末炭预处理水时的通量变化与 0.1 μm 微滤膜的相似。如图 5‐38 所示,对于木质炭 1,投加量分别为 50 mg/L 和 100 mg/L 时,过滤结束时的通量与原水相比,粉末炭处理水和粉炭混合液的通量分别提高了 2.10%,4.00%;对于木质炭 2,分别提高了 7.10%,9.90%。由此可见,过滤粉末炭处理水比过滤粉炭混合液时的通量显著提高,且膜孔径越大,通量提高越多。

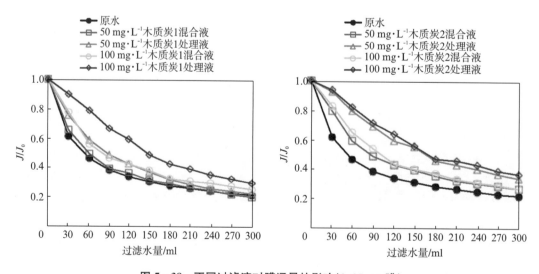

图 5‐38 不同过滤液对膜通量的影响(0.05 μm 膜)

投加粉末炭后,如果不能将粉末炭通过沉淀等的工艺去除,而由膜去除,这种工艺被认为是充分发挥了粉末炭和膜各自的优势,而且有效地简化了工艺流程,在膜组合工艺中被广泛使用。通过上述的试验研究结果表明,这种工艺还有利于有机物的去除,由于粉末炭为膜截留沉积在膜表面,形成滤饼层,它会继续发挥吸附有机物的作用。但是,这种工艺不利于膜通量的改善。粉末炭可吸附一定量的大分子有机物,如果将粉末炭通过沉淀等的工艺去除,由于水中降低了部分大分子有机物,则通量将得到一定程度的改善。投加的粉末炭越多,则通量的改善越显著。如果吸附了大分子有机物的粉末炭通过膜,它将为膜截留沉积在膜表面,并会继续吸附部分大分子有机物。这理应会促进通量的改善,但试验结果显示,它无助于膜污染的缓解。许多研究指出,有机物起到一种黏合剂的作用,它会将水中的胶体和悬浮物等粘合在一起,在膜表面形成紧密的污染层,增加膜过滤阻力。因此,为膜所吸附的大分子有机物,可能也发挥着黏合剂的作用,将粉末炭粘合,在膜表面形成紧密的污染层,阻碍了通量的改善。

3. 搅拌对膜通量的影响

从图 5 - 39 的 UV 响应图可以看出,木质炭 1 投加量 50 mg/L 时,搅拌和不搅拌对小分子量有机物的去除没有差别,TOC 放大响应图中可以看出,归于大分子有机物的去除,搅拌略优于不搅拌。投加量增至 100 mg/L 时,如图 5 - 40 所示,大分子有机物去除情况与 50 mg/L 的相似。这可以解释为:搅拌情况下,粉末炭表面的液膜更薄,大分子有机物透过液膜的阻力减小,此外,搅拌增加了有机物与粉末炭的碰撞机会。这些因素使搅拌更有利于粉末炭吸附大分子有机物。

如图 5 - 41 所示,0.1 μm 过滤结束时,50 mg/L 的木质炭 2 搅拌和不搅拌的膜通量较原水分别提高了 3.50%,3.10%,搅拌时的通量比不搅拌时提高了 0.40%,100 mg/L 的木质炭 2 的通量较原水分别提高了 6.5%,5.60%,搅拌时的通量比不搅拌时提高了 0.9%。可见搅拌时的通量比不搅拌时的略高。

如图 5 - 42 所示,0.05 μm 超滤时,50 mg/L 的木质炭 2 搅拌和不搅拌的膜通量较原水

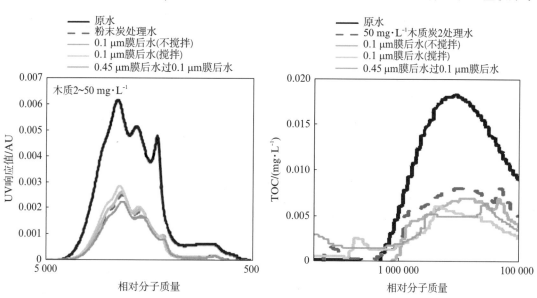

图 5 - 39　搅拌对相对分子质量分布的影响(50 mg/L)

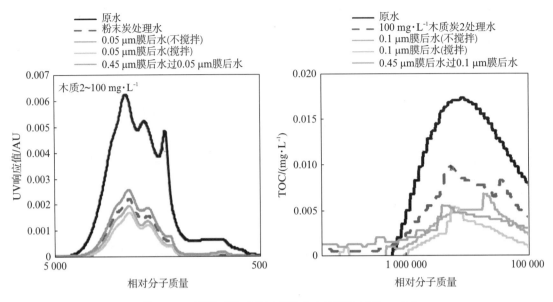

图 5-40　搅拌对相对分子质量分布的影响(100 mg/L)

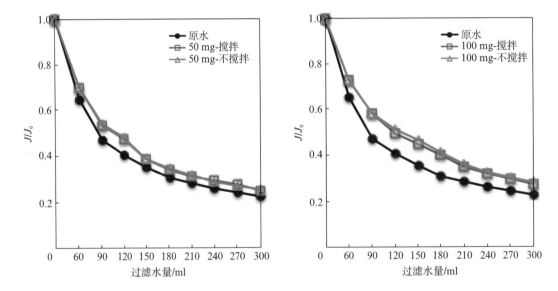

图 5-41　搅拌对 0.1 μm 膜通量的影响(木质炭 2)

的分别提高了 5.20%,5.00%,搅拌的通量比不搅拌地提高了 0.20%,100 mg/L 的木质炭 2
的通量较原水的分别提高了 5.20%,5.10%,搅拌时的通量比不搅拌时提高了 0.10%。可
见搅拌时的通量比不搅拌时通量要高,但提高并不明显。膜孔径越小,搅拌与不搅拌时通量
的差别越小。

综上所述,过滤时搅拌对通量变化几乎无影响。主要原因是搅拌使悬浮固体、胶体及大
分子有机物不易沉在膜表面,但小颗粒仍会沉积在膜表面,使滤饼层阻力增加,抵消由于大
颗粒物质造成膜通量下降的影响。

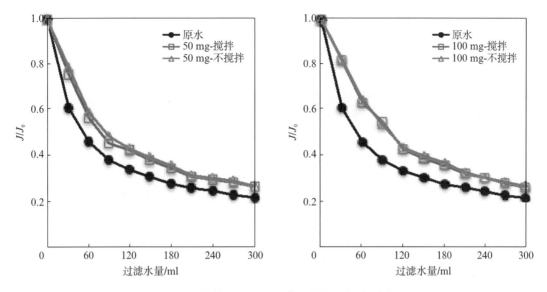

图 5‑42　搅拌对 0.05 μm 膜通量的影响(木质炭 2)

4. 混凝对膜通量的影响

如图 5‑43 的 UV 响应图所示,投加混凝剂的情况下,中等分子有机物得到了明显的去除。大于 3 000 的完全去除,而 1 500～3 000 的峰值明显降低,峰形向右边移动。对于小于 1 000 的小分子有机物,混凝去除效果很差。沉后水经粉末炭处理后,不仅中等分子有机物进一步被去除,小于 1 000 的小分子有机物也得到明显的去除。考察大分子有机物的情况,可以看到,混凝几乎将大分子有机物完全去除。这说明混凝沉淀主要去除大分子有机物和中等分子有机物而对小分子有机物的去除效果很差;粉末炭主要去除中等分子和小分子有机物。0.1 μm 膜过滤粉炭处理水时,无论是小分子还是中等分子有机物,几乎没有显示出

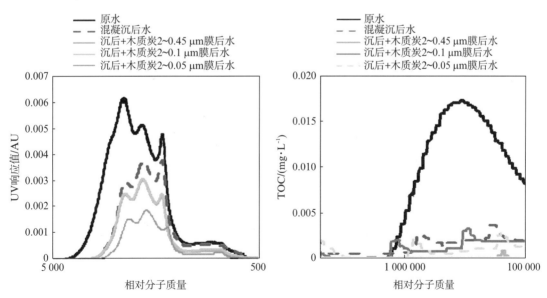

图 5‑43　混凝对相对分子质量分布的影响

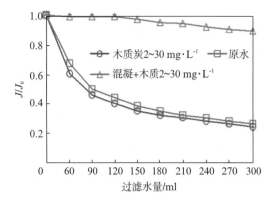

图 5-44　混凝后对 0.05 μm 膜通量的影响

去除效果；0.05 μm 超滤膜过滤时,去除中等分子有机物的效果显著,但对小分子有机物的去除效果很差。

如图 5-44 所示,混凝剂 PAC(20 mg/L)＋30 mg/L 木质炭 2 预处理,与仅投加木质炭 2 相比,膜通量提高非常显著,分别比直接过滤原水提高 62.14％,0.74％。这充分说明,大分子有机物是造成通量下降的主要因素,混凝可有效去除这部分有机物,从而通量的下降得到有效的控制。

5.2.6　中孔活性炭控制膜污染的研究

图 5-45 为两种活性炭处理太湖水的膜通量变化。太湖水直接过膜时,过滤结束时的通量仅为初始的 19％。比较两种活性炭预处理后的通量变化可以看出,中孔炭预处理能够显著提高膜通量。随着投加量的增加,通量增加,投加量为 100 mg/L 时,膜通量比直接过滤时提高 60％左右;而微孔活性炭预处理后,膜通量不仅没有提高,反而降低。可见,用中孔炭处理太湖水能够明显缓解膜污染。

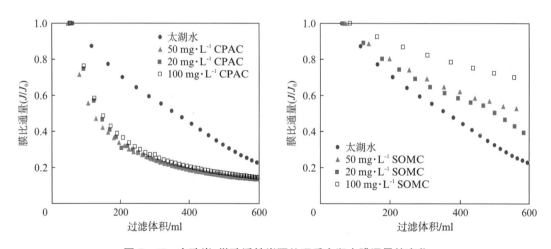

图 5-45　中孔炭、微孔活性炭预处理后太湖水膜通量的变化

如图 5-46 所示,活性炭预处理后,膜对有机物的去除率均有大幅度提高。中孔炭预处理后,UV 去除率最高可以达到 80％,TOC 去除率最高可达 28％;而微孔活性炭预处理后,UV_{254} 去除率最高为 58％,TOC 去除率最高为 28％。两种炭去除 TOC 的效果相似,但对通量的改善效果却大相径庭,这说明膜通量的改善并不取决于去除有机物的多少,而是取决于所去除的优势膜污染物对膜通量的影响。

图 5-47 为活性炭预处理后太湖水的分子量变化。炭处理水的分子质量表明,两种活性炭处理均使太湖水不同分子质量区域的有机物有不同程度的降低。中孔炭对大分子有机物有很好的吸附作用,且随投加量的增加,大分子有机物的 UV 峰值逐渐降低;投加量为

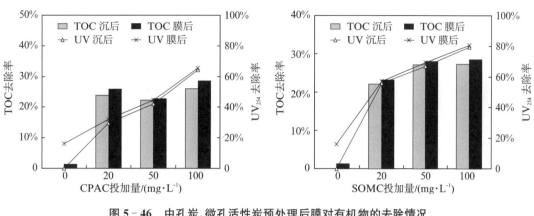

图 5‑46　中孔炭、微孔活性炭预处理后膜对有机物的去除情况

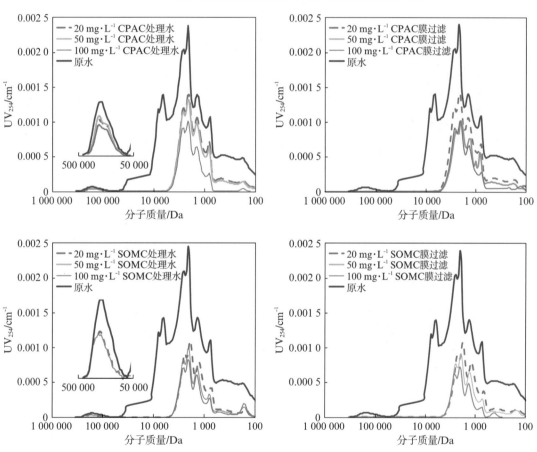

图 5‑47　活性炭预处理后太湖水分子质量分布变化

100 mg/L 时,大分子有机物的峰值完全消失。微孔活性炭对大分子有机物的去除很少,20 mg/L 和 100 mg/L 时,大分子有机物的 UV 峰值降低有限,但对中小分子的有机物有很好的去除效果。

图 5‑48 为利用差减法获得的两种活性炭预处理后太湖水的荧光光谱图。可以看出,太湖水直接过膜时,被截留的荧光峰主要出现在藻类蛋白(T)和络氨酸类荧光区(B),表明

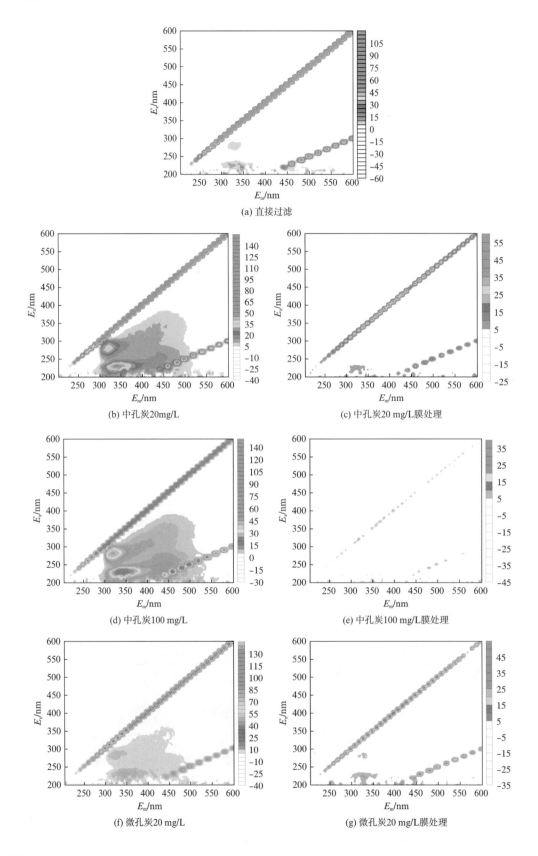

(a) 直接过滤

(b) 中孔炭20mg/L

(c) 中孔炭20 mg/L膜处理

(d) 中孔炭100 mg/L

(e) 中孔炭100 mg/L膜处理

(f) 微孔炭20 mg/L

(g) 微孔炭20 mg/L膜处理

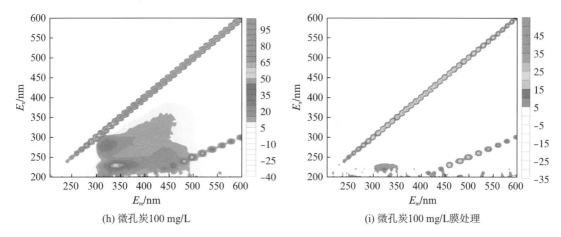

(h) 微孔炭100 mg/L　　　　　　　　　(i) 微孔炭100 mg/L膜处理

图 5‑48　微滤膜过滤活性炭预处理后的太湖水荧光差减图

(a) 直接过滤；(b) 中孔炭 20 mg/L；(c) 中孔炭 20 mg/L 膜处理；(d) 中孔炭 100 mg/L；
(e) 中孔炭 100 mg/L 膜处理；(f) 微孔炭 20 mg/L ；(g) 微孔炭 20 mg/L 膜处理

太湖水中大分子的类蛋白质以及小分子的络氨酸类有机物是引起膜通量下降的优势污染物。

中孔炭处理水的荧光差减图中被截留的色谱峰主要出现在类蛋白质,络氨酸以及腐殖酸类荧光区,表明中孔炭主要去除太湖水的类蛋白以及腐殖酸类有机物,且荧光强度较强,说明随着投加量的增加,去除率增高。从膜后水的荧光差减图中也可以看出,过膜后原水中很少有荧光色谱峰被监测,表明中孔炭预处理吸附了太湖水中绝大部分荧光吸收类物质。

微孔炭处理水的荧光差减图中部分蛋白质类或色氨酸类有机物也被截留,但荧光强度较弱,说明微孔炭对这类有机物的去除效果较中孔炭的差。膜后水的截留物中仍然出现部分蛋白质,特别是色氨酸类有机物,进一步表明了微孔炭仅可以去除部分该污染物。

图 5‑49 为微滤膜过滤活性炭预处理后太湖水的红外光谱图。可以看出,太湖水直接过膜,膜表面与新膜相比,出现的主要是 1 550,2 950,3 350 cm^{-1} 三处特征峰,即为类蛋白,多糖和大分子类腐殖酸有机物。而中孔炭预处理,在投加量为 20 mg/L 时,被污染的膜表面仍然存在 1 550,2 950,3 350 cm^{-1} 三处特征峰,但这三处特征峰的光谱强度明显比原水直接过膜时有所降低;而在投加量为 50 mg/L 和 100 mg/L 时,膜上没有任何额外的特征峰被监

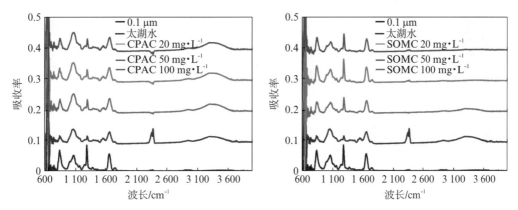

图 5‑49　微滤膜过滤 PAC 处理的太湖水的红外光谱图

测,说明中孔炭在投加量为 50 mg/L 和 100 mg/L 时,代表 1 550 cm^{-1},2 950 cm^{-1},3 350 cm^{-1} 这三处特征峰的污染物已经完全被中孔炭吸附。微孔炭预处理,无论投加量多少,膜表面出现的特征峰与原水直接过膜时一致,且红外光谱强度没有变化。结合荧光光谱,多糖类或大分子腐殖酸类有机物仍然能够被膜截留,引起膜通量的快速下降,表明微孔炭虽然能够去除太湖水中部分类蛋白和腐殖酸类有机物,剩余的类蛋白、膜通量提高不多。

图 5-50 为太湖水直接过膜以及微滤膜过滤活性炭预处理(100 mg/L)后太湖水的膜表面电镜扫描图,放大比例为 $1×10^4$ 倍。太湖水直接过膜后,膜表面形成一层污染层,膜孔被完全覆盖,同时还可以看到很多大的颗粒物等。过滤微孔炭 100 mg/L 处理水后,与直接过滤的情况相似,膜表面仍然覆盖污染层。过滤中孔炭 100 mg/L 处理水后,膜表面非常干净,几乎与新膜无异。由此可以认为,污染层主要由大分子有机物构成,它们覆盖在膜表面,形成污染层。中孔活性炭可有效去除大分子的有机物,因而经中孔活性炭处理后,污染层消失。

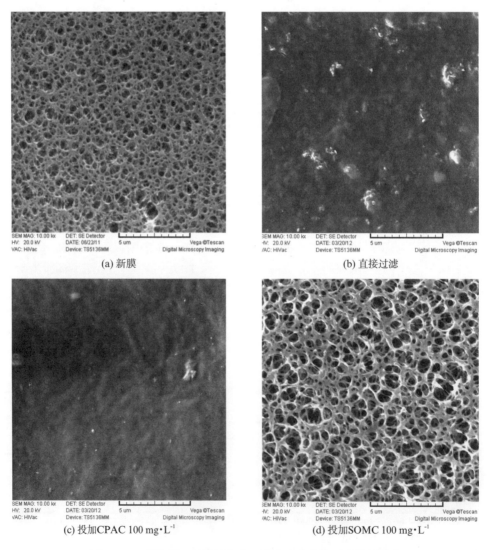

(a) 新膜

(b) 直接过滤

(c) 投加CPAC 100 mg·L^{-1}

(d) 投加SOMC 100 mg·L^{-1}

图 5-50 微滤膜过滤活性炭处理的太湖水膜表面电镜扫描图

5.2.7　小结

粉末炭去除有机物主要依赖于巨大的比表面积,比表面积越大,吸附容量越大,越有利于吸附小分子有机物。粉末炭主要由微孔构成,有利于吸附小分子的有机物,大分子很难由吸附作用去除。当投加量较大时,可吸附部分的大分子有机物。通量的下降主要由大分子有机物所造成,因而粉末炭作为膜的预处理,控制膜污染的效果有限。如果扩大活性炭的中孔,提高去除大分子有机物的效果,则活性炭可有效控制膜污染。

5.3　树脂吸附预处理

目前,国内外采用树脂吸附预处理来缓解膜污染的研究还比较少,处于起步阶段,且研究结果各异。Humbert 等研究了采用混凝剂和离子交换树脂(磁性树脂 MIEX 与大孔树脂 IRA958)联用工艺来降低超滤膜污染,结果发现,混凝剂主要去除水中的大分子有机物,树脂主要去除水中的中小分子有机物,混凝剂与树脂联用可以大大降低混凝剂的用量,同时也能很大程度上缓解可逆的膜污染,单独用树脂则对可逆膜污染没有明显的缓解作用。冯正宇等采用磁性离子交换树脂与超滤膜联用处理淮河原水,研究发现 MIEX 对小分子溶解性有机物的高效去除能够缓解超滤膜的不可逆污染,延长超滤膜的过滤周期。许航等也研究发现 MIEX 预处理减小了膜过滤时膜孔堵及滤饼层阻力,降低了过滤阶段的总阻力,有效地控制了膜污染。Huang 等研究发现 MIEX 预处理对有机物的去除效果很好,但对短期膜污染的缓解效果却不佳。Kim 等采用阴离子交换树脂预处理去除污废水中的有机酸,进而研究树脂预处理对缓解低压膜污染的作用,结果发现,有机酸是造成短期膜污染的主要因素,阴离子交换树脂能很好地去除污废水中的有机酸,从而减少膜污染,增加膜的临界通量。Cai 等研究了微粒(氧化铝、离子交换树脂和粉末活性炭)吸附预处理对缓解低压膜污染的作用,结果发现,引起膜污染的主要物质只是有机物中的一小部分没有紫外吸收的物质,氧化铝和粉末活性炭能很好地缓解膜污染,而离子交换树脂对膜污染的缓解作用不佳。本节考察了两种新型大孔阴离子交换树脂 AMBERLITE™ PW16 和 AMBERLITE™ PWA9 对膜污染的缓解效果[4]。

5.3.1　试验方法

1. 平板膜滤法

试验采用平板膜死端过滤方式,装置如图 5-51 所示。膜过滤罐采用中国科学院上海应用物理研究所提供的杯式过滤器,有效容积 300 ml,有效过滤面积 $3.32 \times 10^{-3} m^2$。膜过滤器进水端连接一个容积为 5 L 的储水箱,保证过滤时水量充足稳定,出水端为料液收集罐,其收集到的水量以质量的形式传输到电脑中,再除以水的密度 1 g/mL 则得到过膜水量的体积。试验中以高纯氮气作为驱动压力,操作压力 0.1 MPa。每次试验采用一张新膜,使用前用超纯水浸泡漂洗三次,每次浸泡 8 h 以上,4℃保存。试验前用 Milli-Q 去离子水对平板膜进行预压 2 h 左右,直至获得稳定通量,记录为初始通量 J_0,过滤水样时每隔 10 s 记录一次通量 J_t,直到过滤结束。

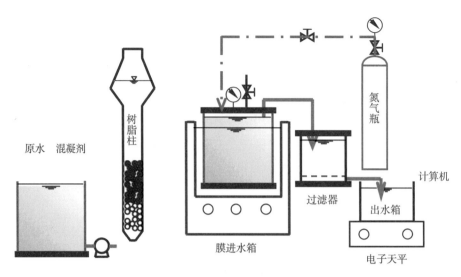

图 5 - 51 膜过滤示意图

2. 膜污染的表征

膜污染程度通常可以用膜通量下降情况来表征。本章主要考察 0.1 m 的醋酸纤维(下文简称 CA 0.1 m)微滤膜过滤各水样时对有机物的去除效果和膜通量下降 J/J_0 的趋势。其中,膜通量用下式表示:

$$J = V/(ST) \tag{5-4}$$

式中,J 为膜过滤时的通量,$mL \cdot (m^2 \cdot s)^{-1}$;在本试验中,$V$ 为 10 s 过滤水样的体积,ml;S 为膜过滤有效面积,$3.32 \times 10^{-3} m^2$;T 为过滤水样时间,10 s。

3. 预处理树脂的挑选

在两根滤柱中分别装填两种树脂各 30 ml,并各用 1 BV 的脱附液对新树脂进行洗脱,以消除装填树脂时带来的污染,再用一定量的超纯水以 20 BV/h 的过柱流速淋洗树脂,将残留在滤柱内的脱附液冲洗干净,以免残留的碱液使体系的 pH 改变而影响后续试验的效果;三好坞原水过 0.45 μm 膜,以 20 BV/h 的过柱流速通过滤柱,收集前 2.5 h 的树脂出水,按照上述的方法进行过膜试验,分析膜污染,并测定各水样的耗氧量、DOC、UV_{254},考察树脂和微滤膜联用对有机物的去除效果。

4. 树脂 PWA9 连续动态吸附预处理对膜污染的影响

在滤柱中装填 30 ml 树脂 PWA9,并用 1 BV 的脱附液对新树脂进行洗脱,以消除装填树脂时带来的污染,再用一定量的超纯水以 20 BV/h 的过柱流速淋洗树脂,将残留在滤柱内的脱附液冲洗干净,以免残留的碱液使体系的 pH 改变而影响后续试验的效果;三好坞原水过 0.45 μm 膜,以 20 BV/h 的过柱流速通过滤柱,吸附交换 100 h,即树脂的处理水量为 2 000 BV;将每 10 h 的出水收集在一个大的容器里,将其混合均匀。然后将各时段的原水和树脂出水按上述方法进行过膜试验,记录膜通量的变化,分析膜污染,并测定各时段原水、树脂出水和膜后出水的耗氧量,DOC,UV_{254},相对分子质量分布和三维荧光,考察树脂和微滤膜联用对有机物的去除效果。

5. 混凝沉淀＋树脂预处理＋微滤膜过滤试验方法

混凝沉淀条件：混凝剂采用聚合氯化铝，投加量为 30 mg/L（以 Al_2O_3 的含量计）。在 5 L 的大烧杯里面加入 4 L 原水，投加混凝剂后以 500 r/min 的转速搅拌 1 min，然后以 200 r/min 的转速搅拌 10 min，再以 50 r/min 的转速搅拌 10 min，最后沉淀 30 min，取上清液进行树脂吸附交换实验。

在两根滤柱中分别装填两种树脂各 30 ml，并各用 1 BV 的脱附液对新树脂进行洗脱，以消除装填树脂时带来的污染，再用一定量的超纯水以 20 BV/h 的过柱流速淋洗树脂，将残留在滤柱内的脱附液冲洗干净，以免残留的碱液使体系的 pH 改变而影响后续试验的效果；太湖原水经过混凝沉淀后，以 20 BV/h 的过柱流速通过滤柱，收集两种树脂 0～10 h 和 10～20 h 时段的出水过 0.1 μm 的 CA 微滤膜，记录膜通量的变化，考察微滤膜过滤各种水样时的污染情况；并测定各水样的耗氧量、DOC 和 UV_{254}，考察各阶段工艺对有机物的去除效果。

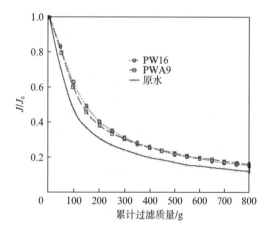

图 5-52　CA 0.1 m 过滤原水和树脂初始出水的通量变化

5.3.2　树脂挑选试验结果和分析

先挑选一种树脂来作为微滤膜的预处理，考察树脂对延缓膜污染的作用。因此先用两种树脂的初始出水进行过膜，比较两种树脂出水对膜污染的程度和对有机物的去除效果。试验结果如图 5-52 和表 5-6 所示。

表 5-6　　　　　　　　　　树脂和微滤膜对有机物的去除效果

水　样	$COD_{Mn}/(mg \cdot L^{-1})$			$DOC/(mg \cdot L^{-1})$			UV_{254}/cm^{-1}		
	PW16	PWA9	原水	PW16	PWA9	原水	PW16	PWA9	原水
膜前	1.132	1.206	3.077	1.925	2.084	5.334	0.012	0.016	0.073
膜后	0.985	1.077	2.749	1.623	1.654	4.807	0.008	0.011	0.067
树脂去除率/%	63.20	60.80	—	63.92	60.93	—	83.56	78.08	—
膜去除率/%	4.80	4.20	10.67	5.65	8.06	9.89	5.48	6.85	8.22
总去除率/%	68.00	65.00	—	69.57	68.99	—	89.04	84.93	—

注：表中原水列所对应的去除率为整个工艺对有机物的总去除率；所有的去除率均是绝对去除率，即相对于原水的去除率。

从图 5-52 可以看出，两种树脂出水的膜通量下降情况并无明显差异，膜通量下降的趋势线几乎完全重合。对比原水膜通量下降曲线可知，两种树脂均能在一定程度上延缓膜污染。从表 5-6 可知，两种树脂对有机物的去除效果相差不大，PW16 略优于 PWA9；微滤膜对有机物各指标有一定的去除效果,过滤树脂出水时对有机物的去除率要低于直接过滤原水时对有机物的去除率,这是因为树脂出水的有机物浓度较低,且大部分是一些小分子有机物,所以微滤膜对其的去除量不是很多;树脂和微滤膜联用对有机物各项指标均有很好的去除效果,但对总去除率起决定性作用的还是树脂,膜对总去除率的贡献只是在树脂的基础上增加了几个百分点而已。根据前文的研究,树脂PWA9虽然对有机物的去除效果略逊于树脂PW16,但是PWA9比PW16更容易脱附再生,使用寿命更长,更适合工程应用。因此,接下来选择树脂PWA9作为研究对象,考察树脂PWA9连续动态吸附预处理对微滤膜污染的影响。

5.3.3 PWA9吸附预处理十微滤膜试验结果及分析

1. 各时段树脂出水的膜通量下降情况

图5-53—图5-56是微滤膜过滤各时段PWA9出水的通量变化图。

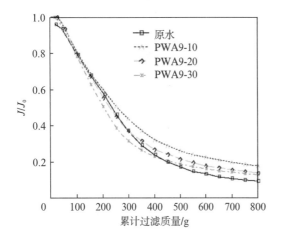

图5-53 CA 0.1 m过滤原水和PWA9出水的通量变化(0～30 h)

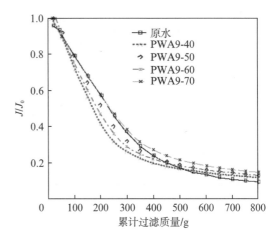

图5-54 CA 0.1 m过滤原水和PWA9出水的通量变化(30～70 h)

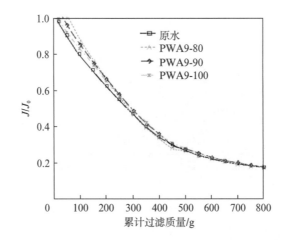

图5-55 CA 0.1 m过滤原水和PWA9出水的通量变化(70～100 h)

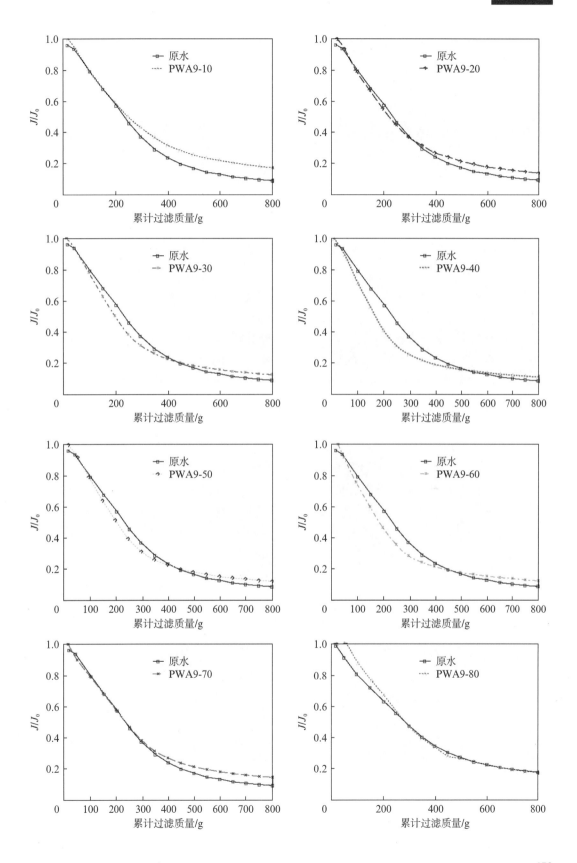

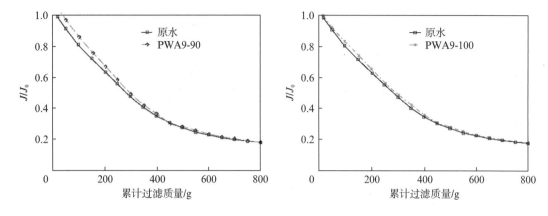

图 5 - 56　CA 0.1 m 过滤各时段 PWA9 出水的通量变化

图中 PWA9 - 10 代表 0～10 h 树脂 PWA9 的出水过膜的通量变化,PWA9 - 20 代表 10～20 h 树脂 PWA9 的出水过膜的通量变化,以此类推。从图中可以看出,0～10 h 树脂出水的膜通量下降程度最小,0～10 h 和 10～20 h 这两个时段树脂出水的膜通量下降程度明显小于原水的膜通量下降程度,说明此时树脂预处理对膜污染有一定的缓解作用;从 20～30 h 一直到 60～70 h,这 5 个时段树脂出水的膜通量下降程度略小于原水的膜通量下降程度,说明此时树脂预处理对膜污染有轻微的缓解作用;从 70～80 h 到 90～100 h,这 3 个时段树脂出水的膜通量下降程度和原水的膜通量下降程度基本一致,说明此时树脂预处理对膜污染已无缓解作用。

2. 对有机物的去除效果(图 5 - 57,图 5 - 58,图 5 - 59)

从图 5 - 57 可以看出,树脂 PWA9 对有机物的去除效果与前文研究基本一致,树脂 PWA9 对三种有机物指标均有很好的去除率,对 DOC 去除率最高为 48.64%(0～10 h 时段),最低为 20.46%(30～40 h 时段),平均为 31.08%;对耗氧量的去除率最高为 60.24% (0～10 h 时段),最低为 34.29%(50～60 h 时段),平均为 45.79%;对 UV_{254} 的去除率最高为 83.33%(0～10 h 时段),最低为 60.24%(40～50 h 时段),平均为 66.98%。树脂对三种有机物指标的去除率大小顺序为: $DOC < COD_{Mn} < UV_{254}$。

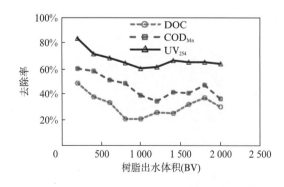
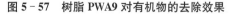
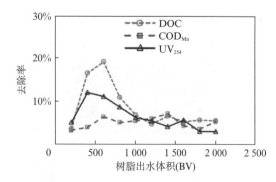

图 5 - 57　树脂 PWA9 对有机物的去除效果　　**图 5 - 58　微滤膜对有机物的去除效果**

从图 5 - 58 可以看出,微滤膜对三种有机物指标的去除效果均不是很好,对 DOC 去除率最高为 19.14%(20～30 h 时段),最低为 3.41%(0～10 h 时段),平均为 8.29%;对耗氧量的去除率最高为 6.94%（60～70 h 时段），最低为 3.00%（0～10 h 时段），平均为 4.80%；对 UV₂₅₄ 的去除率最高为 11.90%（10～20 h 时段），最低为 2.67%（80～90 h 时段），平均为 6.21%。综合膜通量的下降情况和膜对有机物的去除率情况，在 0～30 h 这三个时段微滤膜对有机物的去除率较高，但膜通量下降却较慢，说明膜通量的下降程度与有机物的去除率并没有明显的关系。

从图 5-59 可以看出，树脂和微滤膜对三种有机物指标的总体去除效果均较好，对 DOC 总去除率最高为 54.01%（10～20 h 时段），最低为 27.25%（40～50 h 时段），平均为 39.37%；对耗氧量的总去除率最高为 63.24%（0～10 h 时段），最低为 40.00%（50～60 h 时段），平均为 50.59%；对 UV₂₅₄ 的总去除率最高为 88.10%（0～10 h 时段），最低为 66.23%（50～60 h 时段），平均为 73.18%。树脂和微滤膜对三种有机物

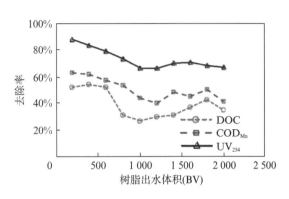

图 5-59　树脂和微滤膜对有机物的总体去除效果

指标的总体去除率大小顺序为：$DOC < COD_{Mn} < UV_{254}$。树脂和微滤膜联用对有机物各项指标均有很好的去除效果，但对总去除率起决定性作用的还是树脂，膜对总去除率的贡献只是在树脂的基础上增加了几个百分点而已。

3. 各时段原水、树脂出水和膜出水中有机物相对分子质量分布

图 5-60—图 5-65 为各时段原水、树脂出水和膜出水相对分子质量分布图，图中 M-1 代表微滤膜过滤 0～10 h 时段树脂出水后微滤膜出水的相对分子质量分布图，PWA9-1 代表 0～10 h 时段 PWA9 树脂出水的相对分子质量分布图，原水-1 代表 0～10 h 时段所用的原水的相对分子质量分布图，M-2 代表微滤膜过滤 10～20 h 时段树脂出水后微滤膜出水的相对分子质量分布图，PWA9-2 代表 10～20 h 时段 PWA9 树脂出水的相对分子质量分布图，原水-2 代表 10～20 h 时段所用的原水的相对分子质量分布图，以此类推。

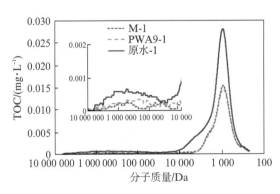
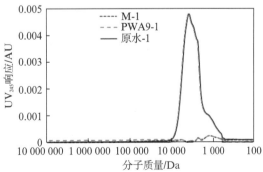

图 5-60　0～10 h 时段原水、树脂出水和膜出水分子质量分布

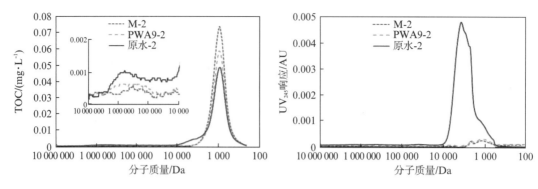

图 5‑61 10～20 h 时段原水、树脂出水和膜出水分子质量分布

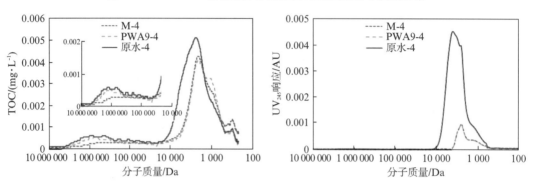

图 5‑62 30～40 h 时段原水、树脂出水和膜出水分子质量分布

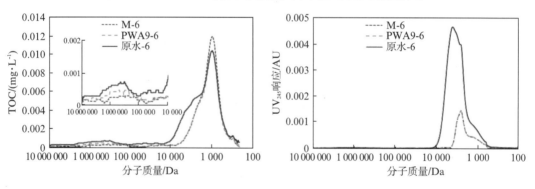

图 5‑63 50～60 h 时段原水、树脂出水和膜出水分子质量分布

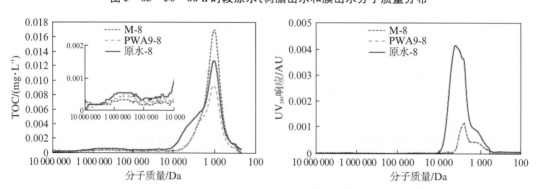

图 5‑64 70～80 h 时段原水、树脂出水和膜出水分子质量分布

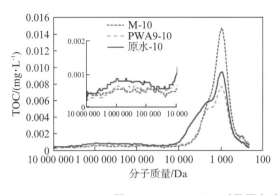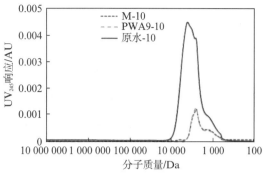

图 5-65　90~100 h 时段原水、树脂出水和膜出水分子质量分布

从各时段原水和出水的相对分子质量分布图可知,各时段原水有机物相对分子质量分布基本相同,原水中有机物分布在三个区间,即第一区间:为一些对紫外吸收极低的多糖类、胶体或高分子蛋白类组成的大分子有机物区间,相对分子质量分布从 $5.0 \times 10^6 \sim 5.0 \times 10^4$,峰值在 6.60×10^5;第二区间:为对紫外吸收极强的结构复杂的腐殖类中等分子有机物区间,相对分子质量分布从 $1.10 \times 10^4 \sim 2.64 \times 10^3$,峰值在 3.81×10^3;第三区间:为碳双键和芳香结构较少的小分子有机物和小部分由前面提到的大分子腐殖类和芳香族蛋白分解产生的小分子产物组成的小分子有机物区间,相对分子质量分布从 $2.64 \times 10^3 \sim 2.16 \times 10^2$,峰值在 9.01×10^2。三个区间有机物的浓度大小顺序为:小分子有机物 > 中等分子有机物 > 大分子有机物。

从 0 h 原水和出水相对分子质量分布图可知,刚开始树脂对有机物的去除效果非常好,能去除部分大分子有机物和绝大部分中小分子有机物,对有 UV_{254} 响应的有机物几乎能完全去除。随着通水倍数的增加,树脂对大分子有机物的去除效果变化不大,对中等分子有机物的去除效果缓慢变差,对小分子有机物的去除效果明显变差。从 TOC 图可以看出,出水的小分子有机物逐渐增加,甚至超过了原水的小分子有机物的含量,这是因为中等分子有机物和小分子有机物存在吸附竞争,树脂对中等分子有机物的吸附交换能力较强,使中等分子区间的有机物把部分已经吸附在树脂上的小分子有机物交换下来,导致出水中小分子有机物的含量增加。对比各时段相对分子质量分布的 UV_{254} 图可知,树脂对中等分子段有 UV_{254} 响应的有机物的去除效果非常好且稳定,几乎能完全去除;对小分子段有 UV_{254} 响应的有机物的去除效果也较好,虽然随着通水倍数的增加,出水小分子段的响应强度有所增加,但是增加的幅度没有 TOC 那么明显,且出水的 UV_{254} 响应值始终低于原水的响应值。从各时段相对分子质量分布的 UV_{254} 图还可以看出,随着通水倍数的增加,小分子段的 UV_{254} 响应值逐渐增加,当增加到一定程度后(如 70 h 后),基本上保持稳定。

对比各时段树脂出水和膜出水有机物相对分子质量分布的 TOC 图,可以看出微滤膜对树脂出水中的大分子有机物有一定的去除效果,对中等分子有机物基本上没有去除效果,对小分子有机物的去除效果不稳定,有时候有去除效果,有时候没有去除效果。对比各时段树脂出水和膜出水有机物相对分子质量分布的 UV_{254} 图,可以看出微滤膜对树脂除水中有 UV_{254} 响应的有机物几乎没有去除效果。

综上所述,随着通水倍数的增加,树脂对大分子有机物的去除效果变化不大,对中等分子有机物的去除效果缓慢变差,对小分子有机物的去除效果明显变差。树脂对中等分子有机物的吸附交换能力较强,使中等分子区间的有机物把部分已经吸附在树脂上的小分子有机物交换下来,导致出水的小分子有机物逐渐增加,甚至超过了原水的小分子有机物的含量。$0.1\ \mu m$ 的 CA 微滤膜对水中有机物的去除效果较差,只能去除小部分大分子有机物和极少部分小分子有机物。大分子有机物是被膜截留去除,而小分子有机物则是吸附在膜孔内部被去除。

5.3.4 混凝沉淀+树脂预处理+微滤工艺的小试研究

由于树脂不宜处理浊度较高的水,因此之前的实验均是将原水用 $0.45\ \mu m$ 的微滤膜过滤去除原水中的颗粒杂质之后,再进行树脂吸附交换。但是这显然不符合工程实际应用,在实际工程中,一般是通过混凝沉淀来去除水中的颗粒杂质和部分胶体有机物。因此本节用混凝沉淀来代替 $0.45\ \mu m$ 的微滤膜,使实验研究更符合工程实际。

1. 各水样的膜通量下降情况

图 5-66—图 5-69 为 $0.1\ \mu m$ 的 CA 微滤膜过滤各水样的通量变化曲线,图中沉后-10 表示微滤膜过滤 $0\sim10\ h$ 时段用于树脂吸附交换的沉后水的通量变化曲线,PW16-10 表示微滤膜过滤 $0\sim10\ h$ 时段 PW16 树脂出水的通量变化曲线,以此类推。由图 5-66 可知,微滤膜直接过滤原水时,通量下降非常快,过滤水量为 100 g 时,通量已经下降为初始通量的 31.5%,一直到过滤结束,通量下降到初始通量的 5.3% 左右,这是因为原水中含有大量的颗粒杂质、胶体和溶解性有机物,过滤时这些物质被截留在膜表面或者吸附在膜孔内部,从而造成严重的膜污染。

两个时段树脂出水的膜通量下降程度在过膜前期比沉后水的膜通量下降程度小,但到过膜后期树脂出水和沉后水的膜通量下降程度基本相同(PWA9-10),甚至比沉后水的膜通量下降程度更大(PW16-10,PW19-20 和 PWA9-20),这可能是因为沉后水中含有部分细小的矾花,随着微滤膜过滤的进行,这些矾花在膜表面形成了一层滤饼层,滤饼层的截留作用可以减少部分颗粒和有机物接触微滤膜堵塞膜孔,从而延缓了膜污染。从图 5-66 和图 5-67 还可以看出,树脂 PWA9 出水膜通量的下降程度要比 PW16 出水膜通量下降程度小,同一时段树脂 PWA9 出水膜通量的下降程度要比 PW16 出水膜通量下降程度小,但从

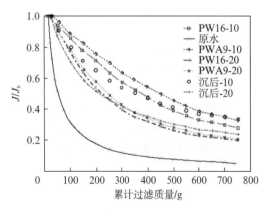

图 5-66 CA 0.1 m 过滤各水样的通量变化

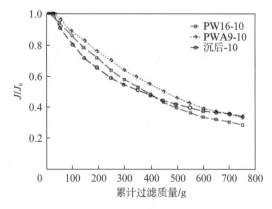

图 5-67 CA 0.1 m 过滤 0~10 h 树脂出水和沉后水的通量变化

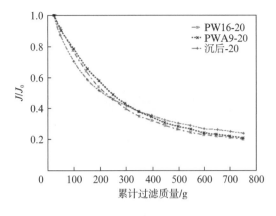

图 5-68　CA 0.1 m 过滤 10～20 h 树脂出水和沉后水的通量变化

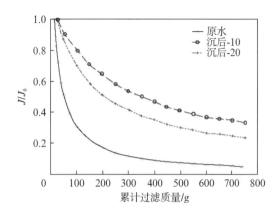

图 5-69　CA 0.1 m 过滤沉后水和原水的通量变化

表 5-7 可知 PWA9 出水有机物浓度要比 PW16 出水有机物浓度高,因此在本实验情况下,有机物浓度和膜污染程度并不成正相关。

　　混凝沉淀能去除很多造成膜污染的物质,其延缓膜污染的效果比较明显,到过滤结束时,沉后-10 的膜通量为初始通量的 33.6%,沉后-20 的膜通量为初始通量的 23.9%,这两个时段沉后水的膜通量下降程度明显小于原水的膜通量下降程度。至于两个时段沉后水对膜污染的缓解程度有一定差异,主要是因为两次混凝沉淀的效果不尽一致,对颗粒物、胶体和溶解性有机物的去除效果有所差异,从而导致膜通量下降程度明显不同。各水样过滤结束时 J/J_0 情况见表 5-7。

表 5-7　　　　　　　　　　　　　**各水样过滤结束时 J/J_0 情况**

水样	过滤结束时 J/J_0			
	PW16	PWA9	沉后	原水
0～10 h	0.281	0.330	0.336	0.053
10～20 h	0.201	0.209	0.239	

　　2. 各工艺对有机物的去除效果

　　各水样有机物含量及各工艺对有机物的去效果如表 5-8 所示。

表 5-8　　　　　　　　　　　　**各水样有机物含量及各工艺对有机物的去效果**

指标	水样	0～10 h		10～20 h		0～10 h 去除率/%		0～20 h 去除率/%	
		PW16	PWA9	PW16	PWA9	PW16	PWA9	PW16	PWA9
COD$_{Mn}$	膜后	0.966	1.155	1.482	1.580	2.89	1.30	0.58	2.89
	树脂出水	1.130	1.228	1.515	1.744	27.13	25.40	24.96	20.94
	沉后	2.669		2.931		52.96		48.34	
	原水	5.675				82.97	79.65	73.88	72.15

159

（续表）

指标	水样	0～10 h		10～20 h		0～10 h 去除率		0～20 h 去除率	
		PW16	PWA9	PW16	PWA9	PW16	PWA9	PW16	PWA9
DOC	膜后	1.024	1.374	1.504	1.633	1.16%	0.64%	1.21%	3.69%
	树脂出水	1.72	1.401	1.554	1.786	46.26%	38.32%	36.48%	30.87%
	沉后	2.985		2.062		27.81%		25.94%	
	原水	4.134				75.23%	66.76%	63.63%	60.50%
UV₂₅₄	膜后	0.009	0.017	0.016	0.024	5.05%	6.06%	8.08%	7.07%
	树脂出水	0.104	0.023	0.024	0.030	50.51%	41.41%	41.41%	35.35%
	沉后	0.064		0.065		35.35%		34.34%	
	原水	0.099				90.91%	82.83%	83.84%	75.76%

注：表中原水行所对应的去除率为整个工艺对有机物的总去除率；所有的去除率均是绝对去除率，即相对于原水的去除率。

对于水中的耗氧量，各工艺的去除效率大小顺序为：混凝沉淀＞树脂吸附交换微滤膜过滤，这是因为混凝沉淀能去除大部分颗粒杂质、部分胶体和溶解性有机物，而除了溶解性有机物，一些胶体和颗粒物质也会被高锰酸钾氧化，从而贡献了一部分耗氧量，因此混凝沉淀对耗氧量的去除效果最好；到树脂吸附交换阶段，由前文的研究可知，树脂主要去除的是一部分大分子有机物和绝大部分中等分子有机物以及小部分有 UV₂₅₄ 响应的小分子有机物，对大部分小分子有机物的去除效果不佳；而到微滤膜阶段时，水中基本上只剩一些溶解性的小分子有机物，靠截留作用去除的可能性不大，基本上是靠膜孔内表面吸附一部分小分子有机物，因此对有机物的去除效果很差。对于水中的 DOC 和 UV₂₅₄，各工艺的去除效率大小顺序为：树脂吸附交换＞混凝沉淀微滤膜过滤，与耗氧量的去除规律有所不同，对 DOC 和 UV₂₅₄ 的去除主要是靠树脂吸附交换，这也进一步说明树脂吸附交换对溶解性有机物的去除效果非常好；微滤膜过滤对水中的 DOC 和 UV₂₅₄ 的去除率低的原因与其对耗氧量的去除率低是一样的。从表 5 - 9 还可以看出，"混凝沉淀＋树脂预处理＋微滤膜过滤"的组合工艺对有机物总的去除效果非常明显，对耗氧量的去除率在 72% 以上，对 DOC 的去除率在 60% 以上，对 UV₂₅₄ 的去除率在 75% 以上。

表 5 - 9 中列出了 0～10 h 和 10～20 h 两个时段"PWA9 树脂＋微滤膜"和"混凝沉淀＋PWA9 树脂＋微滤膜"对有机物的去除率，比较这两种组合工艺对有机物的去除效果，有混凝沉淀时对 DOC 和耗氧量的去除率比没有混凝沉淀时要高 10% 左右，但是对 UV₂₅₄ 的去除率却要低 5%～8%，这可能是因为沉后水中含有一些细小的絮体，在进行树脂吸附交换时，这些絮体会包裹在树脂表面，从而影响树脂对 UV₂₅₄ 的去除。

表 5-9　　　　　　　　　有无混凝沉淀时对有机物的去除率

总去除率/%		DOC	COD$_{Mn}$	UV$_{254}$
0~10 h PWA9	树脂＋微滤膜	52.05	63.24	88.10
	混凝沉淀＋树脂＋微滤膜	66.76	79.65	82.83
	差值	14.71	16.42	−5.27
10~20 h PWA9	树脂＋微滤膜	54.01	61.73	83.33
	混凝沉淀＋树脂＋微滤膜	60.50	72.15	75.76
	差值	6.49	10.42	−7.58

3. 各时段原水、树脂出水和膜出水中有机物相对分子质量分布

图 5-70—图 5-73 为各时段原水、树脂出水和膜出水相对分子质量分布图,图中 PW16 膜后-1 代表微滤膜过滤 0~10 h 时段 PW16 树脂出水后微滤膜出水的相对分子质量分布图,PW16-1 代表 0~10 h 时段 PW16 树脂出水的相对分子质量分布图,沉后-1 代表经混凝沉淀后用于 0~10 h 时段树脂动态吸附的沉后水,以此类推。从原水相对分子质量分布图可知,太湖原水中有机物的相对分子质量分布与三好坞原水有一定的差异。原水相对分子质量分布 TOC 图可知,太湖原水的有机物相对分子质量分布可划为 4 个区间: 相对分子质量＞10 万 Da 的大分子区间,相对分子质量在 10 万~1 万 Da 的偏大分子区间,相对分子质量在 1 万~1 000 Da 的中小分子区间,以及相对分子质量＜1 000 Da 的小分子区间。对比太湖原水和三好坞原水有机物相对分子质量分布的 TOC 图可知,太湖原水的大分子有机物分布范围更广,含量更多;对比太湖原水和三好坞原水有机物相对分子质量分布的 UV$_{254}$ 图可知,太湖原水比三好坞原水多了一部分有 UV 响应的偏大分子有机物(相对分子质量在 10 万~1 万 Da 之间)。

对比各时段树脂出水和膜出水有机物相对分子质量分布的 TOC 图和 UV$_{254}$ 图,可以看出微滤膜无论是对树脂出水中的总有机物,还是对有 UV$_{254}$ 响应的有机物,几乎都没有明显的去除效果。对比各时段沉后水和树脂出水有机物相对分子质量分布 TOC 图可知,在 0~

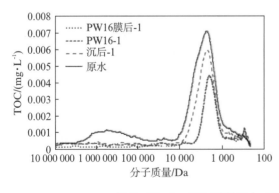
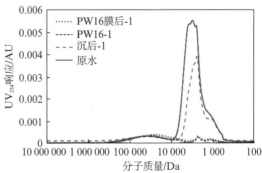

图 5-70　0~10 h 时段原水、PW16 出水和膜出水分子质量分布

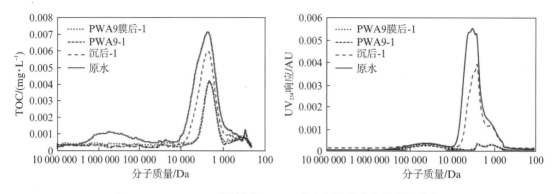

图 5-71 0~10 h 时段原水、PWA9 出水和膜出水分子质量分布

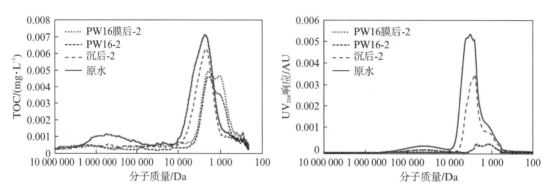

图 5-72 10~20 h 时段原水、PW16 出水和膜出水分子质量分布

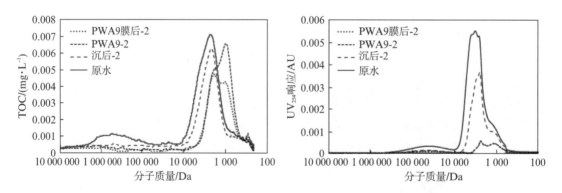

图 5-73 10~20 h 时段原水、PWA9 出水和膜出水分子质量分布

10 h 时段,树脂对相对分子质量<1 万 Da 的中小分子有机物有良好的去除效果;随着通水倍数的增加,树脂对相对分子质量在 1 万~1 000 Da 的中小分子有机物的去除效果依然很好,但是对相对分子质量<1 000 Da 的小分子有机物的去除效果变差,甚至出现小分子峰值高于原水的情况,这是因为随着通水倍数的增加,一部分易于被树脂吸附的有机物把之前吸附在树脂上的部分小分子有机物交换了下来,从而导致树脂出水小分子有机物增多。对比各时段原水和沉后水有机物相对分子质量分布 TOC 图可知,混凝沉淀能很好地去除大分子有机物,对中小分子有机物也有部分去除,但是效果不是很理想。另外,从各时段相对分子

质量分布 UV_{254} 图可知,树脂对中小分子段有 UV 响应的有机物去除效果非常明显,而偏大分子段有 UV 响应的有机物主要是靠混凝沉淀去除。

综上所述,混凝主要去除大分子和部分中小分子的有机物,而树脂能有效去除中小分子的有机物。所以混凝预处理后,膜的通量下降明显改善;虽然树脂对缓解膜污染的效果有限,但它可有效去除有机物,特别是中小分子,从而弥补了混凝的不足。

5.3.5　小结

(1) 两种树脂均能在一定程度上延缓膜污染,PWA9 连续动态吸附预处理初期(0~20 h)对延缓膜污染有一定的效果,随着通水倍数的增加(20~70 h),其对延缓膜污染的效果逐渐变差,到后期(70~100 h)对延缓膜污染基本上不再有效果。

(2) 树脂和微滤膜联用对有机物各项指标均有很好的去除效果,对三种有机物指标的总体去除率大小顺序为:DOC(39.37%)<COD_{Mn}(50.59%)<UV_{254}(73.18%),但对总去除率起决定性作用的还是树脂,膜对有机物总去除率的贡献只是在树脂的基础上增加了几个百分点而已。

(3) 树脂主要去除原水中的中等分子有机物和小分子有机物,对中等分子有机物的去除效果最好,几乎能完全去除,对大分子有机物也有一定的去除效果。随着通水倍数的增加,树脂对大分子有机物的去除效果变化不大,对中等分子有机物的去除效果缓慢变差,对小分子有机物的去除效果明显变差,但树脂对小分子段有 UV_{254} 响应的有机物的去除效果明显。

(4) 在混凝沉淀＋树脂预处理＋微滤工艺的小试研究中,混凝沉淀能去除很多造成膜污染的物质,其延缓膜污染的效果比较明显;树脂虽然对有机物的去除效果很好,但是对延缓膜污染效果不明显;虽然 PW16 对有机物的去除效果要略优于 PWA9,但同一时段 PW16 出水膜通量的下降程度要比 PWA9 出水膜通量下降程度大。

(5) "混凝沉淀＋树脂预处理＋微滤膜过滤"的组合工艺对有机物总的去除效果非常明显,对耗氧量的去除率在 72% 以上,对 DOC 的去除率在 60% 以上,对 UV_{254} 的去除率在 75% 以上。混凝主要去除大分子和部分中小分子的有机物,而树脂能有效去除中小分子的有机物。所以混凝预处理后,膜的通量下降明显改善;虽然树脂对缓解膜污染的效果有限,但它可有效去除有机物,特别是中小分子,从而弥补了混凝的不足。

5.4　氧化预处理

臭氧作为一种强氧化剂,最早应用于膜工艺中是针对膜的清洗。臭氧对膜的清洗不仅有类似空气的物理清洗作用,同时进入膜孔内部、氧化膜孔内部与膜表面的污染物质。尽管臭氧对膜的清洗效果很好,但仍停留在实验室阶段。近年,已有很多学者将研究重点转为臭氧与膜联用,期望在投加臭氧的同时,能够加强有机物的处理率并且降低膜污染程度以及运行费用。

臭氧对有机物的强氧化作用主要通过以下方式进行:首先臭氧使有机物分子中的不饱和键打开,并结合在断裂的双键上,生成臭氧化物,不稳定的臭氧化物开环形成两性离子,两性离子是不稳定的,可以在不同的溶液条件下生成其他臭氧化物、过氧化物、羧酸或者醛等。在亲电取代反应中,芳香族化合物上的亲核位置被臭氧攻击后形成取代产物。其次,臭氧在水相溶液发生间接反应,主要是指臭氧所产生的具有更高反应活性的—OH与水溶液中物质所发生的反应。另外,臭氧氧化反应之后的生成物是氧气,对环境没有污染。所以臭氧是高效的、无二次污染的氧化剂。

水体中有机物的相对分子质量分布对膜污染有很大的影响,研究发现,臭氧对改善水体中有机物的相对分子质量分布有着明显的作用,通过臭氧的强氧化作用,将水体中大分子有机物氧化为小分子物质,小分子氧化为无机物质,进一步降低对膜污染造成污染的物质的含量,从根本上减少膜污染的情况。

You等的研究发现,膜表面附着的污染层可以通过臭氧氧化去除,从而改善膜污染情况。Oh等的研究显示应用臭氧后,膜污染减轻的程度实际上要远高于有机物质浓度减少的量,因此推测臭氧化减少有机物量的作用可能并非膜污染减轻的唯一因素或者是主要因素。臭氧预氧化对膜造成污染的有机物质的降解作用以及膜通量改善的原理还不是很清楚,同时臭氧的强氧化作用对于膜组件的腐蚀,对于其是否可以大量应用于工程中还需要进一步研究,但臭氧对于天然水体过滤过程中膜污染情况的改善以及有机物去除效果的提高有显著作用。

高锰酸钾和氯已被广泛地应用于常规水处理预氧化工艺中。尽管这些工艺还在一些发展中国家被广泛地应用,但对其研究也仅停留在单独氧化剂的投加,很少研究联合投加或其与超滤膜联用等工艺。

水体中造成膜污染的大分子物质中,腐殖酸、富里酸等会对水中胶体产生保护作用,增加了混凝剂压缩双电层的难度,导致混凝效果较差;覆盖在胶体表面的有机层能被高锰酸钾有效氧化,从而提高混凝效果;另外高锰酸钾氧化作用后的还原产物是MnO_2,具有较大的比表面积以及较多的活性吸附点位,形成以MnO_2为核心的密集絮体,同时由于MnO_2催化作用提高对水中有机污染物的去除效果。Pestrusevski等试验发现高锰酸钾可以使微生物细胞失活,减少天然水体中的藻类,减少水处理过程中混凝剂的投加。Chen等针对高锰酸钾氧化水体中藻类的机理进行研究,研究发现高锰酸钾可以促进藻类细胞的聚合从而被去除。马军等针对高锰酸钾法控制氯化消毒副产物和助凝以及去除水中微量的有机污染物等方面的研究发现高锰酸钾对水中有机物、致突变物均有较高的去除效果;水中的有机酸、醛、酮、烯、脂、氰化物、酚等臭味化合物也能被高锰酸钾快速氧化而去除;同时决定氯化消毒副产物生成量的前驱物质,也能够通过氧化去除。但投加高锰酸钾会对水体的色度产生负面的影响,如何解决此问题,还需进一步研究。

在高藻、高有机物含量的水体的处理中,预氯化已被证实对混凝有着促进作用。Sukenik等发现预氯化直接影响释放胞内有机物的藻类细胞的表面结构性质。同时氯的使用也导致了消毒副产物的产生,如三卤甲烷(THMs)和卤乙酸(HAAs)这类在各国饮用水水质指标中需严格控制的对人体有害的物质,同时氯的投加不能去除臭味,而且大量的投加还会使其加大。预氯化可以氧化一些离子,如锰离子,虽然去除铁锰等效果并不是很好,但仍可以减小一部分的颗粒的大小,同时降低了一些胶体物质的表面电荷,使胶体颗粒之间的电层排斥作用减弱,加速了颗粒间的碰撞,从而形成较大的颗粒,对膜工艺去除有机物的能力有一定的提高。氯的强氧化作用不仅针对水中的有机物质,而且作用于膜表面的滤饼层以及其本身的过滤性能,一定程度上增加了膜工艺对有机物的去除率,降低了跨膜压差上升的程度。

综上所述,预氯化和高锰酸钾均杀死了一定量的藻类等微生物,消除了这部分对膜造成的污染;同时其对混凝有一定的助凝效果。但在投加使用中,虽然经济性提高,但对出水水质造成的影响还需要进一步研究与控制。

本节采用不同的氧化剂,研究不同预氧化对膜处理效果以及膜污染的影响[5,6]。

5.4.1　试验方法

1. 不同氧化剂预氧化控制膜污染的效果

(1) 氧化预处理。试验采用太湖原水,氧化剂为臭氧、次氯酸钠和高锰酸钾。首先进行高级氧化试验,而后分别进入 PVDF 中空纤维超滤膜,过滤通量控制在 1.6 L/h,过滤时间达到 65 min 时停止过滤,过滤后的水样进行相关相对分子质量、DOC、UV_{254}、荧光光谱等化学分析,使用后的膜通过进行药剂冲洗保证膜通量的恢复。膜组件如图 5-74 所示。

操作流量采用阀门调节,使进水流量稳定在 1.60 L/h,通过进出水口压力表的压差测定跨膜压差。该膜组件纯水稳定通量下的压力为 0.30 MPa,控制测定周期为 65 min。

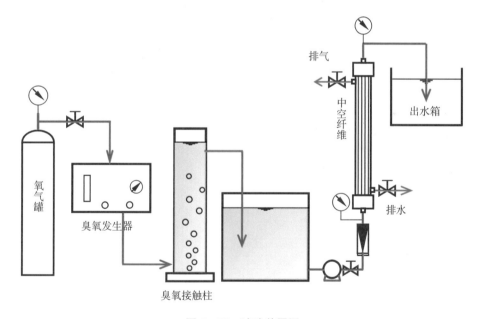

图 5-74　试验装置图

(2) 臭氧与混凝联用预处理。原水中通入一定量的臭氧,臭氧在达到投加浓度后停留 10 min,而后用高纯氮气吹脱,以防止对后续工艺产生影响。此时水样进行混凝搅拌试验,混凝剂采用精致硫酸铝,本试验混凝剂投加量采用 10 mg/L 及 30 mg/L。采用实验搅拌器,以 1 000 r/min 的转速快速搅拌氧化 1 min,随后以 200 r/min 的转速慢速搅拌氧化 30 min。氧化混凝处理后的水作为原水进入 UF 膜,进行预处理——UF 对有机物处理效果的研究。

2. 预氧化对低压膜处理黄浦江水的影响

试验原水取自黄浦江水,氧化剂采用臭氧。膜过滤试验装置如图 5 - 75 所示,主要包括氮气瓶、进水装置、膜组件及化学清洗装置。进膜水样装在进水装置中,通入纯氮气,在 0.1 MPa 的压力下,驱动水样进入膜室内,在压力的作用下,水样从膜的表面进入到膜腔内,完成过滤过程,出水由膜腔流出收集。

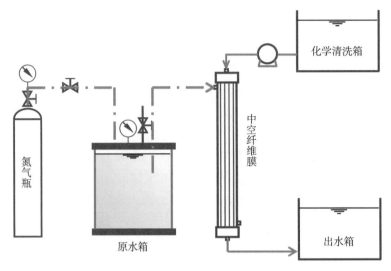

图 5 - 75　装置图

试验采用的膜为 PVDF 微滤膜,由日本东丽公司提供,相关参数如表 5 - 10 所示。

表 5 - 10　　　　　　　　　　　　MF 膜特性

参数	MF 膜
材质	聚偏氟乙烯
类型	中空纤维
膜孔径/μm	0.1
膜面积/cm^2	75
过滤模式	死端过滤
过滤方式	外压式

5.4.2　不同氧化剂预氧化控制膜污染的效果

次氯酸钠预氧化缓解膜压差上升的效果如图 5 - 76 所示。由图 5 - 76 可知,膜直接过滤原水时,膜压差上升迅速,过滤结束时的膜压差为 2.2。投加 1 mg/L 的次氯酸钠缓解膜压差的效果甚微,膜压差仍达到 2;投加量增加至 2 mg/L,缓解效果与 1 mg/L 的无异。但次氯酸钠与混凝联用时,缓解效果显著。当投加 1 mg/L 次氯酸钠＋10 mg/L 混凝剂时,过滤

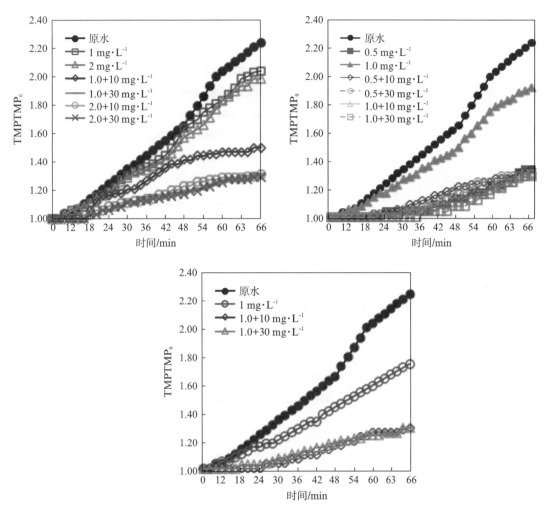

图 5-76　不同氧化剂预处理缓解膜压差的效果

结束时的膜压差降至 1.4,而混凝剂增至 30 mg/L 时,膜压差进一步降至 1.2。

投加 0.5 mg/L 的高锰酸钾可将膜压差降至 1.33,但进一步增加投加量却导致了膜压差大幅上升。高锰酸钾与混凝联用缓解膜污染的效果与高锰酸钾的投加量相关。当高锰酸钾投加量为 0.5 mg/L 时,混凝的联用无助于膜污染的控制;但投加量为 1 mg/L 时,混凝的联用明显缓解了膜压差的上升,但提高混凝投加量却没有引起膜压差的进一步的下降。投加 1 mg/L 臭氧抑制膜污染的效果较为明显,过滤结束时的膜压差为 1.72。混凝与臭氧的联用控制膜污染的效果明显,膜压差降至 1.28,但增加混凝投加量没有进一步提高抑制膜压差上升的效果。

由此可见,不同的氧化剂控制膜污染的效果有较为明显的差异,并与投加量密切相关。

1. 不同氧化剂预氧化去除有机物的效果

图 5-77 表明,膜直接过滤原水时,TOC 和 UV_{254} 的去除效果分别为 52% 和 35.5%。次氯酸钠预氧化去除有机物的效果较差,1 mg/L 去除 TOC 为 24.6%,2 mg/L 的效果更差,仅为 17%。混凝剂的联用去除 TOC 的效果与次氯酸钠的投加量有关,次氯酸钠投加量为

1 mg/L时,混凝的联用显著强化了 TOC 的去除;但对于 2 mg/L,TOC 的去除效果反而变差。次氯酸钠去除UV$_{254}$的效果明显优于TOC,但与混凝的联用反而使去除效果下降。

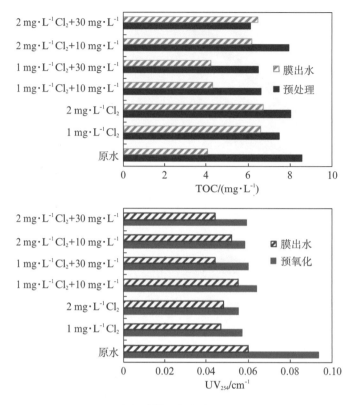

图5-77 次氯酸钠预氧化去除有机物的效果

(图中 10 mg/L 和 30 mg/L 分别为硫酸铝的投加量)

图 5-78 表明,高锰酸钾去除有机物的效果明显优于次氯酸钠,投加量的增加强化了去除效果,与混凝剂的联用使去除率进一步略有提高。图 5-79 表明,臭氧的投加可有效降低,与较高的混凝投加联用可使 TOC 进一步下降。

2. 不同氧化剂对有机物相对分子质量分布的影响

如图 5-80 所示,原水的 TOC 相对分子质量分布主要有两个响应峰,一个是大分子,分子量在数十万,响应不甚强烈,另一个出现在 1 000 左右的小分子,响应强烈。投加次氯酸钠后,大分子峰略有下降,并随着投加量的增加而进一步下降;但对于小分子,次氯酸钠似乎没有去除效果。当次氯酸钠与混凝剂联用时,大分子的响应较次氯酸钠单独投加,有明显的减弱。

图 5-81 表明,投加 0.5 mg/L 的高锰酸钾对大分子的去除效果明显,但进一步增加投加量至 1 mg/L 时,对大分子的去除效果反而不如 0.5 mg/L 的,但对小分子的去除却有所强化。高锰酸钾与混凝剂的联用有效强化了大分子的去除,同时对小分子的去除也有所强化。

臭氧的预氧化对有机物的相对分子质量分布影响如图 5-82 所示。臭氧去除大分子的效果明显优于次氯酸钠和高锰酸钾,同时对小分子也有较好的祛除效果。但混凝剂与臭氧的联用对提高有机物的效果甚微,无论是对大分子还是对小分子。

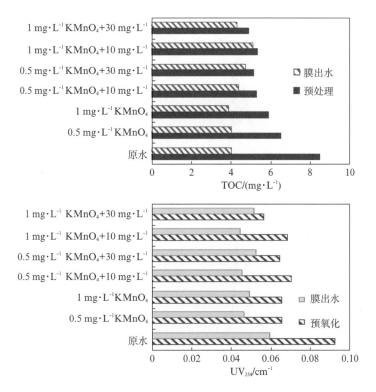

图 5-78 高锰酸钾预氧化去除有机物的效果

（注：图中 10 mg/L 和 30 mg/L 分别为硫酸铝的投加量）

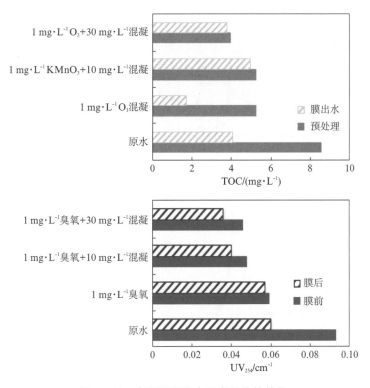

图 5-79 臭氧预氧化去除有机物的效果

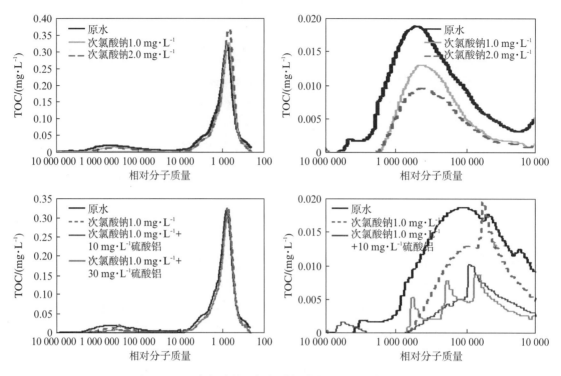

图 5-80　次氯酸钠预氧化对相对分子质量分布的影响

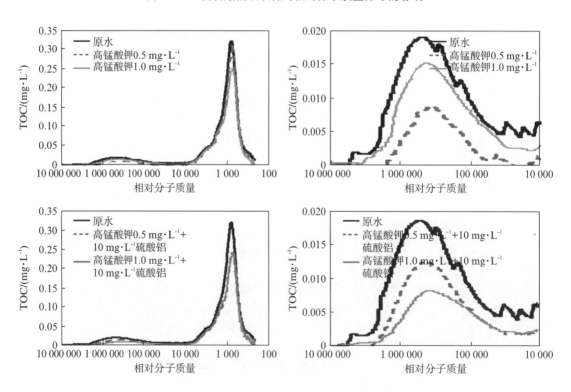

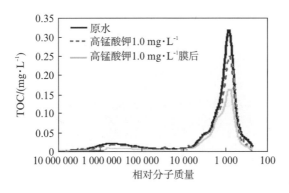

图 5‑81　高锰酸钾预氧化对相对分子质量分布的影响

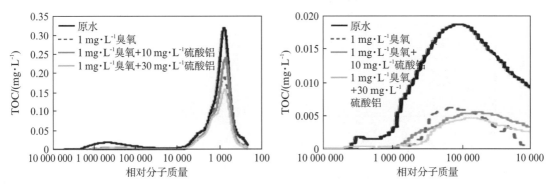

图 5‑82　臭氧预氧化对相对分子质量分布的影响

　　许多研究指出,预氧化可将大分子有机物氧化成小分子,而混凝处理可有效去除大分子有机物。为此,我们考察了不同的预氧化以及它们与混凝的联用与大分子有机物的关系,结果如图 5‑83 所示。由此可见,不同的氧化均可不同程度的去除大分子有机物,其中臭氧的去除效果最好,高锰酸钾和氯的去除效果明显不如臭氧。这表明去除大分子的效果与氧化剂的氧化性能有密切的关系。高锰酸钾和氯与混凝的联用均可明显提高去除大分子有机物的效果,而臭氧与混凝的联用提高去除效果甚微。当氧化剂的氧化能力较弱时,它氧化大分子的效果也较差,而混凝具有较强的去除大分子有机物的能力,混凝可有效弥补氧化的不足,因而它们的联用可有效提高去除大分子有机物的效果。但对于氧化能力较强的臭氧,它

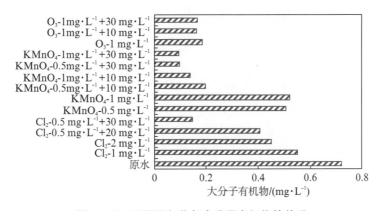

图 5‑83　不同预氧化与大分子有机物的关系

可将大部分的大分子有机物去除,留给混凝发挥的余地很少,因而它们的联用对提高去除的效果甚微。

有机物的相对分子质量与膜污染的关系密切。我们将原水以及经不同氧化处理后的相对分子质量分为大分子(大于 10 000)、中分子(1 000~10 000)和小分子(小于 1 000),并将过滤结束后的膜压差与它们之间的关系进行了梳理,结果如图 5-84 所示。图 5-84 清楚地表明,膜压差与大分子有机物含量有较高的相关关系,较多的大分子导致较高的膜压差。中小分子的有机物与膜压差的相关关系较差,说明它们对膜污染的影响不大。

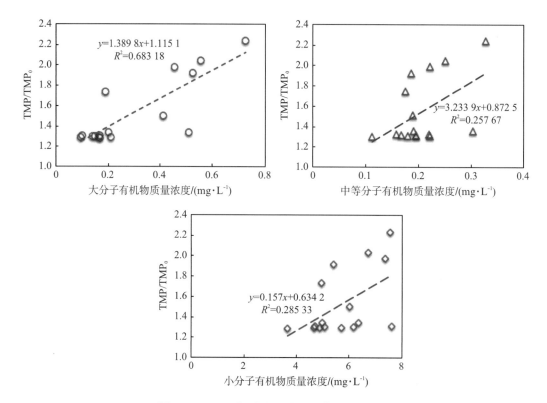

图 5-84　不同相对分子质量与膜压差的关系

5.4.3　预氧化对膜处理黄浦江水的影响

1. 臭氧对黄浦江原水的处理效果

(1) 臭氧投加量对有机物相对分子质量分布的影响。如图 5-85 所示为不同臭氧投加量对黄浦江原水的相对分子质量分布的影响。试验研究表明,黄浦江水中的有机物大多为小分子有机物。臭氧对有机物相对分子质量分布有较大影响。黄浦江原水中的相对分子质量分布主要集中在 $2×10^3 ~ 7.0 ×10^3$ Da 和 $<0.5 ×10^3$ Da 两部分。臭氧投加量为 0.5 mg/L 和 1.0 mg/L 时,$2×10^3 ~ 7.0 ×10^3$ Da 区间的相对分子质量变化很少,而臭氧投加量达到 1.5 mg/L 及以上时,$2-7.0 ×10^3$ Da 区间的相对分子质量有较大程度的减少;而对于 $<0.5 ×10^3$ Da 区间的相对分子质量,这部分物质主要以亲水性有机物为主,臭氧的投加对其几乎没有影响。G. L. Amy 等人的研究也表明,臭氧对大相对分子质量的有机物有

很强的去除作用,而对小相对分子质量有机物的去除效果则较小。

(2) 臭氧去除 DOC 的效果。臭氧去除 DOC 的效果如图 5-86 所示,由图可知,随着臭氧投加量的增加,DOC 的去除效果逐渐增强,臭氧投加量达到 1.5 mg/L 时,DOC 去除率达到 9.6%,较臭氧投加量为 1.0 mg/L 时的去除率有较大提高,但当臭氧投加量继续增加时,DOC 的去除率增加趋于平缓。尽管投加不同的臭氧量对 DOC 的去除效果有较大差别,但总体来说臭氧对 DOC 的去除效果相对较差,最大的去除率也仅达到 10%,这表明在该投加量范围内臭氧仅能氧化少部分的有机物转变成无机物,这主要是由于臭氧氧化把大分子有机物氧化成小分子有机物,从而使 DOC 只是从有机物组成形式上发生了改变,而总量变化则较小。Owen 和 Shukairy 等人的研究发现,在 O_3/DOC 的比值在 $0\sim2.5$ mgO_3/mgC 的范围内,DOC 的浓度不受臭氧氧化的影响。Takeuchi 则认为臭氧氧化时只有部分 C—C 键断裂,而 DOC 没有明显的降低。刘彭誉则认为,臭氧氧化对非腐殖质以及腐殖质中小分子质量($<1\times10^3$ Da)的有机物的去除效果不太明显,可能是由于腐殖质与臭氧之间的加成反应而增加了腐殖质中芳香族上的氢氧官能团,并在脂肪族上生成醛、酮类官能团,当氧化反应进行时,臭氧氧化裂解有机物为小分子有机物,从而使这些醛、酮官能团直接裂解产生大量低分子醛、酮及少部分脂肪酸。

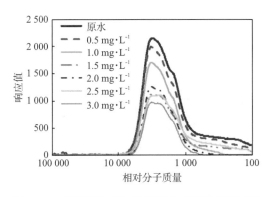

图 5-85　臭氧投加量对有机物分子量分布的影响

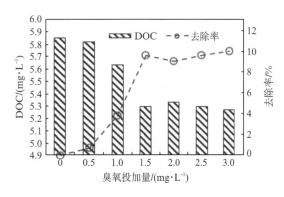

图 5-86　不同臭氧投加量对 DOC 的去除效果

(3) 臭氧去除 UV_{254} 的效果。UV_{254} 是衡量水中有机物指标的一项重要水质参数。是指在波长 254 nm 处,水中的不饱和有机物如腐殖质、芳香族有机化合物等带苯环的有机物具有强烈的吸收作用。对水源水的分析表明,相对分子质量越大其 UV_{254} 越高,特别是相对分子质量大于 3 000 以上的有机物是水中紫外吸收的主体,而小于 500 的有机物紫外吸收很弱。臭氧去除 UV_{254} 的效果如图 5-87 所示。随着臭氧质量浓度的增加,UV_{254} 的去除率急剧上升。在臭氧投加量由 0.5 mg/L 增加至 3.0 mg/L 时,UV_{254} 的去除率由 13% 增至 71%。可见,臭

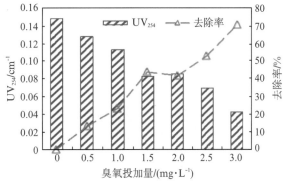

图 5-87　不同臭氧投加量对 UV_{254} 的去除效果

173

氧很容易与—C═C—或C═O发生反应,从而破坏苯环,使芳香族有机物得以很好地去除。臭氧与水中有机物的反应主要有两个途径:第一为以臭氧分子直接进行反应,第二为间接的产生自由基进行反应。前者反应具有较高的选择性,特别是针对具有双键的结构、芳香族有机物,而腐殖质中的有机物主要由腐殖酸、富里酸、疏水性组分以及疏水中亲组分等四部分组成,其中腐殖酸、富里酸主要以双键和芳香族为主,因此,臭氧分子特别容易与水中的腐殖酸、富里酸发生反应。

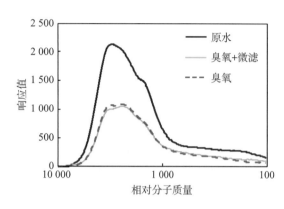

图 5-88 臭氧化水样经 MF 膜过滤后对有机物相对分子质量分布的影响

2. 预臭氧对 MF 膜处理黄浦江原水的影响

(1)有机物相对分子质量分布的变化。图 5-88 为臭氧化水样经 MF 膜过滤后出水有机物相对分子质量分布的效果。由图可知,分子质量在 $2 \times 10^3 \sim 7.0 \times 10^3$ Da 范围内的有机物经 MF 膜过滤后有所下降,但总体来说下降较少。可见,MF 膜对有机物的去除作用效果不大。研究发现,水中有机物的去除效果主要与膜的型号、材料以及膜的亲水性有关。本试验采用的是 PVDF 亲水性微滤膜,膜孔径较大,且黄浦江水主要以溶解性小分子有机物为主,因而 MF 膜截留有机物的效果较差。

(2)有机物去除效果。图 5-89 所示为黄浦江水经不同浓度臭氧氧化后过膜出水有机物的去除效果。随着臭氧投加量的增加,MF 膜对 UV_{254} 的去除率逐渐降低。当臭氧投加量达到 3 mg/L 时,MF 膜对 UV_{254} 几乎没有去除作用。这主要是由于经预氧化的水样在进行膜过滤以前大部分的 UV_{254} 已被臭氧氧化去除,尤其臭氧投加量越高去除率越高,从而能被 MF 膜截留的这部分物质已经很少。此外,MF 膜由于孔径较大,对水中有机物的去除难以达到理想的效果。黄浦江原水经 MF 膜过滤后 UV_{254} 去除率仅为 16.5%,随着臭氧浓度的增加,其对有机物的氧化能力增强,而没有被臭氧氧化的 UV_{254} 随着其量的减少被 MF 膜截留的几率也不断降低。

研究者采用微滤膜对地表水进行处理的试验发现,TOC 的去除率仅维持在

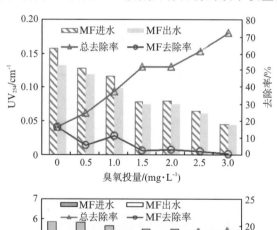

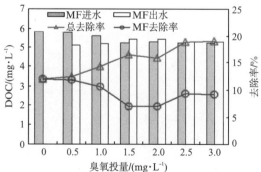

图 5-89 不同臭氧投加量下 MF 膜过滤出水中有机物的去除效果

10%左右,并且与膜运行的通量无关。在不同的臭氧投加量条件下,尽管该工艺出水中 DOC 总的去除率基本随着臭氧投加量的增加而提高,但 MF 膜的去除率基本在 10%左右徘徊。随着臭氧对 DOC 去除率的增加,MF 膜对 DOC 的去除率反而有所下降。

(3) 臭氧氧化对膜通量的影响。臭氧氧化对膜通量的影响如图 5-90 所示。试验结果表明臭氧对膜通量有很大的促进作用。黄浦江原水过滤 MF 膜时,J/J_0 降至 19.8%。低的臭氧投加量(0.5 mg/L 和 1.0 mg/L)对膜通量的提高作用较小,其相应的 J/J_0 与过滤原水差不多,而高的臭氧投加量则延缓了膜通量的下降。当臭氧投加量为 1.5 mg/L 时,J/J_0 达到最大值为 38%。臭氧投加量为 2.0~3.0 mg/L 时,J/J_0 的值有所降低。可见,并不是臭氧质量浓度越高,膜通量效果越好。存在一个最佳的臭氧投加量 1.5 mg/L,使膜通量获得最大的提高。

Wang Xudong 等人的研究发现,在不同的臭氧接触时间下,膜通量的提高并不随着臭氧接触时间的延长而增长,臭氧接触时间为 1 min 时,膜通量获得最大的提高。这主要是由于在 1 min 时,臭氧氧化的有机物分子构成使膜污染阻力最小,从而达到最大程度降低膜污染的目的。

为了考察悬浮物和胶体物质对膜透水通量的影响,试验把臭氧氧化后的水样过 0.45 μm 滤膜,之后再进行 MF 膜过滤,试验结果表明,悬浮物和胶体物质对膜透水通量的影响作用很小,如图 5-91 所示。臭氧化水样经 0.45 μm 滤膜过滤去除了水中的悬浮物和胶体物质,但其过膜后并没有对膜透水通量产生较大的影响。这说明黄浦江原水中造成膜污染的物质主要为溶解性物质。

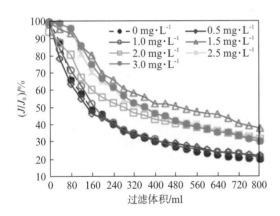

图 5-90 不同臭氧投加量对膜通量的影响

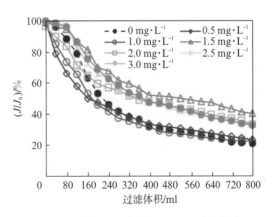

图 5-91 臭氧化水样 0.45 μm 过滤液对膜比通量的影响

5.4.4 小结

(1) 臭氧、次氯酸钠和高锰酸钾作为预氧化剂,与超滤膜组成联用工艺,处理太湖水。臭氧、次氯酸钠、高锰酸钾均可控制膜污染,臭氧最优,其次为高锰酸钾和氯。膜污染的缓解程度取决于大分子有机物的去除多少,其去除效果与氧化剂的氧化能力密切相关。混凝与氧化联用可进一步缓解膜污染,其效果与氧化剂的氧化能力相关。氧化能力越弱者,混凝的联用效果越好。这是由于混凝处理优先去除大分子的有机物,它可协助氧化,去除大分子有机物的缘故。

(2) 通过对臭氧与 MF 膜联用工艺去除黄浦江水有机物的效果研究表明:臭氧可有效

去除分子质量在 $2 \times 10^3 \sim 7.0 \times 10^3$ Da 的有机物,且随着臭氧投加量的增大,去除效果提高。臭氧去除 UV_{254} 的效果优于 DOC。臭氧的投加可有效控制膜污染,在投加量为 $0.5 \sim 3.0$ mg/L 条件下,臭氧可使膜污染潜能下降率最高达 22.7%。存在一个最佳的臭氧投加量 1.5 mg/L,膜通量达到最大。

5.5 本章小结

本章通过具体试验,以地表微污染水为原水,探讨了混凝、活性炭吸附、树脂吸附以及氧化四种预处理对低压膜过滤性能的影响。预处理工艺均能够强化膜对有机物的去除效果。膜污染与水中有机物的特性有关,四种预处理工艺均能够在一定程度上缓解膜污染,改善膜的过滤性能;而采用与不同的预处理工艺相结合,对膜污染的延缓效果更好。

参考文献

[1] 林洁. 预处理低压膜工艺在太湖原水的应用[D]. 上海:同济大学环境科学与工程学院,2013.

[2] 夏端雪. 预处理与膜技术联用处理太湖微污染水源水的试验研究[D]. 上海:同济大学环境科学与工程学院,2012.

[3] 周贤娇. 不同组分的有机物对膜通量的影响[D]. 上海:同济大学环境科学与工程学院,2009.

[4] 许光红. 大孔阴离子交换树脂去除地表原水中溶解性有机物的效果及缓解膜污染的研究[D]. 上海:同济大学环境科学与工程学院,2013.

[5] 阎婧. 不同预氧化剂与超滤膜联用去除有机物效果及缓解膜污染的研究[D]. 上海:同济大学环境科学与工程学院,2012.

[6] 宋亚丽. 预氧化对微滤膜及其联用工艺的影响和机理研究[D]. 上海:同济大学环境科学与工程学院,2007.

第6章 纳滤膜水处理技术应用

6.1 纳滤膜过滤技术原理

6.1.1 纳滤膜概念

纳滤技术(NF)是 20 世纪 80 年代中期发展起来的介于超滤(UF)和反渗透(RO)之间的一种新型压力驱动型膜分离技术,早期称为低压松散反渗透膜(Loose RO)。由于其截留颗粒尺寸比超滤小,透过率比反渗透大,操作压力低,因而近十几年来得以迅速发展。由于纳滤膜在压力作用下,水通量与压力成正比,而水中的无机小分子透过率几乎与压力无关,因此只要适当控制压力便可既去除水中有毒、有害物质,又可适量保留小分子的微量元素,能够实现"最大程度地去除原水中的有毒有害物质,同时又保留原水中对人体有益的微量元素和矿物质的饮用水"的水质目标。

6.1.2 纳滤膜的分类及特点概述

纳滤膜分为两类:传统软化纳滤膜和高产水量荷电纳滤膜。前者最初是为了软化,而非去除有机物,其对电导率,碱度和钙的去除率大于 90%,且截留相对分子质量在 200～300 之上,这使它们能去除 90% 以上的 TOC。后者是一种专门去除有机物而非软化(对无机物去除率只有 5%～50%)的纳滤膜,这种膜是由能阻抗有机污染的材料(如磺化聚醚砜)制成且膜表面带负电荷,同时比传统膜的产水量高[1]。

由于纳滤膜具有纳米级的膜孔径、膜上多带电荷等结构特点,因而具有以下特点:① 适宜于分离相对分子质量在 200～1 000 之间,大小约为 1 nm 的溶解组分,因而可用于不同相对分子质量的有机物质的分离;② 分离需要的膜间渗透压差较低,一般是 0.5～2.0 MPa,比用 RO 达到同样的渗透通量所必须施加的压差低 0.5～3.0 MPa;③ 由于纳滤膜上常带有电荷基团,通过静电作用对于不同价态的离子存在 Donnan(道南)效应,从而具有离子选择性,可实现不同价态离子的分离[2]。

6.1.3 纳滤膜的分离机理

现今普遍认为纳滤膜传质机理为溶解-扩散方式,对无机盐的分离行为不仅受到化学势梯度控制,同时也受到电势梯度的影响,就目前提出的各种 NF 膜分离机理,还没有一个比较系统完善的解释。用于描述 NF 膜分离机理的模型主要有热力学不可逆模型、电荷模型、静电排斥和立体位阻模型[3]。

1. 热力学不可逆模型

NF 膜分离过程与微滤、超滤、反渗透膜分离过程一样,以压力差为驱动力,其通量可以由非平衡热力学模型建立的现象论方程式来表征:

$$J_V = L_P(\Delta P - \delta \Delta \pi) \qquad (6-1)$$

$$J_S = (1-\delta)C_S J_V + K_P \Delta C \qquad (6-2)$$

式中　J_V——溶剂迁移通量；

　　　J_S——溶质迁移通量；

　　　L_P——膜的水力渗透系数；

　　　ΔP——膜两侧压差；

　　　δ——膜对溶质的截留系数；

　　　$\Delta \pi$——膜两侧渗透压差；

　　　C_S——膜内溶质浓度；

　　　K_P——溶质的透过系数。

2. 电荷模型

根据对膜内电荷及电势分布情形的不同假设，电荷模型分为空间电荷模型（the space charge model）和固定电荷模型（the fixed-charge model）。空间电荷模型最早由 Osterle 等提出，此模型假设膜由孔径均一且壁面上电荷分布均匀的微孔组成。微孔内的离子浓度和电场电势分布、离子传递和流体流动分别由 Poisson-Boltzmann（泊松-波尔兹曼）方程、Nernst-Plank（能斯特-Plank）方程和 Navier-Stokes（纳维叶-斯托克斯）方程等来描述。固定电荷模最早由 Teorell、Meyer、Sievers 等提出，因而又称 TMS 模型，此模型假设膜相是一个凝胶层而忽略膜的微孔结构，离子浓度和电位在膜内任意方向分布均匀，仅在膜面垂直方向因 Donnan 效应和离子迁移存在一定的电势分布和离子浓度分布。

3. 静电排斥和立体位阻模型

近几年，Wang 等[4]通过实验建立了静电排斥和立体阻碍模型（the electro-static and steric-hindrance model），简称为静电位阻模型。该模型假定膜分离层由孔径均一、表面电荷分布均匀的微孔构成，其结构参数包括孔径、开孔率、膜分离层厚度和膜的体积电荷密度。根据上述参数，对已知的分离体系，就可用静电位阻模型预测各种溶质通过膜的分离特性。静电位阻模型既考虑了细孔模型所描述的膜微孔对中性溶质大小的位阻效应，又考虑了固体电荷所描述的膜的带电特性对离子的静电排斥作用，因而该模型可以较好地描述 NF 膜的分离机理。

6.2　纳滤膜技术在微污染水处理中的应用

纳滤膜技术的特点决定了其在饮用水制备方面具有独特的作用，主要体现在对各种有害有毒有机物及无极盐类的去除，可有效截留杂质、细菌和病原菌，去除水中各类微量有机污染物，特别是高毒及具有"三致"作用的污染物。依据电荷效应，纳滤膜可以降低水质硬度，去除饮用水中对人体有害的硝酸盐、砷、氟化物和重金属等无机污染物；依据筛分效应，纳滤膜可以有效地去除三氯甲烷及其中间体、环境荷尔蒙物质、激素以及天然有机物等有机污染物。纳滤技术用于处理微污染的饮用水，具有分离效率高、易控制、工艺流程简捷、使用灵活、对无机物去除率低、膜的结垢和污染程度轻、膜通量高、产水不需矿化等特点，使用 NF

膜从含盐量不高的水源获得优质饮用水,出水水质优质稳定、安全性高、生物稳定性好,同时可以降低消毒加氯量。使用纳滤膜处理微污染水,不但能有效去除水中的无机和有机污染物等有害物质,能满足对饮用水中高毒及"三致"作用的有机物去除的要求,而且对水中的 Ca^{2+}、NaCl 等矿物质截留率低,从而保留水中一部分人体所需的矿物质,是处理微污染水和制备优质饮用水的有效方法,在饮用水深度处理中有广阔的应用前景。

6.3 纳滤膜去除 PPCPs 的影响因素

一般认为,纳滤膜对于水中痕量有机物(如 PPCPs、内分泌干扰素、杀虫剂等)的分离作用主要是粒径排斥和静电排斥。当有机物呈电中性时,分离机理主要是筛滤或粒径排斥;然而当有机物荷负电时,由于大部分纳滤膜为荷电型膜,其分离机理则主要是位阻效应和静电排斥[5,6]。

1. 纳滤膜与有机物分子的结构特征

表征纳滤膜结构特征的参数有:截留相对分子质量(MWCO)、脱盐率和多孔性等。一般而言,对于电中性有机分子,若其相对分子质量(MW)大于膜的相对截留相对分子质量(MWCO),则纳滤膜对其截留率较高。但也有研究发现,MW 不能准确预测膜对有机物的去除效率[7]。由于位阻效应是膜去除有机物的重要机理之一[8],因此,相对 MWCO、MW 或脱盐率而言,有机物分子的尺寸、空间结构及膜孔径尺寸大小能够更加准确反映纳滤膜对有机物的截留效果。Berg[9]等认为分子结构,如甲基数目,是预测膜对电中性有机物去除效果的重要参数,并发现电中性化合物带甲基越多,膜对其去除率则越高。Kiso 等人试验证明[10],当膜去除有机物主要机理为位阻效应时,分子宽度(MWd)比相对分子质量(MW)更准确预测膜对其的截留率。

2. 纳滤膜与有机物的荷电性

静电排斥是膜去除带电物质的重要机理。大部分纳滤膜表面荷负电,以防止在实际水处理过程中,膜体会大量吸附水中广泛存在的负电胶质,造成膜堵塞;同时利用 Donnan 效应分离不同价态的离子,提高膜的选择性及通量。荷负电的膜通常由含有磺酸基(—SO_3H)或者羧基(—COOH)的聚合物材料制成或在聚合物膜上引入负电基团[11-14]。

研究发现,改变水体的 pH 值可以改变膜表面的荷电性。提高 pH 值,可以使膜表面官能团脱去质子,从而增加膜表面的负电性。当水体 pH 值大于个人药品(PPCPs)的酸性电离平衡常数 pKa 时,有机物(PPCPs)电离而带负电,从而在带负电纳滤膜表面产生静电排斥作用,因而能够提高纳滤膜对有机物(PPCPs)的去除率[15,16]。Long D. Nghiema 发现[17],随着 pH 值的升高,纳滤膜对带负电的磺胺甲恶唑和布洛芬的去除率增加,而对非电离分子卡马西平(carbamazepine)的去除却没有影响。

关于溶液的离子强度(如 Ca^{2+} 浓度)对纳滤膜去除 PPCPs 的影响,国外研究报道对此有不同的观点。Boussahel et al. 发现在溶液中添加 Ca^{2+} 会中和部分膜表面的负电荷,使膜表面官能团间的排斥作用减弱,从而减小膜孔径,进而提高了纳滤膜对有机物的去除[18]。总而言之,原水的化学特性(如 pH 值,离子强度)会显著影响膜孔径大小,截留相对分子质量(MWCO)及其对有机物的去除率。

3. 纳滤膜与有机物(PPCPs)间的吸附作用

纳滤膜对疏水性微污染物的吸附作用是影响膜对有机物去除率的重要因素[19]。大部分纳滤膜为疏水性,其强弱可通过膜的接触角来表征的。与接触角较小的纳滤膜相比,接触角越大,膜单位面积吸附的疏水性化合物越多。化合物的亲疏水性用辛醇/水分配系数(Kow)来表征[20]。Kiso[21]发现醋酸纤维素(CA)材质的膜对大部分疏水性化合物的去除率随其 Kow 的增大而提高。有研究表明,吸附作用只在过滤初期阶段对膜去除 PPCPs 有积极作用,当膜达到饱和时,吸附在膜表面的 PPCPs 会溶解扩散穿透膜,从而使去除率较初期有所下降。

4. 原水中天然有机物对膜去除 PPCPs 的影响

原水中天然有机物(NOM)对超滤去除 PPCPs、EDCs 或杀虫剂等痕量有机物的影响存在两种不同的观点:① 原水中的 NOM 提高了对痕量有机物的去除率,其机理解释为,痕量有机物吸附在原液中的天然有机物上,形成大分子,从而通过机械截留或 NOM 与膜间的静电作用被纳滤去除。② NOM 的存在降低了痕量有机物的去除效果。Nghiem[22]等人的研究表明,在超纯水配水实验中,下列几种不同的纳滤膜或反渗透膜[TFCSR2 (UF/NF),ACM-4 (NF),XN-40 (NF),TFC-SR1 (NF),X-20 (NF/RO),TS-80 (NF/RO),TFC-S (NF/RO)和 TFC-ULP (ULPRO)]对胆固醇的去除率可高达 95%,然而,将胆固醇添加到水厂二级出水或腐殖酸溶液中后,其去除率均有所下降。并且,污水处理厂二级出水对其去除率影响更大。虽然,其作用机理还不够明确,但是研究证明原水水质及组分对水中 PPCPs 的去除有显著影响[23-29]。

6.4 实验装置、材料和方法

6.4.1 试验材料和装置

1. 聚酰胺复合膜

本试验采用美国陶氏公司(Dow)生产的 NF270 和 NF90 聚酰胺复合膜,具体参数见表 6-1。每次试验更换一张新膜,膜保存在 Milli-Q 超纯水中,4℃保存,使用前至少浸泡 48 h。

表 6-1　试验所用膜的主要特性参数

型号	脱盐率 ($2\,000\times10^{-6}$ MgSO$_4$)	平均孔径/nm	接触角/(°)	pH 范围(连续运行)	纯水通量/(10^{-5}L·M^{-2}·h^{-1}·Pa^{-1})
NF270	>97%	0.84	23.4	3~10	16.5±0.5
NF90	>97%	0.68	42.2	3~10	9±0.5

注:1 bar=100 000 Pa

2. 实验装置及条件

此试验采用错流纳滤形式。装置示意图及膜元件实物如图 6-1 所示。有效膜面积为 60 cm²。离心泵为 IWAKI 设备公司生产,型号为 MGP-M256B220。此试验过程中浓水和出水均回流至料液罐中。

水温控制采用的恒温装置为精宏 DKB-1615 型低温恒温槽。

操作压力采用阀门调节,进水压力控制在
0.4 MPa,膜装置的回收率控制在 1% 左右,即出
水流速是进水流速的 1%。

3. 试验所需化学品

试验用卡马西平（CBZ）购置于 Sigma-
Aldrich 公司,为色谱纯（纯度＞99%）试剂。
HPLC 级流动相甲醇为进口 Sigma 产品。试验
用水为 Milli-Q 超纯水和 Milli-Q 去离子水。其
他常规药剂均为分析纯。

4. 试验方法及水样制备

（1）试验方法：每次试验采用一张新膜,先

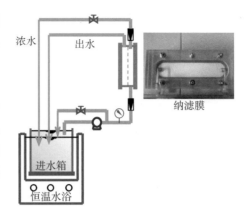

图 6-1　纳滤膜试验装置示意图

用 Milli-Q 去离子水预压 2 h 左右,直至获得稳定通量,记录为 J_0,然后将体积为 5 L 的 CBZ
水样进行过滤。过滤试验时间为 5.5 h,期间取样 9 次以上,每次取样记录通量 J。

（2）CBZ 储备液与本底水样制备方法：先用甲醇溶解少量 CBZ,后用超纯水定容,配成
高浓度储备液,再用本底水样（去离子水、添加某一因素的去离子水、天然水体）将一定量的
储备液稀释,配成试验所需浓度的 CBZ 储备液。

① CBZ 储备液的制备。准确称取色谱纯 CBZ 100 mg,先用少量甲醇将之溶解,再用超
纯水将其定溶至 1 L 容量瓶,配成 100 mg/L 高质量浓度储备液,置于冰箱中 4℃ 保存。

② 本底水样的制备。由于去离子水中不含离子,为使配水试验的情况尽量接近天然
水体,所以在配水试验的溶液中都加入电解质氯化钠（NaCl）20 mmol/L,同时加入 1 mmol/
L 碳酸氢钠（NaHCO₃）缓冲溶液,以便调 pH 值。由于天然水体通常为弱碱性,所以除了 pH
部分的试验,所有的配水试验都将 pH 调至 8.0。

Ⅰ pH：向 Milli-Q 去离子水中添加 1 mmol/L NaHCO₃ 和 20 mmol/L NaCl 溶液,用
1 mol/L NaOH 或 1 mol/L HCl 调整水样 pH 至试验所需值。

Ⅱ 离子强度：向 Milli-Q 去离子水中添加 1 mmol/L NaHCO₃ 和 20 mmol/L NaCl 溶
液,调节水样 pH=8,再称取不同质量的分析纯 CaCl₂ 溶于上述水中,配成浓度分别为
5 mmol/L、10 mmol/L、20 mmol/L 的 CaCl₂ 水样。

Ⅲ 腐殖酸（HA）：准确称取一定量的粉末状腐殖酸,用 5 mol/L NaOH 不断搅动直至
其完全溶解,并用超纯水定容至 1 L,再用 3 mol/L HCl 溶液将其 pH 调至中性后,用
0.45 μm 微滤膜过滤,最后所得 HA 储备液的 DOC 采用岛津 TOC-V_CPH 仪器测定,将其置于
棕色瓶中 4℃ 保存。每次配制 HA 溶液时,取一定量储备液稀释至所需 DOC 浓度。

Ⅳ 海藻酸钠（SA）：准确称取一定量的粉末状海藻酸钠,加入超纯水定容至 1 L,置于磁
力搅拌器上将其搅拌,温度可调至 40℃ 促进其快速溶解,搅拌 24 h 以上完全溶解,然后用
0.45 μm 微滤膜过滤,最后所得 SA 储备液的 DOC 采用岛津 TOC-V_CPH 仪器测定。每次配制
SA 溶液时,取一定量储备液稀释至所需 DOC 浓度。

Ⅴ 单宁酸（TA）：准确称取一定量的粉末状单宁酸,加入超纯水定容至 1 L,置于磁力搅拌器
上将其搅拌 24 h 以上至完全溶解,然后用 0.45 μm 微滤膜过滤,最后所得 TA 储备液的 DOC 采用
岛津 TOC-V_CPH 仪器测定。每次配制 TA 溶液时,取一定量储备液稀释至所需 DOC 浓度。

6.4.2 测试方法

1. 卡马西平(CBZ)的检测方法

本试验中CBZ的检测采用高效液相色谱仪(Agilent 1200系列HPLC)。本试验采用外标工作曲线法,即用样品的纯组分的对照品,配制一系列不同浓度的CBZ标准溶液,准确进样,测量峰面积,绘制工作曲线并求出回归方程式。利用工作曲线或回归方程式,计算样品溶液中CBZ的含量。回归方程式为:组分浓度$=b\times$组分峰面积$+a$。其中,a、b为待定参数。

由于水样中的CBZ质量浓度为痕量级,用于分离这种痕量成分的方法应尽可能使所需的样品直接进样,避免基线波动和保留值发生变化,通常采用等度分离方法。等度分离的灵敏度一般较高,因检测基线较好,且设备简单,分析时间较短。

首先用紫外分光光度计对10 mg/L的CBZ溶液全波长扫描,发现CBZ在210 nm和285 nm处有强烈吸收,考虑在210 nm附近测定容易受甲醇溶剂峰的干扰,故选择285 nm作为检测波长。

CBZ测定时的色谱条件为:

液相色谱柱:Zorbax Eclipse Plus C18(Agilent);

检测器:紫外检测器(VWD),285 nm处;

流动相:甲醇和超纯水(55:45);

流速:1.0 mL/min;

分析时间:8 min;

柱温:35℃;

进样体积:50 μL。

CBZ的色谱分析图如图6-2所示。

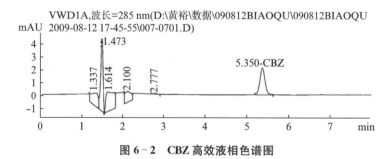

图6-2 CBZ高效液相色谱图

按照外标法,得到CBZ的回归方程和检出限见表6-2。

表6-2   CBZ的线性关系和检出限

线性范围 /(μg·L^{-1})	回归方程	相关系数 R^2	检出限 LOD($S/N=3$) /(μg·L^{-1})	定量限 LOQ($S/N=10$) /(μg·L^{-1})
1~100	$y=1.452\,72\times10^{-1}x$	0.999 6	1	3
100~500	$y=1.453\,89\times10^{-1}x$	1.000 0		

以自来水为测试对象，进行加标回收率的测定和精密度（以相对标准偏差 RSD 计）计算，试验结果见表 6-3。

表 6-3 回收率和精密度（$n=3$）

添加水平/($\mu g \cdot L^{-1}$)	回收率	RSD
10	98.30%	1.82%
50	97.92%	1.43%
100	99.23%	0.66%

由表 6-3 可以看出，在三种质量浓度水平下，回收率均高于 97.92%，相对标准偏差小于 1.82%（一般小于 2%）。

取三种质量浓度水平的 CBZ 标准溶液样品各三份，4℃下保存，分别在配制当天、7 d、15 d 后进行稳定性考察，结果见表 6-4。

表 6-4 稳定性（$n=3$）

质量浓度水平/($\mu g \cdot L^{-1}$)	平均质量浓度/($\mu g \cdot L^{-1}$)	RSD
10	9.73	1.37%
50	48.99	1.24%
100	99.97	1.01%

由表 6-4 看出，每种样品三次测定的相对标准偏差小于 1.37%，表明此种保存方式，样品保存 15 天是可行的。

2. 臭氧质量浓度的测定

液相中臭氧质量浓度的测定采用以环境空气臭氧的测定——靛蓝二磺酸钠分光光度法（GB/T 15437—1995）为基础而改进的液相臭氧质量浓度测定方法[30,31]，根据本试验的具体情况进行简化与改进。

（1）药品标定及溶液配制。由于市售靛红钾纯度差异较大，需进行标定。

靛红钾储备液的配制：称取 0.50 g 的靛红钾，用 20 ml 的 H_3PO_4（20 mmol/L）溶解后用 H_3PO_4（20 mmol/L）稀释至 1 L，避光，低温保存。该溶液一般可保存 3 个月，待溶液的吸光度下降至原来的 80% 后即应重配缓冲溶液：将 28 g 的 NaH_2PO_4 和 35 g 的 H_3PO_4 溶于蒸馏水中并稀释至 1 L。

（2）标准曲线的绘制。根据标定结果，将靛红钾储备液稀释成每毫升相当于 1.00 μg 臭氧的标准溶液，此溶液于室温暗处放置可稳定一周。

用此标准溶液配制一定浓度梯度的溶液，测定波长为 610 nm 下水样的吸光度与臭氧质量浓度的关系，并绘制成标准曲线，得到吸光度 x（cm^{-1}）与臭氧质量浓度 y（mg/L）间的线性关系式：$y=0.003\,8/x$。

（3）臭氧质量浓度的测定。取两个100 ml容量瓶,各加入10 ml缓冲溶液和15 ml靛红钾标准溶液,其中一个做空白对照用超纯水定容,另一个加入水样1 ml再用超纯水定容。用UV610测出两个溶液的吸光度,然后根据吸光度之差求出水样中臭氧的质量浓度。

（4）试验材料及装置。臭氧发生器为CONT公司生产,型号KT-OZ-3G。氧气流量用气体流量计进行调节,本实验固定为0.6 ml/min。采用三通玻璃管和1.5 L磨口锥形瓶作为臭氧溶解反应装置,锥形瓶中设置曝气头,以使臭氧溶解均匀。尾气吸收液为KI溶液。通臭氧结束后马上测定溶液中臭氧质量浓度,再用高纯氮进行吹脱,以终止臭氧反应。

6.5 不同操作条件对纳滤膜去除CBZ的影响

纳滤（NF）由于其截留颗粒尺寸比超滤小,透过率比反渗透大,操作压力相对低,因而近十几年来得以迅速发展。大部分微污染物有机物的分子质量,包括PPCPs介于200～300 Da,而纳滤膜的截留分子质量在200～100 Da之间,因此纳滤膜工艺被认为是去除这些有机微污染物极为可行的工艺。目前,国外对于纳滤膜去除PPCPs已经进行了较为详细的研究,纳滤膜的性质（截留相对分子质量、孔隙度、亲/疏水性,荷电性,表面形态等）,PPCPs的性质（相对分子质量、分子的大小形状、极性、酸解离常数、亲/疏水性,扩散系数等）以及溶液的化学性质和组成等是影响纳滤膜对PPCPs去除率的重要因素[23-26]。本节首先研究了孔径较大（loose）和孔径较小（tight）两种纳滤膜对水中CBZ的去除效果,通过对两者的对比来深入分析其去除机理,其后,考察了常规的一些操作条件对纳滤膜去除CBZ的影响,如pH;离子强度;料液初始浓度;水温。同时为后续研究溶解性有机物（DOM）对纳滤膜去除CBZ的影响奠定理论基础。

6.5.1 试验分析参数

本试验主要考察不同情况下,纳滤对CBZ的去除率$R(\%)$及膜通量$J\left[L \cdot (m^2 \cdot h)^{-1}\right]$的变化。上述参数可分别由公式（6-3）、式（6-4）计算得出。为描述通量变化,本试验以通量J与纯水通量J_0的比值J/J_0作为通量的表达形式。

$$R(\%) = \frac{C_f - C_p}{C_f} \times 100\% \qquad (6-3)$$

$$J = \frac{Q}{T \cdot S} \qquad (6-4)$$

式中　C_p——渗透液中CBZ的质量浓度,$\mu g/L$;

　　　C_f——进水原液中CBZ的质量浓度,$\mu g/L$;

　　　Q——渗透液体积,L;

　　　A——膜面积,m^2;

　　　T——时间,h。

6.5.2 孔径不同的纳滤膜去除CBZ效果的比较

本试验采用配水方式,在背景电解液中（20 mmol/L NaCl和1 mmol/L NaHCO₃,后面不再赘述)配制初始质量浓度约为 100 μg/L 的 CBZ 溶液。pH 调至 8.0 左右,温度控制在 (25 ± 1)℃。用"loose" NF270(孔径较大)和"tight" NF90(孔径较小)膜分别进行试验。试验结果见图 6-3 和图 6-4。

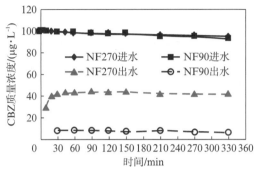
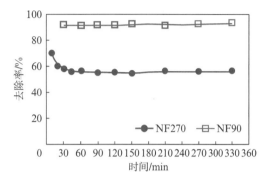

图 6-3　NF270 和 NF90 对 CBZ 的去除效果

由图 6-3 可以看到,随着过滤的进行,进水的 CBZ 质量浓度呈逐渐下降的趋势,这说明两种纳滤膜对 CBZ 都有一定的吸附。CBZ 的辛醇/水分配系数 $\log K_{ow}$ 为 2.45,小于 2.7,属于弱疏水性物质。虽然 NF270 和 NF90 都属于亲水性的膜,但后者的接触角大于前者,所以 NF90 较 NF270,亲水性稍弱。NF270 的进水质量浓度下降 5.5%,NF90 为 7.4%,NF90 对 CBZ 的吸附大于 NF270,先前的文献也指

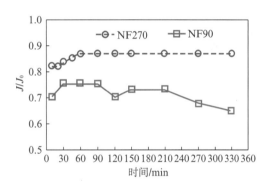

图 6-4　膜 NF270 和 NF90 过滤过程中的通量变化

出,疏水性较强的 NF 膜更有利于吸附疏水性有机物[32-34],这与本研究的结果相符。过滤稳定时,NF270 和 NF90 的去除率约为 56% 和 92%,后者对 CBZ 的去除明显优于前者,这可解释为 NF90 的孔径小于 NF270 的。由此可知,对于 CBZ 而言,NF 膜的去除机理主要是筛分作用。

由图 6-4 可知,NF90 的通量明显低于 NF270。由于 NF90 的膜孔小于 NF270,因而会产生较大的膜阻力,导致更低的通量。

由于 NF90 对 CBZ 的去除率已达到 90% 以上,考虑到改变影响因素若能提高去除率,那么提高的空间则不大,所以为了更好地表征去除率的变化情况,后续试验均采用 NF270 膜。

6.5.3　初始 pH 值对纳滤膜去除 CBZ 的影响

在背景电解液中配制初始质量浓度约为 100 μg/L 的 CBZ 溶液。温度控制在 (25 ± 1)℃,调节 pH 值至 3.5;5;7;8;9.5 进行试验,结果见图 6-5。

从图 6-5 看出,膜通量对于不同的 pH,呈不同的变化趋势。酸性条件下,通量有明显的下降;中性时,膜通量没有变化;碱性条件下的通量反而有所上升。在较低的 pH 时,膜的

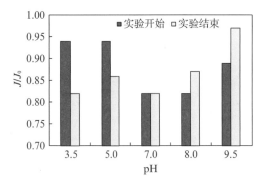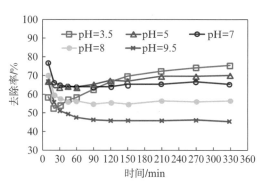

图 6-5　pH 对膜通量和 CBZ 去除率的影响

极性官能团被掩蔽,使得官能团之间的相斥作用减弱,产生膜孔的收缩,从而增加了膜阻,导致通量下降;在较高的 pH 时,官能团之间的相斥作用增强,导致膜孔的扩张,降低了膜阻,从而促进了通量的增加。随着 pH 的降低,CBZ 的去除率呈明显增加的趋势。这是由于 pH 的降低导致膜孔收缩,筛分作用得到加强,从而去除率增加的缘故[35]。

6.5.4　初始质量浓度对纳滤膜去除 CBZ 的影响

在背景电解液中加入不同体积的 CBZ 储备液,使之质量浓度分别达到 50,100,300, 500 μg/L,温度控制在 (25±1)℃,调节 pH 值至 8.0 进行实验,结果如图 6-6 所示。

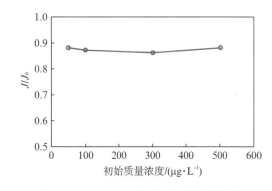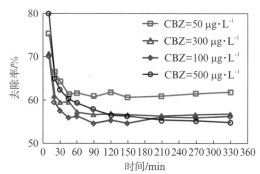

图 6-6　初始质量浓度对膜通量和 CBZ 去除率的影响

由图 6-6 可以看出,当 CBZ 初始质量浓度为 50~500 μg/L 时,通量基本保持不变,这说明水中的微量 CBZ 不会对纳滤膜的通量造成影响。当 CBZ 的初始质量浓度在 50~ 500 μg/L 时,CBZ 的去除率在 55%~62% 之间,没有明显变化。这与 Schäfer,Zhang 等人用膜滤法去除内分泌干扰物 (EDCs) 的研究结果一致[36,37],这一现象可以解释为目标污染物在主体溶液与膜之间的分配系数是恒定的,所以以初始质量浓度的变化对目标污染物的去除并没有显著的影响。

6.5.5　离子强度对纳滤膜去除 CBZ 的影响

采用投加氯化钙的方式以模拟水体硬度,考察不同离子强度对纳滤去除 CBZ 的影响。配制三种钙离子浓度为 5 mmol/L, 10 mmol/L, 15 mmol/L 的水样。CBZ 的初始质量浓度

约为 $100~\mu g/L$,温度控制在$(25\pm1)℃$,pH 值调节至 8.0。结果如图 6-7 所示。

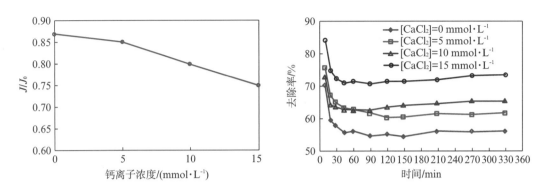

图 6-7　离子强度对膜通量和 CBZ 去除率的影响

由图 6-7 可知,随着钙离子浓度的变大,通量有明显下降的趋势。因为钙离子等二价阳离子会压缩膜表面的双电层厚度,中和或削弱了膜表面的负电荷,使得膜表面官能团相互的排斥作用减弱,导致膜孔径变小,从而降低了通量。CBZ 的去除率随着钙离子浓度的增加而明显增加。Boussahel[18],Koyuncu[38]等的试验也得到了相同的结论。膜孔径的减小,纳滤膜对 CBZ 的截留作用增强,导致了去除率的提高。也有不少研究指出,离子强度的变化对本身孔径较大的膜影响较大[39,40]。

6.5.6　水温对纳滤膜去除 CBZ 的影响

调节进水水温分别至 12,17,25,35℃,考察温度变化对纳滤去除 CBZ 的影响。在背景电解液中配制 CBZ 初始质量浓度约为 $100~\mu g/L$,pH 值调节至 8.0,结果见图 6-8。

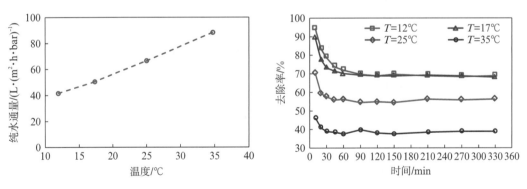

图 6-8　水温对膜通量和 CBZ 去除率的影响

从图 6-8 可以明显看出,水温越高,膜通量越大,这可容易从水温的变化导致水的黏度变化,从而影响了膜对水的阻力方面得到解释,水温越高,黏性系数越小,流动性强,通量大。水温的变化同样显著影响 CBZ 的去除效果。当水温为 35℃时,去除率仅为 38%;而当水温降低至 25℃时,去除率提高到 56%;水温降至 17℃时,去除率进一步提高到 68%;但继续降低水温没有引起去除率的变化。显然,这种变化很难由水的黏度变化来解释。一种可能的原因是,由于热胀冷缩的缘故,膜孔随水温的变化产生了微小的变化。由于 NF270 的膜孔径大约为 0.84 nm,截留相对分子质量为 385 ± 13,这与 CBZ 的尺寸接近。因此,膜孔的细微变化会引起 CBZ 去除效果的较大变化。水温的降低引起膜孔径的缩小,导致筛分作用的增强,从而提高了 CBZ 的去除效果。

6.6　溶解性有机物对纳滤膜去除 CBZ 的影响

CBZ 在地下水、地表水、饮用水水体中都已被广泛检测出,天然水体中含有许多种类各异的有机物,所以考察有机物的存在对于纳滤去除 CBZ 的影响具有很好的实际应用价值。

天然有机物(Nature Organic Matter,NOM)是动植物自然循环代谢过程中形成的中间产物,它们的分子质量分布很宽,小到 1 000 Da 以下,大到几十万 Da。而溶解性天然有机物(Dissolved Organic Matter,DOM)泛指能够溶解于水、酸或碱溶液的有机物,是一类重要的物理化学性质活跃的有机组分,是水处理工艺深度处理的主要对象。国内外大量的研究都表明,NOM 对膜分离去除 PPCPs 等微污染有机物有一定影响。[41-44]

本节试验采用腐殖酸(Humic Acid,HA)、海藻酸钠(Sodium Alginate,SA)和单宁酸(Tannic Acid,TA)作为 DOM 的代表来考察 DOM 存在情况下纳滤膜去除 CBZ 的效果。

6.6.1　腐殖酸对纳滤膜去除 CBZ 的影响

腐殖酸是动植物残体经生物、非生物的降解、聚合等各种作用所形成的,广泛存在于自然界中,特别是土壤、海水和陆地地表水和浅层地下水中,是水体中天然有机物的主要成分之一,占水中总有机物的 50% ~ 90%。HA 主要由 C、H、O、N 和少量的 S、P 等元素组成,是一种以多元醌和多元酚作为芳香核心的高聚物。其中芳香核心上有羧基、酚基、羟基、糖、肽等成分,核心之间通过多种桥键(—O—,—CH₂—,=CH—,—NH—,—S—)连接起来。除含有大量苯环外,还有大量官能团,如—OH,—COOH,>=O,—PO₃H₂,—NH₂,—CH₃,—SO₃H,—OCH₃ 等。HA 相对分子质量分布从几百到几万,并且会因地区及其他环境条件的不同,分子结构有所不同。HA 具有独特的物理化学性质,主要表现在:① 胶体性质:它的主要官能团—COOH、—OH 中的氢能游离出来,带负电性。其表面积大,黏度较高,吸附能力强;② 明显呈酸性:其酸性的强弱取决于能游离出来的氢离子浓度,亦即决定于腐殖酸中羟基和酚基的含量,在中性或酸性条件下,难溶于水,为疏水性物质,表现为柔软的线性大分子结构;在碱性条件下可溶于水,为刚性的卷曲结构,此时将溶液调至中性,已溶解的 HA 不会析出;③ 在氧化剂作用下可被氧化分解。

用去离子水将配制好的 HA 储备液稀释,配制成 DOC 质量浓度分别为 1.77 mg/L;4.25 mg/L;9.68 mg/L 的水样(TOC 仪测定值),CBZ 初始质量浓度约为 100 μg/L,背景电解质含 NaCl 20 mmol/L,NaHCO₃ 1 mmol/L,pH 调至 8.0 左右,温度控制在(25±1)℃。将配制好的水样放置磁力搅拌器上搅拌一段时间,使 CBZ 与 HA 充分混合。

不同 DOC 质量浓度的 HA 溶液对纳滤膜去除 CBZ 的通量(J/J_0)及去除率(%)影响见图 6-9。图中控制试验表示没有添加 HA 的试验,其他试验条件与添加 HA 的试验一致,后面 SA 和 TA 的试验表示方法一致,不再赘述。

从图 6-9 中看到,与未加入 HA 的控制试验相比,HA 的加入并不对过滤通量产生明显的影响,同时,不同 DOC 质量浓度的试验也没有显现出显著的差别。与通量结果类似,

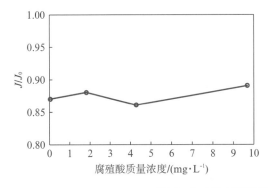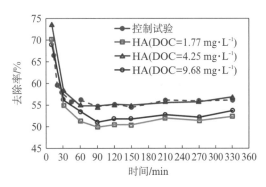

图 6-9　HA 对膜通量和 CBZ 去除率的影响

CBZ 的去除率未随 HA 的加入或者加入 DOC 质量浓度的变化而产生规律性的变化,最低的去除率约为 52%,最高约为 56%,在试验误差范围内。

6.6.2　海藻酸钠对纳滤膜去除 CBZ 的影响

海藻酸钠是一种由海藻和细菌产生的亲水性阴离子多糖物质。广泛应用于食品、医药、纺织、印染、造纸、日用化工等产品,作为增稠剂、乳化剂、稳定剂、黏合剂、上浆剂等使用。

SA$[(NaC_6H_7O_6)_n]$主要由海藻酸的钠盐组成,由 a-L-甘露糖醛酸(M 单元)与 b-D-古罗糖醛酸(G 单元)依靠 1,4-糖苷键连接并由不同 GGGMMM 片段组成的共聚物。

SA 微溶于水,不溶于大部分有机溶剂。它溶于碱性溶液,使溶液具有黏性。海藻酸钠粉末遇水变湿,微粒的水合作用使其表面具有黏性。然后微粒迅速粘合在一起形成团块,团块很缓慢地完全水化并溶解。

用去离子水将配制好的 SA 储备液稀释,配制成 DOC 质量浓度分别为 1.75 mg/L;4.40 mg/L;10.64 mg/L 的水样(TOC 仪测定值),CBZ 初始质量浓度约为 100 μg/L,背景电解质为 NaCl 20 mmol/L,NaHCO$_3$ 1 mmol/L,pH 调至 8.0 左右,温度控制在(25±1)℃。将配制好的水样放置在磁力搅拌器上搅拌一段时间,使 CBZ 与 SA 充分混合。

不同浓度的 SA 溶液对纳滤膜去除 CBZ 的通量(J/J_0)及去除率(%)影响见图 6-10。

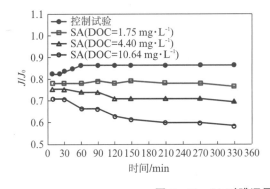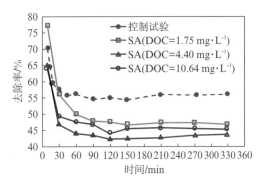

图 6-10　SA 对膜通量和 CBZ 去除率的影响

从图 6-10 看到,通量随加入 SA 浓度的变大而逐渐减小,且幅度很大,当 DOC 的质量浓度为 10.64 mg/L 时,通量相对于未加入 SA 的溶液已下降了 33%。另外,通量随着过滤的进行在略微减小,说明 SA 在试验时长内造成的膜污染不断延续。添加了 SA 后的 CBZ 去除率明显低于没有 SA 的试验,从 56%降至 45%左右;但是,当 DOC 的质量浓度在1.75~10.64 mg/L 的范围内变化时,对去除率没有直接影响。

6.6.3 单宁酸对纳滤膜去除 CBZ 的影响

单宁酸(Tannic Acid,TA)在药典上又称鞣酸,属于水解类单宁,水解可得到棓酸和葡萄糖,是最早研究的单宁之一。TA 足迹遍布大自然,广泛存在于中草药(如五倍子、石榴皮、仙鹤草)和植物食品(谷豆类如大麦、高粱、绿豆,果蔬类如洋葱、葡萄,茶叶)中。

TA 为黄色或淡棕色轻质无晶性粉末或鳞片;有特异微臭,味极涩。溶于水及乙醇,易溶于甘油,几乎不溶于乙醚、氯仿或苯。其多酚羟基的结构赋予了它一系列独特的化学特性和生理活性,如能与蛋白质、生物碱、多糖结合,使其物化性质发生改变,能与多种金属离子发生络合和静电作用;具有氧化性和捕捉自由基的活性,具有两亲结构和诸多衍生化反应活性。

用去离子水将配制好的 TA 储备液稀释,配制成 DOC 质量浓度分别为 1.75 mg/L;4.15 mg/L;7.73 mg/L 的水样(TOC 仪测定值),CBZ 初始质量浓度约为 100 μg/L,背景电解质为 NaCl 20 mmol/L,NaHCO$_3$ 1 mmol/L,pH 调至 8.0 左右,温度控制在(25±1)℃。将配制好的水样放置在磁力搅拌器上搅拌一段时间,使 CBZ 与 TA 充分混合。

不同浓度的 TA 溶液对纳滤膜去除 CBZ 的通量(J/J_0)及去除率(%)的影响见图 6-11。

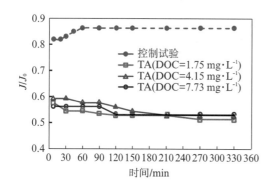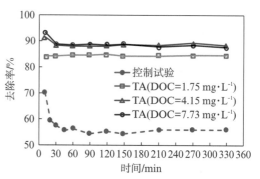

图 6-11　TA 对膜通量和 CBZ 去除率的影响

从图 6-11 看到,从试验一开始,通量就在一个较低的水平上,与不加入 TA 的控制试验相比,下降了 39%之多,随着过滤的进行,略呈下降趋势,可见 TA 对膜的污染很迅速。试验结果同时显示,加入 TA 的浓度不同,并不对通量产生规律性的影响,在过滤进行到 2.5 h 以后,三种工况的通量基本一样。加入 TA 后,CBZ 的去除率相对于无 TA 加入的试验,有较大的提高,从 56%上升至 89%左右。随着 TA 浓度的变大,CBZ 去除率略微有所增大,分别为 84%,87%,89%。

为分析上述三组试验所得到的试验结果,选择 HA、SA、TA 这三种有机物的 DOC 在同一水平上(4.25,4.4,4.15 mg/L)的试验结果进行比较(与天然水体的 DOC 水平也基本保持一致)。汇总结果如表 6-5 所示。

表6-5　　　　　　　　　　　　HA、SA、TA三组试验结果比较

工　况	CBZ	CBZ+HA	CBZ+SA	CBZ+TA
去除率	56.1%	56.8%	43.8%	88.1%
通量(J/J_0)	0.87	0.86	0.69	0.53

从表6-5中,可以看到,在去除率方面:SA<HA<TA,在通量下降方面:HA<SA<TA,为了寻找这些产生现象的原因,我们尝试从三种溶解性有机物的相对分子质量分布和亲疏水性的角度来进行解释分析,分别见图6-12和图6-13。

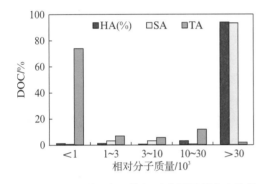

图6-12　HA/SA/TA的相对分子质量分布比较　　　图6-13　HA/SA/TA的亲疏水性比较

由图6-12可以看出HA和SA中分子质量大于30×10^3 Da的有机物都占总DOC的90%以上,说明本试验所用的HA和SA都是由大分子有机物所组成。而TA中分子质量小于1 kDa的占73.7%,所以TA中小分子有机物占绝大多数。由此推测,TA加入后,对于试验所用的NF270膜而言,通量从试验开始便急剧下降且去除率有显著提高是小分子有机物所造成的。首先,纳滤膜相较于超滤膜或者微滤膜而言,孔径小,截留分子质量一般在200~1 000 Da,所以小分子有机物更有机会进入膜孔隙内部,吸附或堵塞在膜孔内,减少有效的膜孔数量或孔径,阻力上升,造成透水通量的下降。Crozes的研究也表明,小分子有机物,特别是尺寸远小于膜孔径的有机物,是造成膜污染的主要因素[45]。Comerton[40]等人的试验采用膜生物反应器出水,安大略湖水和实验室配水来考察NF270膜经天然有机物污染前后的筛分作用的变化,发现经过MBR出水和安大略湖水过膜后,NF270膜的MWCO从(385 ± 13)Da分别降至(222 ± 46)Da和(348 ± 28)Da,于是筛分作用会随MWCO的减小而显著提高。对于CBZ而言,NF270膜对其去除机理主要是筛分作用。因此,NF270膜被TA污染后其MWCO变小,膜对CBZ的截留作用增强,因此CBZ的去除率有很大的提高。这与Plakis与Karabelas等的试验结果一致,他们发现在加入TA后,NF270膜对阿特拉津(Atrazine)的去除率提高20%~29%。[46]

从图6-13来看,HA中强疏水性物质占绝大部分,可达70%以上,弱疏水性物质占14.6%,亲水性物质只占11.6%;与此相反,SA中亲水性物质所占比例高达85.3%,而强疏水性物质和弱疏水性物质分别只有约7%;TA中亲水性有机物和疏水性有机物所占比例相差不大。

因此,我们判断 SA 和 TA 造成膜通量下降比 HA 严重,与有机物的亲疏水性组成也有很大的关系。NF270 的膜接触角为 23.4°属于非常亲水性的纳滤膜,所以总体而言不易造成有机污染[47]。相较于疏水性有机物而言,亲水性有机物更容易吸附、沉积在亲水性的膜表面形成污染层,而造成膜阻力升高而透水通量降低。而且,试验后观察到,SA 形成的污染层黏附性较强不易被水冲洗掉,而 HA 形成的污染层极易被水冲走,证实了以上的解释。Carroll 和 Fan 将天然水体分离成强疏、弱疏、中亲和极亲成分进行过膜试验,发现造成通量下降的主要有机物组分是中亲的部分[48,49]。Park 等认为蛋白质、多糖等亲水性有机物,易在膜表面沉淀或结垢,其引起的膜通量衰减是膜滤过程中的主要问题[50]。

过滤 SA-CBZ 混合溶液,CBZ 去除率有明显下降可能是浓差极化(cake-enhanced concentration polarization)的发生所导致的[51],SA 形成的污染层阻碍了 CBZ 向主体溶液中扩散而使污染层中和膜表面的 CBZ 浓度提高,因此,CBZ 的跨膜浓度梯度升高,易透过膜,从而降低了去除率。Jermann 等的试验同样发现被 SA 污染后的膜对布洛芬(ibuprofen)的去除率有所下降,指出是因为 SA 导致浓差极化的关系[52]。

可能是由于 HA 所形成的污染层较为疏松,不密实,增加的过滤阻力较小;同时 HA 大分子又没有堵塞膜孔径,所以与水分子键合的膜孔数量并没有减少,水分子仍能从膜孔中通过,于是膜的渗透通量没有减小。而 CBZ 去除率方面,无论与控制试验还是不同 DOC 浓度的各工况相比,都没有明显变化,说明 HA 造成的浓差极化没有 SA 严重。Nghiem 和 Hawkes 的试验同样发现用 HA 污染前后的 NF270 膜对 CBZ 的去除影响不大[53]。

现阶段,国内外已有大量试验将 HA 作为代表性的 DOM,考察其对纳滤膜去除 PPCPs 的影响,去除率升高、降低、没有显著影响[54],这三种结论都有各自的支持者。首先,不同的试验使用的 HA 性质不尽相同,而相对分子质量分布等方面对筛分作用起到非常重要的作用[55];其次,各类 PPCPs 的自身性质差别很大,因为 HA 带负电荷,所以会影响带电的 PPCPs 与膜表面官能团之间的静电斥力。这可能会产生两个截然相反的效应:促进微污染物的截留或降低微污染物的截留。一方面,如果膜污染使得膜表面官能团的负电性增强,则负离子型的污染物穿过膜时,就会因为电性排斥作用的增强而截留率更高;另一方面,由于膜官能团的负电性增强,给膜自身带来的负面影响是膜的 MWCO 也同时上升,这种现象称为膜膨胀(Membrane Expansion/Swelling);另外,料液的组成,如离子强度特别是二价阳离子与 HA 的螯合作用,同样影响着膜-DOM-PPCPs 三者的相互关系;最后,膜的自身性质如 zeta 电位,膜接触角等决定了膜污染的程度。所以,还需进一步且更为系统的深入研究。

6.7 溶解性有机物经臭氧预处理后对纳滤膜去除 CBZ 的影响

从以上试验结果看到,除了添加单宁酸(TA)后,CBZ 的去除率有了大幅度的提高以外,腐殖酸(HA)添加后基本上没有变化,而海藻酸钠(SA)的添加甚至降低了去除率。于是,我们试从一些常用的预处理方法中进行选择,对 HA 和 SA 进行预处理后加入 CBZ 过纳滤膜,考察 HA 和 SA 经预处理后的性质改变是否对 CBZ 的去除效果产生影响。

6.7.1　预处理方式的选择

1. 活性炭吸附

用粉末活性炭作为微滤去除腐殖酸的预处理方式时发现,尽管粉末活性炭可以去除许多小相对分子质量的 HA,但对大相对分子质量的 HA 去除效果并不理想。汪力等人分析了臭氧活性炭工艺所处理的黄浦江原水在经不同工艺单元后 DOM 的相对分子质量(MW)的变化发现,生物活性炭单元能有效去除 MW 为 $1 \sim 3 \times 10^3$ Da 和 MW $< 1 \times 10^3$ Da 的小分子有机物。

综上而言,活性炭吸附对于有机物而言是选择性的,在之前的试验中得到,HA 和 SA 中多为 30×10^3 Da 以上的大分子有机物,而 HA 又以疏水性组分居多,所以活性炭吸附并不适合作为本试验的预处理方式。

2. 混凝

Carroll 等人在微滤膜前投加铝盐混凝剂预处理和用 0.2 μm 膜过滤后的水以及原水进行膜过滤通量的比较试验,结果发现原水直接过滤时的膜透水通量下降主要是由胶体引起;混凝增加了天然有机物的去除效果而减缓了通量的下降,但混凝后的通量与 0.2 μm 滤后水的通量的下降几乎相同。他认为混凝主要去除的是大于 0.2 μm 的胶体,并不能去除溶解性有机物[48]。

笔者采用了四种不同亲疏水性的水样,着重讨论了混凝预处理对亲水性或疏水性有机物的去除效果及所带来的对后续超滤膜膜过滤通量的改善情况。试验结果表明,混凝可有效去除疏水性组分,对亲水性组分作用不大[56]。

虽然混凝预处理对有机物的减少作用是值得肯定的,但与活性炭预处理的效果一样,是有选择性的,HA 和 SA 分别为疏水性和亲水性物质,且都为 30×10^3 Da 以上的大分子,所以混凝对这两者不能都适用。

3. 臭氧预氧化

臭氧作为一种优良的氧化剂和杀菌消毒剂,在水处理中能够氧化去除大多数有机、无机杂质和细菌。

通过臭氧处理,DOM 的物理化学性质和生物降解性会发生显著变化。金鹏康和王晓昌的实验结果表明天然有机物在臭氧氧化过程中,结构性质发生了显著的改变[57]。大分子有机物被氧化成小分子有机物,部分具有非饱和构造的有机物转化为饱和构造。

本试验旨在考察不同性质的有机物对纳滤膜去除 CBZ 的影响,所以臭氧能改变有机物的性质正好符合此目的,因此,本试验采用臭氧氧化为预处理方式,观察 HA 和 SA 经过臭氧氧化后对纳滤膜去除 CBZ 的影响。

6.7.2　试验方法

本试验中采用改变通入臭氧的时间来表达不同的臭氧投加量从而进行不同的工况比较,臭氧时间的选择根据臭氧质量浓度而定。当通入臭氧时间增加而臭氧质量浓度变化趋于平缓时,认为已饱和。

每次试验将 HA 及 SA 储备液稀释成 DOC 质量浓度约为 30 mg/L 的溶液,经不同时间的臭氧氧化后,用去离子水将之稀释配制成体积为 5 L,DOC 质量浓度约为 4.5 mg/L 的本底水样(根据臭氧后 DOC 的测定值进行配制),CBZ 初始质量浓度约为 100 μg/L,背景电解质 NaCl 20 mmol/L,NaHCO₃ 1 mmol/L,pH 值调至 8.0 左右,温度控制在(25±1)℃。

6.7.3 腐殖酸经臭氧预处理后对纳滤膜去除 CBZ 的影响

1. 臭氧前后的腐殖酸对纳滤膜去除 CBZ 的影响比较

DOC 质量浓度为 30 mg/L 的 HA 溶液经臭氧氧化 30 min 后,臭氧质量浓度为 3.42 mg/L,之后臭氧质量浓度变化缓慢,认为 HA 溶液中臭氧已基本达到饱和。图 6-14 为投加臭氧 30 min 前后的 HA 对 CBZ 的去除率和通量的影响情况。

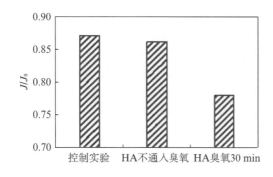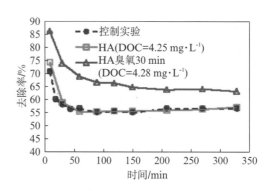

图 6-14 HA 臭氧 30 min 前后对膜通量和 CBZ 去除率的影响

从图 6-14 中看出,经臭氧氧化的 HA 与 CBZ 混合过滤时的通量较控制试验及加入未经臭氧氧化的 HA 试验相比,有明显的下降,从 87% 下降至 80%。在 DOC 基本一致的条件下,将经过臭氧氧化的 HA 与 CBZ 混合过滤时,纳滤膜对 CBZ 的去除率有提高,从 56% 提高至 63% 左右。

在对三种溶解性有机物 HA/SA/TA 的试验分析后,初步得到结论:亲水性的有机物比疏水性的有机物更易造成膜通量下降;小分子有机物比大分子有机物更易造成膜通量下降。所以 HA 臭氧后膜污染加重,渗水通量降低,且 CBZ 去除率升高的原因极有可能是因为通入臭氧后 HA 的物理化学性质发生了改变。

于是,本试验又对 HA 在臭氧氧化前后的亲疏水性物质比例及相对分子质量分布进行了测定。

HA 在臭氧氧化(30 min,3.42 mg/L)前后的亲疏水性物质比较见图 6-15,相对分子质量分布比较见图 6-16。

由图 6-15 可以看出,经过臭氧氧化后,HA 中强疏水性部分由 73.8% 降至 14.3%,且其亲水性部分由 11.5% 提高到 74.4%,所以 HA 的亲水性有很大增强。前文中分析过亲水性的有机物易于形成膜污染层,增大渗透阻力,导致渗水通量的下降,所以这可能是经臭氧氧化后的 HA 造成的膜污染更严重的原因之一。

如图 6-16 所示,经臭氧氧化后,HA 溶液中,30×10³ Da 以上的大分子有机物有明显的减少,从 93.9% 降至 45.2%,而除了 1×10³~3×10³ Da 部分没有明显变化以外,其他的

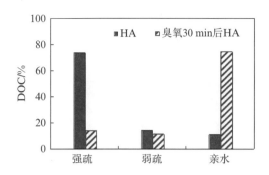

图 6-15　HA 臭氧前后的亲疏水性比较

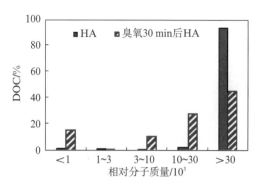

图 6-16　HA 臭氧前后的相对分子质量分布比较

分子质量分布范围都有明显的增多。研究表明[58]，臭氧很容易与—C ＝C—或 C ＝O 发生反应，从而破坏苯环，使芳香族有机物得以很好地去除。所以从结构性质来看，腐殖酸极易被臭氧氧化，大分子有机物转化成小分子有机物，增加水中小相对分子质量有机物的组成比例。而小相对分子质量的有机物增多，易形成膜孔堵塞，阻力上升，使通量下降，并使膜的 MWCO 提高。

从以上这两个方面来考虑，臭氧后亲疏水性的变化与相对分子质量分布的变化都会导致通量的下降，但也许是 MWCO 提高比浓差极化更占优势，所以 CBZ 去除率得以升高。

2. 投加不同臭氧质量浓度的腐殖酸对纳滤膜去除 CBZ 的影响比较

在对臭氧催化氧化的研究中，臭氧的投加量变化对有机物的去除情况研究一直是关注的焦点。

因为所配制的 HA 溶液在通入臭氧 30 min 后，臭氧质量浓度已变化不大，基本达到饱和，所以选取的臭氧投加时间为 10 min，20 min，30 min，得到臭氧质量浓度依次为 0.79 mg/L；1.05 mg/L；3.42 mg/L。膜通量及 CBZ 去除率变化见图 6-17。

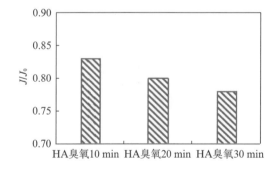
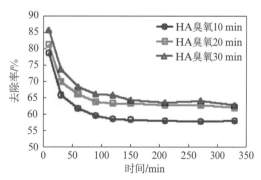

图 6-17　经不同臭氧质量浓度氧化下的 HA 对膜通量和 CBZ 去除率的影响

由图 6-17 可见，臭氧 10 min（0.79 mg/L）后的 HA，通量最高，氧化时间为 20 min（1.05 mg/L）和 30 min（3.42 mg/L）的试验通量相对略有降低。CBZ 去除率随着臭氧质量浓度的提高而逐渐提高，分别为 57％，62％，63％，从 10 min 到 20 min 提高的较为明显，20 min 后变化不大。去除率提高的原因是小分子有机物堵塞膜孔径导致膜 MWCO 下降所造成的。而随着臭氧时间的增加，虽然不断有大分子有机物转化成小分子有机物，但小分子有机物也有部分被矿化,而此试验对于各个不同臭氧质量浓度的工况在进行纳滤过膜时,都将 HA 溶液配制成相同的 DOC 值,所以臭氧氧化至一定程度,可能小分子有机物所占比例上升不大,导致通量去除率的变化出现以上的现象。

6.7.4 海藻酸钠经臭氧预处理后对纳滤膜去除 CBZ 的影响

1. 臭氧前后的海藻酸钠对纳滤膜去除 CBZ 的影响比较

DOC 的质量浓度为 30 mg/L 的 SA 溶液经臭氧氧化 10 min 后,臭氧质量浓度为 4.47 mg/L,之后臭氧质量浓度变化缓慢,认为 SA 溶液中臭氧已基本达到饱和,图 6-18 为臭氧 10 min 前后的 SA 对 CBZ 的去除率和通量的影响情况。

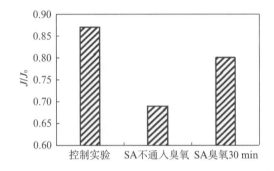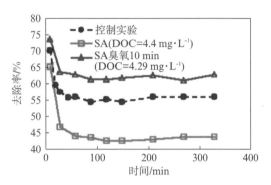

图 6-18 SA 臭氧 10 min 前后对膜通量和 CBZ 去除率的影响

由图 6-18 可见,通入臭氧 10 min 后的 SA 溶液,通量虽然仍然小于不含任何有机物的控制试验,但是比同样 DOC 质量浓度水平下的未经臭氧的 SA 溶液有不小的提高。从 CBZ 去除率曲线来看,SA 臭氧前后的区别很大,去除率由 42% 左右提高到 62% 左右。SA 经臭氧后,既使通量上升,减小了膜污染,同时又提高了 CBZ 的去除率。

SA 在臭氧氧化(10 min,4.47 mg/L)前后的亲疏水性物质比较见图 6-19,相对分子质量分布比较见图 6-20。

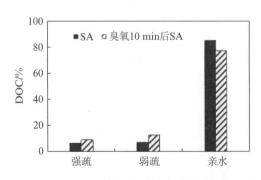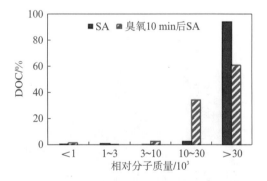

图 6-19 SA 臭氧前后的亲疏水性比较　　**图 6-20 SA 臭氧前后的相对分子质量分布比较**

从图 6-19 看出,SA 溶液经过臭氧氧化后亲疏水性并没有发生明显的变化。所以不能从亲疏水性方面来解释试验结论。从图 6-20 相对分子质量分布方面来看,30×10^3 Da 以上的大分子 SA 明显有减少,而 $10 \times 10^3 \sim 30 \times 10^3$ Da 的部分有提高,其他各部分,基本无变化。

如前所述,SA 溶液容易在膜上形成污染层造成膜阻力升高以及浓差极化,所以可能是经过臭氧氧化后,SA 的结构发生改变,大分子断裂为较小的分子,与膜的相互作用发生改变,膜污染有所减轻,通量有所提高,浓差极化程度的减轻使 CBZ 去除率得以升高。

2. 投加不同臭氧浓度的海藻酸钠对纳滤膜去除 CBZ 的影响比较

因为所配制的 SA 溶液在通入臭氧 10 min 后,余臭氧质量浓度变化不大,基本达到饱和,所以设定不同臭氧时间为 2 min,5 min,10 min,臭氧质量浓度依次为 2.10 mg/L;3.42 mg/L;4.47 mg/L。试验结果见图 6 - 21。

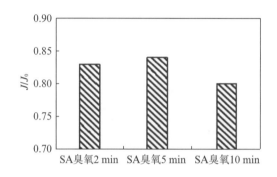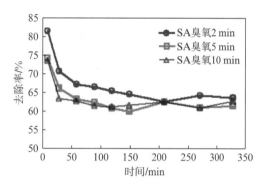

图 6 - 21 经不同臭氧质量浓度氧化下的 SA 对膜通量和 CBZ 去除率的影响

从图 6 - 21 看到,无论从通量还是 CBZ 去除率来看,通入臭氧的多少都对试验结果没有产生大的变化。而相对于不含有机物的控制试验或加入不经臭氧氧化的 SA 来说,通量和 CBZ 去除率都有所提高。与 HA 溶液的臭氧情况相比较,可以发现 SA 溶液在投加臭氧 5 min(3.42 mg/L)时已经相当于 HA 溶液臭氧 30 min(3.42 mg/L)时的臭氧质量浓度,DOC 质量浓度在不同臭氧质量浓度下变化不大,见表 6 - 6。于是产生以上试验结果可能是因为,SA 可被氧化程度不高,臭氧将大分子有机物氧化到一定程度后便不再继续,所以不同的臭氧程度对结果的影响不大。

表 6 - 6   经不同臭氧质量浓度氧化下 SA 溶液的 DOC 变化

臭氧时间	2 min	5 min	10 min
DOC 去除率	3.22%	8.62%	5.33%

6.8 天然水体对纳滤膜去除 CBZ 的影响

之前的试验研究了常规操作条件(初始 pH 值;初始质量浓度;离子强度;水温)、溶解性有机物(HA,SA,TA)和 HA/SA 臭氧预处理后对纳滤膜去除 CBZ 的影响,但全部基于配水方式来完成。考虑到本实验需更好地与工程实际相结合,增强其实用价值,所以本节中取用太湖原水、杨树浦水厂各生产工艺后出水及黄浦江原水并经臭氧预处理,来考察具有复杂成分的天然水体对于纳滤膜去除 CBZ 的作用效果。

6.8.1 太湖原水对纳滤膜去除 CBZ 的影响

1. 试验方法

将取来的太湖原水过 $0.45~\mu m$ 膜后,直接加入 CBZ,使之初始质量浓度达到约 $100~\mu g/L$,温度控制在 (25 ± 1)℃。

考虑到原水中的离子强度会影响纳滤膜的表面性质从而对去除率造成影响,所以重新进行控制试验,将背景电解液的添加进行调整,仍加入 $NaHCO_3$ 1 mmol/L,但根据太湖原水的电导率情况适量加入 NaCl,与之保持一致,以减小试验误差。

2. 试验结果与分析

试验期间的太湖原水水质见表 6-7。

表 6-7 太湖原水水质

DOC/ $(mg \cdot L^{-1})$	$UV_{254}/$ cm^{-1}	SUVA/ $(L \cdot mg^{-1} \cdot cm^{-1})$	电导率/ $(\mu m \cdot cm^{-1})$	pH
3.55	0.077	0.022	572	7.2

图 6-22 所示为太湖原水的亲疏性分析。图 6-23 所示为太湖原水的相对分子质量分布。

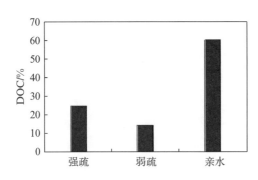

图 6-22 太湖原水的亲疏水性分析

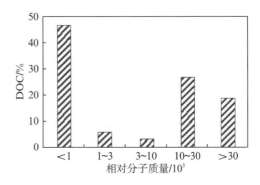

图 6-23 太湖原水的相对分子质量分布

从表 6-8 太湖原水的物化性质来看,DOC 比较低,这可能与取水点有直接的关系,从图 6-22 亲疏水性分析来看,太湖原水中亲水性有机物多于疏水性有机物,占 60% 以上。从图 6-23 相对分子质量分布来看,相对分子质量小于 1×10^3 Da 的占 45% 以上,其次是 $10\times10^3\sim30\times10^3$ Da 占 25%,$>30\times10^3$ Da 占 18%,由此看出,太湖原水中小分子有机物居多。

Coble 等经过多年的研究总结了原水中常见的溶解性有机物的种类和其对应的荧光激发和发射波长,建立了溶解性有机物三维荧光的 PARAFAC 模型[59],如表 6-8 所示,这个模型已经在溶解性有机物的三维荧光分析领域得到普遍使用和认同,并广泛应用于环境检测中。太湖原水的荧光光谱图如图 6-24 所示,横坐标为发射(Emission,E_m)波长,纵坐标为激发(Excitation,E_x)波长,图中括号为(激发波长,发射波长,吸收峰高),后面的试验结果表示方法相同,不再赘述。

表 6‑8　　　　　　　　三维荧光光谱特征吸收峰的命名和位置(PARAFAC 模型)

荧光峰命名	荧光基团	激发波长(E_x)/nm	发射波长(E_m)/nm
A	紫外区类腐殖质	220～260	380～480
B	酪氨酸、类蛋白质	270～280	300～320
C	可见区类腐殖质	300～380	400～480
D	土壤富里酸	390	509
E	土壤富里酸	455	521
M	海洋腐殖质	290～320	370～420
N	浮游植物降解产物	280	370
T	色氨酸、类蛋白质或酚类	270～280(220～230)	320～350

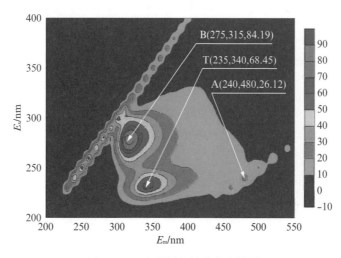

图 6‑24　太湖原水的荧光光谱图

太湖原水中共检测出三个荧光基团,对照表 6‑8 判断分别为一个 B 类荧光峰:代表酪氨酸、类蛋白质物质;一个 T 类荧光峰:代表色氨酸、类蛋白质或酚类物质以及一个 A 类荧光峰:代表紫外区类腐殖质。从太湖原水整体的荧光响应峰峰高可以看出,有机物的含量都不多,与测得的 DOC 值结论相同。B、T 类荧光峰的吸收峰高高于 A 类荧光峰,说明氨基酸、类蛋白质等的含量大于类腐殖质。类蛋白质等的物质为亲水性有机物,腐殖质为疏水性有机物,结果与图 6‑22 一致。

太湖原水与 CBZ 混合液进行过膜试验,通量(J/J_0)与 CBZ 去除率(%)见图 6‑25。

由图 6‑25 可见,过滤太湖原水时的通量略低于控制试验中的通量,说明原水会对纳滤膜造成一定的膜污染。再看 CBZ 去除率情况,存在于太湖原水环境中的 CBZ,后期过滤过程中,去除率基本都高于控制试验,从 57% 提高至 60%,说明太湖水体里的组分会对 CBZ 的

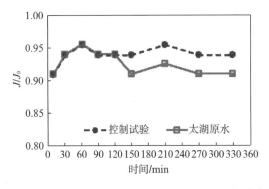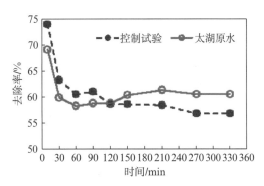

图 6‑25 太湖原水对膜通量及 CBZ 去除率的影响

去除产生正面影响。

结合之前所分析的太湖原水的性质,太湖水中亲水性组分较多,小分子有机物又占很大的比重,小分子有机物更易堵塞试验所用膜的膜孔造成阻力上升,通量下降;同时蛋白质等亲水性有机物也易沉积在膜表面造成通量下降。由于膜孔堵塞,MWCO 上升,所以 CBZ 去除率也上升。由于本身太湖原水的有机物含量较低,所以污染程度也不高,必然导致效果不明显。

6.8.2 杨树浦水厂各工艺出水对纳滤膜去除 CBZ 的影响

1. 试验方法

从杨树浦水厂的水处理工艺流程中取用待处理的原水、沉淀池出水、V 形滤池出水及深度处理臭氧活性炭滤池出水作为 CBZ 的存在环境,考察这些水体中有机物的组分对纳滤膜去除 CBZ 的影响。

将取来的四种原水经过 $0.45~\mu m$ 膜滤后加入 CBZ 直接进行纳滤试验。

CBZ 的初始质量浓度约为 $100~\mu g/L$,温度控制在 $(25\pm1)℃$。

由于各工艺出水的电导率与太湖原水差别不大,所以仍旧采用上节进行过的控制试验做对比。

2. 试验结果与分析

试验结果与比较如表 6‑9,图 6‑26,图 6‑27 所示。

表 6‑9 杨树浦水厂各工艺出水的物化性质

水样种类	DOC 的质量浓度/($mg \cdot L^{-1}$)	UV_{254}/cm^{-1}	SUVA/($L \cdot mg^{-1} \cdot cm^{-1}$)	电导率/($\mu m \cdot cm^{-1}$)	pH
原水	5.43	0.113	0.021	526	7.46
沉后水	4.65	0.073	0.016	572	7.25
滤后水	5	0.086	0.017	574	7.08
深度处理后水	1.99	0.034	0.017	603	7.63

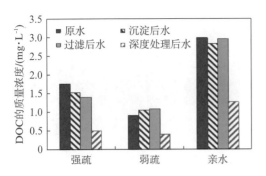

图 6-26 杨树浦水厂各工艺出水的亲疏水性比较
（DOC 回收率满足 80%～120%）

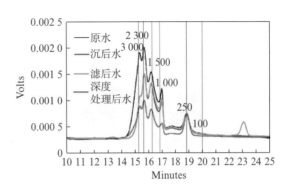

图 6-27 杨树浦水厂各工艺出水的相对分子
质量分布比较

从表 6-10 可以看出，黄浦江原水的有机物在常规工艺混凝＋沉淀＋过滤后并不能得到明显的去除，甚至在过滤后出水的有机物含量还略高于沉淀后出水。通过臭氧活性炭深度处理后，DOC 值得到了比较显著的降低。

从图 6-26 的亲疏水性分布来看，各工艺出水基本上亲水性有机物和疏水性有机物的总量各占一半，强疏组分的含量略高于弱疏组分；原水、沉后水、滤后水的各组分含量相差不大，由于深度处理后水的 DOC 值大大降低，所以各组分含量相对于前三者水样来说，也明显减少。

再看图 6-27 相对分子质量分布的情况，由于凝胶色谱法本身及色谱柱的局限性，大分子有机物不能准确地测定。如图 6-27 中所示，四种水基本都由两部分组成，第一部分集中在 $1 \times 10^3 \sim 3 \times 10^3$ Da，但响应值原水＞沉后水≈滤后水＞深度处理后水，说明这部分的有机物所占比例逐渐减少，事实上在水厂工艺中，经过混凝、沉淀后较大相对分子质量的有机物会减少；另一部分是 1×10^3 Da 以下的小分子有机物，随着工艺的进行，小分子有机物所占比例在上升。发现一个有趣的现象是，沉后水和滤后水的性质在表 6-10 中表示出的几项中基本一致，$1 \times 10^3 \sim 3 \times 10^3$ Da 的分子质量响应情况几乎重叠，但是滤后水在分子质量在 100 Da 以下时还出现了一个较大的响应。

杨树浦水厂各工艺出水的荧光光谱图如图 6-28 所示。

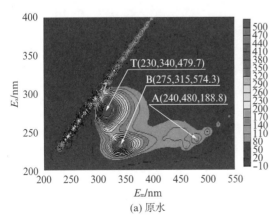

(a) 原水

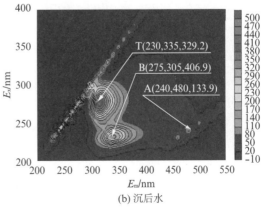

(b) 沉后水

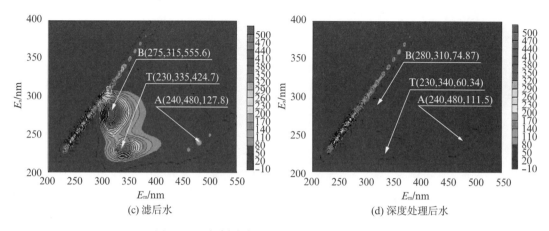

图 6-28 杨树浦水厂各工艺出水的荧光光谱图

从图 6-28 的荧光光谱图可以得知,四种水样都含三类荧光响应峰,分别为 B 类荧光峰,代表酪氨酸、类蛋白质物质;T 类荧光峰,代表色氨酸、类蛋白质或酚类物质;A 类荧光峰,代表紫外区类腐殖质,其中 B,T 类荧光峰都代表亲水性物质,A 类为疏水性物质。从响应强度反映的有机物的含量来看,与 DOC 的值一致,原水>滤后水>沉后水>深度处理后水。随着工艺的进行,可以发现,腐殖质的响应虽一直在减少,但是变化不大,而氨基酸、类蛋白质等有机物的强度变化明显,特别在臭氧活性炭深度处理后,大量减少。

杨树浦水厂各工艺出水对膜通量及 CBZ 去除率的影响如图 6-29 所示。

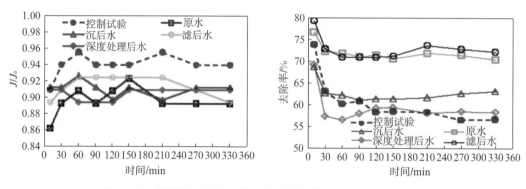

图 6-29 杨树浦水厂各工艺出水对膜通量及 CBZ 去除率的影响

由图 6-29 可以看出,相对于控制试验而言,天然水的通量相对较小;四种水样在过滤过程中的通量变化并没有规律性的趋势,原水的通量略低于其他三种水样。值得注意的是,滤后水的通量在过滤到 210 min 后开始下降,在过滤结束时已和原水的值相同;但沉后水和深度处理后水的通量接近,于是,这种结果很难从 DOC 的多少来考虑,也许是天然水体性质复杂,各物质相互影响造成的。

不同水样中 CBZ 的去除有较大的不同,去除率为原水≈滤后水>沉淀后水>深度处理后水,原水和滤后水的去除率达到 70% 以上,而沉后水为 62%,深度处理后水只有 58%,与控制试验的 56% 差别不大。从整体上来看,去除率的这种规律基本与 DOC 的大小相一致,也说明了,有机物的含量越多对 CBZ 的去除越有利;较特别的是滤后水的 DOC 略小于原

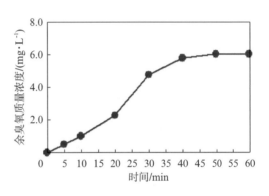

水,但是去除率却与原水持平,于是尝试从之前各类水的性质分析中寻找原因。从相对分子质量分布考虑,之前已分析过,滤后水中在分子质量 100 Da 以下有一个明显的响应峰,所以原因之一可能是这部分小分子物质阻塞纳滤膜使阻力升高,通量下降,而膜截留分子质量减小,去除率较高。另外,从荧光光谱图中考虑,沉后水和滤后水的腐殖质部分含量差别不大,但亲水性有机物,蛋白质类、氨基酸类有机物滤后水多于沉后水,所以,这些物质沉积在膜表面,也会造成阻力上升,通量的降低。另一个角度来看,滤后水和沉后水的腐殖质类疏水性物质的含量差别不大,所以也可以说明此类物质对 CBZ 的去除影响不大。

6.8.3　黄浦江原水臭氧预处理前后对纳滤膜去除 CBZ 的影响

1. 试验方法

本节试验的目的是要考察黄浦江原水中的组分及组分变化对 CBZ 去除率的影响,但是通入臭氧后原水中的有机物总量会减少,所以为了能够在投加不同浓度臭氧之后,还能保证原水 DOC 的不变,所以先将黄浦江原水利用反渗透装置进行浓缩处理,使之达到 DOC 的质量浓度约为 30 mg/L,然后通入不同时间的臭氧,通入臭氧的时间即臭氧投加量的多少由试验选取,结果见图 6 - 30。

由图 6 - 30 可看出,60 min 后对于 DOC

图 6 - 30　臭氧质量浓度与臭氧时间对照图

质量浓度为 30 mg/L 的黄浦江浓缩水,臭氧质量浓度基本不再变化,所以决定通入臭氧时间分别为 10 min,30 min,60 min,臭氧质量浓度分别为 1 mg/L;4.75 mg/L 和 6 mg/L。

黄浦江浓缩水及经臭氧预处理后的黄浦江浓缩水都配成 DOC 质量浓度为 4.5 mg/L 的 5 L 水样,由于原水已含有一定的离子强度,所以与配水试验不同,不加入 NaCl,而只加入 1 mmol/L NaHCO$_3$ 作为缓冲溶液调节 pH 值至 8.0 左右,CBZ 的初始质量浓度约为 100 μg/L,温度控制在(25±1)℃。同样采用上节中的控制试验作对比。

2. 试验结果与分析

黄浦江水臭氧前后对膜通量及 CBZ 去除率的影响如图 6 - 31 所示。

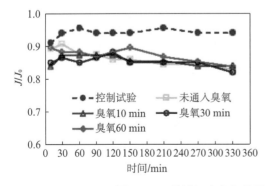
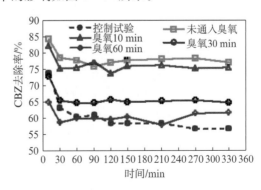

图 6 - 31　黄浦江水臭氧前后对膜通量及 CBZ 去除率的影响

由图 6-31 看出,黄浦江水无论臭氧前后,通量都小于控制试验;但臭氧前后的通量变化不大,投加不同量的臭氧,也同样没有增加或减少趋势的变化。

CBZ 存在于黄浦江水中时,去除率大于 75%,相较于控制实验的 56% 有明显的提高,所以,黄浦江这一天然水体的复杂环境有利于 CBZ 的去除,与太湖水的试验结果一致。另一方面来看,CBZ 的去除率随着臭氧投加量的变多,有明显的下降趋势,当臭氧时间 60 min,臭氧质量浓度为 6.0 mg/L 时,去除率已下降至 60% 左右。由于试验中保持各个工况的 DOC 值一致,所以不是有机物总含量的多少影响试验结果。

下面的部分,具体由相对分子质量分布、亲疏水性、有机物组成类别等角度来分析产生以上实验结果的原因。

如图 6-32 所示的亲疏水性分布比较,在原水中,亲水性物质多于疏水性物质,经过一定程度的臭氧后,亲水性有机物所占比例有较大提高,从 60% 提高至 79%,疏水性的物质,特别是强疏性物质有减少,从 23.6% 降至 11.6%。

前已述及,大分子有机物易被臭氧氧化成小分子有机物,如图 6-33 所示,黄浦江原水中也不例外,在经过一定程度的臭氧处理后,30×10^3 Da 以上及 $10 \times 10^3 \sim 30 \times 10^3$ Da 的大分子物质都有所减小,而其余相对分子质量分布范围所占比例有所提高,但 1×10^3 Da 以下的部分提高不多。

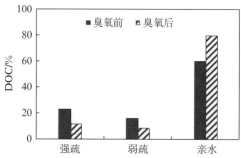

图 6-32　黄浦江水臭氧前后亲疏水性比较　　图 6-33　黄浦江水臭氧前后相对分子质量分布比较

如图 6-34 所示的荧光光谱图,黄浦江水中有两个荧光响应峰(图 6-34(a))为峰 B:酪氨酸、类蛋白质物质及峰 T:色氨酸、类蛋白质或酚类等物质,紫外区类腐殖质含量不多。臭氧后见图 6-34(b),多数有机物被氧化,只有蛋白质类等亲水性物质含量稍多,所以在各试验 DOC 保持一致的情况下,亲水性的物质随臭氧投加量的增加所含比例也会有所增加。

结合以上黄浦江水臭氧前后有机物性质比较来看,最有可能导致 CBZ 去除率降低的原因就是亲水性组分变多而浓差极化越发严重所导致。另外,臭氧后,1×10^3 Da 以下的小分子有机物并没有明显的提高,所以膜孔堵塞也未变得严重,所以没有对 CBZ 的去除产生正面影响。

但是,从以上角度来看,还是未能解释通量在臭氧前后变化不大的原因。Zhang 等的试验考察了两种农药阿特拉津(Atrazine)与西玛津(Simazine)存在于自来水与湖水环境中的去除情况,发现虽然两种有机物的去除率有变化,但是通量却变化不大[60]。Bessiere 等的试验比较了天然水体中亲疏性有机物对膜污染的比较,发现亲水性的有机物最易造成通量下

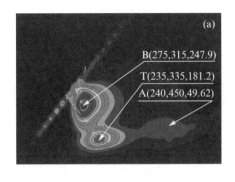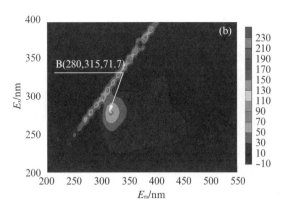

图 6‑34　黄浦江水臭氧前后荧光光谱图比较

降,但是与其他种类有机物混合后,通量反而有所上升[61]。因为原水的性质相当复杂,各类有机物对膜及 CBZ 的作用相互促进,或者互相抵消,而臭氧后,情况则变得更加复杂。另外,除有机物以外,水体的其他性质如离子强度特别是水体中的二价阳离子的存在多少,由于会影响膜与有机物的荷电性而同样起到关键的作用,所以天然原水的其他性质及其相互作用对 PPCPs 的影响还有待考察。

6.9　本章小结

本研究以典型 PPCPs 卡马西平(CBZ)为对象,深入地研究了常规操作条件下,溶解性有机物(DOM)和天然水体环境及臭氧预处理等对纳滤膜去除 CBZ 的影响,同时考察了膜通量的变化,具体研究结论如下:

(1) 纳滤膜对 CBZ 的去除依赖于膜孔径的大小,孔径较小(tight)的 NF90 膜去除率可达 90% 以上;孔径较大(loose)的 NF270 膜去除效果一般。

(2) pH 值,钙离子浓度,水温的变化都会影响膜孔径的大小,从而导致膜通量和去除率的变化。随着 pH 值的降低,钙离子质量浓度的升高,CBZ 的去除率都会提高;低温时,CBZ 去除率明显高于高温时。初始质量浓度在 $50\sim500$ $\mu g/L$ 范围内变化时对膜通量和 CBZ 的去除没有造成显著影响。

(3) 筛分作用是纳滤膜去除不带电荷的 CBZ 的主要机理。

(4) 腐殖酸(HA)、海藻酸钠(SA)、单宁酸(TA)三种 DOM 加入造成膜通量下降的顺序为:HA<SA<TA;CBZ 去除率顺序为:SA<HA<TA。除了加入 SA 后,膜通量随DOC 浓度的变大而逐渐下降以外,其他工况 DOM 添加量的多少,并不对通量及去除率造成明显影响。

(5) 从三种 DOM 的相对分子质量分布和亲疏水性比较,结合试验结果表明:1×10^3 Da以下的小分子有机物比大分子有机物更易造成膜通量的下降;亲水性有机物比疏水性有机物更易造成膜通量的下降。

(6) HA 的添加造成的膜污染和浓差极化都不严重所以对通量下降影响不大,CBZ 去除率也变化不大;SA 的添加形成了黏附性较强的污染层,由于阻力增大而通量下降,同时浓差极化导致了 CBZ 去除率降低;TA 的添加造成的膜孔径堵塞增加了过滤阻力使渗透通量降低,同时减小了膜的 MWCO,使 CBZ 去除率由于筛分作用的加强而显著提高。

(7) HA 溶液经过臭氧氧化预处理后,再与 CBZ 混合过滤时发现,与添加不经臭氧处理的 HA-CBZ 混合液相比,CBZ 的去除率有提高,同时膜通量下降,这可能是由于 HA 经臭氧氧化后小分子有机物变多,使膜孔堵塞严重,阻力上升,膜 MWCO 下降所造成的。HA 经不同浓度臭氧氧化后,均提高了 CBZ 去除率,但在臭氧一定程度后,通量减小和去除率提高不再明显。

(8) SA 溶液经过臭氧氧化预处理后与 CBZ 混合过滤,与添加不经臭氧处理的 SA-CBZ 混合液相比,膜通量提高,CBZ 的去除率也有提高。这可能是由于 SA 经臭氧氧化后原有结构改变,污染层不易形成,浓差极化有所减轻。投加不同浓度的臭氧,对试验结果的影响不大。

(9) 相对于控制试验而言,太湖原水略提高了纳滤膜对 CBZ 的去除率,同时通量降低。

(10) 杨树浦水厂各工艺出水(原水、沉淀后出水、过滤后出水、臭氧活性炭出水)都提高了纳滤膜对 CBZ 的去除率;CBZ 去除率依次为原水>滤后水>沉后水>深度处理后水;整体而言,DOC 越高,对 CBZ 去除越有利;四种水样膜通量的区别不明显。

(11) 黄浦江原水对 CBZ 的去除有很大的提高;臭氧后去除率有所降低,且随着臭氧投加量的增加,去除率逐渐降低;但是各工况下,通量没有明显变化。

(12) 从天然水体的试验来看,CBZ 去除率和膜通量并没有规律性的变化,从水体的有机物性质考虑没有较明确的解释,这可能是由于天然水体性质复杂,彼此相互作用所导致的。

参考文献

[1] 罗敏,侯立安,王占生.纳滤膜对有机物的截留机理研究[J].环境科学学报,2000,20(5):523-527.
[2] 何毅,李光明,赵建立,等.纳滤膜分离机理及其在水处理中的应用[J].净水技术,2003,22(5):30-33.
[3] 环国兰,张宇峰.纳滤膜及其应用[J].天津工业大学学报,2003,22(1):47-50.
[4] Wang X L, Tsuru T, Hakao S, et al. The electrostatic and steric-hindrance model for the transport of charged solutes through nanofiltration membranes[J]. Journal of Membrane Science, 1997,135(1):19-32.
[5] 张显球,张林生,吕锡武.纳滤对水中有机微污染的去除效果与应用[J].水处理技术,2005,31(2):62-65.
[6] 王大新,王晓琳.面向饮用水制备过程的纳滤膜分离技术[J].膜科学与技术,2003,23(4):61-66.
[7] Van der Bruggen B, Vandecasteele C. Modelling of the retention of uncharged molecules with nanofiltration[J]. Water Research, 2002,36(5):1360-1368.
[8] Schutte C F. The rejection of specific organic compounds by reverse osmosis membranes[J]. Desalination, 2003,158(1):285-294.
[9] Berg P, Hagmeyer G, Gimbel R. Removal of pesticides and other micropollutants by nanofiltration[J]. Desalination, 1997,113(2):205-208.
[10] Kiso Y, Kon T, Kitan T, et al. Rejection properties of alkyl phthalates with nanofiltration membranes[J]. Journal of Membrane Science, 2001,182(1):205-214.

[11] Tsuru T, Urairi M, Nakao S, et al. Reverse osmosis of single and mixed electrolytes with charged membranes: experiment and analysis[J]. Journal of Chemical Engineering of Japan, 1991,24(4): 518 - 524.

[12] Wang X L, Wang W N, Wang D X. Experimental investigation on separation performance of nanofiltration membranes for inorganic electrolyte solutions[J]. Desalination, 2002,145(1): 115 - 122.

[13] Childress A E, Elimelech M. Relating nanofiltration membrane performance to membrane charge (electrokinetic) characteristics[J]. Environmental Science & Technology, 2000, 34(17): 3710 - 3716.

[14] Lee S, Park G, Arny G, et al. Determination of membrane pore size distribution using the fractional rejection of nonionic and charged macromolecules[J]. Journal of Membrane Science, 2002,201(1): 191 - 201.

[15] Ariza M J, Canas A, Malfeito J, et al. Effect of pH on electrokinetic and electrochemical parameters of both sub-layers of composite polyamide/polysulfone membranes[J]. Desalination, 2002,148(1): 377 - 382.

[16] Ozaki H, Li H. Rejection of organic compounds by ultra-low pressure reverse osmosis membrane[J]. Water Research, 2002,36(1): 123 - 130.

[17] Nghiem L D, Schäfer A I, Elimelech M. Role of electrostatic interactions in the retention of pharmaceutically active contaminants by a loose nanofiltration membrane[J]. Journal of Membrane Science, 2006,286(1): 52 - 59.

[18] Boussahel R, Montiel A, Baudu M. Effects of organic and inorganic matter on pesticide rejection by nanofiltration[J]. Desalination, 2002,145(1): 109 - 114.

[19] Kimura K, Amy G, Drewes J, et al. Adsorption of hydrophobic compounds onto NF/RO membranes: an artifact leading to overestimation of rejection[J]. Journal of Membrane Science, 2003,221(1): 89 - 101.

[20] Van der Bruggen B, Braeken L, Vandecasteele C. Evaluation of parameters describing flux decline in nanofiltration of aqueous solutions containing organic compounds[J]. Desalination, 2002,147(1): 281 - 288.

[21] Kiso Y. Factors affecting adsorption of organic solutes on cellulose acetate in an aqueous solution system[J]. Chromatographia, 1986,22(1 - 6): 55 - 58.

[22] Nghiem L, Schäfer A. Adsorption and transport of trace contaminant estrone in NF/RO membranes [J]. Environmental Engineering Science, 2002,19(6): 441 - 451.

[23] Kimura K, Amy G, Drewes J, et al. Rejection of organic micropollutants (disinfection by-products, endocrine disrupting compounds, and pharmaceutically active compounds) by NF/RO membranes [J]. Journal of Membrane Science, 2003,227(1): 113 - 121.

[24] Devitt E, Ducerlier P, Cote M R, et al. Effects of natural organic matter and the raw water matrix on the rejection of atrazine by pressure-driven membranes[J]. Water Research, 1998,32(9): 2563 - 2568.

[25] Van der Bruggen B, Schaep J, Maes W, et al. Nanofiltration as a treatment method for the removal of pesticides from ground waters[J]. Desalination, 1998,117(1): 139 - 147.

[26] Nghiem D, Schäfer A, Waite T, Adsorption of estrone on nanofiltration and reverse osmosis

membranes in water and wastewater treatment. 2002.

[27] 冯晶.有机物的特性对超滤膜通量的影响[D].上海:同济大学环境科学与工程学院,2007.

[28] 吕洪刚,欧阳三明,郑振华,等.三维荧光技术用于给水的水质测定[J].中国给水排水,2005,21(3):91-93.

[29] 李卫华,盛国平,王志刚,等.废水生物处理反应器出水的三维荧光光谱解析[J].中国科学技术大学学报,2008,38(6):601-608.

[30] 王玉平,王娟,陈涛.靛蓝二磺酸钠溶液的标定[J].环境监测管理与技术,1994,6(2):39-42.

[31] 王业耀,王占生.靛红钾法测定水中的臭氧浓度[J].中国给水排水,2003,19(4):95-97.

[32] Bellona C, Drewes J E, Xu P, et al. Factors affecting the rejection of organic solutes during NF/RO treatment—a literature review[J]. Water Research, 2004,38(12):2795-2809.

[33] Nghiem L D, Vogel D, Khan S. Characterising humic acid fouling of nanofiltration membranes using bisphenol A as a molecular indicator[J]. Water Research, 2008,42(15):4049-4058.

[34] Nghiem L D, Schäfer A I, Elimelech M, Pharmaceutical retention mechanisms by nanofiltration membranes[J]. Environmental Science & Technology, 2005,39(19):7698-7705.

[35] Braghetta A, DiGiano F A, Ball W P. Nanofiltration of natural organic matter: pH and ionic strength effects[J]. Journal of Environmental Engineering, 1997,123(7):628-641.

[36] Schäfer A, Nghiem L, Waite T. Removal of the natural hormone estrone from aqueous solutions using nanofiltration and reverse osmosis[J]. Environmental Science & Technology, 2003,37(1):182-188.

[37] Zhang Y, Causserand C, Aimar P, et al. Removal of bisphenol A by a nanofiltration membrane in view of drinking water production[J]. Water Research, 2006,40(20):3793-3799.

[38] Koyuncu I, Arikan O A, Wiesner M R, et al. Removal of hormones and antibiotics by nanofiltration membranes[J]. Journal of Membrane Science, 2008,309(1):94-101.

[39] Verliefde A R D, Cornelissen E R, Heijman S G J, et al. The role of electrostatic interactions on the rejection of organic solutes in aqueous solutions with nanofiltration[J]. Journal of Membrane Science, 2008,322(1):52-66.

[40] Comerton A M, Andrews R C, Bagley D M. The influence of natural organic matter and cations on fouled nanofiltration membrane effective molecular weight cut-off[J]. Journal of Membrane Science, 2009,327(1):155-163.

[41] 曾文慧.上海饮用水深度处理用煤质 GAC 筛选技术研究[D].上海:同济大学环境科学与工程学院,2006.

[42] Lee N, Amy G, Croue J P, et al. Morphological analyses of natural organic matter (NOM) fouling of low-pressure membranes (MF/UF)[J]. Journal of Membrane Science, 2005,261(1):7-16.

[43] 宋海燕,尹友谊,宋建中.不同来源腐殖酸的化学组成与结构研究[J].华南师范大学学报:自然科学版,2009(1):61-66.

[44] Yamamoto H, Liljestrand H M, Shimizu Y, et al. Effects of physical-chemical characteristics on the sorption of selected endocrine disruptors by dissolved organic matter surrogates[J]. Environmental Science & Technology, 2003,37(12):2646-2657.

[45] Crozes G, Anselme C, Mallevialle J. Effect of adsorption of organic matter on fouling of ultrafiltration membranes[J]. Journal of Membrane Science, 1993,84(1):61-77.

[46] Plakas K. Karabelas A. Triazine retention by nanofiltration in the presence of organic matter: The

role of humic substance characteristics[J]. Journal of Membrane Science，2009,336(1)：86 - 100.

[47] Mänttäri M，Pekuri T，Nyström M. NF270，a new membrane having promising characteristics and being suitable for treatment of dilute effluents from the paper industry[J]. Journal of Membrane Science，2004,242(1)：107 - 116.

[48] Carroll T，King S，Gray S R，et al. The fouling of microfiltration membranes by NOM after coagulation treatment[J]. Water Research，2000,34(11)：2861 - 2868.

[49] Fan L，Harris JL，Roddick F A，et al. Influence of the characteristics of natural organic matter on the fouling of microfiltration membranes[J]. Water Research，2001,35(18)：4455 - 4463.

[50] Park N，Kwon B，Kim S D，et al. Characterizations of the colloidal and microbial organic matters with respect to membrane foulants[J]. Journal of Membrane Science，2006,275(1)：29 - 36.

[51] Li Q，Xu Z，Pinnau I，Fouling of reverse osmosis membranes by biopolymers in wastewater secondary effluent：Role of membrane surface properties and initial permeate flux[J]. Journal of Membrane Science，2007,290(1)：173 - 181.

[52] Jermann D，Pronk W，Boller M，et al. The role of NOM fouling for the retention of estradiol and ibuprofen during ultrafiltration[J]. Journal of Membrane Science，2009,329(1)：75 - 84.

[53] Nghiem L D，Hawkes S. Effects of membrane fouling on the nanofiltration of pharmaceutically active compounds (PhACs)：Mechanisms and role of membrane pore size[J]. Separation and Purification Technology，2007,57(1)：176 - 184.

[54] Yuan W，Zydney A L. Humic acid fouling during microfiltration[J]. Journal of Membrane Science，1999,157(1)：1 - 12.

[55] 汪力,高乃云,朱斌,等. 从分子质量的变化分析臭氧活性炭工艺[J]. 中国给水排水,2005(3).

[56] 董秉直,王洪武,冯晶,等. 混凝预处理对超滤膜通量的影响[J]. 环境科学,2008,29(10)：2783 - 2787.

[57] 金鹏康,王晓昌. 水中天然有机物的臭氧氧化处理特性[J]. 环境化学,2002,21(3)：250 - 263.

[58] 宋亚丽,董秉直,高乃云. 不同氧化剂降低膜污染效果的研究[J]. 中国环境科学,2009(1)：11 - 16.

[59] Coble P G. Characterization of marine and terrestrial DOM in seawater using excitation emission matrix spectroscopy[J]. Marine Chemistry，1996,51(4)：325 - 346.

[60] Zhang Y，Van der Bruggen B，Chen GX，et al. Removal of pesticides by nanofiltration：effect of the water matrix[J]. Separation and Purification Technology，2004,38(2)：163 - 172.

[61] Bessiere Y，Jefferson B，Goslan E，et al. Effect of hydrophilic/hydrophobic fractions of natural organic matter on irreversible fouling of membranes[J]. Desalination，2009,249(1)：182 - 187.

第7章 正渗透膜处理技术

7.1 正渗透膜处理技术原理

7.1.1 正渗透原理

正渗透是一种自然界广泛存在的物理现象,该过程中水透过选择性半透膜从水化学位较高(或低渗透压)区域自发地传递到水化学位较低(或高渗透压)区域。图7-1清楚地显示了正渗透的基本原理及其与反渗透和压力阻尼渗透(Pressure retarded osmosis,PRO)的相互关系。如图7-1所示,在选择透过性膜的两侧分别放置纯水和盐水两种具有不同渗透压的溶液,水会自发地从低渗透压的纯水(原料液)一侧通过半透膜扩散到高渗透压的盐水(汲取液)一侧,并使盐水侧液位升高,直至膜两侧的液位压差与膜两侧的渗透压差相等时停止,这一过程即为正渗透。当对渗透压高的一侧溶液施加一个小于渗透压差($\Delta\pi$)的外加压力(ΔP)时,水仍然会从原料液压一侧流向汲取液一侧,这种过程叫作压力阻尼渗透,这是一种介于正渗透和反渗透之间的中间过程。相反,当外加压力(ΔP)大于渗透压压差($\Delta\pi$)时,水会从渗透压较高的汲取液一侧流向渗透压较低的原料液一侧,这种过程则是反渗透。如图7-2所示,Lee等[1]用数学坐标的形式定量描述了上述正渗透和反渗透过程的相互关系。

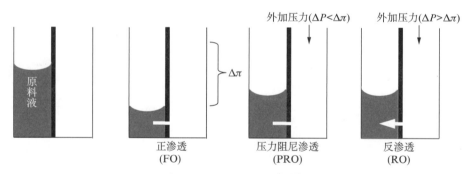

图7-1 正渗透、压力阻尼渗透、反渗透过程原理示意图

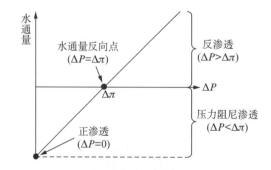

图7-2 正渗透、压力阻尼渗透、反渗透过程中水通量的大小、方向以及操作压力间的函数关系

7.1.2　正渗透膜处理技术的主要影响因素

正渗透膜技术在水处理领域的应用主要是依靠汲取液与进水在正渗透膜两侧形成的天然渗透压,使纯水流向汲取液,对稀释后的汲取液进行浓缩除盐,最终得到纯水。因此,与水处理常用的反渗透膜技术不同,正渗透膜技术无须外加压力,其驱动力为溶液渗透压差。实现正渗透膜处理技术的两个必需条件为:具有选择透过性的膜和高渗透压的汲取液。同时,正渗透过程中发生的浓差极化也对膜通量起到重要影响。

1. 正渗透膜

如前所述,正渗透膜必须具有只能让水透过不能让溶质透过的选择透过性。性能优良的正渗透膜需要具备以下特征:① 具有致密的非多孔性的活性层,以便能够对溶质进行高效截留;② 活性层具有较好的疏水性,以便既能达到较高的水通量和水回收率,同时又能减轻膜污染;③ 膜支撑层尽量薄,并且孔隙率尽量低,以便能减小内部浓差极化,进而具有较高的水通量;④ 具有较高的机械强度,以便当膜用于压力阻尼渗透时也能够承受外部施加的较高的水力压力;⑤ 具有一定的耐酸、碱、盐等腐蚀的能力,以便使膜能够在较宽的 pH 值范围以及各种不同组成的溶液条件下正常运行。

目前,由 Hydration Technologies 公司研发生产的三乙酸纤维膜(CTA)正渗透膜是使用非常广泛的商用正渗透膜。图 7-3 为商用正渗透膜的电镜(SEM)图片。由图可得,正渗透膜为非对称性膜,其表面较薄的活性层是由内嵌式的聚酯纤维网所支撑。由图 7-3(c)描述的正渗透膜的断面形态可知,正渗透膜的总厚度为 30~50 μm,这种独特的超薄内嵌式支撑层结构特点降低了正渗透过程中的内部浓差极化,从而使得正渗透膜具有标准压力驱动膜所不具备的优良渗透性能。研究表明,商用正渗透膜的活性层与支撑层的化学性质较为相似,例如接触角均在 70°左右,膜表面特征官能团相近等。而两种膜表面的物理性质差别较大,由图 7-3(a)和(b)看出,正渗透膜的活性层致密且光滑,经测定,其粗糙度约为 37 nm,而反面支撑层则较为粗糙,其粗糙度约为 61 nm。可见,正渗透的膜朝向,即活性层朝向汲取液还是原料液,将对膜通量大小以及膜污染程度产生重要影响。

2. 汲取液

汲取液是正渗透过程顺利进行的关键组成部分,汲取液应具有比原料液更高的渗透压,以便能够产生渗透压差,为正渗透过程提供驱动力。最理想的汲取液应该具备以下条件:① 具有较高渗透压,即在水中应该具有较高的溶解度,以及应该具有较高的扩散系数、较小的反向扩散通量、较低的黏度、较小的相对分子质量以期有效降低内部浓差极化,从而产生较高的渗透水通量;② 无毒性,以保证产水水质安全;③ 与正渗透膜应该具有化学兼容性,即不能与膜发生化学反应且不能将膜降解;④ 在制备饮用水的过程中,应该能方便且经济地与渗透水进行分离并且能够重复使用。

3. 正渗透过程中的浓差极化

理论上,正渗透可以采用具有非常高的渗透压的驱动溶液而实现比反渗透更大的水通量,然而研究发现实际通量远远小于预期值。这主要是由于正渗透过程特有的浓差极化现象所造成。图 7-4 表示正渗透过程中不同膜朝向的浓差极化现象。c_1 和 c_5 分别为原料液和汲取液的溶质浓度;c_2 和 c_4 分别为原料液和膜以及汲取液和膜交界面的溶质浓度;c_3 为

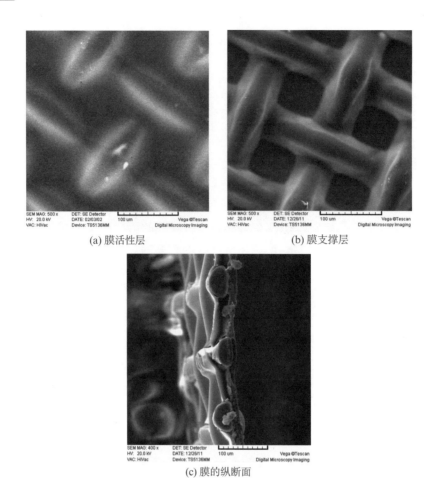

(a) 膜活性层　　　　　　　　　　　　　　　(b) 膜支撑层

(c) 膜的纵断面

图 7‑3　干净正渗透膜的 SEM 图片

活性层与支撑层交界面的溶质浓度。

正渗透过程中的浓差极化按照其发生的位置可分为外部浓差极化和内部浓差极化[2]。正渗透的外部浓差极化现象与反渗透等压力驱动膜中发生的浓差极化相似,主要是指原料液对流传递到膜表面,从而使得截留的溶质聚集在膜表面而形成的膜表面溶质浓度远高于其在主体溶液浓度的现象。以正渗透膜的活性层朝向原料液为例(图 7‑4(b)),膜的活性层一侧由于溶质的积聚形成浓缩的外部浓差极化($c_2 > c_1$),而多孔的支撑层一侧则因水的透过造成汲取液中溶质的稀释最终形成稀释的外部浓差极化($c_4 < c_5$)。由于正渗透膜无方向性,即膜朝向也可采用活性层朝向汲取液的方式,因此,不论膜的活性层或支撑层均可发生浓缩的或稀释的两种不同程度的外部浓差极化。外部浓差极化降低了膜两侧的渗透压差(即图 7‑4 中有效渗透压差与 ICP 损耗渗透压差之和),一般可通过增加膜表面的水流流速及紊动程度来减轻外部浓差极化的负面作用。

内部浓差极化是正渗透过程中所特有的现象,指发生在非对称性膜的多孔支撑层空隙内部的浓差极化现象,而在对称性均质膜中,通常不存在内部浓差极化现象[3-10]。当正渗透膜的多孔支撑层朝向原料液时,原料液中的溶质扩散并积聚在支撑层中,沿着活性层的内表面与支撑层的交界面形成一层浓缩的极化层($c_3 > c_2$),这称为浓缩的内部浓差极化[7,9],这与浓缩的外部浓差极化现象相似；当正渗透膜的多孔支撑层朝向汲取液时,透过膜活性层的水稀释了多孔支撑层中的汲取液溶质,使得多孔支撑层中形成稀释的极化层($c_3 < c_4$),这称为稀释的内部浓差极化。由于内部浓差极化发生在多孔支撑层内,因此较难通过增加错流速度来减轻这种浓差极化的影响。研究结果显示,发生在非对称性正渗透膜两侧的浓差极化造成 ICP 损耗渗透压差,这使得活性层两侧的有效渗透压差小于膜两侧的渗透压差如图 7 - 4 所示,从而严重影响了正渗透过程中水通量的降低以及水回收率的下降。目前商用正渗透膜为非对称性膜,内部浓差极化是影响其通量下降的主要因素。

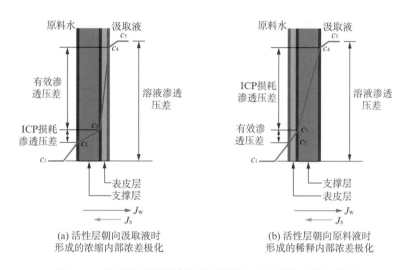

(a) 活性层朝向汲取液时　　　　(b) 活性层朝向原料液时
　　形成的浓缩内部浓差极化　　　　　形成的稀释内部浓差极化

图 7 - 4　非对称正渗透膜在不同膜朝向时的浓差极化示意图

7.1.3　内部浓差极化模型

在实际的正渗透过程中,由于正渗透膜不是完全的半透膜,因此会有少量的盐透过膜,同时伴随内、外浓差极化现象,最终导致膜活性层两侧的有效渗透压差远远小于主体溶液的渗透压差,造成实际水通量远小于预期值[7]。许多研究已经探讨正渗透传质模型的建立,以期更为清晰地阐述正渗透过程的机理。

研究表明,不同于传统压力驱动膜的传质过程,正渗透过程中水透过膜时,将会受到膜结构产生的过水阻力以及支撑层内形成的内部浓差极化的双重影响。因此,基于薄膜传质理论提出的经典溶液扩散模型,同时考虑溶质在多孔支撑层内的扩散—对流传递,正渗透过程中的水通量与内部浓差极化的关系可由下述模型进行描述[1,9,11]。

以图 7 - 4(a)所示的膜活性层朝向汲取液时形成的浓缩内部浓差极化过程为例。根据溶液扩散模型,透过正渗透膜中致密活性层的水通量(J_w)和盐通量(J_s)分别表示为:

$$J_w = A(\pi_4 - \pi_3) \tag{7-1}$$

$$J_s = B(c_4 - c_3) \tag{7-2}$$

式中　A,B——水与溶质的传质系数;

　　　π_4,c_4——驱动液一侧膜表面的渗透压和溶质浓度;

　　　π_3,c_3——膜活性层与支撑层交界面的渗透压和溶质浓度。

经过一定时间后,溶质在多孔支撑层的传递达到平衡,此时从支撑层扩散出的溶质通量等于溶质扩散透过膜活性层的通量(J_s)加上溶质因对流传递进入膜支撑层的通量(J_w),即

$$J_wC + J_s = D_{eff} \cdot \frac{dc}{dx} \qquad (7-3)$$

式中　C——溶质在多孔支撑层中距离活性层与支撑层的交界面为 x 时的浓度;

D_{eff}——溶质在多孔支撑层中的有效扩散系数,其值为溶质扩散系数 D_s 与多孔支撑层的孔隙率 ε 的乘积。

方程式(7-3)的边界条件为:

$$\text{当 } x=0 \text{ 时,} \qquad c=c_3 \qquad (7-4)$$

$$\text{当 } x=l_{eff}=\tau l \text{ 时,} \qquad c=c_2 \qquad (7-5)$$

式中　l_{eff}——有效支撑层厚度;

l——支撑层厚度;

τ——膜孔的弯曲系数。

联立方程式(7-1)到方程(7-5),对方程式(7-3)进行积分求解,可得:

$$J_w = \frac{1}{K}\ln\left[\frac{c_3 + B(c_4-c_3)/A(\pi_4-\pi_3)}{c_2 + B(c_4-c_3)/A(\pi_4-\pi_3)}\right] \qquad (7-6)$$

式中,K 为多孔支撑层内的溶质扩散阻力系数,其表达式为:

$$K = \frac{l\tau}{\varepsilon D_s} = \frac{S}{D_s} \qquad (7-7)$$

式中,S 定义为结构参数,可表示为 $l\tau/\varepsilon$,近似于反渗透过程中外部浓差极化的边界层厚度。

忽略浓缩的外部浓差极化影响(即 $c_2=c_1$),并且假设溶液渗透压和溶质浓度成比例关系,则方程式(7-6)可简化为

$$J_w = \frac{1}{K}\ln\left(\frac{\pi_3 + B/A}{\pi_2 + B/A}\right) \qquad (7-8)$$

由方程式(7-1)可得 $\pi_3 = \pi_4 - J_w/A$,代入方程式(7-8)得:

$$J_w = \frac{1}{K}\ln\left(\frac{B + A\pi_4 - J_w}{B + A\pi_2}\right) \qquad (7-9)$$

同理,在图 7-4(b)中忽略稀释的外部浓差极化影响(即 $c_4=c_5$),并且假设溶液渗透压和溶质浓度成比例关系,可解得膜活性层朝向原料液时的水通量为:

$$J_w = \frac{1}{K}\ln\left(\frac{B + A\pi_4}{B + J_w + A\pi_2}\right) \qquad (7-10)$$

在方程式(7-7)中,K 值代表了溶质在多孔支撑层中扩散的难易程度,K 值越大表示内部浓差极化越严重,因此可用 K 值来评价内部浓差极化的严重程度。有效降低溶质扩散阻力系数 K 值是提高正渗透性能的主要途径:一方面,通过改变汲取液所含溶质或提高溶液温度来提高溶质扩散系数 D_s,使得溶质易于从多孔支撑层结构中扩散出来,从而一定程度

上减轻内部浓差极化的影响,但汲取液的改变可能增加其循环回收的难度,因此理论上减轻的内部浓差极化有可能被其他不利因素抵消,所以上述不是最优方法。另一方面,可通过降低结构参数 S 来降低溶质扩散阻力系数 K 值。膜的多孔支撑层更薄,膜孔的弯曲系数更小以及孔隙率更大均可实现结构参数 S 的降低,这也是目前正渗透制膜领域的研究重点之一。

7.2　正渗透技术在水处理中的应用意义

众所周知,水是生命之源,获得安全饮用水是人类生存的基本需求,而水资源已成为影响各国发展的战略性经济资源。长期以来,水资源缺乏成为制约我国经济发展和社会进步的重要因素之一,其主要表现为水量型缺水和水质型缺水。由于我国水资源在时空上分布不均匀,造成北方普遍地区以及南方局部地区均存在水量型缺水。同时,城市饮用水水源地普遍受到不同程度的污染,特别是在太湖、滇池、巢湖地区以及淮河、海河、辽河流域,水质型缺水日趋严重,水质超标项目以有机污染为主。另外,西北等地区由于地质原因,还普遍存在地下水含盐量高、硬度大等问题。

开发利用非常规水源是解决水资源危机、缓解目前水资源短缺问题的重要途径。非常规水源通常包括有别于常规水资源的再生水(经过处理的污水和废水)、受污染而不宜作为饮用水源的地表水和地下水、海水、苦咸水、矿井水、雨洪水等,特点是经过处理后可以被利用。但是,现有常规净水工艺对非常规水源的处理能力不足,特别对于各类具有"三致"(致癌、致畸、致突变)作用的有机污染物,常规净水工艺对其去除效果非常有限(仅为 20%～30%),并且氯消毒后容易生成大量消毒副产物。实践表明,压力膜工艺(反渗透、纳滤、超滤和微滤)在处理非常规水源方面已显现出巨大的优势和应用前景。纳滤/反渗透和超滤/微滤组成的双膜工艺可有效去除非常规水源中的微污染物及天然有机物。然而,在压力膜工艺高效去除有机污染物的同时,原水中的可溶性有机物往往会在膜表面及膜孔内部聚集附着,最终导致不可逆膜污染。膜污染所引起的膜工艺产水水量和水质的降低以及外加能耗的提高常常阻碍压力膜技术的广泛应用。另一方面,纳滤/反渗透工艺制取优质饮用水的同时,进水中的杂质被高度浓缩。如果纳滤浓水得不到妥善的处理而直接排放,必然导致环境的二次污染。因此,研究去除可溶性有机物的新型水处理方法,并且合理选择经济高效的浓水处理方法,不仅可有效降低膜污染、提高压力膜工艺处理非常规水源的效能,而且对于确保饮用水水质安全,保障人民健康水平更具有重大的社会效应。

正渗透作为新兴的膜处理工艺,在非常规水源的处理方面具有很大的潜力。当正渗透处理非常规水源时,非常规水源通常作为原料液,汲取液可采用高浓度的电解质溶液(如氯化钠溶液)。其中绝大部分可溶性有机污染物被截留,不能进入汲取液。为了最终从汲取液中获得饮用水,正渗透工艺通常需要与其他压力膜工艺联用,如正渗透—反渗透联用工艺等。同时,正渗透也可用于纳滤等膜工艺浓水的回收处理,即将纳滤浓水作为正渗透的原料液[12-16]。

与传统的压力膜工艺比较,用正渗透与压力膜工艺组合处理非常规水源时,具有如下潜在优势:① 有效去除水中有机污染物,对保护水质起到多级屏障的作用;② 由于正渗透本身不需要消耗能量,因此正渗透与压力膜工艺组合工艺的能耗较低;③ 由于正渗透过程不需外界驱动压力,所形成的污染层较为疏松,易被消除,因而相对降低了膜系统的反冲洗用水量和药剂用量,延长膜工艺系统的使用周期;④ 由于正渗透本身具有较高的回收率,其与压力膜的组合工艺的回收率有时可达到 90% 以上,从而显著提高系统产水量,减少浓水排放[17-20]。

正渗透工艺除了可以用于非常规水源的处理之外,还可用于极端情况下的应急生命保障。我国是一个受自然灾害影响深重的国家。地震、洪涝等灾害发生频繁。大型的自然灾害会造成灾区长时间的断水、断电等问题,给灾区群众的生命健康等造成很大的威胁。以高性能的正渗透膜为基础可以生产"应急生命包"。"应急生命包"中的汲取液为糖和电解质等人体所需养分的浓浆,具有很高的渗透压。将"应急生命包"投入任何受污染的水中,在渗透压的作用下,水自发地渗透至浓浆中。而水中的微生物、病毒以及其他有毒有害物质被正渗透膜有效截留。渗透完成之后,"应急生命包"中的汲取液可作为饮料直接饮用,为使用者同时提供水和能量。

7.3　正渗透技术在水处理中的应用研究现状

由于正渗透工艺在饮用水处理领域的巨大潜力,正渗透已成为目前膜分离学术领域的热点研究课题,研究主要集中在高性能正渗透膜的制备[21-26]、汲取剂类型的选择和新型汲取剂的开发[5,27-31]以及正渗透组合工艺的开发等方面[2,32]。在水处理中,正渗透膜分离技术已经逐步应用在海水淡化、污水处理、废水回用以及水质净化等方面,并且不断与其他技术相互融合,形成创新的工艺技术。正渗透领域的国外研究进展较快,部分研究已从实验室转向中试研究。而在我国,正渗透技术尚属于起步阶段。

7.3.1　海水淡化

在海水淡化方面,尽管早在 20 世纪 70 年代就有人提出使用正渗透进行脱盐的想法,但由于膜和驱动溶液等核心问题没有解决,因此绝大部分的研究成果未能应用于实践。商品正渗透膜的出现使得正渗透应用于海水和苦咸水的脱盐构想得以实现。

一般来说,正渗透脱盐过程可根据最终从稀释的汲取液中制备淡水的方式不同分成两种类型[32]:一种是使用可热分解的汲取液,该汲取液可在渗透稀释后受热分解释放挥发性气体(如 CO_2 或 SO_2),从而重新获得淡水,而分解过程中释放的气体则可循环利用。McGinnis 在其专利中描述了一种新的正渗透系统,该系统使用一种混合的汲取液(包含 KNO_3 和 SO_2)进行脱盐。该方法的优势在于采用溶解度受温度影响较大的溶质 KNO_3 作为汲取液,制备淡水时只需将汲取液冷却,此时饱和 KNO_3 会从稀释的汲取液中沉淀析出,而剩余的稀释 KNO_3 溶液以原料液进入另一正渗透单元,该单元将溶解的 SO_2 作为汲取液溶质。汲取液渗透稀释后,溶解的 SO_2 可通过加热等方法去除。另外,McCutcheon 等人提出另外一种思路,即 NH_4HCO_3 和 NH_4OH 的混合液作为汲取液溶质来脱盐。结果显示,NH_4HCO_3 混合汲取液有较大的水通量和较高回收率,脱盐率达到 95%～99%,且增大通量可提高脱盐效果[5,27]。但该方法的适用性与安全性有待进一步研究。

另一种正渗透脱盐方式是使用水溶性盐或颗粒物作为汲取液,淡水通过其他方法从稀释汲取液中获得。该脱盐方式中,正渗透可看作脱盐系统的预处理工艺。Ling 和 Chung 使用亲水的纳米颗粒作为汲取液溶质脱盐,纳米颗粒则通过超滤回收[33]。磁性纳米颗粒也被用作汲取剂用于正渗透的研究。磁性颗粒在磁场下能够方便快捷地与水分离得以回收。利用磁性纳米颗粒作为汲取剂的主要问题是汲取剂的成本较高,同时还需克服磁性纳米颗粒之间的团聚现象。Tan 和 Ng 在正渗透/纳滤组合脱盐系统中,对七种汲取液溶质(即 NaCl,KCl,CaCl$_2$,MgCl$_2$,MgSO$_4$,Na$_2$SO$_4$ 和 C$_6$H$_{12}$O$_6$)进行了研究[34]。Zhao 等人提出使用二价盐(例如 Na$_2$SO$_4$)作为汲取液溶质进行苦咸水脱盐,稀释汲取液可以通过纳滤制备淡水[35]。Cath 等人以海水作为汲取液,研究了正渗透/反渗透组合工艺对受污染水的净化效果[36]。目前正渗透海水脱盐已经进入了中试阶段[7]。

此外,正渗透技术也用于反渗透/纳滤浓水的浓缩回用处理。Tang 等人研究了正渗透膜结构对正渗透浓缩脱盐浓水效果的影响,研究表明,试验中所使用的两种去掉支撑层的反渗透膜在正渗透过程中的脱盐率可达 99.7% 以上,高于正渗透膜的脱盐率[37]。维持汲取液在较高浓度状态时,膜的回收率最高约可达 76%。Martinetti 等人研究发现,通过正渗透浓缩反渗透浓水,最终获得较高的系统回收率(高达 90%)[38]。

7.3.2　污废水处理

与海水相比,生活污水具有较低的渗透压,但对膜具有较高的污染倾向。由于正渗透过程不易发生膜污染,因此,正渗透技术在污废水处理中具有很大的应用前景。早在 20 世纪 80 年代,研究者就开始进行正渗透技术应用于工业废水处理的可能性研究[32]。近些年来,Cath 等人开展了采用海水作为汲取液的正渗透技术处理受污染水从而制备饮用水的研究[36]。Cartinella 等人对正渗透去除生活废水中所含内分泌干扰物进行研究,结论显示,正渗透对天然雌激素和雌二醇的去除率在 77%~99% 之间,并且该去除率受过滤周期和原料液化学性质的影响[39]。Holloway 等利用正渗透技术的抗污染特点,将正渗透过程与反渗透过程相结合,对淤泥进行浓缩[40]。商用正渗透膜的制造商美国 HTI 公司指出,正渗透膜适用于多种污水处理,例如含油废水和含气废水、工业废水和生活污水、核废水以及垃圾渗滤液[32]。

正渗透技术在污水处理领域另一应用是用正渗透膜取代传统的微滤/超滤膜用于膜生物反应器,组成渗透膜生物反应器。正渗透所得稀释的汲取液通过反渗透等后处理过程进行浓缩以制备淡水。Cornelissen 等研究发现,渗透膜生物反应器中的膜污染情况相对于传统膜生物反应器大大减轻,并且能量消耗也大大降低[41]。Xiao[42] 等人通过建立盐溶质累积模型来研究正渗透过程在渗透膜生物反应器中的性能。研究发现,膜的透盐系数和透水系数的比值以及水力停留时间和污泥龄的比值是优化渗透膜生物反应器运行的两个主要因素。为使盐累积造成的流量下降降低到最小,上述两个比值均须采用较低值。

7.3.3　应急水袋[2,43]

美国的 HTI 公司开发出了可在战争或紧急救援情况下使用的水净化设备,称为水袋,是目前正渗透膜技术少有的几种商业化产品之一。以产品之一 X-Pack(图 7-5)为例,其构造为双层袋状结构,内层为选择透过性的膜,外层为防水材料将内层膜包裹保护,并作为装水的容器。内层膜装入可饮用的汲取液(糖类或浓缩饮料)和渗透加速剂,将应急原水装入内层与外层的夹层中,洁净的水就可以透过内层膜稀释汲取液供人们饮用。水袋质量轻,携带方便,造价便宜。7.2 节中所指的"应急生命包"即是这种水袋在大型自然灾害条件下的应用实例。

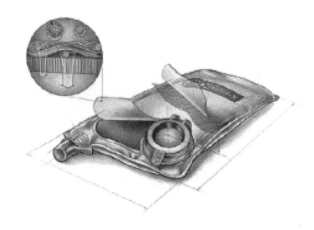

图 7-5　净水水袋(X-Pack)示意图

7.3.4　水质净化

　　非常规水源水质通常含有各类有机污染和无机污染,因此考察正渗透对各类污染物的去除效能及其污染情况,对于正渗透应用于非常规水源的处理具有重要意义。

　　Zou 等考察了正渗透分离藻类物质过程中,膜通量、膜朝向、错流流速以及原料液和汲取液的化学性质对膜污染的影响。研究表明,原料液中 Mg^{2+} 浓度的提高会加重藻类对正渗透膜的污染,同时,高通量水平会加快膜污染速率[44]。Tang 等以腐殖酸为目标污染物,重点研究了内部浓差极化和膜污染对正渗透膜通量的影响。研究发现,当膜的活性层朝向原料液时,该结构条件抵抗了汲取液的稀释和膜的污染这两方面不利因素,从而使得膜通量保持较大的稳定性。同时,腐殖酸在膜表面无显著沉积[11]。Thelin 等考察了膜活性层朝向汲取液模式下地表淡水中天然有机物对正渗透的污染影响。结果显示,通过观察膜通量随天然有机物沉积负荷增大而下降的变化趋势,天然有机物的浓度对正渗透污染倾向的影响甚小,而膜多孔支撑层内增大的离子强度则加重了膜污染程度。此外,不同正渗透膜材料及膜结构对膜污染亦有显著影响[45]。Mi 和 Elimelech 等关于正渗透膜污染的研究分析得出:① 有机污染与污染物分子内相互作用密切相关;② 正渗透有机污染受到化学作用(钙离子键合作用)及水力作用(渗透曳力和错流剪力)的双重影响;③ 通过原子力显微镜测试证明,膜材料对正渗透有机污染具有显著影响;④ 正渗透中发生的有机污染和无机污染均可通过物理润洗恢复,不需化学清洗,这主要是由于正渗透过程中无外界驱动压力,使得膜上形成的有机物污染层较为松散所致[46-48]。

　　Xie 等比较了正渗透和反渗透对双酚 A、三氯生和双氯芬酸三种疏水性痕量有机物的去除特性,研究表明,正渗透对双酚 A 和双氯芬酸的去除率高于反渗透,而正渗透和反渗透对三氯生的去除率则无明显差别;此外,NaCl 汲取液中溶质在正渗透膜中的反向扩散阻碍了孔道扩散并且影响了疏水性痕量有机物在膜内的吸附,而溶质反向扩散较弱的 $MgSO_4$ 和葡萄糖汲取液则未对痕量有机物的吸附和截留造成显著影响[49]。Valladares Linares 等研究发现正渗透膜活性层表面的有机污染物可增大膜表面的负电荷以及提高膜面的亲水性,同时,污染层还可提高膜面对亲水性污染物的吸附。膜表面性能的改变促进了正渗透膜对许多亲水性离子态痕量污染物以及疏水性中性痕量污染物的去除效率[50]。Jin[51]等发现不同膜朝向条件下,有机污染对于硼和砷等无机污染物的去除具有显著影响。在膜的活性层形成的有机污染可提高正渗透膜对砷的机械截留,而支撑层中形成的有机污染则降低了膜对硼的去除率[51]。

综上所述,正渗透系统具备应用于非常规水源处理的潜能,但正渗透对其中各类溶解性有机污染物的截留效果受诸多因素的影响,因此,正渗透应用于非常规水源处理仍需进一步的系统研究。

7.4　正渗透膜技术处理浓缩后地表水试验

虽然纳滤等膜组合工艺系统对地表原水中的微污污染物及天然有机物具有良好的去除效果,但该工艺中产生的浓水再生处理问题尚未有效解决。而正渗透以其高效的截留特性和较低的能量损耗成为解决这一问题的理想工艺之一。试验首先采用单宁酸作为地表水中天然溶解性有机物的替代物,考察了汲取液浓度(初始通量水平)、膜朝向等物理因素,以及污染物初始浓度、离子强度、pH 等化学因素对于正渗透的膜通量及去除单宁酸的效能影响。同时,试验以纳滤浓水考察了正渗透处理浓缩后的地表原水的实际效能,着重分析了膜活性层朝向、原水有机物浓度等因素对正渗透过水通量及其截留性能的影响。

7.4.1　试验材料与方法

1. 正渗透膜

试验采用美国 Hydration Technologies 公司生产的三醋酸纤维(CTA)正渗透平板膜,其特性如 7.1.2 节所述。

2. 汲取液及原料液

试验采用 NaCl 作为汲取液溶质。

试验采用单宁酸作为替代污染物。单宁酸是一种多酚,可替代表征较小分子的亲水有机物。根据厂家说明,单宁酸的平均分子质量为 1 701 g/mol,经验分子式为 $C_{76}H_{52}O_{46}$,但单宁酸实际为 5 倍子酸等相关水解产物的混合物。

试验地表水取自富营养化较为严重的太湖水域。两种初始质量浓度的原水(10 mg/L 和 20 mg/L)均由一套微滤/纳滤小试组合工艺浓缩制得,而后再将浓缩原水过滤 0.45 μm 膜。地表原水水质见表 7-1。

3. 正渗透装置

试验采用的正渗透错流小试装置如图 7-6 所示。膜组件中在正渗透膜的两侧具有对称性的通道,其尺寸均为长 180 mm,宽 46 mm,深 1.25 mm。正渗透膜上放置隔网,用以支撑膜并加强水流扰动和传质效果。两台变速蠕动泵分别用于膜两侧原料液和汲取液的并行循环错流,错流流速均维持在 600 mL/min。试验进行中,采用水浴控温方式,将容器中的原料液和汲取液控制在恒定温度。

表7-1   太湖水样水质

水质	TOC=10 mg·L^{-1}		TOC=20 mg·L^{-1}	
	浓度		浓度	
	mg·L^{-1}	mol·L^{-1}	mg·L^{-1}	mmol·L^{-1}
TOC	10.29		20.32	
UV$_{254}$/cm^{-1}	0.162		0.320	
SUVA/(L·mg^{-1}·m^{-1})	1.57		1.57	
pH	8.32±0.2		8.40±0.2	
总溶解性固体	366		584	
Ca^{2+}	80	2.0	164	4.1
Mg^{2+}	23.3	0.97	48	2.0
Na$^+$	42.6	1.85	69	3.0
K$^+$	5.85	0.15	12.1	0.31
B	0.7	0.07	1.4	0.14

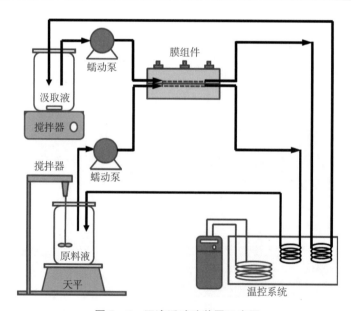

图7-6 正渗透试验装置示意图

汲取液为5 L的浓NaCl溶液(0.3~4 mol/L)。原料液放置在一台连接到计算机数据记录系统的电子天平上,它将规定时间间隔里的原料液质量变化传输到计算机中,从而测定膜的渗透水通量。另外,盐溶质的反向扩散通量是通过测量原料液的电导率来计算得出。

4.试验方法

每次开始正渗透试验前,首先将新膜进行30 min的预压,即采用NaCl作为汲取液,不投加污染物的背景电解质溶液(pH 值、离子强度以及 Ca^{2+} 浓度均与对应的污染试验原料液相同)作为原料液,当透水通量达到稳定时停止。之后,将含有污染物的原料液放入进水容器中,开始周期为 8 h 的污染试验。试验中原料液的 pH 值由 HCl 和 NaOH 调节并维持在恒定状态。为得到可靠通量数据,每个试验均进行两次及两次以上。如果没有特别说明,净化试验条件如下:在单宁酸净化试验中,原料液含 10 mg/L 的单宁酸、10 mmol/L 的离子强度(NaCl 调节)、pH 值为 5.8 ± 0.1;天然水净化试验中,原料液采用太湖水样(如表 7-1 所示);汲取液为 NaCl 溶液(单宁酸净化试验中浓度为 $0.5\sim4.0$ mol/L;天然水净化试验中浓度为 2.0 mol/L);膜两侧原料液和汲取液的错流速率为 17.4 cm/s;溶液温度为 (22 ± 1)℃。

由于正渗透通量所依靠的渗透驱动力在不断被稀释的汲取液以及内部浓差极化的作用下不断减小,因此,净化试验中的透水通量下降不仅是由膜污染造成,还由膜两侧的有效渗透压降低所致。因此,本研究中同时进行了基线测试(baseline test)来确定渗透压降低所造成的通量下降。基线测试均采用不含污染物的背景溶液作为原料液,并在与相应净化试验相同的试验条件下进行。所得基线通量用于污染通量的归一处理。标准化通量表示为污染通量($J_{fouling}$)与基线通量($J_{Baseline}$)的比值,该通量形式仅代表了膜污染的程度。在所有污染试验中,所得通量均以实际污染通量和标准化通量两种形式进行表述。

5. 污染物的去除率、截留率及吸附量

试验采用 TOC 测定方法[52],计算得出正渗透膜对单宁酸及太湖浓缩原水中的有机物的去除率、截留率及吸附量。试验过程中,按照一定间隔时间,分别从原料液和汲取液一侧约取 20 ml 样品进行 TOC 测定。试验采用的 TOC 检测仪器对于高盐样品的检测下限约为 0.1 mg/L。

与传统的压力膜不同,正渗透过程中透过膜的污染物浓度会被汲取液稀释,因此,污染物的实际渗透浓度 $C_{p(t)}$ 及其去除率可由以下方程得到:

$$C_{p(t)} = \frac{C_{d(t)}V_{d(t)} - C_{d(t-1)}V_{d(t-1)}}{V_{p(t)}} \tag{7-11}$$

$$去除率 = \left(1 - \frac{C_{p(t)}}{C_{f(t)}}\right) \times 100\% \tag{7-12}$$

式中,$V_{p(t)}$ 是 t 时刻从原料液一侧透过膜的渗透水体积;$V_{d(t)}$ 和 $V_{d(t-1)}$ 分别是 t 时刻和$(t-1)$时刻汲取液体积;$C_{d(t)}$ 和 $C_{d(t-1)}$ 分别是 t 时刻和$(t-1)$时刻汲取液中污染物的浓度,$C_{f(t)}$ 是 t 时刻原料液中污染物的浓度。

正渗透膜对污染物的截留率计算式如下:

$$截留率 = \frac{C_{f(t)}V_{f(t)}}{C_{f(0)}V_{f(0)}} \times 100\% \tag{7-13}$$

式中:$C_{f(0)}$ 是 $t=0$ 时刻原料液中污染物的初始浓度,$V_{f(t)}$ 和 $V_{f(0)}$ 分别是 t 时刻和 $t=0$ 时刻原料液体积。

由质量守恒得,正渗透膜对污染物的吸附量可由以下方程得到:

$$吸附量 = \frac{C_{f(0)}V_{f(0)} - C_{f(t)}V_{f(t)} - (C_{d(t)}V_{d(t)} - C_{d(t-1)}V_{d(t-1)})}{M} \tag{7-14}$$

式中：M 为正渗透膜的有效膜面积。

为证明正渗透装置系统(如管路和隔网)对污染物的吸附量甚小,采用未装膜片的膜组件进行空白试验,结果显示空白试验中的质量损失较少,正渗透循环系统对污染物的吸附可忽略不计。

为验证上述计算方法的准确性,对污染后的正渗透膜片进行洗脱试验,以确定污染物在膜上的实际吸附量。在污染试验结束后,将污染膜片浸入 pH＝10.5 的 NaOH 溶液中,在 25℃条件下超声 15 min,以保证污染物达到解析平衡,之后测定浸泡液的 TOC 浓度。结果如表 7-2 所示。由表 7-2 可知,计算所得的理论吸附量与洗脱试验测得的实际洗脱量相近,由此说明试验采用的计算方法较为合理准确。

表 7-2　　　　　　　　　　　　正渗透膜对试验污染物的吸附量

试 验 工 况	吸附量/$(\mu g \cdot cm^{-2})$	
	理论吸附量	实际洗脱量
膜朝向：膜活性层朝向汲取液 原料液：10 mg·L^{-1}单宁酸(pH＝8) 汲取液：2 mol·L^{-1} NaCl	48.60	49.57
膜朝向：膜活性层朝向汲取液 原料液：10 mg·L^{-1}单宁酸(1 mmol·L^{-1} Ca^{2+}) 汲取液：2 mol·L^{-1} NaCl	53.78	55.20
膜朝向：膜活性层朝向原料液 原料液：10 mg·L^{-1}单宁酸 汲取液：2 mol·L^{-1} NaCl	4.63	5.80
膜朝向：膜活性层朝向汲取液 原料液：20 mg·L^{-1}天然溶解性有机物 汲取液：2 mol·L^{-1} NaCl	19.97	22.14

7.4.2　试验结果与讨论

1. 单宁酸和地表水中溶解性有机物的特性

试验对单宁酸和太湖水中溶解性有机物的亲疏水组分进行测定,结果如图 7-7 所示。

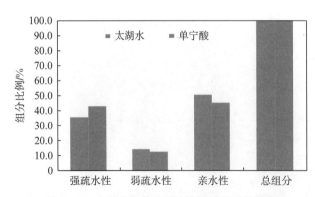

图 7-7　太湖水和单宁酸中亲疏水组分比例图

在太湖水所含溶解性有机物中,亲水性组分约占 50.4％,比疏水性组分略多。这一结果与相关研究的结果相近[53,54]。此外,由图 7-7 还可得出,单宁酸和太湖水中溶解性有机物的亲疏水组分差别较小,说明单宁酸具备与试验地表水中溶解性有机物相近的亲疏水性质,因此可选用单宁酸作为代表太湖水中溶解性有机物亲疏水性质的污染有机物。

利用 HPSEC-UVA-TOC 联用技术测定单宁酸和太湖水中溶解性有机物(样品浓度均为 10 mg C/L)的相对分子量分布,结果如图 7-8 所示。在单宁酸的 UVA 图(图 7-8(c))和 TOC 图(图 7-8(d))中,均有两个主要出峰。单宁酸的 UVA 图中的两峰峰值对应的表观分子质量(AMW$_{UVA}$)分别为 1 399 Da 和 618 Da。在单宁酸的 TOC 图中,对应 1 399 Da 峰值的出峰面积占总 TOC 出峰面积的比例较大,这说明表观分子质量为 1 399 Da 的组分是单宁酸的主要成分,而含量较少的表观分子质量为 618 Da 的组分可能是单宁酸的水解产物。

由天然溶解性有机物样品的 TOC 图(图 7-8(b))可得,该有机物有三个主要出峰,其峰值分别对应的表观分子质量(AMW$_{TOC}$)为 1 004 680 Da,4 633 Da 和 1 082 Da。紫外检测器和 TOC 检测器均对表观分子质量为 4 633 Da 和 1 082 Da 的组分表现出较高峰值响应,由此可得,相对分子质量分布在 4 633 Da 到 1 082 Da 区间的溶解性有机物可能是由一些 UVA 响应较高(较高芳香族性)且相对分子质量较小的腐殖类物质组成。尽管表观分子质量为 1 082 Da 的组分 UVA 的响应低于表观分子质量为 4 633 Da 的组分,但由 TOC 图(图 7-8(b))看出,表观分子质量为 1 082 Da 的组分其 TOC 出峰面积较大,说明该组分可能是太湖水中溶解性有机物的主要成分。综上可得,试验可针对表观分子质量为 1 082 Da 的这

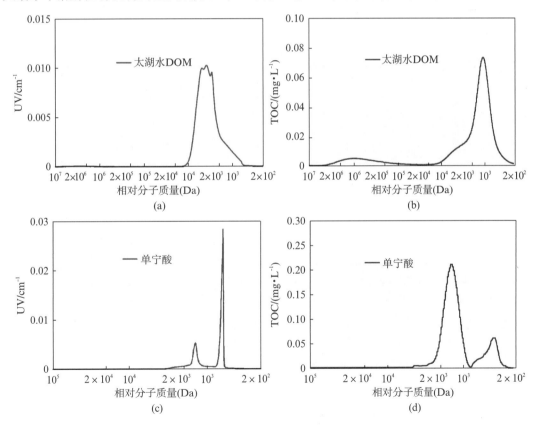

图 7-8　试验污染物的相对分子质量分布图

[(a)和(b)分别为太湖水中溶解性有机物的相对分子质量分布关于 UVA 和 DOC 的响应图;
(c)和(d)分别为单宁酸的相对分子质量分布关于 UVA 和 DOC 的响应图]

一主要相对分子质量分布进行正渗透对浓缩地表水处理潜能的研究,同时,由于单宁酸明显具有与太湖原水相近的主要相对分子质量分布,因此这也成为本试验选用单宁酸作为天然溶解性有机物的替代物的关键因素之一。

2. 正渗透净化单宁酸的影响因素研究

(1)正渗透膜的性能:为考察正渗透在两种膜朝向下的传质过程,试验进行了不同初始汲取液浓度(即渗透压)条件下的基线测试。表7-3表示了两种膜朝向下的水通量(J_w)、盐通量(J_s)以及反向溶质扩散通量(J_s/J_w)。

表7-3 正渗透基线测试中的水通量(J_w)和盐通量(J_s)

汲取液	膜朝向	汲取液浓度/$(mol \cdot L^{-1})$	渗透压/$(10^5\ Pa)$	$J_w/(L \cdot m^{-2} \cdot h^{-1})$	$J_s/(mol \cdot m^{-2} \cdot h^{-1})$	$(J_s/J_w)/(mol \cdot L^{-1})$	平均$(J_s/J_w)/(mol \cdot L^{-1})$	$K/(s \cdot m^{-1})$
NaCl	膜活性层朝向汲取液	0.3	12.8	4.5	0.14	0.032	0.035	4.05×10^5
		0.5	21.9	7.9	0.27	0.034		
		1	47.0	16.2	0.49	0.031		
		2	106.6	24.9	0.80	0.032		
		4	263.6	35.7	1.54	0.043		
	膜活性层朝向原料液	0.3	12.8	3.9	0.16	0.041	0.044	2.69×10^5
		0.5	21.9	7.2	0.26	0.037		
		1	47.0	10.1	0.53	0.053		
		2	106.6	15.0	0.66	0.044		
		4	263.6	19.0	0.82	0.043		

两种膜朝向下,试验所得的水通量和盐通量均随汲取液主体浓度的增长而呈现明显的非线性增长,这主要是由正渗透膜支撑层中发生的内部浓差极化所造成[9-11,44]。但是,膜活性层朝向汲取液时的水通量和盐通量均显著高于膜活性层朝向原料液时的通量,这一差别在较高汲取液浓度条件下更为明显,这与之前的相关研究结果一致,原因可能是:相比于膜活性层朝向汲取液时发生的浓缩内部浓差极化,膜活性层朝向原料液时发生的稀释内部浓差极化对膜活性层两侧的有效渗透压差的降低具有更为严重的影响[2,9-11,44]。同时,内部浓差极化也可通过降低膜活性层两侧的有效浓度差从而影响盐通量[11]。

反向溶质扩散通量(J_s/J_w),即盐通量和水通量的比值也可表征正渗透膜的性能。本试验中,膜活性层朝向汲取液时的J_s/J_w和膜活性层朝向原料液时的J_s/J_w分别为0.035 mol/L(2.05 g/L)和0.044 mol/L (2.57 g/L),这与Zou[44]等人的研究结果相近。虽然本试验所得两种朝向下的反向溶质扩散通量J_s/J_w没有明显差别,但是在汲取液的选择[44]以及膜朝向的设置方面[55],通常希望取得较小的反向溶质扩散通量,因为较低的$J_s/$

J_w 表示膜具备较低盐通量和较高水通量，这代表正渗透膜的选择性更好并且膜效能更优。依据膜活性层朝向汲取液时具有较高水通量，本试验采用该朝向作为单宁酸净化试验的主要膜朝向。

如表 7 - 3 所示，膜活性层朝向汲取液时，多孔支撑层内的溶质扩散阻力系数 K 为 4.05×10^5 s/m，而另一膜朝向下的 K 为 2.69×10^5 s/m，这与 Tang 等人[11] 和 Gray 等人[9] 的研究结果相近。如 7.1.3 节所述，有效降低溶质扩散阻力系数 K 值可提高正渗透的透水通量。

依据上述基线测试所得结果，汲取液浓度和膜朝向均对正渗透过程中的水通量具有显著影响，而这两方面因素也可能影响正渗透的净化效能，因此，试验将汲取液浓度和膜朝向作为正渗透净化单宁酸的主要物理影响因素进行考察。此外，由于正渗透在回收处理纳滤浓水过程中，进水中的溶质被不断浓缩，因此有必要考察进水水质等化学因素对正渗透净化单宁酸的影响，包括单宁酸初始浓度、pH 以及钙离子强度。

(2) 初始通量水平（汲取液浓度）的影响：图 7 - 9(a) 显示了不同初始通量水平（汲取液浓度）条件下正渗透膜的污染通量及基线通量随时间的变化情况。如图所示，初始基线通量随汲取液浓度的增大而显著提高，这主要是由于增大的汲取液浓度使得正渗透膜两侧的溶液浓度差增大继而产生更高的有效渗透压差所致。相比于低初始通量，在高初始通量（对应 4 mol/L 和 2 mol/L 汲取液浓度）条件下的基线通量随时间下降更为严重，原因主要是高初始通量引起更多渗透水量，从而加重了汲取液的稀释以及原料液的浓缩程度。在同一初始通量下，将正渗透膜的污染通量与基线通量相比，可以看出单宁酸溶液造成了更多通量损失[11,48]，图 7 - 9(b) 中所示的标准化通量更为清楚地显示了这一结果。当初始通量从 8 L/m^2h 提高到 36 L/m^2h 时，单宁酸溶液对正渗透膜造成的污染加重，这与有关压力膜（反渗透和纳滤）[56,57] 和正渗透膜的研究结果一致[11,44,48]。如图 7 - 9(b) 所示，在较高初始通量水平（如 4 mol/L 的汲取液浓度）下，正渗透过滤单宁酸的初始阶段（$t \leqslant 1$ h）的标准化通量下降更为明显。但是，经过最初的 40 min 过滤后，4 mol/L 汲取液浓度下标准化通量的急剧下降趋势开始变缓。此外，2 mol/L 和 4 mol/L 汲取液浓度所对应的两种较高初始通量下的标准化通量均在过滤开始 5 h 后变缓。这一变化趋势说明单宁酸对正渗透膜的污染程度可能会随过滤的进行而逐步减弱，这对于较长过滤周期后的通量稳定更为有利。

Tang 等人首次提出由渗透压驱动的正渗透膜存在临界通量，本试验中也观察到这一现象。当初始通量小于 18 L/m^2h（汲取液浓度小于 1 L/m^2h）时，膜污染表现较不明显，而当初始通量超过 18 L/m^2h 时，正渗透膜发生显著污染。相关研究也有观察到正渗透膜在有机污染过程中存在临界通量这一结果[44,55,58]。

试验结果显示，当膜活性层朝向汲取液时，整个过滤周期内正渗透膜对单宁酸的去除率均在 99.0% 以上，由此得出，在膜活性层朝向汲取液时，正渗透可有效去除单宁酸，汲取液浓度对其去除效果影响不大。依据单宁酸几乎未能透过正渗透膜以及单宁酸在整个试验装置系统内的微量损失可得，原料液中减少的单宁酸总量主要是由其在正渗透膜上的吸附所致。因此，试验若得出较少的单宁酸吸附量以及相应较高的膜截留率这一结果，即可说明正渗透对单宁酸具有较好的净化效果。图 7 - 9(c) 显示了膜活性层朝向汲取液时，对应四种汲取液初始浓度下，单宁酸在正渗透膜表面的吸附量及其截留率随时间的变化趋势。

由图 7 - 9(c) 可得，对应相同时刻，单宁酸截留率随初始通量水平的提高而明显减小，这是由于初始通量水平的提高使得单宁酸在膜表面的吸附量增加所致。初始通量水平对单宁酸污染正渗透膜的影响一般由以下两方面作用力造成：一是渗透过程向膜面进行的对流产生的渗透曳力等水力作用，二是平行于膜面的错流流速产生的剪切力作用[48]。在膜活性层朝向汲取液即多孔支撑层朝向单宁酸溶液条件下，错流流速形成的剪切力在支撑层内由于阻力原因而大大减弱，这使得剪切力无法有效地将吸附在支撑层内的单宁酸分子带走，因此，渗透曳力在不同初始通量水平下的单宁酸吸附过程中起到了关键作用。在较低初始通量水平（即汲取液浓度为 0.5 mol/L 和 1 mol/L）下，较弱的渗透曳力使得较少单宁酸分子嵌入多孔支撑层内，因此，单宁酸吸附量随时间增长较缓，在过滤 4 h 后，吸附量即达到吸附总量的 70%，同时使得单宁酸截留率逐渐下降至 93% 左右直到过滤结束。如图 7 - 9(b) 所示，在汲取液浓度为 0.5 mol/L 和 1 mol/L 条件下，较少的单宁酸吸附量最终引起较小的污染通量下降。相反，当初始通量水平较高（即汲取液浓度为 2 mol/L 和 4 mol/L）时，增大的渗透曳力增强了单宁酸的吸附，由此造成正渗透对单宁酸的截留率显著降低，在过滤结束时，对应 2 mol/L 和 4 mol/L 的汲取液浓度，截留率分别降至约 89% 和 83%。

高初始通量水平下的较多单宁酸吸附量造成支撑层多孔结构内更为严重的内部堵塞，这可能会减小支撑层的孔隙率，从而增大结构系数 S，进而增加溶质扩散阻力系数 K 见方程(7 - 7)。如 7.1.3 节所述，支撑层孔隙率的减小可加重正渗透膜的内部浓差极化，由此导致更多的通量损失，Tang 等人对腐殖酸污染正渗透膜也曾做出相近的机理解释[11]。另外，高初始通量水平下，过滤进行 5 h 后的单宁酸吸附量随时间的增大趋势变缓，这可能相应造成了标准化通量的下降速率减慢见图 7 - 9(b)。而该条件下正渗透初始阶段较为剧烈的通量下降，使得渗透曳力对单宁酸吸附的影响减弱，由此造成由渗透对流带到膜表面的单宁酸分子减少进而导致单宁酸吸附速率变慢。这一减慢的单宁酸吸附继而降低了内部堵塞的速率并由此降低了支撑层孔隙率的减小速率，最终使得溶质扩散阻力系数 K 增大速率的变慢以及标准化通量下降速率的减慢。虽然试验未计算 40 min 时的单宁酸吸附量，但是上述解释可能也适用于 4 mol/L 汲取液浓度下过滤 40 min 后的标准化通量下降速率变缓的结果。

（3）膜朝向的影响：膜朝向对于正渗透去除单宁酸的影响见图 7 - 10。为得到相同水平初始通量（~20 L/m²h），膜活性层朝向原料液条件下采用 4 mol/L 汲取液浓度，而膜活性层朝向汲取液时采用 2 mol/L 汲取液浓度。

如图 7 - 10(a) 所示，与膜活性层朝向汲取液时相比，膜活性层朝向原料液时的基线通量和污染通量均更为稳定。在图 7 - 10(b) 中，膜活性层朝向汲取液时的标准化通量损失为 30%，而膜活性层朝向原料液时该通量损失较小。由此看出，膜活性层朝向原料液时，正渗透膜的抗污染性能优于相反膜朝向时。膜活性层朝向原料液时具备较高的通量稳定性这一结果与之前的研究结果相一致[11,44]，这可能是由于该膜朝向条件下的内部浓差极化更为严重。Tang 等人提出内部浓差极化的"自补偿"效应，即当汲取液被透过水稀释以及膜发生污染时所引起的通量降低均会明显减弱正渗透膜的内部浓差极化，而内部浓差极化的减弱会显著增加膜两侧的有效驱动力从而补偿部分通量损失[11,44]。

试验结果显示两种膜朝向条件下的单宁酸去除率没有明显差别，但是，当膜活性层朝向原料液时，整个过滤周期内的正渗透膜对单宁酸的截留率约为 100%，明显高于膜活性层朝

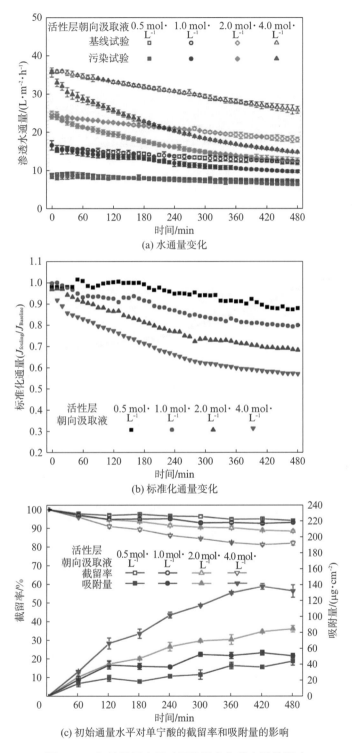

(a) 水通量变化

(b) 标准化通量变化

(c) 初始通量水平对单宁酸的截留率和吸附量的影响

图 7‐9　初始通量水平对正渗透净化单宁酸的影响

向汲取液时的单宁酸截留率(图 7‐10(c))。膜活性层朝向原料液时的较高截留率主要是由于单宁酸较少吸附在膜的活性层表面,这与之前正渗透膜污染的相关研究结果相一致[11,58]。

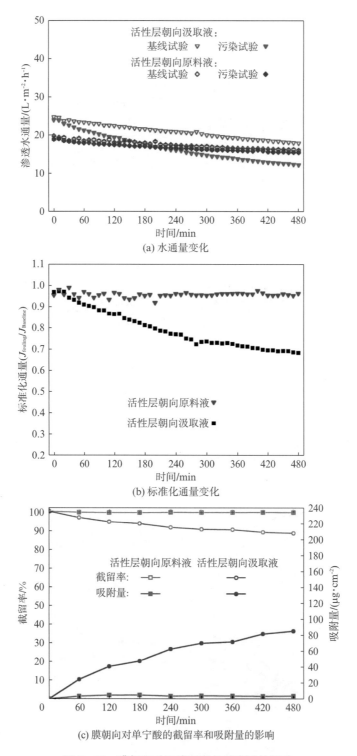

(a) 水通量变化

(b) 标准化通量变化

(c) 膜朝向对单宁酸的截留率和吸附量的影响

图 7‑10 膜朝向对正渗透净化单宁酸的影响

单宁酸在膜活性层表面的较少吸附可能是膜活性层朝向原料液时污染通量较为稳定的原因之一。

当膜活性层朝向原料液时,单宁酸在膜活性层表面的吸附不仅受渗透曳力影响,还会受到错流流速形成的剪切力作用。试验由于在相同初始通量下进行,因此两种膜朝向下的正渗透过程可看作具有相似的初始渗透曳力,而当膜活性层朝向原料液时,剪切力可阻止单宁酸分子吸附在膜的活性层表面,较为光滑的活性层阻挡了单宁酸分子进入多孔支撑层内,最终造成单宁酸较少的吸附量。

综上,与膜活性层朝向汲取液时相比,尽管膜活性层朝向原料液这种膜朝向有利于稳定正渗透净化单宁酸的过水通量以及获得较高截留率(即较低污染倾向),但该朝向下的内部浓差极化较为严重并且由此造成水通量较低。

(4) 单宁酸初始质量浓度的影响:图 7 - 11 显示了单宁酸初始质量浓度对正渗透膜的过滤通量及截留性能的影响规律。增大的单宁酸初始质量浓度明显加快了正渗透膜通量的下降速率并且加重了其下降幅度,这一结果与反渗透和纳滤的有关研究结果相一致。当单宁酸初始质量浓度为 45 mg/L 时,在过滤的最初 3 h 内,正渗透膜通量下降了约 50%,这可能是由于膜的支撑层内发生较为严重的内部堵塞所致。如图 7 - 11(c) 所示,较高单宁酸初始质量浓度下,单宁酸在单位平方厘米的膜支撑层内的吸附量显著增大,这一结果很好地证实了上述解释。Tang 等人提出进水的较高初始质量浓度可能会增加天然有机物分子与膜表面的碰撞频率,由此使得更多天然有机物分子吸附到膜上[59]。另外,结果显示,相比较低初始质量浓度,较高单宁酸初始质量浓度下的正渗透膜对单宁酸的截留率有所提高,但是,初始有机物质量浓度对正渗透膜过滤单宁酸的去除率影响较小。上述结果可能说明正渗透膜具有处理纳滤浓水及反冲洗水中较高质量浓度天然有机物的优势。

(5) pH 的影响:本节研究了 pH 对正渗透膜净化单宁酸的影响。试验 pH 值分别为3.6、5.8 和 7.8,结果如图 7 - 12 所示。可以看出,三种试验 pH 值条件下的基线通量没有明显差别。pH 值为 3.6 时的基线通量在初始过滤 180 min 后略微有所增长,这可能是由于该pH 值接近正渗透 CTA 膜的等电点,此时膜面带有的有效负电荷较少,进而影响了膜支撑层内的流水孔道结构。如图 7 - 12(a) 所示,pH 值为 3.6 和 7.8 时的单宁酸溶液形成的正渗透膜污染通量相近,而由图 7 - 12(b) 可得,从过滤 2 h 直至试验结束,pH 值为 3.6 和 7.8 时的污染通量比 pH 值为 5.8 时的污染通量大约降低 10%。综上,在本试验条件下,提高原料液的 pH 值对正渗透的污染通量影响较小,这与 Zou[44] 等人的试验结果相一致。

试验结果显示,原料液的 pH 值对单宁酸去除率没有明显影响。三种 pH 值条件下的单宁酸去除率均高于 99.0%。然而,如图 7 - 12(c) 所示,试验 pH 值范围内正渗透膜对单宁酸的吸附存在较大差别。在过滤开始 3 h 后,正渗透膜表面的单宁酸吸附量随 pH 值的升高而降低,这使得较高 pH 值条件下正渗透膜对单宁酸的截留率相应提高。此外,高 pH 值时,单宁酸的吸附速率增长较慢,这是由于该 pH 条件下的膜表面以及单宁酸所带有效负电荷均有所增长所致。研究报道指出,CTA 膜表面负电荷随 pH 值的升高而增多。另一方面,单宁酸的等电点约为 4.5,当 pH 值低于 4.5 时单宁酸分子可能呈电中性,而当 pH 值高于 4.5时单宁酸分子会发生电离并且以阴离子形式存在。因此,电离后的单宁酸会与带负电的正渗透膜之间产生静电排斥,同时,这些溶液中离子态的单宁酸也会与已经吸附在膜表面的单宁酸相排斥,由此使得高 pH 值条件下的单宁酸吸附量呈下降趋势。另外,在较高 pH 值时,由于分子内的相邻官能团受到较强的静电排斥作用,单宁酸呈现较大的线性分子构型,继而

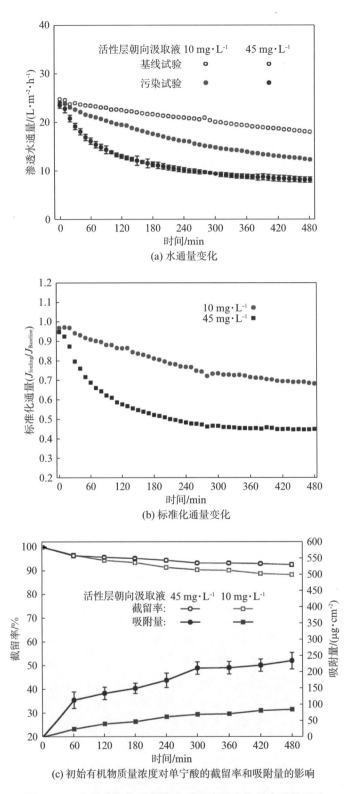

(a) 水通量变化

(b) 标准化通量变化

(c) 初始有机物质量浓度对单宁酸的截留率和吸附量的影响

图 7-11　初始有机物质量浓度对正渗透净化单宁酸的影响

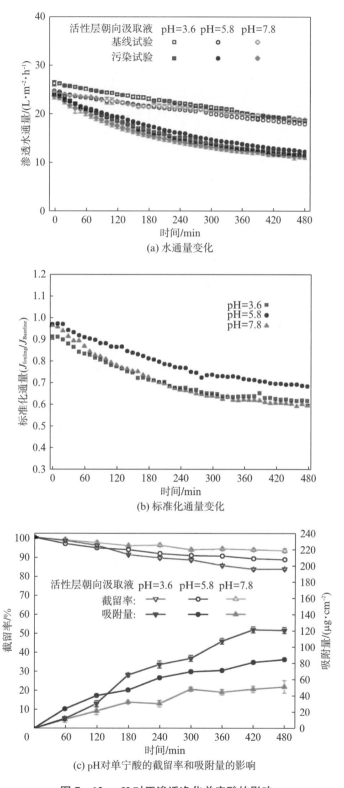

(a) 水通量变化

(b) 标准化通量变化

(c) pH对单宁酸的截留率和吸附量的影响

图 7‑12 pH 对正渗透净化单宁酸的影响

导致单宁酸在膜支撑层内形成较为松散的污染层。有关纳滤和反渗透的研究中也发现膜表面对溶解性有机物的吸附随 pH 值的降低而增大这一趋势。但是,不同于纳滤和反渗透,较高 pH 值条件下减少的单宁酸吸附量并没有显著提高膜的污染通量。这种减少的单宁酸吸附量对污染通量造成不同影响的原因可能是:与压力驱动膜相比,相同 pH 值条件下,正渗透形成的污染层较为松散而且渗透过程不受外加压力影响,因此,减少的单宁酸吸附量以及更为松散的污染层结构可以显著改变纳滤和反渗透过程中原本紧实而致密的污染层,但是却对正渗透形成的疏松污染层及由此造成的污染通量影响较小。

(6) 离子强度的影响:图 7 - 13 显示了原料液离子强度(Ca^{2+})对正渗透净化单宁酸的影响。结果显示,进水中的 Ca^{2+} 对正渗透的基线通量几乎没有影响,然而,当单宁酸加入进水中后,正渗透通量随 Ca^{2+} 浓度的显著升高而明显降低。如图 7 - 13(b)所示,Ca^{2+} 浓度为 1 mmol/L 时形成的膜污染较为严重,使得正渗透的标准化通量从 80% 下降至 52%。

试验结果显示,Ca^{2+} 对正渗透去除单宁酸的影响较小。然而,如图 7 - 13(c)所示,单宁酸在膜表面的吸附量则随 Ca^{2+} 浓度的增加而减少,这使得在原料液含有 Ca^{2+} 时,正渗透膜对单宁酸的截留率有所提高。

Ca^{2+} 对于反渗透和纳滤等压力驱动膜的膜污染影响已有广泛研究[60-62]。研究指出,Ca^{2+} 可能通过复杂形式与污染物中的以羧基为主的酸性官能团键合,从而降低污染物所带电荷,由此导致污染物在膜表面的吸附量增加。然而,如图 7 - 13(c)所示,试验原料液中的 Ca^{2+} 减少了单宁酸在膜表面的吸附量。这是因为尽管电性中和以及 Ca^{2+} 导致的单宁酸分子间的键合均有利于单宁酸在膜表面的吸附,但是由于正渗透严重下降的初始通量所形成的较小渗透曳力可能最终阻碍了单宁酸的吸附。此外,相比于不含 Ca^{2+} 的情况,较高 Ca^{2+} 浓度造成的显著通量下降可能部分是由于此时单宁酸呈较小的卷曲状分子形态[56],而这一分子构型可能使得单宁酸在膜支撑层内形成更为致密的污染层,继而造成更为严重的内部堵塞以及由此产生的更为严重的内部浓差极化。

3. 正渗透净化天然溶解性有机物的研究

图 7 - 14 显示了正渗透对天然溶解性有机物的净化效能。在正渗透过滤天然溶解性有机物的过程中,随原水初始 TOC 质量浓度的提高,相比膜活性层朝向原料液时产生的稳定通量,膜活性层朝向汲取液时的膜污染通量下降更为明显。与之前单宁酸污染试验结果相似,当膜活性层朝向原料液时,对于不同初始 TOC 质量浓度的天然溶解性有机物,正渗透膜均具有较低污染倾向以及较为稳定的水通量。而膜活性层朝向汲取液时,随着原水初始 TOC 质量浓度的增大,正渗透更易产生更为剧烈的通量损失。

Zhao[55] 等人研究指出正渗透存在"等通量点",即此时膜活性层朝向汲取液以及膜活性层朝向原料液两种膜朝下的过水通量相等。如图 7 - 14(a)所示,当 TOC 初始质量浓度为 10 mg/L 时,整个过滤周期内膜活性层朝向汲取液的污染通量均高于膜活性层朝向原料液时的通量。由图 7 - 14(b)可得,当 TOC 初始质量浓度为 20 mg/L 时,两种膜朝向下的污染通量在 6 h 时彼此相等,即等通量点仅在该 TOC 初始质量浓度条件下出现。如图 7 - 14(c)和 7 - 14(d)所示,两种 TOC 初始质量浓度下,膜活性层朝向汲取液时的标准化通量在过滤开始的 30 min 内分别损失 20% 和 35%,并且稳定在相应的标准化通量水平下直至过滤结束。这一结果可能说明 10 mg/L 及 20 mg/L 两种 TOC 初始质量浓度的原水水样在正渗透

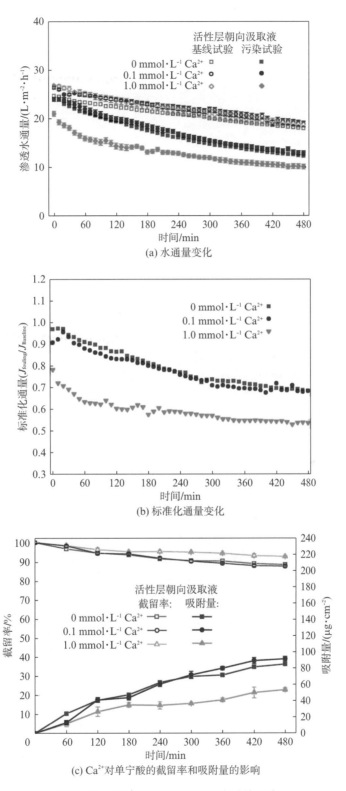

(a) 水通量变化

(b) 标准化通量变化

(c) Ca²⁺对单宁酸的截留率和吸附量的影响

图 7 - 13　Ca²⁺对正渗透净化单宁酸的影响

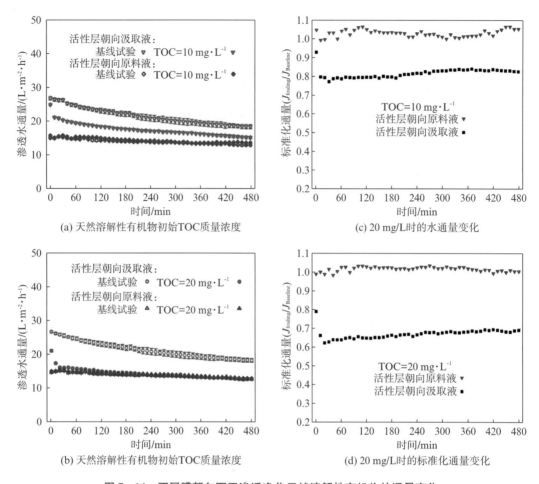

图 7‐14　不同膜朝向下正渗透净化天然溶解性有机物的通量变化

初始阶段均具有较高污染倾向而在过滤后期均呈现较低的污染潜能。本试验中,依据"等通量点"的概念,由于 TOC 初始质量浓度为 10 mg/L 时的等通量点出现较晚,此时采用膜活性层朝向汲取液模式对正渗透通量更为有利,而当 TOC 初始质量浓度为 20 mg/L 时,由于等通量点出现较早,因此该初始质量浓度下采用膜活性层朝向原料液模式则更适合正渗透通量的提高。

试验结果表明,在 8 h 的过滤周期内,两种膜朝向下,正渗透对于不同 TOC 初始质量浓度的天然溶解性有机物的去除效能无明显差别,均达到 99.0% 以上,这与正渗透净化单宁酸的试验结果一致。由图 7‐15 可得,两种膜朝向下,对应不同 TOC 初始质量浓度条件,天然溶解性有机物的初期吸附量均较少,由此使得正渗透对天然溶解性有机物的截留率均达到或超过 98.0%。

根据在较高 Ca^{2+} 浓度(1 mmol/L)以及较高 pH 值(pH=7.8)条件下单宁酸在正渗透膜面的吸附量均较少这一结果,膜活性层朝向汲取液时天然溶解性有机物的微少吸附量可能部分是由于浓缩后的原水水质所致,例如较高的 Ca^{2+} 浓度(~4.1 mmol/L)以及较高 pH 值(~8.5)。

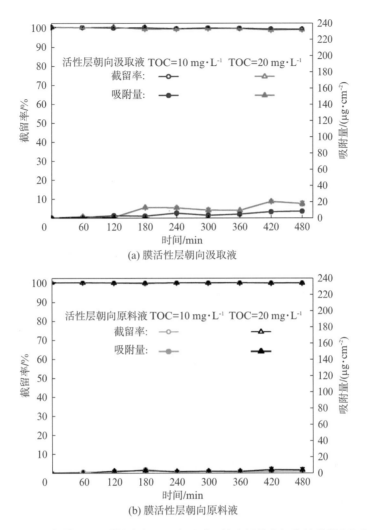

图 7‑15　不同初始 TOC 质量浓度下正渗透对天然溶解性有机物的截留率和吸附量

如图 7‑8(a)所示,天然溶解性有机物在 1 004.68×10³ Da 处的出峰呈现了较低的 UVA 响应值,由此可见,分子质量为 1 004.68×10³ Da 的溶解性有机物可能是由较低 UVA 值的大分子组成,比如亲水性的多醣以及蛋白质类物质。由于太湖原水属于富营养水,上述较低 UVA 值的大分子物质可能来自于太湖水中的浮游生物和藻类产生的微生物类生物聚合物以及胞外物。尽管这些较低 UVA 响应的大分子有机物仅占天然有机物总量的很少部分(见图 7‑8(b)所示约占 TOC 总出峰面积的 2%),但是当膜活性层朝向汲取液时,这类大分子物质可能对正渗透膜吸附天然溶解性有机物具有一定影响。

在初始过滤阶段,由初始通量产生的渗透曳力将部分天然溶解性有机物分子带到正渗透膜粗糙的多孔支撑层,这些溶解性有机物分子由于受到较大的支撑层表面阻力,因此与那些主体溶液中的有机物分子相比其移动速度较慢。由于大分子有机物的尺寸较大,在上述较慢的移动过程中,这些大分子如同一层移动的"滤饼层",可能会导致膜支撑层的增厚。依据溶解性有机物在支撑层内的微少吸附量,可以看出,溶解性有机物分子几乎没有被截留在支撑层内,并且这些有机物没有明显改变正渗透膜的孔隙率。假设方程(7-7)中的其他参数在膜污染过程中均不变,增大的膜厚度将会导致溶质扩散阻力系数 K 的增大进而引起更为严重的内部浓差极化,这一变化最终导致正渗透初始过滤阶段($t{\leqslant}40\ \text{min}$)急剧的通量下降。随着降低的通量以及由此减小的渗透曳力,更少的溶解性有机物被带到正渗透膜表面。因此,有机物中的大分子物质对于膜厚度的影响开始减弱,这样一来,膜厚度的增长变化趋缓,从而使得通量下降从初始阶段的剧烈状态变为平缓($t{>}40\ \text{min}$)。此外,这些大分子物质也可能阻止了部分较小相对分子质量的天然溶解性有机物(如 1 082 Da)进入膜的支撑层内。

综上,当膜活性层朝向汲取液时,正渗透膜对天然溶解性有机物呈现出有别于单宁酸的不同吸附性能以及污染通量变化趋势。对于正渗透净化天然地表水过程中溶解性有机物对膜的污染机理仍需进一步研究。

7.4.3 试验小结

本试验主要考察了正渗透膜对浓缩后的天然地表水中溶解性有机物的净化效能,并将单宁酸作为天然溶解性有机物的替代污染物,用以考察影响正渗透膜水通量及截留效能的物理和化学因素。所得试验结果如下:

(1)膜活性层朝向汲取液以及膜活性层朝向原料液两种膜朝向下,正渗透膜均可有效去除单宁酸及天然溶解性有机物。

(2)膜活性层朝向汲取液时,过水通量产生的渗透曳力是单宁酸和天然溶解性有机物在膜多孔支撑层内吸附的主要作用。

(3)原料液中较高的污染物(包括单宁酸和天然溶解性有机物)初始浓度以及钙离子浓度均使得正渗透膜的水通量明显下降,而膜对污染物的截留率有所提高。

(4)膜朝向对正渗透膜去除天然溶解性有机物影响较小。

参考文献

[1] Lee R W B K L, Lonsdale H K. Membranes for power generation by pressure-retarded osmosis[J]. Journal of Membrane Science, 1981(8): 141-171.

[2] Cath T Y, Childress A E, Elimelech M. Forward osmosis: Principles, applications, and recent developments[J]. Journal of Membrane Science, 2006(281): 70-87.

[3] 佘乾洪,迟莉娜,周伟丽,等.正渗透膜分离技术及其在水处理中的应用与研究[J].环境科学与技术,2010,33(3): 117-122.

[4] Wang L, Chu H, Dong B. Effects on the purification of tannic acid and natural dissolved organic matter by forward osmosis membrane[J]. Journal of Membrane Science, 2014(455): 31-43.

[5] McCutcheon J R, McGinnis R L, Elimelech M. A novel ammonia-carbon dioxide forward (direct) osmosis desalination process[J]. Desalination, 2005(174): 1-11.

[6] Zhao S A F, Zou L D. Relating solution physicochemical properties to internal concentration polarization in forward osmosis[J]. Journal of Membrane Science, 2011(379): 459-467.

[7] 李刚,李雪梅,柳越,等.正渗透原理及浓差极化现象[J].化学进展,2010,22(5): 812-821.

[8] Tan C H, Ng H Y. Modified models to predict flux behavior in forward osmosis in consideration of

external and internal concentration polarizations[J]. Journal of Membrane Science, 2008(324): 209 – 219.

[9] Gray G T, McCutcheon J R, Elimelech M. Internal concentration polarization in forward osmosis: role of membrane orientation[J]. Desalination, 2006(197): 1 – 8.

[10] McCutcheon J R, Elimelech M. Influence of concentrative and dilutive internal concentration polarization on flux behavior in forward osmosis[J]. Journal of Membrane Science, 2006(284): 237 – 247.

[11] Tang C Y Y, She Q H, Lay W C L, et al. Coupled effects of internal concentration polarization and fouling on flux behavior of forward osmosis membranes during humic acid filtration[J]. Journal of Membrane Science, 2010(354): 123 – 133.

[12] Gerstandt K, Peinemann K V, Skilhagen S E, et al. Membrane processes in energy supply for an osmotic power plant[J]. Desalination, 2008(224): 64 – 70.

[13] 翟浩辉. 把握重点 统筹规划 保障城市饮用水水源地安全——在全国城市饮用水水源地安全保障规划审查会上的讲话摘要[J]. 南水北调与水利科技, 2006, 4(5): 1 – 3.

[14] 邹兰青. 我国水资源现状与用水策略初探[J]. 科技资讯, 2013, 16: 120 – 122.

[15] 王研, 唐克旺, 徐志侠, 等. 全国城镇地表水饮用水水源地水质评价[J]. 水资源保护, 2009, 25(2): 1 – 4.

[16] 曲炜. 我国非常规水源开发利用存在的问题及对策[J]. 水利经济, 2011, 29(3): 60 – 63.

[17] Yuan W, Zydney A L. Humic acid fouling during ultrafiltration[J]. Environmental Science & Technology, 2000(34): 5043 – 5050.

[18] Laîné J P H Jean-Michel, Clark Mark M, Mallevialle Joël. Effects of ultrafiltration membrane composition[J]. Journal American Water Works Association, 1989(81): 61 – 67.

[19] Schäfer A I, Fane A G, Waite T D. Fouling effects on rejection in the membrane filtration of natural waters[J]. Desalination, 2000(131): 215 – 224.

[20] Mänttäri M, Puro L, Nuortila-Jokinen J, et al. Fouling effects of polysaccharides and humic acid in nanofiltration[J]. Journal of Membrane Science, 2002(165): 1 – 17.

[21] Yip N Y, Tiraferri A, Phillip W A, et al. High performance thin-film composite forward osmosis membrane[J]. Environmental Science & Technology, 2010(44): 3812 – 3818.

[22] Yang Q, Wang K Y, Chung T S. Dual-layer hollow fibers with enhanced flux as novel forward osmosis membranes for water production[J]. Environmental Science & Technology, 2009(49): 2800 – 2805.

[23] Wang R, Shi L, Tang C Y Y, et al. Characterization of novel forward osmosis hollow fiber membranes[J]. Journal of Membrane Science, 2010(355): 158 – 167.

[24] Zhang S, Wang K Y, Chung T S, et al. Well-constructed cellulose acetate membranes for forward osmosis: Minimized internal concentration polarization with an ultra-thin selective layer[J]. Journal of Membrane Science, 2010(360): 522 – 535.

[25] Tiraferri A, Yip N Y, Phillip W A, et al. Relating performance of thin-film composite forward osmosis membranes to support layer formation and structure[J]. Journal of Membrane Science, 2011 (367): 340 – 352.

[26] Qiu C, Setiawan L, Wang R, et al. High performance flat sheet forward osmosis membrane with an NF-like selective layer on a woven fabric embedded substrate[J]. Desalination, 2012(287): 266 – 270.

[27] McCutcheon J R, McGinnis R L, Elimelech M. Desalination by ammonia-carbon dioxide forward

osmosis: Influence of draw and feed solution concentrations on process performance[J]. Journal of Membrane Science, 2006(278): 114 - 123.

[28] Achilli A, Cath T Y, Childress A E. Selection of inorganic-based draw solutions for forward osmosis applications[J]. Journal of Membrane Science, 2010(364): 233 - 241.

[29] Ge Q C, Su J C, Chung T S, et al. Hydrophilic superparamagnetic nanoparticles: synthesis, characterization, and performance in forward osmosis processes [J]. Industrial & Engineering Chemistry Research, 2011(50): 382 - 388.

[30] Liu Z Y, Bai H W, Lee J, et al. A low-energy forward osmosis process to produce drinking water [J]. Energy & Environmental Science, 2011(4): 2582 - 2585.

[31] Yen S K, Haja F M, Su M L, et al. Study of draw solutes using 2-methylimidazole-based compounds in forward osmosis[J]. Journal of Membrane Science, 2010(364): 242 - 252.

[32] Zhao S F, Zou L, Tang C Y Y, et al. Recent developments in forward osmosis: Opportunities and challenges[J]. Journal of Membrane Science, 2012(396): 1 - 21.

[33] Ling M M, Chung T S. Desalination process using super hydrophilic nanoparticles via forward osmosis integrated with ultrafiltration regeneration[J]. Desalination, 2011(278): 194 - 202.

[34] Tan C H, Ng H Y. A novel hybrid forward osmosis-nanofiltration (FO-NF) process for seawater desalination: Draw solution selection and system configuration [J]. Desalination and Water Treatment, 2010(13): 356 - 361.

[35] Zhao S F, Zou L D. Effects of working temperature on separation performance, membrane scaling and cleaning in forward osmosis desalination[J]. Desalination, 2011(278): 157 - 164.

[36] Cath T Y, Hancock N T, Lundin C D, et al. A multi-barrier osmotic dilution process for simultaneous desalination and purification of impaired water[J]. Journal of Membrane Science, 2010 (362): 417 - 426.

[37] Tang W L, Ng H Y. Concentration of brine by forward osmosis: Performance and influence of membrane structure[J]. Desalination, 2008(224): 143 - 153.

[38] Martinetti C R, Childress A E, Cath T Y. High recovery of concentrated RO brines using forward osmosis and membrane distillation[J]. Journal of Membrane Science, 2009(331): 31 - 39.

[39] Cartinella J L, Cath T Y, Flynn M T, et al. Removal of natural steroid hormones from wastewater using membrane contactor processes[J]. Environmental Science & Technology, 2006(40): 7381 - 7386.

[40] Holloway R W, Childress A E, Dennett K E, et al. Forward osmosis for concentration of anaerobic digester centrate[J]. Water Research, 2007(41): 4005 - 4014.

[41] Cornelissen E R, Harmsen D, de Korte K F, et al. Membrane fouling and process performance of forward osmosis membranes on activated sludge[J]. Journal of Membrane Science, 2008(319): 158 - 168.

[42] Xiao D Z, Tang C Y Y, Zhang J S, et al. Modeling salt accumulation in osmotic membrane bioreactors: Implications for FO membrane selection and system operation[J]. Journal of Membrane Science, 2011(366): 314 - 324.

[43] 李刚,李雪梅,王铎,等. 正渗透膜技术及其应用[J]. 化工进展,2010,29(8): 1388 - 1398.

[44] Zou S, Gu Y S, Xiao D Z, et al. The role of physical and chemical parameters on forward osmosis membrane fouling during algae separation[J]. Journal of Membrane Science, 2011(366): 356 - 362.

[45] Thelin W R, Sivertsen E, Holt T, et al. Natural organic matter fouling in pressure retarded osmosis

[J]. Journal of Membrane Science, 2013(438): 46－56.

[46] Mi B X, Elimelech M. Organic fouling of forward osmosis membranes: Fouling reversibility and cleaning without chemical reagents[J]. Journal of Membrane Science, 2010(348): 337－345.

[47] Mi B X, Elimelech M. Gypsum scaling and cleaning in forward osmosis: Measurements and Mechanisms[J]. Environmental Science & Technology, 2010(44): 2022－2028.

[48] Mi B, Elimelech M. Chemical and physical aspects of organic fouling of forward osmosis membranes [J]. Journal of Membrane Science, 2008(320): 292－302.

[49] Xie M, Nghiem L D, Price W E, et al. Comparison of the removal of hydrophobic trace organic contaminants by forward osmosis and reverse osmosis[J]. Water Research, 2012(46): 2683－2692.

[50] Linares R V, Yangali-Quintanilla V, Li Z Y, et al. Rejection of micropollutants by clean and fouled forward osmosis membrane[J]. Water Research, 2011(45): 6737－6744.

[51] Jin X, She Q H, Ang X L, et al. Removal of boron and arsenic by forward osmosis membrane: Influence of membrane orientation and organic fouling[J]. Journal of Membrane Science, 2012(389): 182－187.

[52] Kawasaki N, Matsushige K, Komatsu K, et al. Fast and precise method for HPLC-size exclusion chromatography with UV and TOC (NDIR) detection: Importance of multiple detectors to evaluate the characteristics of dissolved organic matter[J]. Water Research, 2011(45): 6240－6248.

[53] Song Y L, Dong B Z, Gao N Y, et al. Huangpu river water treatment by microfiltration with ozone pretreatment[J]. Desalination, 2010(250): 71－75.

[54] Xu B, Gao N Y, Sun X F, et al. Characteristics of organic material in Huangpu River and treatability with the O-3-BAC process[J]. Separation and Purification Technology, 2007(57): 348－355.

[55] Zhao S F, Zou L D, Mulcahy D. Effects of membrane orientation on process performance in forward osmosis applications[J]. Journal of Membrane Science, 2011(382): 308－315.

[56] Hong S K, Elimelech M. Chemical and physical aspects of natural organic matter (NOM) fouling of nanofiltration membranes[J]. Journal of Membrane Science, 1997(132): 159－181.

[57] Tang C Y, Leckie J O. Membrane independent limiting flux for RO and NF membranes fouled by humic acid[J]. Environmental Science & Technology, 2007(41): 4767－4773.

[58] Wang Y N, Wicaksana F, Tang C Y, et al. Direct microscopic observation of forward osmosis membrane fouling[J]. Environmental Science & Technology, 2010(44): 7102－7109.

[59] Tang C Y, Kwon Y N, Leckie J O. Fouling of reverse osmosis and nanofiltration membranes by humic acid-Effects of solution composition and hydrodynamic conditions[J]. Journal of Membrane Science, 2007(290): 86－94.

[60] Xu P, Drewes J E, Kim T U, et al. Effect of membrane fouling on transport of organic contaminants in NF/RO membrane applications[J]. Journal of Membrane Science, 2006(279): 165－175.

[61] Wang J H, Zheng C L, Ding S L, et al. Behaviors and mechanisms of tannic acid adsorption on an amino-functionalized magnetic nanoadsorbent[J]. Desalination, 2011(273): 285－291.

[62] Yangali-Quintanilla V, Sadmani A, McConville M, et al. Rejection of pharmaceutically active compounds and endocrine disrupting compounds by clean and fouled nanofiltration membranes[J]. Water Research, 2009(43): 2349－2362.

第 8 章　动态膜微污染水处理工艺

8.1　动态膜过滤技术原理

8.1.1　动态膜概念

动态膜,也可称为二次膜、次生膜或原位形成膜,是微粒在多孔支撑体或基膜表面上沉积而形成的,即过滤过程中在载体上形成的滤饼层。动态膜是膜分离技术中的一种。动态膜技术因其有通量大、污染较易控制等优点而受到工程界和学术界的关注。1965 年,美国橡树岭国家实验室开展了一系列关于过滤的研究工作,其中关于动态膜(Dynamic Formed Membrane)应用的研究报告于 20 世纪 60 年代中后期发表在"超级过滤(Hyper-filtration)研究"的系列论文中。这是最早关于动态膜应用的公开报道。Mareinkowsk 等人在研究多孔物质进行海水淡化实验时,误用 $ZrOCl_2$ 替代了 $NaCl$,并发现在多孔板上形成了多孔过滤层,同样具有反渗透能力。Mareinkowsk 等人将这层具有过滤性能的薄膜称为动态膜[1]。

8.1.2　动态膜技术的分类

由于动态膜的形成是依靠胶体溶液或是微粒在基膜及多孔支撑体中形成的滤饼层,因此,支撑体或基膜与溶液之间孔径的相互大小、液体性质、支撑体物化特性都影响着动态膜的种类。根据溶液中颗粒和支撑体孔径的相对大小,动态膜主要可以分为四类:完全堵塞模型、标准过滤模型、中间过滤模型、滤饼过滤模型。如表 8-1 所示。

表 8-1　　　　　　　　　　　　　　动态膜过滤模型

类型	形成条件	通量模型	阻力模型	备　注
完全堵塞过滤型	分散微粒粒径与膜孔大小的相近性;溶液中分散微粒的浓度较低	$v = v_0 \exp(-\delta v_0 t)$	$\dfrac{dR}{dq} = \dfrac{\delta}{R_m} R_t^2$	v_0 为膜的初始通量; δ 为颗粒堵塞膜孔潜势参数; q 为通过单位面积的滤液体积
标准堵塞过滤型	膜孔半径比微粒大 3 个数量级	$\dfrac{t}{q} = \dfrac{1}{v_0} + \dfrac{c}{L} t$	$\dfrac{dR}{dq} = \dfrac{2c}{L\sqrt{R_m}} R_t^{3/2}$	c 为膜孔吸附溶质的潜势,无量纲参数; L 为膜厚度
中间堵塞过滤型	膜孔半径比微粒半径大 1~2 个数量级	$\dfrac{1}{v} = \dfrac{1}{v_0} + kt$	$R_t = R_m \exp(kq)$	k 为 $\dfrac{1}{v}$ 对 t 作图的斜率
滤饼层过滤型	过滤颗粒大于膜孔孔径	$\dfrac{1}{v} = \dfrac{1}{v_0} + k'q$	$\dfrac{dR_t}{dq} = \alpha C_w$	k' 为动力系数

8.1.3　动态膜的形成及运行过程

动态膜是利用预涂剂或活性污泥在基膜(微滤膜、超滤膜)或大孔径支撑体表面形成的滤饼层。常用预涂剂有硅藻土、高岭土、碳酸钙、粉末活性炭、MnO_2 和 ZrO_2 等,常用大孔径支撑体主要有工业滤布、筛绢、不锈钢丝网、陶瓷管、烧结聚氯乙烯管等。

动态膜按照形成方式的不同可分为自生动态膜(self-forming dynamic membrane)和预涂动态膜(precoated dynamic membrane)两种。自生动态膜系指利用待处理混合液中的悬浮颗粒、胶体或大分子有机物在支撑体上形成滤饼层来进行固液分离。预涂动态膜是指先用支撑体过滤含有成膜组分的混合液,待动态膜在其表面形成后,再用已形成的动态膜去过滤待处理溶液。

动态膜的工作过程主要分三个阶段,即预涂、过滤和反冲洗。预涂是指在抽吸压力或水位高差作用水头的作用下,溶液中颗粒沉积到支撑体表面形成具有一定厚度,且具备固液分离能力的滤饼层。预涂成功与否(即动态膜是否形成)主要以出水浊度是否达到预设值来衡量。在过滤阶段,按照生产的要求预设好抽吸压力或高差水头,一般采取恒通量、变压力的运行方式。因为在恒通量运行的情况下,随着滤饼的压实或者污染物质对膜孔的堵塞,跨膜压差会不断上升,待压力增长到一定值便需要进行反冲洗。反冲洗一般采用气洗、水洗以及气—水洗三种,在反冲洗过程中,气(水)需从膜组件腔内冲出,致使泥饼层从支撑体上脱离,反洗结束。至此,动态膜一个工作周期结束。

8.1.4　动态膜技术在水处理应用中的影响因素

动态膜技术的运行受到多种因素影响,主要有基膜(支撑体)材质、水头大小、污泥质量浓度、反应器操作条件等。

1. 基膜(支撑体)材质

早期用作动态膜基膜(支撑体)的主要有超滤膜、微滤膜。近年来各国学者开发了用无纺布、工业滤布、不锈钢丝网、尼龙筛网和陶瓷管等用作膜基材的动态膜工艺[2-6]。

清华大学范彬、黄霞等采用一种孔径为 0.1 mm 的筛绢作为支撑体的平板型动态膜处理城市污水,试验结果显示该型动态膜可以长时间有效地稳定工作,获得了良好的处理效果。出水 COD_{Mn} 的均小于 50 mg/L,去除率基本上大于 80%;对 SS 具有较好的截留能力,出水大多时间无法检测出 SS;在某一工况 46 天的运行中仅 7 天出水中检出有 SS,且出现最大值为 4.05 mg/L。与传统 MBR 相比具有基材廉价、工艺造价低、过滤阻力小、动态膜污染易控制等优点[7]。

Yoshiaki Kiso 等用孔径分别为 100 μm、200 μm、500 μm 尼龙网制成有效面积为 0.12 m^2 的动态膜组件,通过对比试验得出,孔径 100 μm 的尼龙网组件在短短 10 min 内 SS 就能降到 10 mg/L;但 200 μm 和 500 μm 滤布的组件在整个过程中 SS 都较高[8]。由此得出,100 μm 的滤布更适合作动态膜组件支撑体。Moghaddam 等以无纺布制成动态膜组件进行小试,结果显示在反应器容积为 30 L 且装置连续运行的情况下,整个运行过程中出水平均 SS 达到 16 mg/L,而 TOC 的去除率可达 87%[9]。

李方等以陶瓷管为载体研究了动态膜对城市污水厂二级出水的处理性能,试验显示在涂膜液浓度为 0.3 g/L，跨膜压差为 0.2 MPa 的情况下，对浊度的去除为 100%，而对 COD_{Mn} 的去除率为 39.4%～51.3%[4]。

高松等以 180 μm、80 μm、25 μm 的不锈钢丝网作为动态膜支撑体，通过试验发现三种孔径的组件对通量影响较小；且在相同的水头下，出水 SS 随着目数的增大（支撑体孔径的减小）而减小，说明了丝网孔径对初始出水的 SS 有较大的影响[10]。

2. 水头差

动态膜可以依靠重力作用而自流出水，在忽略动态膜出水管路上水头损失的情况下，动态膜的过滤动力可以近似为反应器出水口与液位的高度差，即水头差（WHD，Water Head Drop）。不同的 WHD 对动态膜的形成及反应器的稳定运行有重要的影响，最佳 WHD 的选择是动态膜研究中的重要内容。

范彬等研究了动态膜恢复期的 WHD 对动态膜运行的影响，主要对 WHD 为 10 cm，8 cm，6 cm，4 cm，2 cm，0.5 cm 的动态膜运行情况。试验得出，在恢复期，随着 WHD 的增加，动态膜反应器对微细颗粒的截留能力变差；相反，随着 WHD 的增加，初始通量增大，出水通量也更易趋于稳定，达到稳定的时间也更短[11]。

高松等用分别为 10 cm，20 cm，30 cm 和 40 cm 的四种不同水位差作为自流出水的过滤动力，认为水头的增大会增大出水通量，但水头过大则会导致出水中 SS 的增大，原因是过大的水头使部分微小的污泥颗粒穿透膜层。另一方面发现，WHD 越小初始 SS 反而越高，分析认为由于 WHD 小，导致形成的动态膜层不够密实，导致出水 SS 的增高[10]。

日本的 Moghaddam[9] 和韩国的 Seo G. T.[12] 等研究均发现，随着 WHD 的增大，初始通量也增加，但同时也会引起更多的污泥泄漏，这也导致初始阶段出水水质变差。

董滨等通过研究发现，WHD 为 100 mm，200 mm，300 mm，400 mm，600 mm 的条件下出水通量及浊度的变化情况。结果表明：要使动态膜能够在基膜表面迅速形成，需要一个临界 WHD，高于临界值会使滤饼层快速压实，造成出水通量迅速下降，导致系统产水量不足。该膜组件需要的最低水头差为 200 mm，最高水头差为 400 mm，最佳水头差为 300 mm[13]。

各学者所得结果虽不尽相同，但都验证了水头对动态膜反应器运行的两点影响，一是 WHD 提供了动态膜运行的动力且对滤饼形态有深刻影响，WHD 的提高增加了出水通量，但同时 WHD 的提高又能压实动态膜，造成出水阻力增加，减小了系统通量。

3. 污泥质量浓度

要使得良好的动态膜能够在基膜上生成，反应器内污泥质量浓度就必须达到一定值。由于污泥本身对污染物有去除作用，所以污泥质量浓度不仅影响动态膜本身的形成，而且还对反应器系统的处理效果有着直接影响。

Kiso 等研究了污泥质量浓度对出水水质的影响。试验分别在 3 000 mg/L，6 500 mg/L，11 500 mg/L 情况下研究动态膜的处理效果，试验发现：在相同的水头下，MLSS 浓度越高，通量越小，出水浊度越大[8]。

吴季勇对不同污泥质量浓度对自生生物动态膜形成的影响进行了研究，实验采用 2 000 mg/L，4 000 mg/L，6 000 mg/L，8 000 mg/L 四种污泥质量浓度。结果表明，四种质量浓度的污泥均能在基膜表面形成动态膜，但高质量浓度污泥的动态膜的出水浊度较小。这是由于高质量浓度污泥较快形成滤饼层，其对大颗粒的截留作用较大[14]。

高松等做了污泥质量浓度分别为 2 300 mg/L,3 500 mg/L,6 000 mg/L 的对比实验,研究表明,在相同的 WHD 下,污泥质量浓度越高的反应器,出水通量较小,出水浊度也较低。这与吴季勇的研究结论一致[10]。

Libing Chu 等研究了污泥质量浓度分别为 3 100 mg/L,5 500 mg/L,8 000 和 10 000 mg/L 时对动态膜形成和性能的影响。试验显示,高污泥质量浓度的动态膜的形成较快,但其出水通量的下降较快,出水浊度也较高[15]。这和 Yoshiaki 的结果类似。

从以上学者的成果看,污泥质量浓度对动态膜系统的影响是多方面的,有的结果不同,甚至相反。一般认为,高污泥质量浓度的动态膜较易形成,出水水质好,但通量下降较快。这可能是由于高污泥质量浓度形成的动态膜厚实,阻力大,影响了通量,但却提高了水质。从而可以得知,污泥质量浓度对系统性能的影响具有一定的复杂性。

4. 曝气强度(错流速度)

曝气是动态膜反应器中一项重要措施,一般认为,曝气起到三方面作用:一为通过曝气为反应器中提供充足的溶解氧,利于微生物分解污染物;二是合适的曝气引起膜表面错流速度,防止形成过厚的滤饼层;三是通过曝气可以使反应器内混合液处于流态化,确保系统正常运行。

东京大学的 Kiso 的却认为曝气强度并不是影响动态膜系统运行的主要因素,在不同曝气强度下出水的浊度及无明显区别,在正常运行中,网膜表面形成的动态膜很薄,不会受到曝气强度大小的影响。

卓琳云在错流速度分别为 0.5 m/s,1 m/s,1.5 m/s,2 m/s 的条件下对动态膜的预涂进行了考察,试验显示 1 m/s,1.5 m/s,2 m/s 的速度下预涂的膜不太均匀,较容易冲掉。0.5 m/s 速度下的预涂动态膜则较均匀且牢固。由此得出,最佳错流速度为 0.5 m/s;且随着错流速度的增大,出水通量也增大。同时,过大的错流速度也会造成强烈的剪切力,导致膜层的脱落,影响出水效果[16]。

李俊等研究发现,错流速度在 1.0 m/s,1.55 m/s,2.0 m/s 时,通量比较稳定,错流速度越大,通量越大;当超过 2.2 m/s 时,滤饼层出现脱落,影响了系统的稳定性[17]。

Li 等研究发现,错流速度较大的条件下,形成的动态膜较薄,但过滤阻力变大;相反,若错流流速较低,形成的动态膜相则较厚,过滤阻力较小[18]。

根据以上研究成果可知,曝气量、错流速度是动态膜运行的关键参数之一,其大小影响系统的稳定性和性能。通过试验研究得出合适的曝气量是动态膜工艺系统中一项重要工作。

8.1.5　动态膜预涂剂研究概况

形成动态膜的材料有无机粒子和几乎所有的无机和有机电解质。无机粒子有 ZrO_2,SiO_2,TiO_2 等金属氧化物;无机电解质有 Al^{3+},Fe^{3+},Si^{4+},Zr^{4+},V^{4+},Th^{4+},Mn^{4+},U^{4+} 等水和氧化物或氢氧化物;有机电解质有聚丙烯酸、聚马来酸、聚苯乙烯磺酸、聚乙烯胺、聚乙烯基吡啶等;某些非电解质如甲基纤维素、聚氧化乙烯、聚丙烯酰胺;以及某些天然物如黏土、硅藻土、腐殖酸、乳清、纸浆废液和一些工业废水均可作为动态膜材料。另外,也有学者对粉末活性炭作为制备动态膜材料也有一定研究。

李俊等以高岭土为材料在陶瓷膜管上制备动态膜处理城市污水厂二级出水,研究表明,在跨膜压差 0.107～0.408 MPa、涂膜液质量浓度 0.1～0.7 g/L 和错流速度 0.5 mm/s 的操作条件下,10～13 min 即可在陶瓷膜管内壁上形成稳定的动态膜。在处理城市污水厂二级出水时,操作初期约 30 min,过滤过程可用标准过滤模型描述,此阶段胶体及细小颗粒等进入动态膜微孔内,引起滤液通量迅速下降;约 35 min 后过程则可用滤饼过滤模型描述,此时污染物沉积速度缓慢,滤液通量基本保持不变。动态膜对浊度去除率可达 100%,对 COD 也有一定的去除作用[19]。

Kryvoruchko 等对以各种黏土矿物为动态膜材料处理含 Co 离子废水做了研究,结果发现,蒙脱石、绿坡缕石、伊利石、高岭石形成的动态膜的截留性能依次逐渐变差,蒙脱石净化效果最好,但通量下降较快;对 Co 的去除率可由 92.8% 升高至 98.3%[20]。

Cai 等应用 MnO$_2$ 在聚乙烯管上形成动态膜并进行了硅藻土生产废水和含油废水的处理试验,最大的浊度去除率大于 98%。将污染后的 MnO$_2$ 动态膜浸入到盐酸中清洗,即可使载体的通量 100% 恢复,可以反复使用形成 MnO$_2$ 动态膜,降低了膜组件的造价[21]。

张捍民等以粉末活性炭(PAC)作为预涂剂,组成预涂动态膜—生物反应器,对比了预涂膜、未预涂膜和 0.4 μm 的聚乙烯中空纤维膜的污染物去除效果和膜污染状况。结果表明 PAC 形成的动态膜的污染物质去除效果更好,COD$_{Cr}$ 去除率为 97.5%,TOC 去除率为 97.7%,氨氮去除率也达到了 96.7%。在运行 1 128 h 后,操作压力仅上升至 6 kPa,并且只需刷洗,不需使用任何化学试剂膜通量就可以 100% 恢复[22]。

高波等利用膜材为 ZrO$_2$ 的动态膜对纺丝工艺中的 Lyocell 纤维素溶剂进行回收,研究结果显示当温度为 25℃、过膜压差 150 kPa、膜表面错流速度 0.05 m/s 左右时,纤维素的分离效率近 100%[23]。

8.2　试验装置、材料和方法

当前采用最多的水处理技术为混凝—沉淀—过滤—消毒的常规方法,但其对有机物的去除率仅为 20%～30%,对氨氮的去除也只有 10% 左右,出水有机物和氨氮浓度都还较高,经过加氯消毒的话,三致物质含量增加,严重影响人体健康。当前,为了更好地去除污染物,通常会在常规水处理工艺之前采用适当的物理、化学和生物的预处理方法。近些年来,由于我国经济不断发展,我国许多地表水资源都遭到污染,这给经济发展、社会运行的安全带来隐患。因此,寻找新的安全饮用水水处理技术就显得格外重要。现今流行的微滤和超滤膜等低压膜过滤技术被认为是最有潜力的技术工艺,它们也因此被冠以"21 世纪的水处理技术"的美名。但其本身膜污染所带来的技术与成本问题,严重制约着其广泛应用。现有克服膜污染的方法主要是进膜水的预处理、膜的周期性气—水反冲洗、膜定期化学清洗等。同时,膜生物反应器应用于饮用水处理方面也日益受到关注,它具有传统给水处理工艺所不足的优点:布局紧凑、自动化程度高、便于管理等。而膜生物反应器存在的缺点主要也是膜污染控制、清洗方式、投资和运行维护成本等[24-26]。

为了克服以上所述膜生物反应器的一些缺陷,研究开发了生物硅藻土—动态膜反应器(BDDMR),进行中试规模研究;主要运用该新型组合工艺处理微污染地表水,考察了

BDDMR 工艺的中试运行特性以及对污染物的去除效果等,为 BDDMR 技术工艺的生产运用提供参考和技术支撑。

8.2.1　原水水质

中试试验在江苏昆山市自来水公司水源厂内进行,试验用水采用作为昆山市自来水公司水源的庙泾河河水,主要来源于市郊傀儡湖,为太湖支湖。由于环太湖圈地区人口相对集中,经济发达,工业废水、生活污染、农业废水、养殖业废水等直接排入太湖,导致了太湖水受到污染。根据水质分类,太湖水及其周边支流支湖水属于为典型的微污染水。原水主要饮用水物化指标如表 8-2 所示。

表 8-2　　　原水特性

项　目	范　围
水温/℃	21.3～31.0
浊度/NTU	6.28～17.6
$COD_{Mn}/(mg \cdot L^{-1})$	3.28～5.44
UV_{254}/cm^{-1}	0.083～0.121
氨氮/$(mg \cdot L^{-1})$	0.04～0.28
pH	7.98～7.03
$DO/(mg \cdot L^{-1})$	5.05～8.16

8.2.2　试验装置

1. 试验装置

中试装置由 PVC 板材和 PVC 管件制造而成,主要分为进水槽、混合回流槽、反应池(有效容积)三部分。有效部分体积为 V 反应池=0.8 m×0.8 m×1.2 m(有效水深)=0.768 m³,进水槽体积为 0.032 m³,混合回流槽体积为 0.100 8 m³。中试装置实物图见图 8-1。

膜组件为淹没式安装,共五片平板微网,不锈钢微网当量直径为 80 μm,每块膜片有效过滤面积为 0.4 m²,总有效过滤面积为 2 m²。在装置底部装有穿孔管,用作供氧,混合等作用,由水泵进行循环回流。

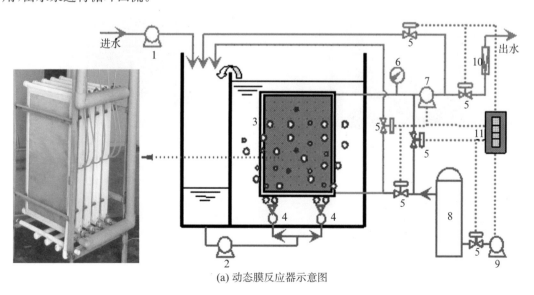

(a) 动态膜反应器示意图

(b) 实物图

1—进水泵;2—回流泵;3—动态膜支撑组件;4—气—水扩散器;5—电磁阀;6—真空表;
7—出水泵;8—压力罐;9—空气泵;10—流量计;11—控制柜

图 8-1 生物硅藻土—动态膜反应器示意图

2. 膜过滤组件

中试装置膜过滤组件由五块相同的膜板组成,串联并平行排列,固定在一钢架上,整体淹没式安装在反应容器中,表面材料为 180 目的不锈钢微网,有 10 面过滤面,总面积为 2 m^2,如图 8-2 所示。

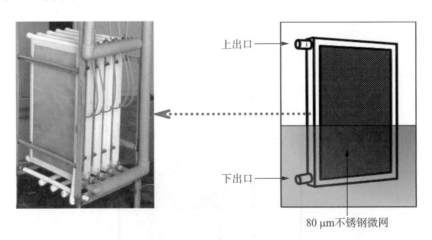

上出口

下出口

80 μm不锈钢微网

图 8-2 中试装置中膜组件实物图及微网电镜照片

3. 试验材料

本研究所选用的动态膜材料为硅藻土,产自浙江嵊州。在投入反应器之前,采用了 100 目不锈钢微网进行预过滤,以去除大颗粒硅藻土和其他杂质,确保形成的动态膜质量可靠,运行稳定。从粒度测定看,401 号硅藻土颗粒大小在 0~10 μm 之间,约占 98.08%。硅藻原土粒径分布图及电镜照片分别见图 8-3、图 8-4。

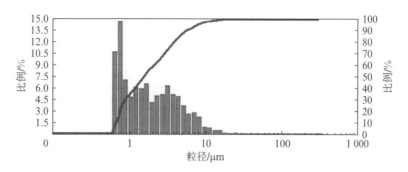

图 8‑3　401 号硅藻土粒径分布图

图 8‑4　401 号硅藻土电镜照片

4. 其他设备

试验设备如表 8‑3 所示。

表 8‑3　　　　　　　　　　　　试验设备

设备名称	型　号	数　量
蠕动泵	保定兰格	2 台
回流泵	GW 32-8-12,立式管道离心泵	1 台
空压机	OD1012	1 台
电磁阀	德国宝德	若干
精密真空表	上海自动化精密真空表(0.4 级)	1 部
起降价	反应器配套定制	1 架

8.2.3　试验方法

反应器内硅藻土维持在 MLSS 为 10 000 mg/L 左右,MLVSS 约为 1 500 mg/L;每天排

放约反应器内 2% 的生物硅藻土混合液,并投加相当的新硅藻土,使污泥停留时间(SRT)为 50 天。

反应器实行连续运行,以溢流堰来保持液面的恒定。在反应器内设置了混合区域,所有进水经过该区域的充分混合后,然后由反应器底部的气—水扩散器向反应器有效区域内进水。设置混合区域主要有两方面作用:一是气—水混合液经穿孔管进入有效区域以控制膜组件上动态膜稳定发展,二是经过混合后将提高混合液的溶解氧,以提供微生物的生长。

反应器运行周期分为预涂、过滤、反冲三个阶段。在预涂阶段,动态膜在 0.8 m 的恒定高差下形成,预涂结束后由水泵直接从组件腔内抽吸出水。出水管路中安装有精密真空表,用以监测动态膜的跨膜压差(TMP)。预涂结束后,由水泵抽吸出水,但此时由于水泵的骤然抽吸力导致部分滤饼透过不锈钢网,造成短时间内出水浊度上升,故出水不宜直接出管,需待出水达到预定目标才能打开出水阀。出水阶段时间的长短主要根据 TMP 来判定,由于在本实验中,在 TMP 达到 5 kPa 时,出水开始浑浊,动态膜被破坏,所以本研究将 5 kPa 作为 TMP 上限,到此时一个工作周期结束。过滤阶段结束后,需对动态膜进行反冲洗。本研究运用在线气冲洗,压力罐中压缩空气($kgf/cm^2 = 10^5$ pa)进入膜腔中,由内向外将动态膜(滤饼层)冲洗下来。至此一个周期结束。

根据分析,生物硅藻土—动态膜反应器对污染物的去除主要是由硅藻土吸附、微生物分解、滤饼过滤三种作用完成的。为了确定三种作用各自对污染物去除的贡献,我们将试验中已形成稳定滤饼的组件小心地从反应器中取出,然后放入存放相同待处理水样的容器中,检验滤饼对污染物去除的单独作用。另外,我们测定了硅藻土静态吸附性能。在进行硅藻土吸附试验时,向 1 个盛有 1 升实验原水的烧杯中投加 10 g 硅藻原土。在搅拌器上以转速 300 r/min 搅拌 3 h 后,分别测定经 0.45 μm 醋酸纤维膜过滤后的上清液的 COD_{Mn},UV_{254},NH_3-N,计算硅藻土吸附对 COD_{Mn},UV_{254},NH_3-N 的去除率。

另外,通过三维荧光光谱分析,描述 BDDMR 对各种有机物的去除情况,从机理上更加明确地 BDDMR 的去除特性;再者,通过对微生物的组成分析,以说明反应器内微生物对污染物去除作用,定性地表明了 BDDMR 中微生物的存在与变化。

8.2.4 分析方法

在昆山现场中试试验主要监测水质指标主要有高锰酸盐指数、浊度、氨氮、UV_{254}、DO 等,其他分析项目主要由混合液悬浮固体(MLSS)、电镜扫描等。其具体分析方法如表 8-4 所示。本研究中通量采用容量法测定。

表 8-4　　　　　　　　　　各水质指标及项目的分析方法

项　目	测　定　方　法
COD_{Mn}	酸性高锰酸钾法
浊度	浊度仪(HACH 2100 P Turbid meter)
氨氮	便携式氨氮水质分析仪(HACH PCⅡ)

(续表)

项　目	测 定 方 法
UV$_{254}$	UV-7504 PC 紫外可见分光光度计
溶解氧(DO)	溶解氧检测仪(HACH HQ10)
混合液悬浮固体(MLSS)	GB 11901—87 105℃烘干称重法
电镜扫描	Auto Pore Ⅳ 9510 全自动压汞仪
粒径分析	AccuSizer 780 粒度分析仪

8.3　BDDMR 处理微污染水源水的启动特性

中试设备安装在昆山自来水(集团)有限公司水源厂内,源水取自流经厂内的庙泾河。在设备启动初期的运行方式与小试过程基本类似,主要以培养微生物为主要任务。一般来讲,生物硅藻土—动态膜反应器正是将微生物氧化分解作用、硅藻土的吸附作用以及硅藻土的过滤作用相结合。

8.3.1　启动过程中 BDDMR 对 COD$_{Mn}$ 和 UV$_{254}$ 的去除情况

图 8-5 提供了 BDDMR 装置启动后对有机物指标 COD$_{Mn}$ 和 UV$_{254}$ 的去除情况。从图可以看出,在设备刚刚启动时,系统对 COD$_{Mn}$ 的去除是很低的,只有 10%左右,这主要来自硅藻土的吸附。在前 5 天左右的时间内,由于硅藻土吸附能力渐渐饱和,单凭吸附带来的去除率会越来越低,但同时负责降解有机物的异养菌逐渐生长繁殖,其分解作用也日益明显。从图中看,在设备启动后约一周时间,微生物分解作用开始体现出来,经过约 22 天的培养,系统对 COD$_{Mn}$ 的去除基本趋于稳定。

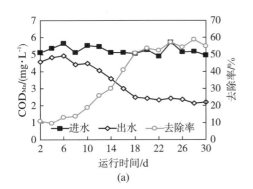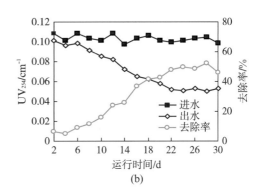

图 8-5　启动期 BDDMR 对污染物的去除情况

严格来讲,COD$_{Mn}$ 代表的是所有的还原类物质,就有机物方面它同时包含颗粒性有机物和溶解性的有机物。从前期的研究中可以知道硅藻土过滤性能较为优越,能去除大部分颗粒物有机物,但水体中溶解性有机物的去除则相对困难,而且溶解性有机物的危害也较大。

本中试研究以 UV_{254} 作为溶解性有机物的替代参数,以考察中试现场生产设备对溶解性有机物的去除情况。从总体趋势看,启动期间 BDDMR 对 UV_{254} 的去除规律与对 COD_{Mn} 相类似,在经过 23 天时,其去除率基本达到稳定,说明微生物基本培养成熟。

总体上说,BDDMR 的工作过程主要分三个阶段:启动阶段、稳定运行阶段、反冲洗阶段。不同的阶段体现不同的去除机理:启动初期,污染物的去除主要是由于高浓度硅藻土的吸附所致,由于微生物尚未培养成熟,所以前期去除率较低;经过几天时间的培养,微生物的生物降解起到一定的作用,这个阶段主要是由硅藻土的吸附和微生物分解作用相结合;最后待硅藻土吸附能力基本饱和,微生物的培养也基本成熟。后期的污染物去除主要以微生物的生物降解为主。

8.3.2 启动过程中 BDDMR 对 NH_3-N 的去除情况

氨氮是还原性较强的溶解性污染物,从前期试验看,硅藻土对其吸附较弱,以及泥饼的过滤也较为有限,故氨氮的去除主要依赖于微生物的氧化去除。

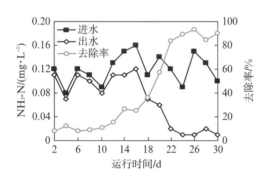

图 8-6 启动期间 BDDMR 对 NH_3-N 的去除情况

图 8-6 所示,启动时硅藻土对氨氮的吸附在 10% 以下,此时微生物尚未生长繁殖成熟,几乎没有分解作用。随后,硅藻土吸附能力逐渐饱和,而反应器内积累微生物也越来越多,故这个阶段的氨氮去除作用主要有硅藻土吸附与微生物分解。约在第 10 天时,微生物的分解功能逐渐显现,达到 24 天后,氨氮去除率可达 88.9%,因此可认为负责氨氮氧化分解的亚硝化菌已经生长成熟,对氨氮的分解作用也成了此时去除的主要原因。

8.4 BDDMR 长期运行时对污染物的去除

本节主要考察了 BDDMR 中试装置稳定运行时对微污染水源水中污染物的去除情况,污染物主要包括浊度、颗粒数、有机物、氨氮、THMFP 等,整个考察时间为 80 d。

8.4.1 浊度和颗粒物的去除

浊度是水质标准中的重要参数,它所体现的不仅仅是胶体污染物本身,而且是水体中细菌、病毒等微生物的重要附着载体;另外,浊度已经被美国国家环保局列为微生物学指标。因此一项对浊度去除较好的工艺,从某种程度上讲,其对水体中的细菌等微生物也有良好的去除效果。

从图 8-7 中可以看出,在整个稳定过滤过程中,虽然 BDDMR 的进水的浊度变化较大,变化范围为 8.22~17.6 NTU,但是 BDDMR 处理出水的浊度一直保持在 1.0 NTU 以下,这是符合饮用水水质国家标准的(CNSDWQ,GB 5749—2006)。另外,由于不锈钢微网支撑体的相对孔径较大,它的出水水质不如传统 MBR 的出水水质,但是水体中颗粒的大部分已经被动态膜去除,这主要是基于硅藻土动态膜的颗粒截留能力。因此,从对浊度和颗粒的去除效果看,BDDMR 具有良好的固液分离能力。

本研究运用颗粒计数仪测定 BDDMR 系统的进水、出水中的颗粒数,以考察 BDDMR 对原水中颗粒物的去除效果。VERSACOUNT 型颗粒计数仪计算颗粒计数时所能测到的尺寸范围为 $2\sim25~\mu m$。BDDMR 对进水和出水中颗粒的去除情况如图 8-8 所示。从图可以看出,进水中的颗粒尺寸主要集中在 $2\sim10~\mu m$ 间,占全部颗粒数的 98.77%。经过 BDDMR 的处理后,原水中 69 624 个/mL 的颗粒下降至 296 个/mL,颗粒的去除率达到 99.57%。可以看出,混合液经过动态膜的过滤后,颗粒数下降较为明显,显示了动态膜具有高效的固液分离能力,这和前面所讨论的动态膜对浊度具有较高的去除率是一致的。动态膜具有如此高的固液分离能力主要有两方面的原因:一是泥饼对颗粒物或者浊度具有较好的机械筛滤作用;二是滤饼层对颗粒物的表面吸附作用。在 BDDMR 预涂过程完成后,一些大颗粒粒子被截留在动态膜的孔道中,造成了膜孔堵塞以及泥饼一定程度上的压缩。正是经过了颗粒的堵塞以及泥饼的压缩,使得泥饼中孔道变小,这直接有利于后续细小颗粒的截留,使得泥饼进一步被堵塞,造成膜的污染。因此可以推断的是,颗粒物对泥饼层孔道的堵塞以及泥饼本身的压缩是生物硅藻土动态膜对浊度和颗粒物具有高去除率的主要原因。

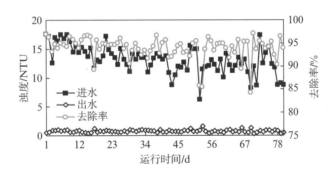

图 8-7　稳定运行 BDDMR 对浊度的去除

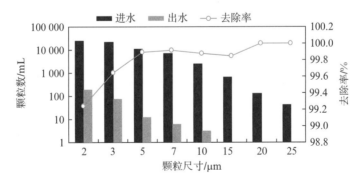

图 8-8　稳定运行期 BDDMR 对各尺寸颗粒物的去除

8.4.2　COD_{Mn} 和 UV_{254} 的去除

在饮用水处理领域中,COD_{Mn} 通常用来作为有机物含量综合指标的替代参数。如图 8-9(a)所示,整个运行期间系统进水的 COD_{Mn} 在 3.28~5.44 mg/L 之间,经 BDDMR 处理的

平均 COD_{Mn} 为 2.10 mg/L，相应的去除率为 52.9%。可以看出，BDDMR 对 COD_{Mn} 具有良好的去除效果，符合国家标准（$COD_{Mn}<3.0$ mg/L）。

另外，UV_{254} 间接替代了分子中含有双键等不饱和键以及苯环的有机物分子，这在饮用水处理领域是非常有效的，尤其对许多发展中国家来讲，他们经济发展有限，UV_{254} 简单、方便的检测方法对他们更为使用。

图 8-9(b) 给出了稳定运行期间 BDDMR 对 UV_{254} 的去除情况。从图中可以看出，整个稳定运行期间 UV_{254} 的变化范围为 $0.083\sim0.119$ cm^{-1}，出水 UV_{254} 值范围为 $0.034\sim0.071$ cm^{-1}，平均去除率为 50.6 与传统混凝—沉淀—砂滤、微滤与超滤膜分离技术等技术相比，BDDMR 对 COD_{Mn} 和 UV_{254} 的去除率则相对较高。在饮用水处理方面，BDDMR 对污染物的去除甚至高于膜生物反应器。BDDMR 对污染物有良好的去除率主要是基于微生物氧化分解、生物硅藻土的吸附以及动态膜的固液分离作用，其中最主要的是微生物的分解功能。另外，有研究表明，在动态膜的长期运行中在膜组件上容易形成一层凝胶层，它在运行期间起到"二次过滤"的作用，它一定程度上强化了动态膜对浊度、颗粒物和有机污染物的截留作用。

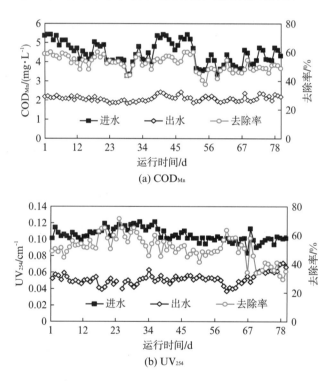

图 8-9　稳定运行期间 BDDMR 对 COD_{Mn} 和 UV_{254} 的去除情况

8.4.3　NH₃-N 的去除

氨氮的去除是由反应器内微生物的生物降解作用完成的。图 8-10 为 BDDMR 系统稳定运行期间对氨氮的去除效果。试验结果显示，原水中的氨氮质量浓度相对较低，经过 BDDMR 处理后的氨氮平均质量浓度也仅为 0.023 mg/L，相应平均去除率为 80.2%。另外，笔者所在课题组其他研究也表明[27]，BDDMR 小试装置对微污染水中氨氮的去除率为 75.5%～89.8%，而泥饼对氨氮几乎没有去除作用。还需指出的是,一些研究表明微滤膜和超滤膜并不能对氨氮进行有效的截留,几乎没有去除率[28-30]。因此,本研究中 BDDMR 对氨氮具有较高的去除率的主要原因是长期生长繁殖起来累积在反应器内的硝化菌对其进行的有效分解。

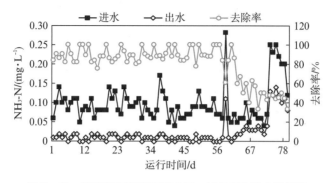

图 8 - 10　稳定运行期间 BDDMR 对 NH₃-N 的去除情况

8.4.4　THMFP 的去除

本研究中所检测到的消毒副产物主要包含三氯甲烷($CHCl_3$)、一溴二氯甲烷($CHCl_2Br$)、二溴一氯甲烷($CHClBr_2$)。图 8 - 11 表示,进水中 $CHCl_3$、$CHCl_2Br$、$CHClBr_2$ 的质量浓度分别为 73.7 $\mu g/L$,39.1 $\mu g/L$,17.3 $\mu g/L$;在经过 BDDMR 的处理之后,$CHCl_3$,$CHCl_2Br$,$CHClBr_2$ 的质量浓度分别降至 35.6 $\mu g/L$,19.7 $\mu g/L$,9.9 $\mu g/L$,去除率分别为 51.7%,49.6%,47.1%。另外,在试验设备的进出水体

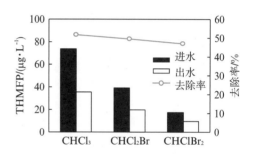

图 8 - 11　中试系统对 THMFP 的去除效果

中三溴甲烷未被检测出。从试验结果看,试验中出水三卤甲烷的浓度是符合 CNSDWQ(GB 5749—2006)所要求的限值的。需要指出的是,先前有研究表明,THMFP 主要与一些小相对分子质量有机物的存在有关,而且其生成率是随着相对分子质量的降低而上升的[31-38]。

8.5　BDDMR 中试系统处理微污染地表水的机理

8.5.1　三种去除作用相对大小

根据分析,BDDMR 去除微污染地表水中污染物时的效能主要有三种:生物降解、生物硅藻土的吸附、动态膜的固液分离。本节即考察了整个 BDDMR 系统中这三种基本效能各自对污染物的去除贡献。

如图 8 - 12 所示,泥饼单独过滤对 COD_{Mn}、UV_{254}、TOC、NH₃-N 的去除率分别为9.9%,10.2%,9.7%,6.5%;同时,硅藻土的静态吸附能力用来考察了硅藻土单独对污染物的吸附作用,其 COD_{Mn},UV_{254},TOC,NH₃-N 的去除率分别为 15.4%,5.0%,20.0%,12.5%,其中每个数据均是两个样品测定三次之后的平均值。从以上试验可以得知,泥饼过滤对溶解性

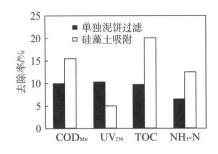

图 8‑12　泥饼过滤和硅藻土吸附去除
污染物的相对大小

污染物的去除是非常有限的,硅藻土溶解性污染物的吸附去除则次之;从此可以推断出,BDDMR 对污染物的去除主要依赖于微生物的生物降解作用。需要指出的是,微生物的有效分解作用和动态膜的固液分离作用是分不开的,由于微污染水源水是一个贫营养的生态环境,这需要一个由适应贫营养的异养除碳菌、硝化菌、藻类、原生动物和微型后生动物组成的生态系统。本工艺中正是动态膜(滤饼)在净化水的同时也对污泥进行了有效的截留,以此确保反应器内有足够高效降解有机物和去除氨氮能力的微生物群落。

总之,BDDMR 中硅藻土的投加对本工艺优良的去除效能是非常重要的,一方面它的强吸附功能对污染物有良好的吸附去除作用;再者,它有较大的表面积,孔隙率也较高,这为微生物的生长繁殖提供了良好的场所。所以,硅藻土的投加为 BDDMR 的处理功能起到一个协同作用。

8.5.2　基于组分分离与相对分子质量分布的分析

本研究中通过固相萃取分离法将水体中溶解性有机物分离为强疏性有机物(SHs)、弱疏性有机物(WHs)、中性亲水性有机物(NHPs)、极性亲水性有机物(CHPs)等四种类型有机物。

图 8‑13(a)显示了 BDDMR 对不同组分溶解性有机物的去除率情况,图中数据均是两个独立水样测定值的平均值。如图所示,由于反应器内生物硅藻土对有机物的吸附以及微生物的降解作用,混合液中 SHs 和 WHs 的浓度略低于进水中的浓度,同时这两种有机物的去除率分别达到 54.6% 和 52.2%。相反的是,NHPs 和 CHPs 的去除率则非常低,只有 17.0% 和 7.3%,远远低于 SHs 和 WHs 的去除率。由先前研究确定,泥饼单独过滤对有机物的去除率是非常低的,对 SHs,WHs,NHPs 和 CHPs 四种有机物的去除率仅分别为 8.3%,6.2%,3.1%,1.5%。试验结果表明了 BDDMR 对 SHs 和 WHs 具有良好的去除效果,但对 NHPs 和 CHPs 的去除则非常有限。BDDMR 的去除作用有硅藻土吸附作用、生物降解以及泥饼过滤三种。从前面分析看,在去除各类型溶解性有机物时,虽然硅藻土吸附和生物降解是 BDDMR 的主要去除功能,但是其中泥饼单独过滤却是效果不好的。

通过 GPC 方法对 BDDMR 的原水、混合液(上清液)、出水等水体中的溶解性有机物进行了表观相对分子质量分布的测定。从图 8‑13(b)看到,进水中溶解性有机物的相对分子质量主要是以集中在 3 200~1 000 Da 的有机物为主的,其谱线中可以检测到四个峰,其峰值分别为 3 200 Da,2 600 Da,1 800 Da,1 000 Da。从谱线中可以看出的是,在原水经过 BDDMR 处理过后,其谱线的吸收峰值强度下降约 15%。另外,进水中有机物的吸收峰值远高于混合液中有机物的吸收峰值,这说明了进水中的有机物在经过硅藻土的吸附以及生物降解后,得到了很大程度上的去除。通过比较混合液与出水中有机物相对分子质量分布的谱线图,可以发现泥饼的单独过滤仅能去除部分相对分子质量分布在 1 000~3 200 Da 之间的有机物。同时,如图 8‑13(b)所示,水体中相对分子质量分布小于 1 000 Da 的有机物可以渗透过滤饼,其并不能被泥饼很好地过滤截留,但在反应器内经过硅藻土的吸附和微生物降解后,得到较大的去除。

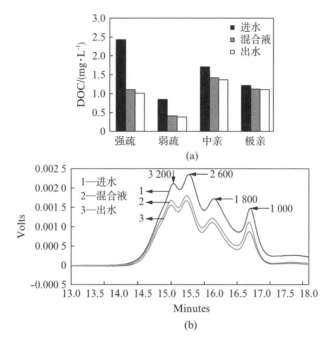

图 8‐13　BDDMR 进水、混合液、出水的各组分质量浓度(a)与相对分子质量分布(b)

8.5.3　关于硅藻土吸附的分析

硅藻土吸附在本工艺 BDDMR 中起着一个非常关键的作用,这主要是由于其具有良好的吸附功能以及为微生物提供了一个较为良好的生长繁殖场所。这些主要是因为它有较高的比表面积,孔隙较高及其特殊的物理—化学特性,等等。另外,从微观来讲,过滤期间硅藻土与有机物之间时刻发生着由布朗运动控制的颗粒迁移与相互作用。硅藻土与污染物之间的吸附作用主要是由静电吸引力与范德华力共同作用引起的。

硅藻土是一种非金属的硅质沉积岩,它主要由古代形体极小的单细胞硅藻类的遗骸所组成的。另外可以确定的是,硅藻土由近 80% 的硅藻质氧化硅和其他 20% 的杂质,如 Al_2O_3,Fe_2O_3,MgO 等。表 8‐5 显示了硅藻土中各种氧化物的等电点(ISEP)。从表中可以看出,除了 SiO_2 的等电点为 pH=2.2,低于 7.0 以外,其他的金属氧化物的等电点均高于 7.0。因此需要指出的是,20% 的无机氧化物在自然水体中的等电点均高于 7.0,它们表面均带有正电荷,这些硅藻土可以对水体中带有负电荷的颗粒进行吸附;其他 80% 的硅藻土颗粒则是带负电荷的,在它们的 ζ 电位降至一定程度的时,则可以吸附去除污染物。一些研究已经表明,溶解性有机物中的疏水性部分主要是一些腐殖酸部分,由于带有羧酸基团,故其是带有负电荷的有机物分子。中性亲水性有机物主要是由一些大分子的聚多糖构成的,极性亲水性有机物则是包含蛋白质和氨基酸的有机物分子。在天然水环境中,这些亲水性有机物既可能是带有负电荷,也可能是带有正电荷的;因此,带有负电荷的疏水性有机物以及亲水性有机物可被部分吸附到硅藻土上,这主要是由于他们之间的静电吸引力与范德华力作用的结果。

表 8-5   各种氧化物的等电点

Oxide	SiO$_2$	α-Al$_2$O$_3$	γ-Al$_2$O$_3$	α-Fe$_2$O$_3$	γ-Fe$_2$O$_3$	MgO
ISEP	2.2	7.0~9.0	8.0	8.4~9.0	6.7~8.0	12.1~12.7

8.5.4 关于反应器内微生物群落的组成分析

运用 PCR-DGGE 技术分析了 BDDMR 中从启动开始到微生物培养结束时,硅藻土上微生物种群的变化情况。

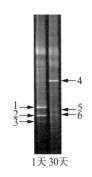

图 8-14 BDDMR 启动后第 1 天与第 30 天时反应器内微生物种群的变化

图 8-14 展示了 BDDMR 启动后第 1 天与第 30 天时,反应器内硅藻土上微生物种群的变化情况。从图中看出,在 BDDMR 启动时,图中显示有 DGGE 条带 1、2、3,但这是暂时的,在经过一段时间的微生物培养后,它们都完全消失。尽管如此,在条带 1、条带 2、条带 3 消失后,条带 4、条带 5、条带 6 出现,这说明了经过 30 天的微生物培养,反应器内的微生物种群结构发生了变化,一些优势菌种已经显现。种系进化分析表明,在系统启动初期,未培植清水细菌(Band 2)以及未培植酸杆菌(Band 3)是原水中的优势菌种。从启动初始的结果看,初期出水水质是较差的,这说明了最初系统对污染物并没有明显的微生物降解作用。

由图所示,在经过 30 天的微生物培养之后,一些适合在 BDDMR 这样特定环境中生长的微生物繁殖起来,其中条带 4 (uncultured bacteroidetes, EU849362.1)、条带 5 (uncultured acidobacteria bacterium, FJ535093.1)、条带 6 (uncultured candidate division OD1 bacterium, AY193185.1)发展起来,并成为培育期后的优势菌种。另外,从前期试验结果看,在微生物培养期后,BDDMR 出水水质是较好的,其主要原因就是一些适合 BDDMR 处理的特定原水的优势微生物种群已经生长繁殖,他们对原水中污染物的去除起到了重要作用。

8.5.5 关于有机物三维荧光特性的分析

水体中不同的溶解性有机物在受到一定波长光线激发时,其分子中的电子会被激发并跃迁到空的轨道,当电子从最低的激发态回到基态时所发出的光叫作荧光[39,40]。一般情况下,受污染的地表水中,两种溶解性有机物都能够发出荧光,一种是腐殖质(蓝色荧光),另一种是蛋白质(紫外荧光)[41-44]。所以,在通常情况下,根据有机物的这种荧光特性,三维荧光光谱分析用来确定水中溶解性有机物特性。

本研究即运用 3D-EEM 分析仪测定了 BDDMR 进水、混合液、出水中溶解性有机物的特性。3D-EEM 光谱图提供了水体中溶解性有机物的来源及其化学组成方面的信息,这类有机物主要有腐殖类、富里酸类和蛋白类荧光特性物质。

图 8-15 显示了 BDDMR 进水、混合液、出水等三种水样中溶解性有机物的荧光光谱图。从图中更可以看见,每一种水样有机物图谱中都出现了两个荧光谱峰(峰 A 和峰 B);第

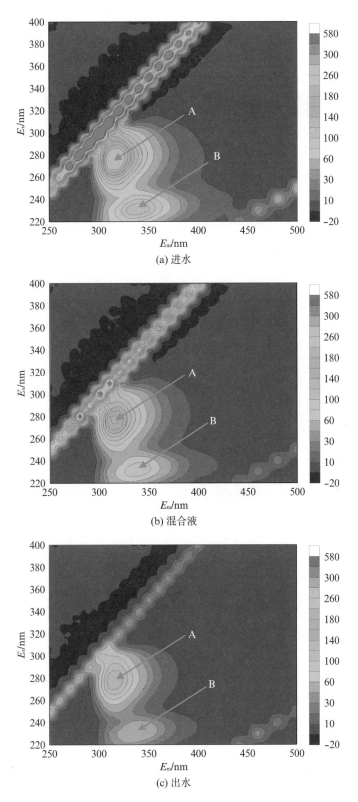

(a) 进水

(b) 混合液

(c) 出水

图 8 - 15　不同水样溶解性有机物荧光光谱图

一个峰出现在激发/发射(E_x/E_m)波长为 275 nm/315 nm 处(峰 A),第二个峰出现在 E_x/E_m 波长为 230 nm/335 nm 处(峰 B)。表 8-6 列出了 BDDMR 进水、混合液、出水三种水样中溶解性有机物的具体荧光特性。以往研究已充分表明,峰 A 为类蛋白峰,它所代表的有机物为类蛋白有机物,如酪氨酸;峰 B 则主要指代一些不饱和类蛋白有机物质。因此,可以说明的是,亲水性有机物(如蛋白质、氨基酸等)得到一定程度上的去除。这和前面的研究结果是一致的。

表 8-6   各类有机物的荧光光谱特性参数

样品	DOC/ (mg·L^{-1})	峰 A		峰 B		峰强度比 (A/B)
		E_x/E_m 波长	强度	E_x/E_m 波长	强度	
进水	6.09	275/315	256.5	230/335	153.70	1.67
混合液	3.98	275/315	191.80	230/335	107.60	1.78
出水	3.89	275/315	145.00	230/335	63.55	2.28

一般认为,类蛋白物质主要来源于湖水或是市政污水中的藻类、细菌、浮游植物[39,40],但它们很少出现在自然水体中。过去二十年中,由于太湖受到严重的污染,导致支湖——傀儡湖也受到了不同程度的污染,其中污染物主要来自于大量的污水排放、人工有机物(Anthropogenic organic matter,AOM,如农业废水、工业有机污染物);同时,这些污染物导致了严重的富营养化。因此,本研究中各种水样中的类蛋白污染物应该是来自太湖中的污染物。

另外,通过对 BDDMR 进水、混合液、出水中的溶解性有机物的荧光图谱进行比较,可以发现,峰 A 和峰 B 都并没有红移或者蓝移现象。一般来讲,蓝移现象主要是表明了反应器内微生物活动对有机污染物的影响,具体是:蓝移现象说明了与微生物对稠芳香基团的降解、氧化导致的结构变化有关,以及大分子有机物分解为小分子有机物的过程和特定官能团如羰基、羧基、羟基和胺基的消失。红移现象则表示荧光基团中羰基、羧基、羟基和胺基的出现[41-45]。

因此,研究结果表明了原水中的有机污染物可以被 BDDMR 有效地去除,但是在微生物降解作用下,这些被去除的污染物则可能已经转化为微生物自身组成部分或者已经被无机化了。但需要指出的是,这些有机物可能是无法被 3D-EEM 检测到的。

8.6 BDDMR 中试系统运行特性的研究

8.6.1 预涂研究

BDDMR 的运行主要分为三个阶段:预涂、过滤、反冲洗,预涂时间处在整个运行周期的第一阶段。系统首先在 0.8 m 恒定水头的作用下自流出水,且出水循环进入反应器内以保持水位不变,确保水头恒定。随着预涂进行,反应器内硅藻土在组件表面微网上逐渐形成泥饼层。为了动态膜能更好地在组件上形成,在重力预涂 10 min 后,打开出水泵。根据预涂出水的水质变化(以浊度为准)确定预涂是否完成。

预涂出水浊度变化如图 8－16 所示。从图中可以看出,在预涂阶段出水浊度迅速降低,这是由于在初始阶段动态膜的迅速形成,对颗粒有较好的截留作用。在预涂前 10 min 内,浊度从 975 NTU 降至 58.5 NTU;为加速动态膜的形成和稳定,此时开启出水泵,可以看出,出水浊度有个瞬间的升高,这是由于水泵开动后,膜腔内吸力骤然增大,导致一些硅藻土的脱落,造成浊度升高。随后,浊度逐渐稳定,在近 40 min 时出水浊度小于 1 NTU,可认为

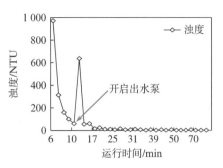

图 8－16　预涂中浊度的变化情况

预涂基本完成,在预涂完成时,需关闭重力预涂管上阀门,以确保出水完全流入出水管内。此种情况下的预涂时间比前期小试中的预涂完成时间要长。在前期该小试中,预涂是在重力作用(作用水头为 0.6 m)下进行的,而没有中试中的出水泵的辅助预涂,在中试中使用出水泵以辅助预涂主要是为了使反应器的工作状况更加接近实际生产,为了 BDDMR 技术能够进一步发展。

8.6.2　动态膜通透性能

动态膜通透性依据运行中的阻力大小来衡量。阻力可根据达西公式计算得出:

$$R = \frac{\Delta P}{\eta J} \tag{8-1}$$

式中　R——运行时过滤阻力(m^{-1}),由于管路沿程水头损失和局部损失较小可以忽略不计;

　　　ΔP——动态膜两侧压差,又称跨膜压差(Trans-Membrane Pressure,TMP);

　　　μ——水的动力学黏度(1.1×10^{-3} Pa·s);

　　　J——动态膜通量($m \cdot s^{-1}$)。

以不锈钢微网作为基膜的动态膜的阻力主要是由滤饼层导致的。由图 8－17 可以得出,在过滤初期,虽然生物硅藻土不断附着在膜面上,膜厚度也不断增加,但此时水泵抽吸力仍远大于滤饼层固有阻力,故 TMP 并未升高;在经过一段时间过滤后,TMP 开始升高,其主要原因是:硅藻土颗粒不断附着在动态膜上,但同时在气泡、水流等的冲刷下膜面上的一些颗粒也进入反应器中,动态膜基本保持了一定的厚度,所以,此时阻力的升高主要是由于滤饼不断被压实,使得滤饼层内的空隙被挤压造成的。图 8－17 显示,在小通量 30 L/(m² · h)的情况下,由于出水泵抽吸力较小,滤饼压实效应并不明显,阻力升高缓慢,所以在小通量的情况下,TMP 上升也较慢,过滤持续时间为 330 min;相反,在

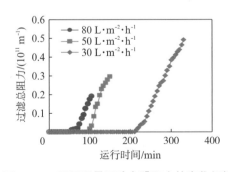

图 8－17　不同通量下动态膜阻力的变化规律

高通量 80 L/(m² · h)时,过滤时间仅持续 105 min,主要是由于,水泵抽吸力较大导致滤饼很快被压实,阻力很快上升。从图 8 - 17 可以看出,在阻力上升的过程中,有一明显的时间拐点,阻力在该运行时刻后上升迅速,导致有效过滤时间的缩短,影响了系统运行性能。

8.6.3　不同初始通量的衰减情况

本节主要考察在设定了不同初始通量时,通量的衰减情况,以及出水浊度的变化。从图 8 - 18(a)可知,在设定不同初始通量的情况下,其衰减规律略有不同:当初始通量为 300 L/(m² · h)时,通量保持时间较短,仅有 10 min,在第 15 min 时,通量已经降为 130 L/(m² · h),衰减率达到 56.7%;然后,通量下降变得逐渐缓慢,在第 35 min 时,通量为 50 L/(m² · h),在第 80 min 时,通量为 30 L/(m² · h),第 140 min 时,通量为 20 L/(m² · h)。其他通量初始设定值的通量下降规律与前面所述的基本类似:在前面一段时间内通量保持不变,而后逐渐下降,且下降速率变小。从图中更可以看出,在初始通量为 150 L/(m² · h)时,其通量保持时间可达 60 min;在下降至 10 L/(m² · h)时,时长达到 480 min。

从试验结果看,设定通量越大,其保持初始通量时间越短,原因可能是在初始通量较大的情况下,组件表面的吸力也较大,这样短时间内大量硅藻土颗粒积聚到组件支撑体上,泥饼也很快形成,随着过滤的运行,泥饼也很快被压实,通量也随之下降较快;相反,设定初始通量小的话,其吸力也较小,泥饼形成也较慢,泥饼压实速度也慢,所以通量下降速率相对较小。

图 8 - 18(b)显示了不同初始设定通量下出水浊度的变化规律。从图可以看出,在初始设定通量为 300 L/(m² · h)时,其浊度下降较快,大约在 20 min 时降至 645 NTU,而后浊度

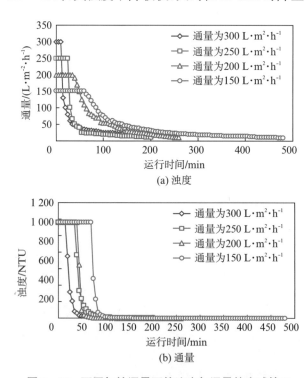

(a) 浊度

(b) 通量

图 8 - 18　不同初始通量下的浊度与通量的衰减情况

缓慢降低,在过滤达到 120 min 时,其出水浊度仍有 2.49 NTU。其他初始设定通量的浊度变化基本和 300 L/($m^2 \cdot h$)时的类似。由于设定通量较大,虽然泥饼能形成,但是由于过大的吸力造成泥饼并不能处于稳定状态,时刻存在着泥饼塌落,造成浊度下降不理想。所以,虽然不同的设定通量能够形成泥饼,但是过大的预涂作用里并不能使动态膜快速形成,相反,过大的吸力会造成泥饼无法稳定,导致水质较差。

8.6.4　膜污染与反冲洗特征

本研究考察了不同设定通量下动态膜的污染情况,主要从预安装真空压力表所读出的压力变化值来判定,见图 8 - 19。预涂结束后,系统进入正式过滤阶段,试验设定了 30 L/($m^2 \cdot h$)、50 L/($m^2 \cdot h$)、80 L/($m^2 \cdot h$)等三种不同的过滤通量来研究考察膜污染情况。试验发现,在过滤开始后的一段时间内,每种通量的 TMP 都一直为零,保持不变;但过了这个阶段后,每种通量下的 TMP 都在很短时间内上升到了 4.5 kPa。具体地,对所设定的三种通量(30 L/($m^2 \cdot h$),50 L/($m^2 \cdot h$),80 L/($m^2 \cdot h$))中,前两种通量下的 TMP 上升曲线的斜率是相近的,但对第三种通量 80 L/($m^2 \cdot h$)来说,其 TMP 相对小。

试验中发现,随着过滤的进行,出水出现浑浊和气泡,水质变差;从观测数据看,在 TMP 上升到 4.5 kPa 时,就出现气泡和较高浊度,这说明了 BDDMR 一个周期的完成。因此,在系统中安装有在线空气泵与压力罐,用于动态膜污染较严重时对系统的反冲洗,致使泥饼从膜组件上脱落,准备新的工作周期。空气泵将空气泵入压力罐,罐中压力达到 0.35 MPa。

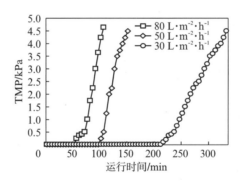

图 8 - 19　不同运行通量下 TMP 的变化情况

图 8 - 20(a)显示了经反冲洗后膜组件的原图,图 8(b)和图(c)也分别给出了泥饼形态和反冲洗后组件钢丝网的电镜照片。从图(a)中可以看出,经过反冲洗后的组件上面仍有一些泥饼存留,这说明了所采用的反冲洗不怎么稳定和均匀,还需进一步优化设计。需要指出的是,经过反冲洗后的钢丝网,经过电镜观察后可以看到有一些细小物质(可能是微生物及其胞外聚合物)紧紧地附着在网孔上面。

另外,从对硅藻土进行粒径测定的结果看,硅藻土粉末的粒径为 3~25 μm,它远远小于不锈钢钢丝网网眼的孔径(80 μm),但是在设备运行时硅藻土颗粒仍可以较好地被截留在组件表面成为滤饼。因此,可以推断的是,以上电镜观察到的一些黏性物质加强了生物硅藻土与组件微网之间的桥梁作用,这在 BDDMR 的预涂时,泥饼的形成过程中都起到了非常重要的作用。

(a) 反冲洗后膜组件原图　　　　　　　　(c) 反冲洗后组件钢丝网电镜照片

(b) 泥饼电镜照片

图 8‑20　膜组件示意图

8.7　本章小结

本章主要是基于实际生产而进行的中试研究,根据 BDDMR 工作原理设计制造了 BDDMR,对实际微污染地表水的处理效果与设备运行特性进行了系统研究。主要研究结果有以下几点:

(1) 中试设备启动期间,随着微生物的逐渐成熟,大约经过 23 天,COD_{Mn} 和 UV_{254} 去除率基本稳定,说明了反应器内的微生物生长繁殖成熟。

(2) 中试设备长期运行中对污染物的去除。结果显示,BDDMR 对进水和出水中颗粒有较好的祛除效果,去除率达到 99.57%;同时对浊度也有较高的去除率,出水浊度基本在 1.0 NTU 以下。分析得出,颗粒物对泥饼层孔道的堵塞以及泥饼本身的压缩是生物硅藻土动态膜对浊度和颗粒物具有高去除率的主要原因。另外,对 COD_{Mn} 和 UV_{254} 的去除率可分别达 52.9% 和 50.6%;另外对氨氮的去除率也达 80%,对 $CHCl_3$,$CHCl_2Br$,$CHClBr_2$ 去除率分别为 51.7%,49.6%,47.1%。需要指出的是,BDDMR 对污染物的去除主要取决于微生物对有机物的氧化分解、生物硅藻土的吸附以及动态膜的固液分离作用,其中最主要的是微生物的分解功能。

(3) 通过中试研究,泥饼单独过滤对 COD_{Mn},UV_{254},TOC,NH_3-N 的去除率分别为 9.9%,10.2%,9.7%,6.5%;同时,硅藻土的静态吸附能力用来考察了硅藻土单独对污染物的吸附作用,其 COD_{Mn},UV_{254},TOC,NH_3-N 的去除率分别为 15.4%,5.0%,20.0%,12.5%。从结果得知,泥饼过滤对溶解性污染物的去除是非常有限的,硅藻土溶解性污染物的吸附去除则次之,BDDMR 对污染物的去除主要依赖于微生物的生物降解作用。

（4）通过对硅藻土物化特性的分析,得出其吸附特性跟硅藻土及其混合物中各氧化物的等电点,各污染物的化学特性有较大关系。

（5）运用 PCR-DGGE 技术对反应器内微生物种群特性进行了分析,得出,经过 20 天左右的微生物培养,其优势菌种有较明显的变化。试验得出,在经过 30 天的微生物培养之后,一些适合在 BDDMR 这样特定环境中生长的微生物繁殖起来,主要有条带 4（uncultured bacteroidetes，EU849362.1）、5（uncultured acidobacteria bacterium，FJ535093.1）和 6（uncultured candidate division OD1 bacterium，AY193185.1）所指代的微生物。

（6）三维荧光技术区分了 BDDMR 对原水中的哪类特性的有机物有去除作用。研究结果表明了原水中的有机污染物可以被 BDDMR 有效地去除,但是在微生物降解作用下,这些被去除的污染物则可能已经转化为微生物自身组成部分或者已经被无机化了,但这些有机物可能是无法被 3D-EEM 检测到的。

（7）以三种不同通量运行的方式观察了膜污染状况,以及 TMP 上升情况。结果表明,在小通量的情况下,TMP 上升也较慢,过滤持续时间为 330 min;相反,在高通量 80 L/($m^2 \cdot$ h)时,过滤时间仅持续 105 min。

（8）不同初始设定通量的衰减情况说明了设定通量越大,其保持初始通量时间越短,相反,设定初始通量小的话,其吸力也较小,泥饼形成也较慢,泥饼压实速度也慢,所以通量下降速率相对较小。另外,不同的设定通量能够形成泥饼,但是过大的预涂作用里并不能使动态膜快速形成,相反,过大的吸力会造成泥饼无法稳定,导致水质较差。

（9）试验考察了 30 L/($m^2 \cdot$ h),50 L/($m^2 \cdot$ h),80 L/($m^2 \cdot$ h)等三种设定通量动态膜的污染情况。试验表明,过滤一定时间时,出水出现浑浊和气泡,水质变差;从观测数据看,在 TMP 上升到 4.5 kPa 时,就出现气泡和较高浊度,这说明了 BDDMR 一个周期的完成。一个周期后,通过对膜组件钢丝网的电镜观察,显示了钢丝网上一些黏性物质,这可能加强了生物硅藻土与组件微网之间的桥梁作用,为泥饼的形成起到了重要作用。

参考文献

［1］ Marcinkowsky A，Philips K A，Joh nsona H O，et al. Hyperfiltration Studies. Ⅳ. Salt Rejection by Dynamically Formed Hydrous Oxide Membranesl［J］. Journal of the American Chemical Society，1966,88(24)：5744－5746.

［2］ Tanny G. Dynamic membranes in ultrafiltration and reverse osmosis［J］. Separation and Purification Methods，1978,7(2)：183－220.

［3］ 王锦,王晓昌.超滤动态膜的类型及其数学模型［J］.西安建筑科技大学学报,2001,33(3)：236－239.

［4］ 李方.预涂动态膜在错流过滤中的机理研究及其在膜生物反应器中应用［D］.上海:东华大学环境科学与工程学院,2006.

［5］ Kuberkar V T，Davis R H. Modeling of fouling reduction by secondary membranes［J］. Journal of Membrane Science，2000,168(1－2)：243－258.

［6］ Spencer G，Thomas R. Fouling, cleaning, and rejuvenation of formed-in-place membranes［J］. Food technology，1991,45.

［7］ 范彬,黄霞,文湘华.动态膜—生物反应器对城市污水的处理［J］.环境科学,2002,23(6)：51－56.

［8］ Kiso Y，Jung Y J，Jabashi I，et al. Wastewater treatment performance of a filtration bio-reactor equipped with a mesh as a filter material［J］. Water Research，2000,34(17)：4143－4150.

［9］ Moghaddam M R A，Satoh H，Mino T. Effect of important operational parameters on performance of coarse pore filtration activated sludge process［J］. Water Science and Technology，2002,46(9)：229－236.

［10］ 高松.动态膜生物反应器工艺研究［D］.上海：同济大学环境科学与工程学院,2005.

［11］ 范彬,黄霞,栾兆坤.出水水头对自生生物动态膜过滤性能的影响［J］.环境科学,2003,24(5)：65－69.

［12］ Seo G T，et al. Non-woven fabric filter separation activated sludge reactor for domestic wastewater reclamation［J］. Water Science and Technology，2003,47(1)：133－138.

［13］ 董滨,傅钢,余柯,等.水头差对动态膜组件出水通量及浊度的影响［J］.净水技术,2006,25(5)：9－11.

［14］ 吴季勇.自生生物动态膜反应器处理城市污水特性研究［D］.上海：上海师范大学旅游学院,2004.

［15］ Chu L，Li S. Filtration capability and operational characteristics of dynamic membrane bioreactor for municipal wastewater treatment［J］. Separation and Purification Technology，2006,51(2)：173－179.

［16］ 卓琳云.动态膜及其在分体式膜—生物反应器中应用的研究［R］.上海：东华大学环境科学与工程学院,2005.

［17］ 李俊,李方,卓琳云,等.动态膜处理污水性能的研究［J］.上海理工大学学报,2006,27(4)：323－326.

［18］ Li X Z，Hess H，Hoflinger W. Influence of operating parameters on precoat layers built up under crossflow condition［J］. Separation and Purification Technology，2003，31(3)：269－280.

［19］ 李俊,李方,卓琳云,等.动态膜的形成机理及其水处理性能研究［J］.高校化学工程学报,2006,20(5)：837－842.

［20］ Kryvoruchko A，Atamanenko I，Kornilovich B. A role of the clay minerals in the membrane purification process of water from Co(Ⅱ)-ions［J］. Separation and Purification Technology，2001，25(1－3)：487－492.

［21］ Cai B X，Ye H L，Yu L. Preparation and separation performance of a dynamically formed MnO_2 membrane. Desalination，2000,128(3)：247－256.

［22］ 张捍民,乔森,叶茂盛,等.预涂动态膜—生物反应器处理生活污水试验研究［J］.环境科学学报,2005,25(2)：249－253.

［23］ 高波,奚旦立,陈季华,等.ZrO_2陶瓷动态膜回收Lyocell纤维溶剂初探［J］.东华大学学报：自然科学版,2003,29(4)：72－75.

［24］ Liao B-Q，Kraemer J T. Bagley D M. Anaerobic membrane bioreactors：Applications and research directions［J］. Critical Reviews in Environmental Science and Technology，2006,36(6)：489－530.

［25］ Yang W B，Cicek N，Ilg J. State-of-the-art of membrane bioreactors：Worldwide research and commercial applications in North America［J］. Journal of Membrane Science，2006,270(1－2)：201－211.

［26］ Tian J y，Liang H，Ling Y，et al. Membrane adsorption bioreactor (MABR) for treating slightly polluted surface water supplies：As compared to membrane bioreactor (MBR)［J］. Journal of Membrane Science，2008,325(1)：262－270.

［27］ Chu H，Cao D W，Dong B Z，et al. Bio-diatomite dynamic membrane reactor for micro-polluted surface water treatment［J］. Water Research，2010,44(5)：1573－1579.

［28］ Guo X，Li Q L，Hu W L，et al. Ultrafiltration of dissolved organic matter in surface water by a polyvinylchloride hollow fiber membrane［J］. Journal of Membrane Science，2009,327(1－2)：254－263.

［29］ Siddiqui M，Amy G，Ryan J，et al. Membranes for the control of natural organic matter from surface waters［J］. Water Research，2000，34(13)：3355 - 3370.

［30］ Cho J，Amy G，Pellegrino J. Membrane filtration of natural organic matter：factors and mechanisms affecting rejection and flux decline with charged ultrafiltration（UF）membrane［J］. Journal of Membrane Science，2000，164(1 - 2)：89 - 110.

［31］ Sagbo O，Sun Y，Hao A L，et al. Effect of PAC addition on MBR process for drinking water treatment［J］. Separation and Purification Technology，2008，58(3)：320 - 327.

［32］ Tian J Y，Liang H，Li X，et al. Membrane coagulation bioreactor（MCBR）for drinking water treatment［J］. Water Research，2008，42(14)：3910 - 3920.

［33］ Fan B，Huang X. Characteristics of a self-forming dynamic membrane coupled with a bioreactor for municipal wastewater treatment［J］. Environmental Science & Technology，2002，36(23)：5245 - 5251.

［34］ Choi J H，Lee S H，Fukushi K，et al. Comparison of sludge characteristics and PCR-DGGE based microbial diversity of nanofiltration and microfiltration membrane bioreactors［J］. Chemosphere，2007，67(8)：1543 - 1550.

［35］ Kunikane S，Magara Y，Itoh M，et al. A comparative-study on the application of membrane technology to the public water-supply［J］. Journal of Membrane Science，1995，102：149 - 154.

［36］ Xu B，Gao N Y，Sun X F，et al. Gao N Y，Sun X F，Characteristics of organic material in Huangpu River and treatability with the O-3-BAC process［J］. Separation and Purification Technology，2007，57(2)：348 - 355.

［37］ Gang D C，Clevenger T E，Banerji S K. Relationship of chlorine decay and THMs formation to NOM size［J］. Journal of Hazardous Materials，2003，96(1)：1 - 12.

［38］ Parks G A. The isoelectric points of solid oxides，solid hydroxides，and aqueous hydroxo complex systems［J］. Chemical Reviews，1965，65(2)：177 - 198.

［39］ Coble P G. Characterization of marine and terrestrial DOM in seawater using excitation emission matrix spectroscopy［J］. Marine Chemistry，1996，51(4)：325 - 346.

［40］ Baker A. Fluorescence excitation-emission matrix characterization of some sewage-impacted rivers ［J］. Environmental Science & Technology，2001，35(5)：948 - 953.

［41］ Chen W，Westerhoff P，Leenheer J A，et al. Fluorescence excitation-Emission matrix regional integration to quantify spectra for dissolved organic matter［J］. Environmental Science & Technology，2003，37(24)：5701 - 5710.

［42］ Coble P G，Green S A，Blough N V，et al. Characterization of dissolved organic matter in the Black Sea by fluorescence spectroscopy［J］. nature，1990，348：432 - 435.

［43］ Ahmad S R，Reynolds D M. Monitoring of water quality using fluorescence technique：Prospect of on-line process control［J］. Water Research，1999，33(9)：2069 - 2074.

［44］ Determann S，Lobbes J M，Reuter R，et al. Ultraviolet fluorescence excitation and emission spectroscopy of marine algae and bacteria［J］. Marine Chemistry，1998，62(1 - 2)：137 - 156.

［45］ Senesi N. Molecular and quantitative aspects of the chemistry of fulvic acid and its interactions with metal ions and organic chemicals：Part Ⅱ. The fluorescence spectroscopy approach［J］. Analytica Chimica Acta，1990，232：77 - 106.

第9章 TiO₂/UV 光催化耦合膜分离去除污染物的研究

9.1 TiO₂/UV 光催化耦合膜分离去除腐殖酸的研究

腐殖酸(HA)是天然有机物(NOM)的一种重要组成部分,它主要源于植物和动物新陈代谢的分解产物,常存在于地表水与地下水中。腐殖物质的存在可能影响饮用水中不良的口感和观感,并与混凝和活性炭吸附水处理方法争夺化合物吸附点。还可以在饮用水氯化消毒过程中发生反应形成消毒副产物,如三卤甲烷甲烷(THM),卤乙酸和卤乙腈等。因此,在地表水的处理中控制腐殖酸起着重要的作用。有研究表明,常规的水处理工艺很难去除含有 HA 的 NOM,一般来说,在常规净水工艺对 TOC 去除率仅为 10%~50%[1]。

微滤(MF)和超滤(UF)膜尽管能有效地去除水中一些大分子物质如浊度及病原体等,但对 NOM 的去除效果较差,研究认为 MF/UF 对 NOM 的去除低于 10%[2,3]。

光催化氧化是有效去除水中腐殖酸的方法。光催化氧化始于 1972 年日本学者 Fujisllima 和 Honda 在《Nature》杂志上发表的关于光电池中光辐射 TiO₂ 发现 TiO₂ 单晶电极光分解水,并产生氢气。1976 年 Frank 等人用半导体材料催化氧化污染物取得重要进展,研究了 TiO₂ 多晶电极/紫外光作用下对二苯酚、I⁻ 离子、Br⁻ 离子、Cl⁻ 离子、Fe²⁺ 离子、Ce³⁺ 离子和 Cr³⁺ 离子的光解过程,用 TiO₂ 粉末来催化光解水中污染物也取得了满意的结果。同年 John 和 Carey 等报道了在紫外光照射下,纳米级 TiO₂ 能使难降解的有机化合物多氯联苯(Polyclllorinated biphenyls)脱氯。1985 年,Ollis 发表了第一篇光催化在废水治理方面的应用综述,有关光催化降解有机污染物研究工作开始取得很大进步,出现了大量的研究报道[4]。相对于常规的水和废水处理方法,这项技术在过去几十年中成为研究热点。二氧化钛由于其光催化活性强,稳定性高,无环境污染和生产成本低等优点,是最常用的光催化剂之一[5]。该催化剂可应用于粉末悬浮状态的形式,也可以固定在各种载体上,如玻璃、石英或不锈钢等[6,7]。两种构造均有其优缺点。固定在载体上的光催化剂通常会显著减少与溶液的接触面积,结果会降低光催化剂的活性[8]。当使用悬浮状态的光催化剂时,虽然其光催化降解效率高,但是必须解决反应后的催化剂分离问题。

光催化耦合膜分离技术(MPR)是一种解决上述问题的有效方法[9]。系统中膜既能分离光催化剂,又同时能够选择性地分离某些被光催化降解的分子。浸没式膜光催化反应器(SMPR),与普通的光催化反应器相比,具有一些显著的特点[10-13]:膜分离一方面限定了催化剂的反应环境,同时可以通过膜抽吸通量的大小来调节目标物在反应器内的停留时间,并解决了光催化剂在反应器中同时参与反应与分离的问题。两者的组合兼具有两个主要优点:不仅强化了天然有机物的去除,而且能够降低膜污染。两者构成互补关系,延长膜的使用寿命,加强了其实际使用性能[14]。

　　浸没式 SMPR 光催化膜分离反应器中广泛使用的大多是中空纤维膜,而对于浸没式膜分离技术中运行的关键之一是空气清洗能否较好地应用于膜组件,良好的空气清洗能较好地抵抗膜污染,延长膜的清洗周期,增加膜的寿命。对于平板膜组件而言[15],上升的气液两相流体与膜面接触面积更大,向上的剪切力会更有效地擦洗膜表面,减少光催化剂在膜表面的沉积与堵塞。强大的水气两相错流,会显著提高对平板膜表面的擦洗效果,相比于中空纤维膜,平板膜污染速率相对要低许多[16]。

　　本文设计了一种新型浸没式平板膜光催化反应器(FSMPR),并采用悬浮的市售二氧化钛(P25)作为光催化剂来降解腐殖酸。首先考察了光催化耦合膜对 HA 降解的影响因素,如紫外光照射强度,二氧化钛剂量,腐殖酸的初始浓度,pH 值,H₂O₂ 剂量等因素对腐殖酸的去除率和降解速率进行了研究。

　　此外,许多研究仅测定一些常规参数,如 TOC 分析,紫外光分光光度计分析,来评价工艺的处理效果及对膜污染的影响[17,18,19-21]。虽然这些参数能够对工艺做一个总体评价,但并没有详细分析其化学反应过程及其对系统的影响。因此,本文还在间歇模式下使用悬浮的市售 TiO₂ 作为催化剂,采用 FSMPR 在处理 pH7 的 HA 溶液。不仅测定了整个反应过程中 DOC 浓度,UV_{254} 的变化,紫外光—可见光光谱图,紫外吸收指数(SUVA),THMFPs 等值,还分析了有机物的其他特征,如有机物的相对分子质量(MW)分布,三维荧光光谱(EEMs)及其对 TMP 的影响进行了研究。几个互补的分析方法综合阐明了光催化的化学反应过程及其中间产物及对膜分离性能的影响。

9.1.1　材料与方法

1. 材料

　　试验所用的光催化剂是粉末状纳米 TiO₂(Degussa,P25,平均直径 25 nm,比表面积 50 m²/g),使用前,精确称取一定量的粉末二氧化钛并用少量的超纯水制备成二氧化钛浆料备用。所用的平板超滤膜由聚偏氟乙烯(PVDF)制成(江苏蓝天沛尔膜业提供),膜的主要参数为:平均孔径为 0.08 μm,单面出水,有效膜面积为 0.02 m²。实验用水均为 MilliQ 制水,电阻率大于 18 MΩ·cm。合成供水是由已经溶解于超纯水中的腐殖酸(上海巨枫化学科技有限公司)所稀释至一定浓度配置而成,用 NaOH(pH=12)来提高 HA 的溶解度。1 g HA 粉末加入 100 ml 0.1 mol/L NaOH 然后用(MilliQ)去离子水稀释至 1 000 ml,采用 0.45 μm 醋酸纤维素膜(上海兴亚净化材料厂,中国)过滤溶液中未能完全溶解的颗粒,然后放入冷藏库。在每次使用前用 0.1 mol/L HCl 和 0.01 mol/L NaOH 调节 pH=7,并将溶液稀释至需要的浓度(以 DOC 表示)。其他所用试剂均为分析纯。膜组件使用前先经乙醇/水(3/97 体积比)浸泡 24 h,然后用去离子水冲洗干净,去除膜内残留的溶解性有机物质。所有膜样品保存在 4℃超纯水中,并定期更换泡膜用超纯水。

　　试验中采用的腐殖酸是一类由酚羟基、羧基、醇羟基等多种官能团组成的大分子缩合物质,其组成复杂,没有统一的结构,一般来讲都有一个或者多个芳香环的核心,周围由许多直链和支链的结构通过醚键、酯键以及其他共价键联系在一起。HA 的红外扫描 FTIR 曲线如图 9-1 所示。在 HA 的图谱中,3 401.4 cm⁻¹ 是 OH 或 NH,氢键缔合,芳烃、羧酸的伸缩振动峰。1 597.5 cm⁻¹ 应该是苯环的对称伸缩振动峰,而 1 114.7 cm⁻¹ 是—C—O 伸缩振动峰。其他峰位置分析详见表9-1。

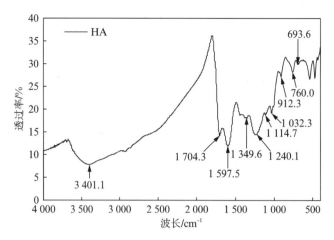

图 9-1 腐殖酸的红外图谱

表 9-1 腐殖酸的红外图谱官能团分析

峰位置/cm^{-1}	官能团基团
3 401.4	OH 或 NH,氢键缔合、芳烃、羧酸的伸缩振动峰
1 704.3	COOH 和 C=O
1 597.5	苯环的对称伸缩振动峰
1 349.6	δ_{CH_2}
1 240.1	—COOH 伸缩/弯曲振动峰
1 114.7	—C—O 伸缩振动峰
1 032.3	C—N
912.3	CH$_2$ 面弯曲振动峰
760.0	芳环 C—H 对称面弯曲振动
693.6	取代苯

2. 试验装置

设计制作了一种新型光催化膜分离装置又称浸没式平板膜光催化反应器(FSMPR)。整个反应器主体由食品级不锈钢板加工而成,反应器有效体积为 8 L($L\times B\times H$=18 cm×12 cm×40 cm)。不锈钢挡光板($B\times H\times\delta$=17.5 cm×22.5 cm×1 mm)下端距反应器底部 5 cm,卡槽固定,将反应器分为光催化反应区和膜分离区两部分,两区的容积比 1:1,它们之间由上下水流通道连接。光催化反应区的中部设有石英灯套,紫外光源(功率 3×16 W,波长 253.7 nm,Philip)置于石英灯套中并垂直放置,每支灯管可自由开关控制。膜分离区底部放置长条形微孔钛板气体扩散装置(空气泵提供的空气量 0～4 L/min),一方面,提供光催化反应所需的氧气和实现光催化剂的悬浮,推动水流在光催化反应区和膜分离区循环并混合均质;另一方面,上升的水流,对膜表面的污染物提供剪切作用,能减轻膜表面污染。此外,为了强化反应器两区之间的水质均匀,系统中设置循环泵(循环流量为 1 L/min)。在稳定的试验条件下,定时取样分析。试验结束后膜清洗采用水力清洗和化学清洗结合的方法,并用超纯水浸泡以备下次试验使用。

光催化膜分离一体化装置去除腐殖酸的研究。在间歇模式下考察对腐殖酸(HA)去除的影响因素及机理研究。各种影响因素,如光照强度,pH,TiO₂浓度,HA 初始浓度,添加 H₂O₂ 等对 HA 的去除效果;对其中间产物采用多种手段,如 DOC、UV、THMFP、AMW、三维荧光等评价去除效果及中间产物的有机物特征,并对其膜分离特性的影响进行机理分析。

间歇运行的试验装置如图 9-2 所示,试验过程中先在反应器内充满 8 L 配置好的腐殖酸反应液,然后加入 TiO₂ 光催化剂,接着打开曝气泵和光源开始进行反应。装置运行采用间歇模式(即蠕动泵出水回流至反应器),使反应器里维持 8 L 的恒定体积。实验过程中,通过调解蠕动泵转速可以控制膜通量的变化,通过调节时间继电器可控制蠕动泵的运行工况(间隙抽吸,抽吸 10 min 后停止 1 min),循环冷却水维持反应器内温度 25℃左右。跨膜压差(TMP)通过安装在出水管路上的精密压力表测试。

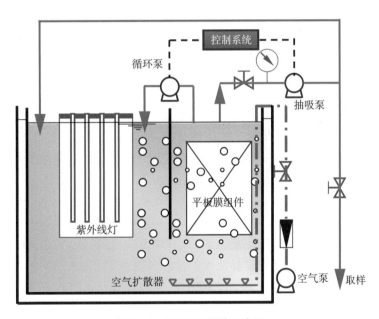

图 9-2　FSMPR 系统示意图

9.1.2　影响因素试验结果及讨论

1. 紫外线照射强度的影响

紫外光的光照强度是影响腐殖酸去除效果的一个重要因素。本文中,紫外光照强度的变化通过开启紫外灯管数量加以调节。图 9-3、图 9-4 分别显示的是 HA 去除率和降解速率随光照强度的变化(TiO₂=0.5 g/L,DOC₀=10 mg/L)。图 9-3 所示紫外线照射 240 min

反应后,相比于一支灯的处理结果,三支灯与二支灯的 DOC 去除效率分别提高了约 25%,15%;从图可以看出:忽略了 TiO_2 表面吸附的影响,三只灯光全开时,其 DOC 的降解速率常数为($0.008\ 0\ min^{-1}$),分别为一支灯($0.004\ 1\ min^{-1}$)的 1.95 倍和两支灯($0.004\ 8\ min^{-1}$ 时)的 1.67 倍。可以判断光照强度明显影响了 HA 的去除效果。基于上述实验结果可以说明减少紫外线灯的数量后,部分催化剂没有得到充分紫外光线的照射,TiO_2 的表面电子没有被充分地激发,难以形成电子空穴对,相应地减少了自由基·OH 的数量,结果导致降低了对 HA 的催化氧化能力。因此,在一定范围内提高紫外灯的辐照强度,可以提高反应器对有机物的降解速率。

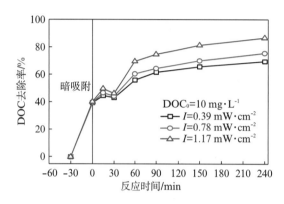

图 9-3　UV 光照强度对腐殖酸 DOC 的去除百　　　图 9-4　UV 光照强度对腐殖酸 DOC 的降解速率
　　　　 比影响(TiO_2 的质量浓度为 0.5 g/L)　　　　　　　　的影响(TiO_2 的质量浓度为 0.5 g/L)

2. 二氧化钛浓度的影响

有研究表明,光催化降解效率与二氧化钛浓度大小有十分密切的关系[3,9]。随着 TiO_2 质量浓度的增加,相应参与光催化反应的活性增加,提高了催化氧化速率。同时,过多增加 TiO_2 质量浓度会增加溶液中的浊度,降低溶液对紫外线光的吸收,影响光催化反应速率的进一步提高。本文中分别取三种 TiO_2 的质量浓度:0.1 g/L,0.5 g/L 及 1.0 g/L 进行试验。图 9-5 显示了光催化氧化在使用不同质量浓度的 TiO_2 后 DOC 百分比去除率随时间的变化。初始的 HA 溶液质量浓度为 10 mg/L,在随后的反应时间里 DOC 的去除率显著增加,反应 150 min 后,TiO_2 质量浓度为 0.5 g/L 和 1.0 g/L 时,DOC 去除率高达 80%,而 TiO_2 质量浓度为 0.1 g/L 的 DOC 质量浓度的去除率仅有 67%。

为减少 TiO_2 吸附对 HA 降解动力学的影响,吸收紫外线灯打开前先进行 30 min 暗吸附。因此,在 DOC 在最初的 30 min 内的去除主要源于 TiO_2 的物理吸附效果,三种 TiO_2 的质量浓度下物理吸附 DOC 去除率分别为 17%(0.1 g/L),40%(0.5 g/L),60%(1.0 g/L)。因此,起初 HA 的 DOC 浓度下降主要是 TiO_2 吸附效果。在 DOC 浓度持续降低过程中,TiO_2 的质量浓度为 0.5 g/L 和 1.0 g/L 时,分别在 30 min,15 min 时略有增加,这种现象可以解释为由于光催化氧化释放的中间氧化产物从 TiO_2 表面释放出来导致了溶液中的 DOC 浓度暂时上升。这些中间产物,相比原来的 HA,具有更好的亲水性质。随后的 DOC 浓度降低主要归功于由于光催化氧化矿化了溶液中的有机物。TiO_2 的质量浓度为 0.5 g/L 和 1.0 g/L 时,反应 240 min 后,溶液中 DOC 浓度仍约 13%,这表明部分 HA 组分或部分催化氧化 HA 的中间降解产物很难 TiO₂/UV 处理。多相光催化反应符合 Langmuir-Hinshelwood(L-H)动力学模型[22-24]，其中吸附反应为一级反应，见式(9-1)，吸附平衡方程符合 Langmuir 模型(9-2)：

$$r = -kq \tag{9-1}$$

$$q = \frac{q_{max}bc}{1+bc} \tag{9-2}$$

式中，r 是反应速率；k 为一级反应速率常数；c 为在液相中的底物浓度；q_{max} 为最大吸附量；b 为 Langmuir 吸附平衡常数。对于液相有机底物浓度较低时，Langmuir 吸附等温线近似线。因此，反应可以简化为一级动力学模式方程(9-3)，其中 k_a 表示一级反应速率常数和 C_0 为反应底物初始浓度：

$$\ln\left(\frac{C}{C_0}\right) = -k_a t \tag{9-3}$$

当忽略了因吸附而导致最初的 DOC 质量浓度的下降影响，光催化氧化过程中降解动力学遵循一级反应，如图 9-4 所示。这表明，运用 L-H 模型可以很好地描述 TiO₂/UV 对 HA 的降解。与 TiO₂ 质量浓度为 0.1 g/L，0.5 g/L 和 1.0 g/L 对应的反应速率常数分别为 0.006 1 min⁻¹，0.008 0 min⁻¹ 和 0.005 1 min⁻¹。DOC 的降解速率常数随 TiO₂ 用量先增加后下降，如图 9-5 所示。这主要是起初较高质量浓度的 TiO₂ 的具有较大的反应表面积，因而 HA 获得较快的去除。然而，继续提高二氧化钛的浓度的同时会增加 TiO₂ 的浊度，相应会降低有效的紫外线照射，影响反应速率的增加。从图 9-6 可以看出，当 TiO₂ 质量浓度为 1.0 g/L 时没有表现比 0.5 g/L 的 TiO₂ 质量浓度降解速率更大，而是有所下降，甚至略小于 0.1 g/L 的 TiO₂ 质量浓度降解速率，这表明紫外光的吸收率成为其限制因素。因此，在一定的范围内反应速率并不是与 TiO₂ 质量浓度一直成正比，过高的 TiO₂ 质量浓度反而会降低起反应速率。

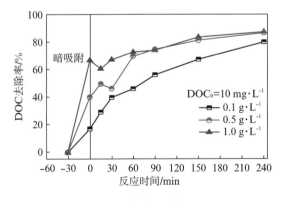

图 9-5　TiO₂ 质量浓度对腐殖酸 DOC
百分比去除率的影响

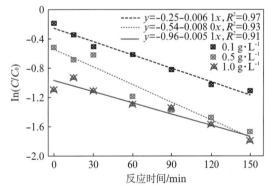

图 9-6　TiO₂ 质量浓度对腐殖酸 DOC 的
降解速率的影响

3. 初始 HA 浓度的影响

通常采用 Langmuir-Hinshelwood(L-H)动力学模型来描述底物初始浓度对光催化有机

物降解速率的影响。L-H 模型假定，一旦达到吸附饱和点，不会进一步产生吸附。许多研究表明，TiO_2/UV 光催化氧化的速率常数随各种有机物质初始底物浓度的增加而增大[22,25]。也有学者研究得出相反的结论[14]。本论文中，采用的两个初始 HA 质量浓度与其他文献报道一致，分别为：5 mg/L 和 10 mg/L（DOC 计）。忽略起初的暗吸附影响，试验结果如图 9-7 所示。有趣的是，两个初始的反应速率常数几乎相等，分别是（0.007 9 min^{-1}）与（0.008 0 min^{-1}）。因此，不能因为较低 HA 初始质量浓度具有较高的 DOC 去除率是因为高浓度的 HA 缺乏有效的紫外光子的观点来解释。这应该归功于 TiO_2 表面吸附对低浓度的 HA 去除具有较大的贡献，如图 9-8 所示，由于吸附的影响，DOC 初始质量浓度 5 mg/L 时去除率达 53%，而 DOC 初始质量浓度 10 mg/L 时去除率仅有 40%，说明一定质量的 TiO_2 吸附的有机物的量是一定的，一旦达到吸附饱和点后很难再进一步吸附。因此，低初始 HA 质量浓度的 DOC 具有较高的去除率主要由于吸附的原因，但其光催化降解速率常数并没有明显的提高。

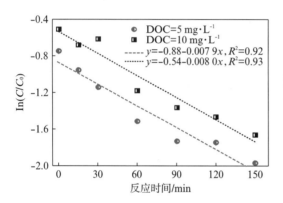

图 9-7　初始 HA 质量浓度对其 DOC 的降解速率的影响　　图 9-8　初始 HA 质量浓度对其 DOC 百分比去除率的影响

4. 初始 pH 值的影响

在光催化体系中，pH 值是确定固体催化剂和溶质分子两者性质的重要参数。因此，pH 值可同时影响光催化反应速率及 TiO_2 表面吸附溶解性有机物的速度。本试验中，HA 的初始 DOC 质量浓度为 10 mg/L，TiO_2 的质量浓度为 0.5 g/L，用 HCl 和 NaOH 调节 pH 值。试验结果表明 pH 分别为 4.5,7.0,9.4 时所得到的结果显著不同。如图 9-9 所示，pH 值为 7 和 4.5 时，30 min 的暗吸附对 DOC 去除率分别为 40%,67%，而 pH 为 9.4 时的暗吸附仅去除 17% 的 DOC。这表明，HA 很容易在酸性条件下吸附在 TiO_2 表面，证实前人的研究结果，TiO_2 更易在低 pH 值时亲和 HA[26]。

各种动力学拟合曲线见图 9-10 所示。结果表明，pH 值显著影响 HA 降解效果，低 pH 值有利于提高光催化降解速率及整体去除效率。整个光催化反应过程可采用方程式（9-4）—式（9-6）来描述：

$$TiO_2 + OH^{-1} + 2H^+ + \cdot O_2^- \longrightarrow 3 \cdot OH + TiO_2 \tag{9-4}$$

平衡速率常数 K_e 常可以编写为式（9-5）

$$K_e = [\cdot OH]^3 / ([OH^-][H+]^2[\cdot O_2])\tag{9-5}$$

又$[OH^-][H^+] = K_w = 1 \times 10^{-14}$,方程式(9-5)又可以写作

$$[\cdot OH]^3 = K_e K_w [H^+][\cdot O_2]\tag{9-6}$$

$[\cdot OH]$浓度随酸性环境中$[H^+]$浓度增加而增加。如图 9-10 所示,光催化降解率常数 $K_{pH4.5}(0.011\ min^{-1}) > K_{pH7}(0.008\ 0\ min^{-1}) > K_{pH9.4}(0.007\ 1\ min^{-1})$。因此,pH 4.5 比 pH 值 9.4 的光降解速率更迅速,低 pH 更有利于光催化反应[27]。

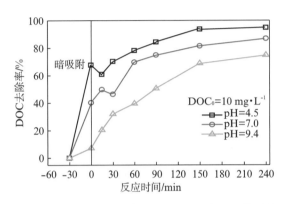
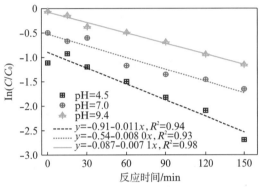

图 9-9　初始 pH 值对其 DOC 百分比去除率的影响　　**图 9-10　初始 pH 值对其 DOC 的降解速率的影响**

5. 添加过氧化氢的影响

如图 9-11、图 9-12 所示,在光催化氧化耦合膜系统中添加入少量的过氧化氢可以提高 HA 去除率及其降解速率。HA 的降解符合一级反应动力学,表观反应速率常数(0.013 68 min^{-1})比添加前(0.008 min^{-1})提高 71%。这主要由于紫外光与 H_2O_2 的协同效应,反应速度大大增加。两者的协同作用机理可用下列方程式表达。

$$TiO_2 + hv \longrightarrow h^+ + e^-\tag{9-7}$$

$$h^+ + H_2O \longrightarrow \cdot OH + e^-\tag{9-8}$$

$$h^+ + OH^- \longrightarrow \cdot OH\tag{9-9}$$

$$H_2O_2 + hv \longrightarrow 2 \cdot OH\tag{9-10}$$

$$H_2O_{2+} + e^- \longrightarrow \cdot OH + OH^-\tag{9-11}$$

方程式(9-7)—式(9-9)表达的是 TiO₂ 光催化产生·OH 的过程。方程式(9-11)所示 H_2O_2 受紫外光激发产生·OH 的过程。方程式(9-11)所示的是 H_2O_2 在捕获光催化过程中产生的电子后产生·OH 的过程。UV,H_2O_2 和 TiO₂ 光催化协同会产生更多的·OH,因此 HA 的光催化降解更快,更彻底,H_2O_2 与导带电子的反应提高了·OH 的浓度增加[28]。此外,H_2O_2 抑制了电子空穴对的复合,提高了空穴的氧化利用率,增加了自由羟基的数量。

图 9-11、图 9-12 还发现,H_2O_2 添加量大小与 UV/TiO₂/H_2O_2 系统处理 HA 光催化氧化效果有关系,光催化 150 min 处理后,DOC 的去除率和降解速率分别为 86.3%,0.008 0 min^{-1},当添加 H_2O_2 浓度 1 mmol/L 时,DOC 的去除率和降解速率分别提高到

$92.7\%,0.014\ \text{min}^{-1}$。然而,当 H_2O_2 浓度增加至 10 mmol/L 时,DOC 的去除率和降解速率分别为 $86.2\%,0.0075\ \text{min}^{-1}$。反应机理可解释如下,$H_2O_2$ 浓度超过一定范围,过量的 H_2O_2 生成的 H_2O 和 O_2 与 $\cdot OH$ 反应,造成 $\cdot OH$ 的损失,影响反应速率的进一步提高。反应方程式如下:

$$H_2O_2 + \cdot OH \longrightarrow H_2O \cdot + H_2O \tag{9-12}$$

$$H_2O \cdot + \cdot OH \longrightarrow H_2O + O_2 \tag{9-13}$$

因此,只有适当地添加 H_2O_2 才会提高反应器光催化降解效果。

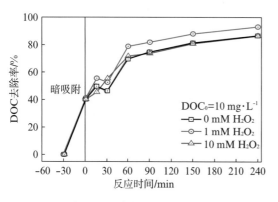
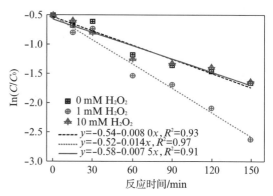

图 9-11　添加 H_2O_2 对其 DOC 百分比去除率的影响　图 9-12　添加 H_2O_2 对其 DOC 的降解速率的影响

9.1.3　光催化强化膜分离试验结果及讨论

综合上节的试验结果,光催化强化膜分离试验部分在三支灯管的紫外光照下(紫外光强度为 $1.17\ \text{mW/cm}^2$),TiO_2 质量浓度为 0.5 g/L,起初 HA 质量浓度为 DOC=10 mg/L,pH 7 反应条件下进行。以考察其催化化学反应的机理为目的,本节试验部分未添加 H_2O_2。

1. HA 的去除

图 9-13 显示了在 FSMPR 系统中 DOC 和 UV_{254} 的去除率百分比与反应时间的关系。最初在反应 0 min 时的快速下降,主要由于前 30 min 内的 TiO_2 表面吸附。在后续的反应过程中,在反应 30 min 时 DOC 质量浓度略有增加,而 UV_{254} 一直保持下降,这表明相比原水中的 HA,从 TiO_2 表面经催化氧化后的部分中间产物具有很好亲水性,解吸附到了溶液中而且在紫外光吸收波长 254 nm 处不具有吸光度。图 9-14 显示,FSMPR 系统中 HA 在 pH 值为 7 时其紫外光—可见光光谱在波长 190~600 nm 范围内的变化,随光催化时间延长其吸光强度逐渐降低直至接近消逝。起初在反应 0 min 时的迅速下降主要由于表面 TiO_2 的吸附,随后的吸光度下降应全部归因于 TiO_2 光催化氧化的结果,在紫外光的激发下纳米 TiO_2 粒子能够很好地催化氧化 HA。紫外可见光谱的结果表明,光催化氧化分解的中间产物没有吸光度,特别是在 254 nm 处,再次证实了上述结论。

此外,UV_{254} 的去除率明显高于 DOC,经 150 min 处理后的 UV_{254} 去除率近 100%,而同样时间内 DOC 的去除率仅有 86%。原因是,HA 先被降解为低相对分子质量的有机羧酸等中间产物,进一步被降解为成二氧化碳和水[29]。DOC 的去除能反映芳香结构有机物的矿化

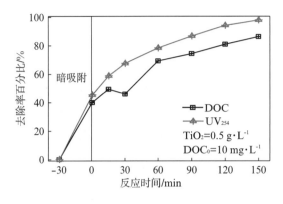
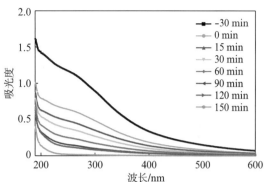

图 9-13　FSMPR 系统对 DOC 和 UV₂₅₄
的去除率图

图 9-14　FSMPR 系统中对 HA 降解的
紫外光可见光光谱

程度,这表明 HA 的矿化率明显低于有机物的光催化降解程度。DOC 和 UV$_{254}$ 在 FSMPR 内的降解动力全部都遵循一级反应动力学模式,如图 9-15 所示,UV$_{254}$ 和 DOC 的降解速率常数分别为 0.021 min^{-1} 和 0.010 min^{-1}。可以看出,前者是后者的 2.1 倍。这表明,TiO$_2$ 光催化氧化降解 UV$_{254}$ 明显优于 DOC。经 150 min 反应处理后,大约有 1.5 mg/L 的 DOC 有机物质在水样中,表示这部分有机物未能完全矿化。这部分溶解性有机物可能是来自原水中或是光催化氧化的中间产物。为了获得更高的矿化效率,必须进一步延长反应时间。

特征紫外吸光度(SUVA)被定义为样品的紫外吸光度值 UV$_{254}$ 除以溶液的溶解性有机碳 DOC 值。高的 SUVA 值一般富含疏水性的天然有机物 NOM,如腐殖酸等物质。有研究发现 SUVA 值与 NOM 的相对分子质量及芳香族化合物的结构有很好的相关性[30],因此,SUVA 可用来表示在 DOC 中芳香族的化合物结构,也可用于评估给定的 DOC 中有机物的化学性质。SUVA 数据见图 9-16,反应初始 0 min 时的快速降低主要由于 TiO$_2$ 优先吸附了疏水性的 HA 部分。反应 30 min 时的 SUVA 值急剧减少,正如前面已经提到的,是因为经催化氧化的中间产物在波长为 254 nm 时不具有吸光度,其后 SUVA 值随反应时间不断下降。据文献报道,膜污染和 DBP 的生成均与 SUVA 值有关[31-33]。因此,经系统处理后的水样 SUVA 值的减少相应会减少 DBP 的生成和对膜的污染。

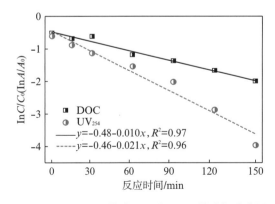
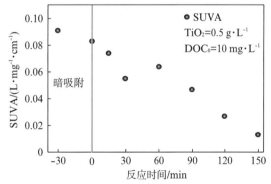

图 9-15　FSMPR 系统对 DOC 和 UV₂₅₄ 的降解速率图

图 9-16　FSMPR 系统对 SUVA 降解图

2. THMFP 分析

THMFP 随反应时间的变化值用来评价在光催化处理的不同时间段中间产物氯化后生成消毒副产物的情况。在 FSMPR 系统中处理后的 HA 生成三卤甲烷值如图 9-17 所示。总 THMFP 中仅有氯仿（$CHCl_3$）一类，这主要因为原来的水样中溴化物值较低。初始的水溶液样品中富含 570 $\mu g/L$ 的 THMFP，氯化较容易与富含电子的有机分子反应，比如那些活跃的芳香烃物质（含芳香环的—OH，—NH_2 以及杂环氮原子）和 1,3-二羰基脂肪族化合有机物[34]。因此，有机物的结构将极大地影响氯耗及三卤甲烷生成。150 min 处理后水样中的 THMFP 值下降到 19 $\mu g/L$。系统处理 90 min 时的出水 THMFP 即能够满足饮用水水质的标准要求，国家生活饮用水卫生标准（GB 5749—2006，$CHCl_3 < 60\ \mu g/L$），表明系统能较好地去除三卤甲烷生成的前体物。结果还发现，光催化处理后 THMFP 值的变化与 DOC 浓度和 UV_{254} 的降低趋势一致，不过 THMFP 的去除率速率超过了 DOC 的去除率，采用 TTHMFP 特征值（TTHMFP/DOC）来表示两者的关系，发现特征值经 150 min 处理后由最初的 57 $\mu g/mg$ 下降为 14 $\mu g/mg$，充分表明生成三卤甲烷的有机物质很容易受到光催化处理。虽然 150 min 处理后未能完全矿化有机物，但光催化氧化改变了三卤甲烷生成前体物的化学结构，使之降低了氯化反应的活性[35]。

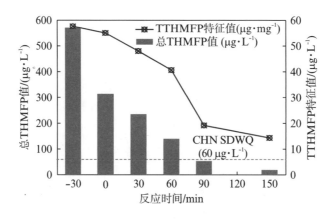

图 9-17　FSMPR 系统中 HA 经处理前后 TTHMFP 及其特征值的变化

3. 膜的分离性能分析

通过测试膜压差（TMP）的变化用来评价膜的污染。一定的条件下，膜通量为定值时，一般要求系统 TMP 仅可能降低。否则 TMP 的增加，则意味着膜污染速率增加，从而缩短了膜的清洗周期，降低了膜的使用寿命[36]。当膜分离不同的溶液后均会发生滤膜污染，如膜滤饼层的形成和膜孔堵塞，从而导致 TMP 的增加。该阻力模型也适用于评价 240 min 膜滤后的污染特性。膜本身的固有阻力，膜饼层阻力及膜孔堵塞阻力详见表 9-2。膜固有阻力取决于膜本身的物理和化学性质，如膜的厚度和膜孔的形态特征。膜的滤饼层阻力主要取决于滤饼层的孔隙率、厚度和压缩性。膜的孔隙堵塞阻力取决于膜孔内部侵入的催化剂及有机污染物。根据这个模型，膜通量 J 可以表达如下式[37-41]：

$$J = \frac{\Delta P}{\mu(R_m + R_c + R_p)} \qquad (9-14)$$

式中 J——膜通量，L/(m² · h)；

ΔP——TMP, Pa；

μ——溶液黏滞系数，Pa · s；

R_m——膜的固有阻力；

R_c——膜的滤饼层阻力；

R_P——膜孔堵塞阻力。

从图 9-18 和表 9-2 可以看出：

(1) 膜过滤仅含有 TiO₂ 的溶液(0.5 g/L)时 TMP 仅在开始略有增加，主要由于少量的 TiO₂ 造成的轻微膜孔堵塞阻力(0.2×10^{11} m⁻¹)和少许的滤饼层阻力(0.3×10^{11} m⁻¹)；膜组件底部的曝气提供的气液两相流动沿着膜表面造成剪切力，减少了 TiO₂ 颗粒在膜面的沉积，抑制了 TMP 的大幅度增加。

(2) 天然的地表水及地下水中含有的腐殖质已被证明是造成膜污染的主要原因[42,43]，过滤仅含有腐殖酸(DOC_0, 10 mg/L)的 TMP 的增长率为 15 Pa/min，这主要是由 HA 造成的膜孔堵塞(3.3×10^{11} m⁻¹)和少许的膜饼层阻力(0.2×10^{11} m⁻¹)。

(3) 当膜过滤 HA(DOC_0, 10 mg/L)和含有 TiO₂(0.5 g/L)的混合溶液时 TMP 增长率的变为 23Pa/min，几乎是仅过滤 HA 溶液膜压差增长率的 1.54 倍，主要是由膜孔堵塞阻力(2.9×10^{11} m⁻¹)和滤饼层阻力(2.7×10^{11} m⁻¹)两部分造成的；Lee et al 曾研究了膜分离含有 TiO₂ 混合液的 HA 所造成的膜污染的可能机理，他认为腐殖酸线性大分子可能会占据纳米 TiO₂ 粒子之间的空隙，因此当两者混合后，溶液对膜造成的饼层阻力会大幅度增加[17]；混合液造成的饼层阻力(2.7×10^{11} m⁻¹)的是过滤仅 TiO₂ 溶液(0.3×10^{11} m⁻¹)的 9 倍以上，是过滤仅含 HA 溶液(0.2×10^{11} m⁻¹)的 13 倍。

(4) 因此降解溶液中溶解的 HA 与 TiO₂ 表面的吸附的 HA 对于降低 TMP 的增加是非常必要的；当开启紫外灯的前提下过滤 HA(DOC_0, 10 mg/L)和含有 TiO₂(0.5 g/L)的

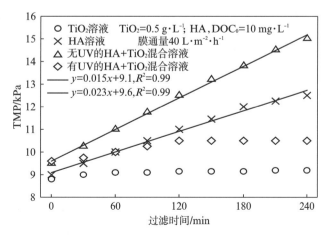

图 9-18 过滤不同类型的溶液时 TMP 的变化

混合溶液时 TMP 仅在开始略有增加,然后在后来的时间段内保持基本不变;TMP 起初的轻微增加主要由于 TiO_2 引起轻微的膜孔堵塞阻力($0.4×10^{11}$ m^{-1})和轻微的滤饼层阻力($0.6×10^{11}$ m^{-1})。稳定运行的 TMP 表明,没有发生明显的膜污染,TiO_2/UV 光催化有效地控制了膜污染。

表 9-2   经过 240 min 过滤不同类型的溶液后膜阻力构成情况

阻力/所占比例	TiO_2	HA	HA+TiO_2	HA+TiO_2+UV
$R_m/10^{11}m^{-1}/\%$	8.8/94.6	9.0/71.4	9.5/62.9	9.6/90.5
$R_c/10^{11}m^{-1}/\%$	0.3/3.2	0.2/1.6	2.7/17.9	0.6/5.7
$R_p/10^{11}m^{-1}/\%$	0.2/2.2	3.3/26.2	2.9/19.2	0.4/3.8
$R_t/10^{11}m^{-1}/\%$	9.3/100.0	12.6/100.0	15.1/100.0	10.6/100.0

注:R_t 是总的膜阻力(m^{-1})。

4. 有机物的相对分子质量分布分析

从图 9-19 的凝胶色谱图中可以看出,在 -30 min 时的初始样品中有较宽的相对分子质量分布和组成($1×10^3 \sim 10×10^3$ Da),而且具有较大的相应强度(表示具有较高的浓度)。这些都是疏水性的芳香族和长链的脂肪族分子的典型特征。从相对分子质量分布图看出,在紫外 254 nm 处检测到两个主要分子质量峰,分别为 931 Da 与 2 485 Da。

图 9-19 还显示,pH 7 时 0.5 g/L 的 TiO_2 在 FSMPR 工艺处理过程 HA 经暗吸附及后续的处理中相对分子质量的变化。30 min 暗吸附后两个主分子峰相应强度明显下降,但其相对分子质量分布轮廓几乎没有改变,未发现新的主峰,表明没有出现新的有机化合物。这主要是由于 TiO_2 表面优先吸附了部分 HA 分子(包括大小分子)。与此相反,经过 30 min 的光催化氧化后,在 2 214 Da 和 1 565 Da 两个位置出现了新的相对分子质量峰,而原 2 485 Da 大相对分子质量峰的相应强度大幅下降。值得一提的是反应 30 min 时的响应反而

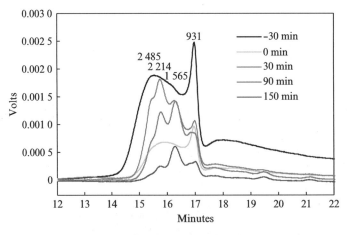

图 9-19   FSMPR 系统处理 HA 相对分子质量分布变化情况

比 0 min 的强,这主要由于经催化反应后,从 TiO₂ 表面释放的中间氧化产物比原来的 HA 具有更好的亲水性,更易溶解到水样的缘故。同时,由两个新的相对分子质量主峰 2 214 Da 和 1 565 Da 代表的部分有机物比 2 485 Da 代表的有机物相对分子质量明显要低许多,而且经 150 min 处理后,由 1 565 Da 代表的部分有机物相应强度要比其余部分明显高,在系统中的降解相对比较困难。这意味着,UV/TiO₂ 能够降解强疏水性的大分子有机物,形成不会引起明显膜污染的亲水性的小分子有机化合物,虽然这部分新形成的有机化合物在系统处理中相对难以完全矿化。为了更好地评价和了解有机物的相对分子质量分布,表 9 - 3 列出了有机物的数均相对分子质量(M_n),重均相对分子质量(M_w)和相应的相对分子质量分布系数(M_w/M_n)值。初始样品的 M_w、M_n 和 M_w/M_n 值分别为 2 403 Da、198 Da 和 12.1,而经过 150 min 处理后的水样分别为 1 246 Da、296 Da 和 4.2 Da,说明了系统处理后的水样具有更窄的相对分子质量分布,其有机物的种类也更趋于单一。

表 9 - 3　　　　　　　FSMPR 系统处理后的 HA 中 M_w,M_n 和 M_w/M_n 变化情况

Time/min	M_w/Da	M_n/Da	M_w/M_n
−30	2 403	198	12.1
0	1 682	328	5.1
30	1 736	282	6.2
90	1 393	239	5.8
150	1 246	296	4.2

5. 三维荧光光谱 EEM 分析

三维荧光光谱 EEMs 对于快速地识别有机物的种类非常有效。随处理时间的不同,光催化降解腐殖酸造成其荧光代表峰值强度和位置具有较大变化。如图 9 - 20(a)—(e)所示,随着 FSMPR 系统处理时间不同,HA 水样的 EEMs 荧光峰强度及位置均发生了重大变化。从表 9 - 4 可以观察到,起初的 HA 样品有两个主要代表荧光峰,分别是峰 A 及峰 T[图 9 - 20(a)]。其中峰 A 具有主要的激发和发射波长 275 nm/445 nm(E_x/E_m,强度 970.5),为典型的紫外光区腐殖酸类荧光物质[44-46]。经过 30 min 暗吸附[图 9 - 19(b)],荧光 EEMs 仅峰强度降低(从 970.5 降为 639.1),但并没有改变峰 A 的位置(E_x/E_m,275 nm/445 nm),说明吸附过程中没有产生新的有机物种类,二氧化钛吸附无法改变 HA 的化学结构,吸附仅为物理过程。图 9 - 20(c)所示,在反应 30 min 时峰 A(E_x/E_m,265 nm/435 nm;强度,354.1)经光催化氧化后持续下降,而且产生了一个新的荧光峰 T(E_x/E_m,215 nm/330 nm;强度,491.7),此峰为类蛋白荧光峰[47-48],并且分别在发射轴和激发轴均有 10 nm 的红移与蓝移[47-48]。红移说明羰基含取代基,羟基,烷氧基,氨基和羧基成分的存在[49],而蓝移与芳香基团的分解和相关的大分子降解为小分子有关,如 π 键的断裂,芳香族环数的减少,降低了共轭链结构键,线性结构转换为非线性结构,包括羰基,羟基和胺基功能团的消除等[50-52]。90 min 处理后[图 9 - 20(d)]峰 A(E_x/E_m,260 nm/420 nm;强度 139.7)和峰 T(E_x/E_m,230 nm/350 nm;强度 247.7)均不断下降,而 150 min 处理后[图 9 - 20(e)]和峰 A 基本消

失,而峰 T(E_x/E_m,215 nm/330 nm;强度 296.3)比 90 min 时略有增加。说明类蛋白峰是紫外光区腐殖酸类物质催化氧化的中间产物,虽然经 150 min 处理后没有完全去除,由前面的凝胶色谱分析可知,这部分由分子量峰 1 565 Da 所代表的物质并没有造成显著的膜污染。

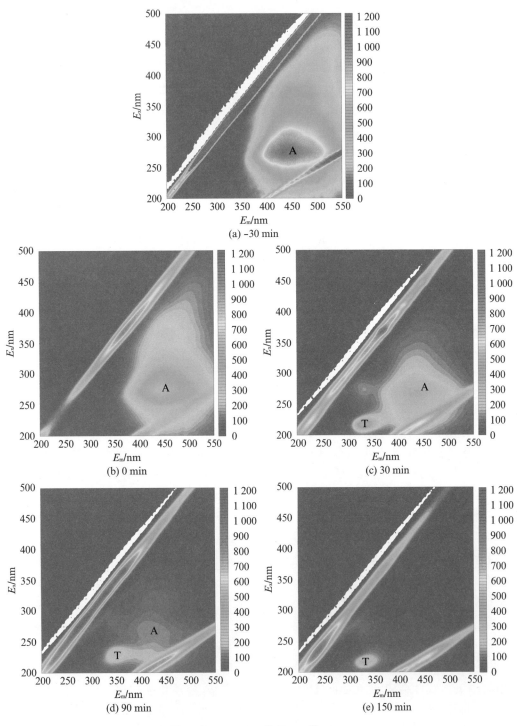

图 9-20　FSMPR 处理 HA 的 EEMs

表 9 - 4　　　　　　　FSMPR 系统处理中 HA 主要三维荧光光谱的成分变化

时间/min	$E_x(nm)/E_m(nm)$	强度	特征峰	物质类型
−30	275/445	970.5	A	腐殖酸类
0	275/445	639.1	A	腐殖酸类
30	265/435	354.1	A	腐殖酸类
	215/330	491.7	T	蛋白类
90	260/420	139.7	A	腐殖酸类
	230/350	247.7	T	蛋白类
150	215/330	296.3	T	蛋白类

9.1.4　小结

本章首先研究了 FSMPR 去除腐殖酸的各种因素,比如,紫外光照强度,TiO₂ 和 HA 初始浓度,pH 值,H₂O₂ 用量等,并进行相关的结果分析。忽略 TiO₂ 吸附的作用,较强的紫外光强度,较低的 pH 值,适当的 H₂O₂ 用量有利于腐殖酸的去除。各种因素下的 DOC 去除率及光催化氧化降解速率常数都做了详细分析。并在间歇式模式下采用 FSMPR 处理了初始 pH 7 的 HA 溶液,对光催化耦合膜分离进一步做了机理分析的研究,主要结论总结如下:

(1) 经过 150 min 的 FSMPR 系统处理后可以除去 86% 以上的 DOC 和近 100% 的 UV₂₅₄,并有效地降低 THMFP 值至小于 19 μg/L。

(2) TiO₂/UV 预处理能够非常有效地控制膜污染,只要光催化反应一直进行,膜分离含有 TiO₂ 的 HA 混合溶液中 TMP 没有明显的增加现象。

(3) 膜污染的降低,主要是因为光催化氧化能够降解疏水性的紫外光区腐殖酸类大分子有机物为亲水性的小分子类蛋白有机物,这部分光催化中间产物尽管在 150 min 系统处理后没有完全去除,但是并没有明显造成对膜的污染。

9.2　TiO₂/UV 光催化耦合膜分离净化地表水的研究

本文研究的目的是探讨在连续操作的 FSMPR 系统中对太湖水中 NOM 的降解及对膜污染的控制效果,并通过天然有机物 NOM 降解以及 NOM 分子特征的变化分析详细阐述了膜污染被降低的机理。

9.2.1　材料和方法

1. NOM 来源

水样采自太湖,经 0.45 μm 过滤以便去除水中的胶体粒子。太湖水试验水样主要特点如下[53]:pH 值为 8.0;UV₂₅₄ 为 0.08 cm⁻¹;DOC 为 3.5 mg/L;SUVA 为 2.29 L/(mg·m);

浊度为 1.65 NTU;色度为 2.5 HU。

2. 光催化剂及膜组件

试验中使用的所有化学药品均为分析纯级,试验用水采用 Millipore Super-Q plus 制水。TiO_2(P25,BET 比表面积为 50 m^2/g;粒径为 25 nm)购自 Degussa(Germany)。使用前,精确称取一定的 TiO_2 粉末并加入少量的超纯水制备成 TiO_2 浆料。聚偏氟乙烯(PVDF)平片膜组件,单面出水,平均孔径为 0.08 μm,有效过滤面积为 0.02 m^2,购于江苏蓝天 Peier 膜业有限公司。新购的膜组件采用乙醇/水(3/97,V/V)溶液浸泡 24 h 后,再使用纯净水清洗,去除膜中溶解性有机物。所有处理后的膜组件储存于 4℃的纯化水中并定期更换浸泡用水。

3. 试验装置

试验装置采用自制的平板浸没式光催化反应器(FSMPR),连续运行的试验装置如图 9-21 所示,装置参数见 9.1.1 节 2。在反应器及进水箱内充满待处理水样,然后加入 TiO_2 光催化剂,接着打开曝气泵和光源开始进行反应,待处理水样连续地加入反应槽内。水位计可保证反应器中恒定的水位,使反应器里维持 8 L 的恒定体积,通过调解蠕动泵转速可以控制膜通量的变化,通过调节时间继电器可控制蠕动泵的运行工况(间隙抽吸,抽吸 10 min 后停止 1 min),系统反应温度在冷凝循环水的辅助下控制在 25℃左右。实验过程中,通过蠕动泵的抽吸控制其恒定的膜通量 30 L/(m^2·h)至 90 L/(m^2·h)范围内运行。膜压差(TMP)通过安装在出水管路上的精密压力表测试。

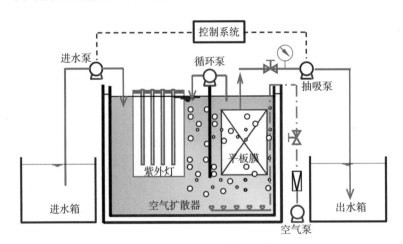

图 9-21　FSMPR 系统示意图

9.2.2　催化剂的流失及其悬浮液质量浓度的控制

在前人光催化耦合膜分离的研究中,发现长期运行后 TiO_2 会沉积在膜的表面或膜孔内,不仅造成膜的污染,同时,会减少 TiO_2 在光催化反应器内悬浮的质量浓度,造成催化剂的流失[12]。众所周知,光催化反应降解有机物的速率与 TiO_2 质量浓度有很大关系[3,9],减少 TiO_2 质量浓度将意味着在一定程度上会降低反应速率,这不是我们所期望的。因此,维持 TiO_2 在反应器内悬浮的质量浓度非常重要。有研究表明,膜组件底部曝气的大气泡能有效地减轻膜表面催化剂的沉积[12],气泡的特征、气量大小均会对膜的表面剪切力产生影响[54]。采用大气泡曝气,在一定的曝气量下,研究膜组件底部曝气与否对平板膜的表面催化剂沉积的影响,测定反应器中 TiO_2 的悬浮质量浓度作为评价的依据。若反应器中悬浮的催化剂浓度没有显著降低,则说明了平板膜成功地分离与保持了反应器内的催化剂,避免了催化剂在膜表面的大量沉积。

催化剂在反应器内的质量浓度测定基于溶液浊度确定。图 9-22 显示了不同二氧化钛质量浓度(0,0.2 g/L,0.4 g/L,0.6 g/L,0.8 g/L)和相对应的溶液浊度值,溶液采用去离子水配置。结果表明浊度值与 TiO_2 质量浓度之间具有良好的线性相关性($R^2=0.99$)。图 9-23 显示了在平板膜组件下有无曝气时,经过不同时间测定的反应器中悬浮的 TiO_2 质量浓度值及相应的膜抽吸压力值,操作条件 $TiO_2=0.5$ g/L,膜通量 50 L/(m²·h)。结果表明当膜组件底部曝气时(气量 4 L/min)能够长时间维持 TiO_2 在反应器中的质量浓度,因此减少了 TiO_2 在膜表面及孔内的沉积,减少了膜污染。相应的膜抽吸压力值未发生明显的改变。相反,膜组件底部无曝气时,质量浓度随着时间明显减少,膜抽吸压力相应的增加,说明 TiO_2 部分沉积在膜上。图 9-24 是两种运行工况下,经过 48 h 运行后,平板表面 TiO_2 沉积层的情况,充分说明平板底部曝气能够很好地减少 TiO_2 在膜表面的沉积,维持 TiO_2 在反应器溶液中的悬浮质量浓度。后续的工况研究曝气量均为 4 L/min。

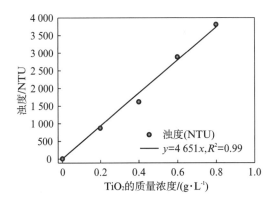

图 9-22　悬浮液中 TiO_2 的质量浓度与溶液浊度之间的关系曲线

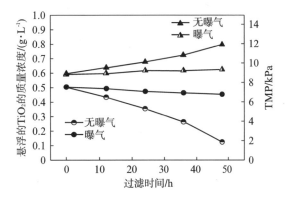

图 9-23　悬浮液中 TiO_2 的质量浓度与膜 TMP 关系曲线(有无底部曝气),0.5 g/L,50 L/(m²·h)

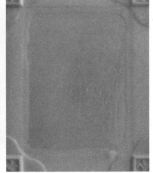

(a) 无曝光　　　　　(b) 曝光过滤48 h,膜通量50 L·m⁻²·h⁻¹

图 9-24　膜面的 TiO_2 沉积层情况

9.2.3 水力停留时间的优化

本研究是在连续(CSTR)模式下运行的,而光催化对有机物的降解与时间有密切的关系,因此有必要确定装置运行最佳的水力停留时间。

在连续运行模式下,假设有机物能够完全通过膜而不被膜截留的话,那么膜的过滤通量就完全确定了有机物在反应器中的水力停留时间。因此控制有机物在光催化反应器中的水力停留时间能够获得较好的有机物去除效果[11]。图9-25表明长的水力停留时间,较小的膜滤通量会得到较高的DOC去除率,当$J=30$ L/(m² · h),运行420 min后DOC去除率达到了稳定的水平,DOC去除率高达70%。这是因为较长的水力停留时间,使得水中的有机物在反应器中得到了充分的催化氧化,降解的更为彻底,相反较短的水力停留时间去除效果较差。当$J=60$ L/(m² · h)和90 L/(m² · h)时,DOC的去除率分别降至61%和53%。

相应的膜抽吸压力变化情况见图9-26,当$J=30$ L/(m² · h)和60 L/(m² · h)时,经过480 min操作后抽吸压力没有发生明显的变化,即使当$J=90$ L/(m² · h)时,抽吸压力只是在最初时候略有增加,但180 min后增长趋于平缓。显然污染物的去除与膜的抽吸压力直接有一定的关系,当$J=30$ L/(m² · h)和60 L/(m² · h)时,污染物去除较多,抽吸压力尚未明显增加。当$J=90$ L/(m² · h)时,有机物去除率相对较低,特别是在运行初期,有些有机物还未催化氧化,已经被抽吸过膜,造成了膜的污染,导致抽吸压力略有增加,但随催化降解时间的延长,对膜有污染的有机物成分得到了充分的去除,所以后来的抽吸压力变化不明显。为了更好地说明污染物去除与抽吸压力的关系,后节部分将通过过滤不同工况下的水质来说明膜抽吸压力与污染物去除之间的关系。

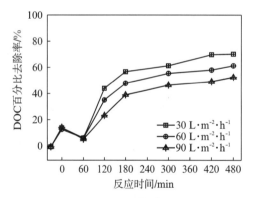

图9-25 在不同的膜通量运行下 DOC 去除率变化(TiO₂,0.5 g/L;pH 8;曝气,4 L/min)

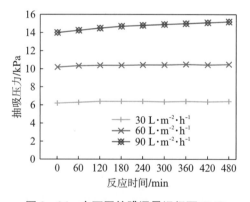

图9-26 在不同的膜通量运行下 TMP 变化(TiO₂,0.5 g/L;pH 8;曝气,4 L/min)

9.2.4 不同工况下膜抽吸压力的变化

由达西定律可知,在膜通量一定的情况下,抽吸压力的变化间接反映了膜污染阻力大小。图9-27显示了在三种不同的工况下,30 L/(m² · h)的膜通量下的膜抽吸压力变化图。正如预期的一样,可以清楚地看到原水及原水与TiO₂的混合液,抽吸压力均有不同程度的增加,与抽吸时间呈线性关系,增加的斜率分别为1.7 Pa/min,3.2 Pa/min,后者是前者的

1.9 倍。这说明原水中的一些柔性线型大分子缠绕在 TiO₂ 的表面,填充了 TiO₂ 之间的空隙,增加了膜的饼层构造阻力,导致了膜阻力的增加[17]。过滤溶液仅为原水时,膜污染阻力受到有机物堵塞及在膜表面的阻力小于前者,因此导致抽吸压力的变化比后者小。要消除对膜的污染阻力,必须去除水液中和 TiO₂ 表面对膜污染有所贡献的有机物,因此采用光催化氧化法有效地去除了有机物,避免了膜污染,减小了抽吸压力的变化。在紫外光灯照射下过滤原水与 TiO₂ 的混合液所产生的膜抽吸压力基本无变化,说明了光催化有助于抵抗膜污染[3,17-18,55]。

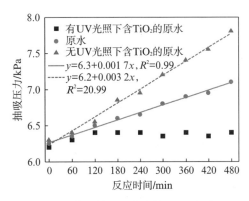

图 9-27　膜分离不同溶液的 TMP 变化
(TiO₂,0.5 g/L;pH 8;曝气,4 L/min;
膜通量,30 L/(m²·h))

9.2.5　有机物的去除效果及机理分析

为了更好地了解光催化膜分离对太湖水中有机物的降解效果及太湖水对膜污染的机理,本文运用 DOC、UV₂₅₄、SUVA、UV-vis 吸收光谱、THMFP、表观分子质量 AMW、亲疏水性分离等手段来评价装置对太湖水的去除效果及有机物分子特征的变化以及对膜滤特性的影响,操作参数同前节(TiO₂ 质量浓度为 0.5 g/L,膜通量为 30 L/(m²·h),曝气量 4 L/min)。

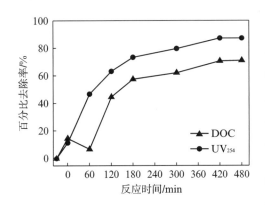

图 9-28　FSMPR 系统对太湖水中 DOC 及 UV₂₅₄去除

1. 光催化对 DOC 及 UV₂₅₄ 的去除

如图 9-28 所示,太湖水的 DOC 及 UV₂₅₄ 去除率,在起初的 30 min 为 TiO₂ 吸附的效果,也许是 pH 8 偏碱性的缘故,吸附效果较差,仅为 14.3% 与 11.3%,TiO₂ 在碱性条件下 Zeta 电位为负值,对于同样带负电荷的疏水性物质产生电荷排斥的作用[56]。在随后的处理过程中,两者均不同程度地下降,在 420 min 后两个指标均达到了动态平衡的去除效果,去除率分别为 70%,86%。UV₂₅₄ 下降的速率比 DOC 快,这是由于光催化的特点所决定的。光催化首先将水中的有机物大分子物质(特别是对 UV 吸光度较大的芳香族大分子物质)裂解为小分子物质,随后再矿化为水与二氧化碳,当小分子物质的矿化速率小于代表大分子 UV₂₅₄ 物质的裂解速度时,导致了上述结果[57]。值得一提的是,在 DOC 降解过程中,试验中检测到了有机物吸附—脱附的现象,那就是 DOC 在 60 min 出水时的值比 30 min 吸附后的值增加,这是因为光催化将吸附在 TiO₂ 表面的疏水性大分子物质裂解为亲水性的小分子物质后还没来得及被矿化,部分小分子物质溶入水溶液中造成了 DOC 局部时段的增加,相反 UV₂₅₄ 的降解没有出现此现象,说明了生成的亲水性物质对紫外光没有吸光度。图 9-29 显示的是在 230~400 nm 范围的 UV-vis 吸收光

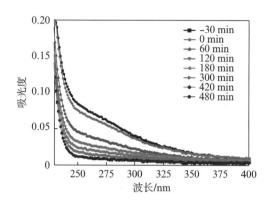

图 9-29 **FSMPR 系统对太湖水中紫外光可见光光谱的降解**

谱图,可以看出,最初的 30 min 的下降是由于 TiO_2 的表面吸附,而随后的降解为光催化氧化所致。UV 吸光度曲线持续下降,没有出现返增的现象,说明了光催化氧化分解的有机物中间产物中没有产生对紫外光吸收的新物质。

两个指标的降解速率常数均可以采用 L-H 模型进行拟合曲线,如图 9-30 所示,为了更好地表达降解速率,分析时间取 0 min 至 420 min(有机物降解平衡的点),可以看出 UV_{254} 起降解的速率为 $0.004\ 1\ cm^{-1}/min$,而 DOC 的降解速率仅为 $0.002\ 7\ mg \cdot L^{-1}/min$,前者大约是后者的 1.5 倍,说明光催化对于太湖水大分子有机物裂解的速率小于矿化度速率。UV_{254} 相对 DOC 的比值可以 SUVA 值表示,如图 9-29 所示。SUVA 在起初的 60 min 迅速下降,随后出现了缓慢下降的趋势。据报道膜污染与 DBP 的生成均与 SUVA 有密切关系。SUVA 的下降显然有助于膜污染的降低与 DBP 的生成。SUVA 对膜污染的影响可以由图 9-25,9-26 看出,最初 120 min 的 DOC 去除率较低,但膜污染已得到了有效的控制,这是由于光催化优先去除了对膜污染贡献率较大的有机物质的缘故[3]。

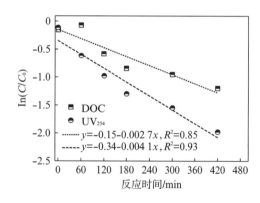

图 9-30 **FSMPR 系统对太湖水中 DOC 及 UV_{254} 降解速率常数**

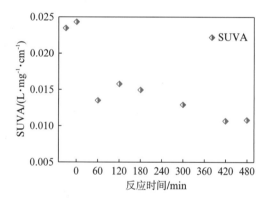

图 9-31 **FSMPR 系统对太湖水中 SUVA 值的降解**

2. 光催化对 THMFP 的去除

三卤甲烷的生成潜能(THMFPs)的去除效果如图 9-32 所示。在连续模式下下运行 180 min(膜通量 30 L/(m²·h),HRT=13.4 h),THMFPs 值由 169 $\mu g/L$ 下降至 49 $\mu g/L$,去除率高达 71%,出水可达到 USEPA 的限制标准(低于 80 $\mu g/L$),同时满足了 CHNSDWQ(GB 5749—2006)的规定(四种生成潜能的实测浓度与各自限制比值之和小于 1),此处比值和为 0.97,而且四种生成潜能小于各自限值(CHCl₃=10<60 $\mu g/L$,去除率为 89%;CHCl₂Br=18<60 $\mu g/L$,去除率为 51%;CHClBr₂=15<100 $\mu g/L$,去除率为 42%;CHBr₃=6<100 $\mu g/L$,去除率为 40%)。动态运行 420 min 时的稳定出水水质 THMFP 降至

18.9 μg/L,去除率为 89%,同时 THMFP 生成指数(THMFP/DOC)也由最初的 49.5 下降至 18.5,此处比值和为 0.40。而且四种生成潜能也小于各自限值(图 9 - 33),(CHCl₃=6<60 μg/L,去除率为 94%;CHCl₂Br=6<60 μg/L,去除率为 84%;CHClBr₂=4<100 μg/L,去除率为 85%;CHBr₃=2.9<100 μg/L,去除率为 71%)。虽然出水中仍含有部分未完全矿化 DOC,但 THMFP 的去除效果却十分明显,其去除效率高于 DOC,说明光催化优先去除了生成 THMFP 的前体物,改变了前驱有机物的化学结构,减少了氯化反应的物质[58]。

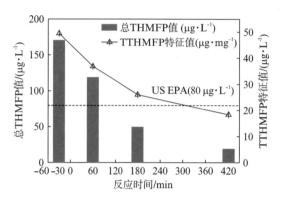

图 9 - 32　总 THMFP(TTHMFP)值及 TTHMFP 特征值

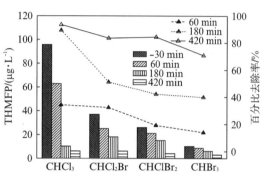

图 9 - 33　FSMPR 系统处理太湖水 NOM 中四种的 THMFP 值

3. 光催化对 AMW 的影响

水样中相对分子质量的分布(AMW)采用凝胶色谱的方法测定,图 9 - 34 显示了太湖水经过不同时间处理后的相对分子质量分布的图谱。原水的有机物相对分子质量主要集中在800~5 000 Da,峰值分别是 2 789 Da,2 345 Da,1 565 Da,931 Da,还有一个 261 Da 的小分子质量峰值。随着处理时间的延长,分子质量峰的响应强度发生了明显的降低。起初的30 min 吸附明显地降低了分子质量 2 000~5 000 Da 的部分有机物,其中 2 789 Da 峰值下降幅度达 38%,这部分大分子物质一般是疏水性的腐殖酸、富里酸等疏水性物质,而 2 000 Da以下的主要是亲水性小分子物质,峰强度略有下降,下降幅度仅为 10% 左右。随着处理时间延长,各峰值都逐渐下降,特别是分子质量在 2 000 Da 以上的峰值下降幅度最大。180 min

出水时 2 789 Da,2 345 Da,1 565 Da 峰值下降幅度均超过 90%,而分子质量 931 Da 峰值下降也有 80%,说明小分子的有机物也大幅度下降,这时出水溶液中的 DOC 也有明显的降低,见图 9 - 34。在 420 min 出水时,2 789 Da,2 345 Da,1 565 Da 峰值下降幅度高达 95% 左右,而且基本消失。931 Da 峰值基本无变化,同时出现了一个强度不高的新的分子质量峰 1 173 Da,说明大分子物质基本裂解完毕,容易矿化的小分子物质也基本矿化完毕。在整个的处理过程

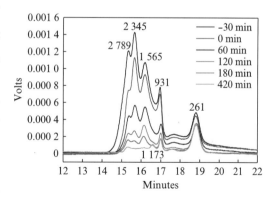

图 9 - 34　FSMPR 系统处理太湖水的 AMW 分布图谱

中可以看到,分子质量峰 261 Da 峰值下降幅度一直不是十分明显,说明这一分子质量范围的有机物难以被光催化氧化分解或矿化。

4. 亲疏水性分离分析

图 9-35、图 9-36 显示了经光催化氧化后太湖水中四种组分(强疏 VHA;弱疏 SHA;极亲 CHA;中亲 NEU)的 DOC 质量浓度以及百分比的变化。原水的强疏占 32.9%,DOC 的质量浓度为 1.122 mg/L,强疏水性有机物为腐殖酸类,一般认为这部分有机物为土壤渗滤和沉积物释放双重来源。强疏水性物质的分子质量主要集中在 2 000~5 000 Da,尤以 2 789 Da 左右的分子质量所占比例最高,大分子质量有机物主要来源于生活污水的排放。弱疏水性有机物 DOC 的质量浓度为 0.553 mg/L,占原水的 16.2%,这部分为低分子质量的富里酸,来源主要是水源沉积物的释放,其分子质量分布主要集中在 800~2 000 Da。极性亲水有机物的 DOC 的质量浓度为 0.384 mg/L,占原水的 11.2%,这部分主要以蛋白质、氨基酸为主,一般在水中含量不高。中性亲水性的 DOC 的质量浓度为 1.355 mg/L,占原水的 39.7%,这部分有机物主要包括碳水化合物,以大分子质量的多糖,或小分子质量的醛、酮及醇为主[57],有机物分子质量主要分布在 $1\,000 \times 10^3$ Da 以下,这部分有机物主要为藻类分泌物,是异养细菌相对易于代谢的有机物。

太湖原水中的亲水性和疏水性有机物几乎各占原水的一半,但系统经处理后可去除大量的疏水性有机物,去除率相对较高,而对亲水性有机物有一定的去除效果,但效果并不明显。光催化很容易断裂有机物中的碳碳键或碳氧键,而疏水性的有机物一般富含芳香烃,容易被光催化氧化分解,因此这部分代表 UV_{254} 的有机物容易被降解。处理时间为 60 min 时,强疏及弱疏性有机物质大幅度被降解,同时极亲的有机物有所增加,说明大分子的疏水性有机物被光催化氧化为亲水性的小分子有机物,主要为羧酸等,随后被矿化为二氧化碳与水。对于中亲部分的物质,难以被光催化降解。420 min 出水水质稳定后,强疏及弱疏性有机物已检测不出来,仅留下部分极亲及中亲的有机物。虽然在的处理过程中有所降低,但仍有部分物质难以继续降解,例如图 9-34 中分子质量为 261 Da 左右的小分子质量中亲水性有机物。中性亲水性有机物以大分子质量的多糖,以及小分子质量的烷基醇、醛、酮为主,这部分物质很难为光催化降解[35,60]。

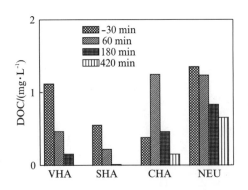

图 9-35 FSMPR 系统处理太湖水中 VHA,SHA, CHA 及 NEU 四种组分 DOC 值的变化

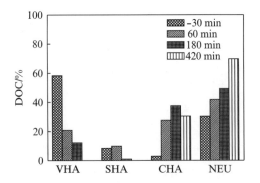

图 9-36 FSMPR 系统处理太湖水中四种组分 DOC 值所占百分比变化

9.2.6　小结

光催化耦合平板超滤膜技术不仅保留了 TiO_2 在反应器中悬浮的浓度,解决了细小的 TiO_2 分离问题,同时降解了对膜污染的有机物,减少了膜污染。在本研究中,采用连续模式处理太湖水,结果总结如下:

(1) 一种新型的 FSMPR 技术被用于地表水的净化处理。底部的大气泡曝气,避免了 TiO_2 在平板膜组件表面的沉积,保留了悬浮液中 TiO_2 的质量浓度。

(2) 水力停留时间 HRT 为 13.4 h,膜通量为 30 L/(m² · h)时连续运行 420 min 出水水质达到稳定,UV_{254} 去除率达 86%,DOC 去除率也有 70%,出水 THMFP 满足生活饮用水标准 CHNSDWQ(GB 5749—2006)。

(3) 表观分子质量 AMW 及亲疏水性分离结果表明,FSMPR 能几乎完全去除分子质量 2 000~5 000 Da 以上的疏水性物质及部分亲水性物质。在处理过程中光催化首先将疏水性的大分子有机物裂解为亲水性的小分子有机物,随后矿化为 CO_2 与 H_2O,稳定出水中仍留有部分难以降解的亲水性有机物,这部分有机物分子质量主要分布在 1 000 Da 以下,特别是原水中分子质量为 261 Da 的有机物降解率仅为 25%。

参考文献

[1] Jacangelo J G, Marco J D, Owen D M, et al. Selected Processes for Removing Nom-an Overview[J]. Journal American Water Works Association, 1995,87(1): 64 – 77.

[2] Vickers J C, Thompson M A, Kelkar U G. The use of membrane filtration in conjunction with coagulation processes for improved nom removal[J]. Desalination, 1995,102(1 – 3): 57 – 61.

[3] Huang X H, Leal M, Li Q L. Degradation of natural organic matter by TiO₂ photocatalytic oxidation and its effect on fouling of low-pressure membranes[J]. Water Research, 2008,42(4 – 5): 1142 – 1150.

[4] Malati M A. *The photocatalysed removal of pollutants from water*[J]. Environmental Technology, 1995,16(11): 1093 – 1099.

[5] Xi W M, Geissen S U. Separation of titanium dioxide from photocatalytically treated water by cross-flow microfiltration[J]. Water Research, 2001,35(5): 1256 – 1262.

[6] Dijkstra M F J, Michorius A, Buwaldo H, et al. Comparison of the efficiency of immobilized and suspended systems in photocatalytic degradation[J]. Catalysis Today, 2001,66(2 – 4): 487 – 494.

[7] Dijkstra M F J, Buwalda H, De Jung AWF, et al. Experimental comparison of three reactor designs for photocatalytic water purification[J]. Chemical Engineering Science, 2001,56(2): 547 – 555.

[8] Sopyan I, Watanabe M, Murasaw S, et al. A film-type photocatalyst incorporating highly active TiO₂ powder and fluororesin binder: Photocatalytic activity and long-term stability[J]. Journal of Electroanalytical Chemistry, 1996,415(1 – 2): 183 – 186.

[9] Fu J F, Ti M, Wang Z, et al. A new submerged membrane photocatalysis reactor (SMPR) for fulvic acid removal using a nano-structured photocatalyst[J]. Journal of Hazardous Materials, 2006,131 (1 – 3): 238 – 242.

[10] Chin S S, Lim T M, Chang K, et al. Hybrid low-pressure submerged membrane photoreactor for the removal of bisphenol A[J]. Desalination, 2007,202(1 – 3): 253 – 261.

[11] Chin S S, Lim T M, Chiang K, et al. Factors affecting the performance of a low-pressure submerged membrane photocatalytic reactor[J]. Chemical Engineering Journal, 2007,130(1): 53 - 63.

[12] Huang X, Meng YB, Liang P, et al. Operational conditions of a membrane filtration reactor coupled with photocatalytic oxidation[J]. Separation and Purification Technology, 2007,55(2): 165 - 172.

[13] Choo K H, Chang DI, Park KW, et al. Use of an integrated photocatalysis/hollow fiber microfiltration system for the removal of trichloroethylene in water[J]. Journal of Hazardous Materials, 2008,152(1): 183 - 190.

[14] Huang H, Schwab K, Jacangelo J G. Pretreatment for low pressure membranes in water treatment: A review[J]. Environmental Science & Technology, 2009,43(9): 3011 - 3019.

[15] Shim J K, Yoo I K, Lee Y M. Design and operation considerations for wastewater treatment using a flat submerged membrane bioreactor[J]. Process Biochemistry, 2002,38(2): 279 - 285.

[16] Judd S. Submerged membrane bioreactors: Flat plate or hollow fibre[J]? Filtration & Separation, 2002,39(5): 30 - 31.

[17] Lee S A, Choo KH, Lee CH, et al. Use of ultrafiltration membranes for the separation of TiO_2 photocatalysts in drinking water treatment[J]. Industrial & Engineering Chemistry Research, 2001, 40(7): 1712 - 1719.

[18] Choo K H, Tao R, Kim M J. Use of a photocatalytic membrane reactor for the removal of natural organic matter in water: Effect of photoinduced desorption and ferrihydrite adsorption[J]. Journal of Membrane Science, 2008,322(2): 368 - 374.

[19] Bai H, Zhang X, Pan J, et al. Combination of nano TiO_2 photocatalytic oxidation with microfiltration (MF) for natural organic matter removal[J]. Water Science and Technology: Water Supply, 2009,9 (1): 31 - 37.

[20] Xu S, Zhang X, Ng J, et al. Preparation and application of TiO_2/Al_2O_3 microspherical photocatalyst for water treatment[J]. Water science and technology: water supply, 2009,9(1): 39 - 44.

[21] Zhang X, Pan J, Fu W, et al. TiO_2 nanotube photocatalytic oxidation for water treatment[J]. Water Science & Technology: Water Supply, 2009,9(1): 45 - 49.

[22] Valente J P S, Padilha P M, Florentino A O. Studies on the adsorption and kinetics of photodegradation of a model compound for heterogeneous photocatalysis onto TiO_2 [J]. Chemosphere, 2006,64(7): 1128 - 1133.

[23] Sopajaree K, Qasim S A, Basak S, et al. An integrated flow reactor-membrane filtration system for heterogeneous photocatalysis. Part II: Experiments on the ultrafiltration unit and combined operation[J]. Journal of Applied Electrochemistry, 1999,29(9): 1111 - 1118.

[24] Hoffmann M R, Martin S T, Chioi W, et al. Environmental applications of semiconductor photocatalysis[J]. Chemical Reviews, 1995,95(1): 69 - 96.

[25] Parra S, Stanaca S E, Guasaquillo I, et al. Photocatalytic degradation of atrazine using suspended and supported TiO_2[J]. Applied Catalysis B-Environmental, 2004,51(2): 107 - 116.

[26] Bekbolet M, Suphandag A S, Uyguner C S. An investigation of the photocatalytic efficiencies of TiO_2 powders on the decolourisation of humic acids[J]. Journal of Photochemistry and Photobiology a-Chemistry, 2002,148(1 - 3): 121 - 128.

[27] Kim M S, Chung J G. A study on the adsorption characteristics of orthophosphates on rutile-type titanium dioxide in aqueous solutions[J]. Journal of Colloid and Interface Science, 2001,233(1):

31 - 37.

[28] Bekbolet M, Balcioglu I. Photocatalytic degradation kinetics of humic acid in aqueous TiO₂ dispersions: The influence of hydrogen peroxide and bicarbonate ion[J]. Water Science and Technology, 1996,34(9): 73 - 80.

[29] Wiszniowski J, Robert D, Sai Gorska J S, et al. Photocatalytic decomposition of humic acids on TiO₂ Part I: Discussion of adsorption and mechanism[J]. Journal of Photochemistry and Photobiology a-Chemistry, 2002,152(1-3): 267 - 273.

[30] Leenheer J A, Croue J P. Characterizing aquatic dissolved organic matter[J]. Environmental Science & Technology, 2003,37(1): 18a - 26a.

[31] Drikas M, Chow C W K, Cook D. The impact of recalcitrant organic character on disinfection stability, trihalomethane formation and bacterial regrowth: An evaluation of magnetic ion exchange resin (MIEX (R)) and alum coagulation[J]. Journal of Water Supply Research and Technology-Aqua, 2003,52(7): 475 - 487.

[32] Kim H C, Yu M J. Characterization of natural organic matter in conventional water treatment processes for selection of treatment processes focused on DBPs control[J]. Water Research, 2005,39 (19): 4779 - 4789.

[33] Zhao Y, Taylor J, Hong S K. Combined influence of membrane surface properties and feed water qualities on RO/NF mass transfer, a pilot study[J]. Water Research, 2005,39(7): 1233 - 1244.

[34] Harrington G W, Bruchet A, Rybacki D, et al. Characterization of natural organic matter and its reactivity with chlorine[J]. Water Disinfection and Natural Organic Matter, 1996,649: 138 - 158.

[35] Liu S, Lim M, Tabris R, et al. TiO₂ photocatalysis of natural organic matter in surface water: Impact on trihalomethane and haloacetic acid formation potential[J]. Environmental Science & Technology, 2008,42(16): 6218 - 6223.

[36] Xiao Y T, Xu S S, Li Z H, et al. Progress of applied research on TiO₂ photocatalysis-membrane separation coupling technology in water and wastewater treatments[J]. Chinese Science Bulletin, 2010,55(14): 1345 - 1353.

[37] Belfort G, Davis R H, Zydney A L. The Behavior of Suspensions and Macromolecular Solutions in Cross-Flow Microfiltration[J]. Journal of Membrane Science, 1994,96(1-2): 1 - 58.

[38] Ho C C, Zydney A L. A combined pore blockage and cake filtration model for protein fouling during microfiltration[J]. Journal of Colloid and Interface Science, 2000,232(2): 389 - 399.

[39] Li H, Fane AG, Coster HGL, et al. Direct observation of particle deposition on the membrane surface during crossflow microfiltration[J]. Journal of Membrane Science, 1998,149(1): 83 - 97.

[40] Kim J S, Lee C H, Chang I S. Effect of pump smear on the performance of a crossflow membrane bioreactor[J]. Water Research, 2001,35(9): 2137 - 2144.

[41] Zhang X W, Pan J H, Du A J, et al. Combination of one-dimensional TiO₂ nanowire photocatalytic oxidation with microfiltration for water treatment[J]. Water Research, 2009,43(5): 1179 - 1186.

[42] Yuan W, Zydney A L. Humic acid fouling during microfiltration[J]. Journal of Membrane Science, 1999,157(1): 1 - 12.

[43] Howe K J, Clark M M. Fouling of microfiltration and ultrafiltration membranes by natural waters [J]. Environmental Science & Technology, 2002,36(16): 3571 - 3576.

[44] Coble P G, Del Castillo C E, Avril B. Distribution and optical properties of CDOM in the Arabian

Sea during the 1995 Southwest Monsoon [J]. Deep-Sea Research Part Ii-Topical Studies in Oceanography, 1998,45(10-11): 2195-2223.

[45] Stedmon C A, Markager S. Resolving the variability in dissolved organic matter fluorescence in a temperate estuary and its catchment using PARAFAC analysis[J]. Limnology and Oceanography, 2005,50(2): 686-697.

[46] Stedmon C A, Markager S. Tracing the production and degradation of autochthonous fractions of dissolved organic matter by fluorescence analysis[J]. Limnology and Oceanography, 2005,50(5): 1415-1426.

[47] Mayer L M, Schick L L, Loder T C. Dissolved protein fluorescence in two Maine estuaries[J]. Marine Chemistry, 1999,64(3): 171-179.

[48] Baker A, Inverarity R. Protein-like fluorescence intensity as a possible tool for determining river water quality[J]. Hydrological Processes, 2004,18(15): 2927-2945.

[49] Chen J, Gu BH, LeBoeuf EJ, et al. Spectroscopic characterization of the structural and functional properties of natural organic matter fractions[J]. Chemosphere, 2002,48(1): 59-68.

[50] Coble P G. Characterization of marine and terrestrial DOM in seawater using excitation emission matrix spectroscopy[J]. Marine Chemistry, 1996,51(4): 325-346.

[51] Swietlik J, Dabrowska A, Raczyk-Stanis Lawiak U, et al. Reactivity of natural organic matter fractions with chlorine dioxide and ozone[J]. Water Research, 2004,38(3): 547-558.

[52] Korshin G V, Kumke Mu Liew, et al. Influence of chlorination on chromophores and fluorophores in humic substances[J]. Environmental Science & Technology, 1999,33(8): 1207-1212.

[53] Qin B Q, Zhu G, Gao G, et al. A drinking water crisis in lake taihu, China: linkage to climatic variability and lake management[J]. Environmental Management, 2010,45(1): 105-112.

[54] Yamanoi I, Kageyama K. Evaluation of bubble flow properties between flat sheet membranes in membrane bioreactor[J]. Journal of Membrane Science, 2010,360(1-2): 102-108.

[55] Pidou M, Parsons S A, Ray mond G, et al. Fouling control of a membrane coupled photocatalytic process treating greywater[J]. Water Research, 2009,43(16): 3932-3939.

[56] Liu S, Lim M, Fabris R, et al. Removal of humic acid using TiO_2 photocatalytic process-Fractionation and molecular weight characterisation studies[J]. Chemosphere, 2008,72(2): 263-271.

[57] Liu S, Lim M, Fabris R, et al. Comparison of photocatalytic degradation of natural organic matter in two Australian surface waters using multiple analytical techniques[J]. Organic Geochemistry, 2010, 41(2): 124-129.

[58] Zhang H, Qu JH, Liu H J, et al. Characterization of dissolved organic matter fractions and its relationship with the disinfection by-product formation[J]. Journal of Environmental Sciences-China, 2009,21(1): 54-61.

[59] Song Y L, Dong B Z, Gao N Y, et al. Huangpu River water treatment by microfiltration with ozone pretreatment[J]. Desalination, 2010,250(1): 71-75.

[60] Tran H, Scott J, Chiang K, et al. Clarifying the role of silver deposits on titania for the photocatalytic mineralisation of organic compounds[J]. Journal of Photochemistry and Photobiology a-Chemistry, 2006,183(1-2): 41-52.

简写代号索引表

DOC	Dissolved organic carbon	溶解性有机碳
GPC	Gel Permeation Chromatography	凝胶色谱法
UF	Ultrafiltration	超滤膜法
AMW	Apparent molecular weight	表观分子量
DOM	Dissolved organic matter	溶解性有机物
TOC	Total Organic Carbon	总有机碳
THMs	Trihalomethanes	三卤甲烷
THMFP	Trihalomethane formation potential	三卤甲烷生成势
SUVA	Specific UV absorbance	比紫外吸收值
NOM	Natural organic matter	天然有机物
AOM	Algogenic organic matter	藻类有机物
SPS	Sodium polystyrene sulfonate	聚苯乙烯磺酸钠
UV	Ultraviolet absorbance	紫外吸光度
HA	Humic Acid	腐殖酸
SA	Sodium Alginate	海藻酸钠
TA	Tannic Acid	单宁酸
SUC	Sucrose	蔗糖
EEM	Fluorescence excitation-emission matrices	三维荧光光谱矩阵
EX	Excitation	激发光谱
EM	Emission	发射光谱
MWCs	Molecular weight cutoff	截留分子量
ED	Electrodialysis	电渗析
FO	Forward osmosis	正渗透
RO	Reverse osmosis	反渗透
NF	Nanofiltration	纳滤
UF	Ultrafiltration	超滤
MF	Microfiltration	微滤
FLUz	Total fluorescence intensity	总荧光强度
SEM	Scanning electron microscopy	扫描电镜
FIR	Fourier-tra infra-red spectrometer	远红外

FESEM	Field emission scanning electron microscopy	场发射扫描电镜
DMAC)	N，N-dimethylacetamide	N,N-二甲基乙酰胺
NMP	N-methyl-pyrrolidone	N-甲基吡咯烷酮
DMF	N，N-dimethylformamide	N,N-二甲基甲酰胺
DMSO	Dimethyl sulfoxide	二甲基亚矾
BSA	Bovine serum albumin	牛血清白蛋白
TiO_2	Titanium dioxide	二氧化钛
XRD	X-ray diffraction	X射线衍射
PVDF	Polyvinylidene fluoride	聚偏氟乙烯
PE	Polyethylene	聚乙烯
PP	Polypropylene	聚丙烯
PVC	Polyvinylchloride	聚氯乙烯
TMP	Transmembrane pressure	跨膜压差
PAC	Poly aluminum chloride	聚合氯化铝
PAC	Powdered activated carbon	粉末活性炭
MIEX	Magnetic resin	磁性树脂
THMs	Trihalomethanes	三卤甲烷
HAAs	Haloacetic acids	卤乙酸
PPCPs	Pharmaceutical and Personal Care Products	药物及个人护理品
MWd	Molecular width	分子宽度
CA	Cellulose acetate	醋酸纤维素
CBZ	Carbamazepine	卡马西平
PRO	Pressure retarded osmosis	压力阻尼渗透
WHD	Water Head Drop	水头差
BDDMR	Biological diatomite-dynamic membrane reactor	生物硅藻土-动态膜反应器
SHs	Hydrophobic fraction（HPO）	强疏性有机物
WHs	Transphilic fraction	弱疏性有机物
CHPs	Negatively charged hydrophilic fraction	极性亲水性有机物
NHPs	Neutral hydrophilic fraction	中性亲水性有机物